B. Mobarh

起源

NASA天文学家的万物解答

[英] 巴赫拉姆·莫巴舍尔（**Bahram Mobasher**）著

李永学 译

ORIGINS

The Story of the Beginning of Everything

湖南科学技术出版社　博集天卷 CS-BOOKY

献给我的父母
To my parents

ORIGINS

THE STORY OF THE BEGINNING OF EVERYTHING

我们喜欢蝴蝶的美丽，但很少认识到，它在变得如此美丽之前经历了多少变化。

——马娅·安热卢（MAYA ANGELOU）

作家

发现的最大障碍不是无知，而是自己幻觉中的知识。

——丹尼尔·J. 布尔斯廷（DANIEL J. BOORSTIN）

历史学家

能够在不接受某种思想的情况下欣赏它，这是受到教育的头脑的标志。

——亚里士多德（ARISTOTLE）

哲学家

CONTENTS 目录

致谢 / 001

前言 / 002

Chapter 01　介绍与回顾 / 007

Chapter 02　科学思想的发展：历史的回顾 / 027

Chapter 03　空间与时间的起源 / 043

Chapter 04　粒子与场的起源 / 057

Chapter 05　宇宙的起源 / 079

Chapter 06　轻元素的起源 / 095

Chapter 07　第一批原子与黑暗时期 / 105

Chapter 08 宇宙结构的起源 / 117

Chapter 09 宇宙的当前状态 / 127

Chapter 10 宇宙的组成 / 139

Chapter 11 星系的起源 / 151

Chapter 12 恒星的起源 / 163

Chapter 13 恒星的演变与死亡 / 173

Chapter 14 重元素的起源 / 185

Chapter 15 行星系的起源 / 197

Chapter 16 早期地球 / 209

Chapter 17 大陆、海洋和山脉的起源 / 221

Chapter 18   演变中的地球：一段动态历史   / 235

Chapter 19   生命条件的出现   / 255

Chapter 20   生命的基本成分   / 267

Chapter 21   生命的起源   / 297

Chapter 22   细胞的起源   / 315

Chapter 23   地球生命的早期演变   / 341

Chapter 24   哺乳动物和灵长目的起源   / 371

Chapter 25   语言、文化、城市和文明的起源   / 395

Chapter 26   结束语   / 413

索引   / 422

ORIGINS

THE STORY OF THE BEGINNING OF EVERYTHING

致谢
ACKNOWLEDGMENTS

在我的职业生涯中，我有幸与一大批非常杰出的科学家共事。他们中有许多人成了我延续一生的莫逆之交。他们教会了我如何深刻地思索、专注于重点、在选择研究课题时有雄心壮志。在他们中间，我最为感激的是如下各位：理查德·S.埃利斯（Richard S. Ellis）教授、桑德拉·M.费伯（Sandra M. Faber）教授、亨利·C.弗格森（Henry C. Ferguson）博士、亚当·里德斯（Adam Riess）教授、迈克尔·罗恩·鲁滨逊（Michael Rowan-Robinson）教授和尼克·Z.斯科维尔（Nick Z. Scoville）教授。多年来，我深受他们的启发，在与他们的讨论中受益匪浅。我真诚地感激我的家庭，感谢我的妻子阿津·穆巴谢里（Azin Mobasher）博士，以及我的孩子阿明（Ameen）和塔拉（Tara），他们支持我，爱我，理解我。

还有许多人在我撰写这本书的时候支持了我，我愿借此良机，对他们表示深深的谢忱。我尤其应该感谢马里奥·德利奥－温克勒（Mario De Leo-Winkler）博士，他对本书的文字提出了宝贵的意见，并设计、创造了本书中的许多原始插图。我由衷地感谢奥利维亚·巴列特（Olivia Barrlett）女士和卡珊德拉·思雷德吉尔（Cassandra Threadgill）女士，她们在编辑、校对和文字设计方面给了我宝贵的支持。最后，我要感谢我的项目编辑杰姆·拉贝纳（Gem Rabenera）女士和制作编辑阿利娅·贝尔斯（Alia Bales）女士，她们对我极为耐心，而且容忍我错失截稿期。

前言
INTRODUCTION

美国国家航空航天局（NASA）的宇航员们踏上月球的时候我 10 岁。随着我日渐长大，这一事件越来越让我神往，对我的意义也越来越重大。在我生命的每个阶段，我都受到了它的启示，其原因每过几年都会有所不同。我的祖父曾经告诉过我他的经历：当年，在他像我这么大的时候，他曾花了几个月的时间长途旅行，而走完那样一段路今天只要几个小时。他曾在自己的一生中见过许多种出行方式：步行、乘坐马车、乘坐有史以来第一批汽车以及有史以来第一批客机，而现在，航天器可以在三天内从地球飞往月球。这清楚地证明了，我们人类在一代人的时间内走过了多么漫长的道路。这件事告诉了我如下几点：眼光远大的重要性；要勇于迎接挑战，无论它们看上去如何困难重重，如何高不可攀；要有为了发现新事物而最大限度地利用一切资源的欲望；要专注于一个目标，为了成就这一目标勇往直前。这件事也告诉了我，正如我的祖父非常热烈地表达的那样——这一成就，以及作为整体的科学，是属于全人类的，而不是属于某一个国家、团体或者某一种文化的。只是在我完成了在研究生院的学业之后很久，到了我真正成熟的时候，我才慢慢理解并意识到这一切。用本杰明·富兰克林（Benjamin Franklin）的话来说就是："生命的悲剧就在于，我们老得太快，聪明得太晚。"我们生活在一个独特的时代，现在的科学与技术已经发展到了这样的水平，可以让我们研究宏观世界中的宇宙的细节，以及微观世界中活着的细胞的内部。我们的使命是鼓励人们超越日常活动，去疑惑，去思索问题，去对他们生活在其中的这个世界感到好奇。探索知识、对于理解我们周围的这个世界感到雀跃，这一点并没有年龄、种族、性别与文化的藩篱。只要我们直面最根本的问题，把对于物质世界的知识运用到极限，我们就可以做到这一点。这本书只不过是为了做到这一点的一个尝试：最大限度地运用我们从不同学科得到的综合知识，来探索我们在自然中观察与感受到的一切的起源问题。

我创作这本书的目标，是让读者超越日常生活中的寻常事物，进入发现有关宇宙、原子、细胞和生命本身真理（或者我们认为的真理）的神奇世界。这一目标并不仅仅是回答问题，也要学习如何提出深刻的新问题。毕竟，科学并不只是揭示未知，而是要在我们已经知道的地方更加深入地挖掘，寻找应该提出的正确问题。我们将通过简化论者的方法来做到这一点：把复杂的现象简化为它们的简单组成部分，并尝试理解这些部分。这本书的整体方针就是：对于每一种存在的事物，我们都有一个解释，说明它为什么是这样而不是那样。这本书也特别指明了一些简单的事件，它们尽管看上去无足轻重，却在我们周围的世界的发展中扮演了重大角色；说明了许多似乎不同的事物是怎样凑到一起，让我们的存在成为可能的。我同样希望，这本书会让读者知道推理和客观思考的价值。今天，我们已经见证过许多人的行为：为了说明想当然的个人观点，他们歪曲了科学的事实。我们有责任提供教育公众的渠道，因为一个国家的真正财富，是通过公民的意识、知识和教育来衡量的。按照美国播音员沃尔特·克朗凯特（Walter Cronkite）的说法："与一个民族的愚昧相比，无论我们的图书馆耗资多大，这种代价都是值得的。"

这本书结合了来自不同学科的知识，从有关科学思想的起源和知识进化的历史观点开始，建立了我们所在世界的一个相互耦合的图像。最初，一切只是哲学的一部分。一旦知识增加了，独立的学科便得到了发展与进步。今天，科学进步的成果斐然，已经达到了可以让人们研究不同领域的公共区域的程度。接着，本书探讨了空间与时间的本质，然后研究极早期的宇宙，以及粒子和它们的质量的起源。我探究了最大的宇宙尺度和宇宙的演变是怎样因为基本粒子的物理性质而受到影响的。这本书就是一个令人着迷的故事，连接了最小的粒子和最大的宇宙的结构。在讨论了宇宙的当前状态、宇宙中含有的事物及其演变之后，本书将探讨星系和恒星的起源，接着研究化学元素的起源。此后研究的是行星系和我们的家园——地球的起源。再接着是地球上的大陆、海洋和山脉的起源，当然，对于地球大气层起源的探讨也是不可或缺的。书中讨论了地球是如何变成一颗生命宜居的行星，以及地球上是怎样有了生命所需的一切成分的。这随之导致了对于地球上生命起源的研究，以及生命在各个地质年代中的进化。我呈上了人类早期祖先建立城市、发展农业和通过交流手段发展语言的证据。"起源"与"进化"是相互影响的，一种事物的进化会导致另一种事物的起源。所以，在研究起源的同时，我也讨论了进化。出于这本书的性质，它的题材涉及多个学科，在不同的独立领域之间架设了桥梁。

我为自己有机会撰写这样一本书而感到非常幸运。尽管它从各方面来说都不完备，但这对我来说是一次让我惊讶的学习体验。作为人类，我们对于自然已经了解了很多，但还有这么多问题是我们仍然无法回答的，这真令人觉得陶醉。下面的两幅图总结了我的吃惊之处。在经过了 12 年的旅行之后，"旅行者"1 号（Voyager I）航天器即将离开太阳系。在此之前，它转回自己的镜头，对准地球，拍下了一帧照片。这帧照片就是下面的第一幅图像（图 A）。"旅行者"1 号航天器是走出太阳系，进入星际空间探险的第一颗人造天体。这幅图像表现的是一个位于太阳系边缘的观察者将会看到的地球的形象——"这是在无穷无尽的太空中飘浮着的一粒小小尘埃，但它却是 70 亿人的家园"，这就是卡尔·萨根（Carl Sagan）的优雅描述。我们不能不为这帧照片而击节称赞，但与此同时，我们也一定会为我们在这样一个庞大宇宙中的渺小、微不足道和形只影单而喟然长叹。第二幅图像叫作哈勃极深场（Hubble Ultra Deep Field）（图 B），是迄今为止人类探测到的最深层次的宇宙图像（用红外线光学波长拍摄）。在这幅照片中，我们可以看到在可观察宇宙的边界线、距离我们大约 130 亿光年的地方，是在宇宙出现只有几亿年后形成的最遥远的星系。这两幅图共同表明：尽管人类在宇宙中仅仅占据了非常微不足道的部分，但我们却来到了空间与时间的边界线，能够索解我们在其中生活的

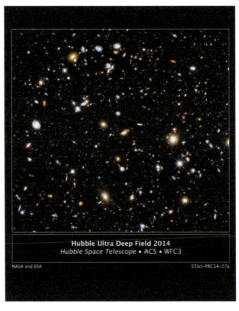

图 A 从太阳系的边缘观察到的地球的形象。在"旅行者"1 号航天器历经将近 12 年的旅行之后，于 1990 年 2 月 14 日在距地球 60 亿千米的距离（大约是日地距离的 40 倍）拍下了这幅照片

图 B 这是哈勃空间望远镜（Hubble Space Telescope）用红外线光学波长拍摄的哈勃极深场，是经过 100 万秒曝光之后得来的。这是人类有史以来看到的宇宙最深处。那里包含的星系的数量级为 1 万，其中许多处于可观察宇宙的边缘（距离我们大约 130 亿光年）

世界的奥秘。它同时也揭示了，在人类面前还有着如此繁多的事物，它们正在等待着我们发现的足迹。

　　本书内容涵盖了多门学科。我试图让每个人都能理解这些题材，而不必依赖他们在相关领域中的背景。对于学生，这本书将为他们提供跳出思维限制、深刻地思考并提出问题的方法。对于寻求知识的普通读者，它提供了一个机会，可以让他们发现一个新世界，并分享发现的神奇。对于教育者，它会提供让他们考量与沉思的一个外在世界的大图像，用于启发新一代思想家与革新家。请允许我引用阿尔伯特·爱因斯坦（Albert Einstein，1879—1955 年）的名言："教育是在人们忘记了自己在学校里学过的东西后仍然存在的东西。"我希望，这本书中的材料会成为你们的教育的一部分。

插图出处

· 图 A：https://commons.wikimedia.org/wiki/File:PaleBlueDot.jpg.

· 图 B：https://commons.wikimedia.org/wiki/File:NASA-HS201427a-HubbleUltraDeepField 2014-20140603.jpg.

而我只不过是一个在海滨嬉戏的顽童，在我眼前展现的，是尚未发现的真理的无尽大洋。

——艾萨克·牛顿（*Isaac Newton*）

当追随真理超出了我们的能力时，我们应该追随最可能是真理的东西。

——勒内·笛卡儿（*Rene Descartes*）

Chapter

介绍与回顾

INTRODUCTION AND OVERVIEW

本章内容将涵盖:

· 对宇宙与生命的历史的总结

· 宇宙的时间线

· 自然界的基本常数

· 定义和测量单位

· 自然基本定律

· 物理定律起源的探索

· 大自然的对称

　　这本书的标题是对其所述内容的一个说明:它是在各个学科的边界之间往复运动的一种多学科探索。尽管是在差别很大的不同领域之间进行研究,但我们的视线始终聚焦于"起源"这个问题:我们观察与体验的这个世界的一切是怎样变成它们现在这个样子的?我们看到了各种自然现象,并认为它们理应如此。然而,我们在物质世界中观察到的一切,都很可能有着与此不同的开始,然后才因为某种原因变成了它们今天的样子。我们在这里的目标是深刻地挖掘,寻找这一切的起源,看看这些似乎彼此不相干的现象是怎样汇聚到一起,让世界变成了当前我们看到并体验的状态的。

　　科学是通过与实验和观察对照的模型来解释自然的方法。这需要我们对一种观察到的现象进行批判性思考和概念化,然后试图通过已有的定律对其进行解释,并通过实验加以检验。通过科学,人们可以让自己的好奇心得到满足——使用陆基的最大望远镜和空间探测器、强大的粒子加速器和放大倍数最大的电子显微镜,对苍茫无涯的空间、原子内部的奥秘,或者是生物细胞的结构进行探索。通过运用基本的科学原理,人们发展并改进了技术,而反过来,技术对于更准确的测量和观察又是极其重要的,有可能导致新的科学发现。对于起源的研究将有助于我们更好地了解世界,并由此更深刻地了解人类自身和我们在这个世界上所处的位置。本章的目标是给出一份非常简短的概要,让读者了解本书后续其他部分的大致内容。本章将总结万物的历史,并介绍对自然基本定律和控制我们周围世界的物理常数的研究。它将为我们提供理解本书其余部分所需的一般背景。

万物历史之回顾

曾有充分的证据表明，我们的宇宙诞生于大约 138 亿年前的一次大爆炸，即所谓的"宇宙大爆炸"（Big Bang）。空间与时间就是在那一瞬间形成的。在那一瞬间，宇宙的密度与温度都处于极致。从那一刻起，由于空间的伸展，宇宙就一直在膨胀。第一批粒子出现在宇宙大爆炸之后远远小于 1 秒的时间内，而宇宙中最轻的原子核，即氢原子的原子核，是在大爆炸后大约 1 分钟形成的。一旦宇宙的温度因为自己的膨胀而下降，电子便会加入已经存在的原子核的行列，这就形成了原子。这导致了我们今天所知的物质的形成。在引力的作用下，原本均匀分布的物质受到了初始扰动，形成了包括星系和星系团的结构（图 1.1）。平均每座星系包含 1000 亿颗恒星，在我们可观察的宇宙中，有大约 1000 亿座星系。

由于与其他星系之间的相互作用或者自身内部恒星的被动演变，星系的性质在宇宙整个生命过程中一直在变化。今天，我们对宇宙的成分有着准确的估计：暗物质占 22%，暗能量占 74%，正常物质占 4%——尽管我们对于支配其不同成分的本质还不那么清楚。暗物质通过它们的引力吸引了星系，减缓了宇宙膨胀的速率，而暗能量在排斥星系，加快了膨胀速率（图 1.1）。我们在夜空中看到的一切，以及我们在宇宙成分中看到的一切，只占整个宇宙的 4%。

在星系中的冷气体坍缩形成恒星之后，行星也登上了舞台，围绕着恒星旋转。在人类文明史上，我们第一次能够发现并研究太阳系以外的行星，这将帮助我们理解我们的行星——地球——在大约 46 亿年前形成的初级阶段。恒星是生产重元素的主要工厂。在把所有轻元素转变为较重的元素之后，它们的燃料最终耗尽。如果一颗恒星足够大，它会作为超新星爆发，把其中生成的重物质散布到星际空间内，用重化学元素丰富这种介质。这就是地球上发现的重元素的来源，也是让生命得以诞生的元素。

地球上第一批生物存在的证据可以追溯到大约 35 亿年前，它们是原始细胞，即既没有细胞核也没有其他细胞膜的细胞。接着出现了能够执行多种任务的更为复杂的细胞（图 1.2）。这些细胞都是在海洋深处开始生成的，并在地球的大气层形成时向陆地迁徙。最先出现的活体生物不需要氧气存活，而是将氧气作为废料排出体外。这导致了氧气在大气层中的积蓄，以及后来臭氧层的形成。臭氧在地球周围形成了一个保护层，保护它不致遭受来自太阳的强烈紫外辐射的荼毒，让地球上的陆地成为宜居场所。

地球上的生命进化是一个极端复杂的过程。只有那些能够适应它们所处环境的系统才能存活并繁荣。基因突变导致了我们今天观察到的动植物多样化。第一批灵长目的历史可以一直追溯到 6 500 多万年前，而我们最近的祖先——最初的智人（*Homo*

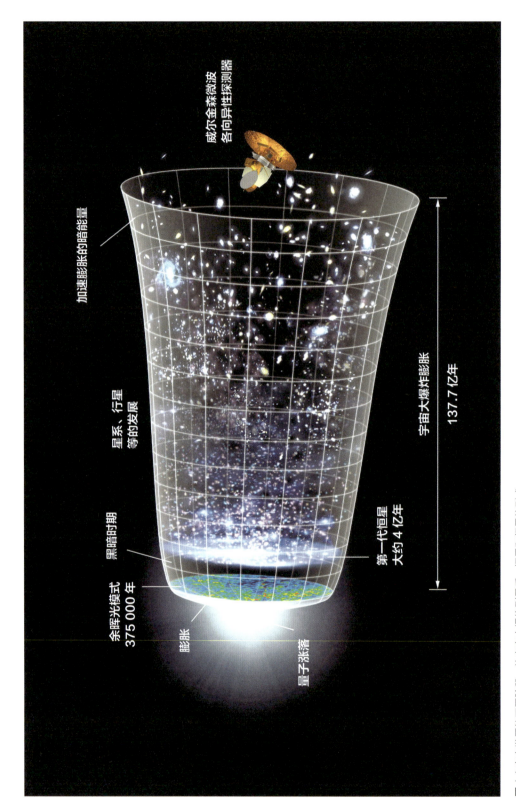

威尔金森微波
各向异性探测器

加速膨胀的暗能量

星系、行星
等的发展

黑暗时期

余晖光模式
375 000 年

膨胀

量子涨潜

第一代恒星
大约 4 亿年

宇宙大爆炸膨胀
137.7 亿年

图 1.1 宇宙发展的不同阶段，从宇宙大爆炸到星系、恒星和行星的形成

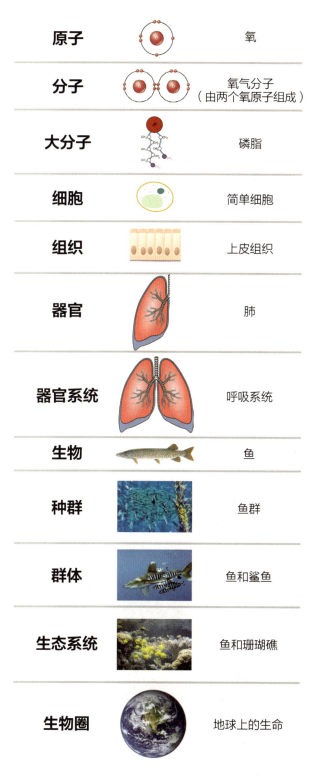

原子		氧
分子		氧气分子 （由两个氧原子组成）
大分子		磷脂
细胞		简单细胞
组织		上皮组织
器官		肺
器官系统		呼吸系统
生物		鱼
种群		鱼群
群体		鱼和鲨鱼
生态系统		鱼和珊瑚礁
生物圈		地球上的生命

图 1.2 复杂生物体的发展，从单一细胞到更复杂的系统

sapiens）则在 15 万到 10 万年前生活在这颗星球上。灵长目不断进化，适应了周围的环境。它们的大脑尺寸增加了，智力也加强了。早期哺乳类动物的出现和进化发生在非洲。随后，一批智人开始离开非洲，在大约 3 万年前进入了现在的欧洲和亚洲。在某个时间点上，他们开始建立群体、相互交流并开发让自己变得自由的新途径。人类在大约 1 万年前发明了农业，我们的祖先也学会了驯化动物。一旦他们发现了更有效地为自己生产食物从而能够养活更多人的方法，他们就有了更多的时间做其他的事情，比如创建公民社会。图 1.2 展示了生命在地球上一步步发展的过程。

为了让读者领会有关的相对时间尺度概念，将宇宙和地球上的生命的历史浓缩为一年来考虑是很有指导意义的（图 1.3）。在这种情况下，考虑到宇宙的历史是 138 亿年，则每个月对应着 10 亿多年，每天代表着约 4 000 万年，每秒大约为 400 年。不妨想象宇宙诞生于 1 月 1 日 0 时，则在这一时间尺度下，银河系在 5 月形成，而太阳系在 9 月初登台亮相。地球上的原始生命开始于 9 月末，而更复杂的生命系统在 11 月形成。更高级的生命形式直到 12 月中旬才出现。鱼是第一批动物，它们在 12 月 17 日走上前台，而陆生动植物出现于 12 月 20—23 日。恐龙大约在 12 月 25—26 日在地球上生活。12 月 31 日上午 9 时，原始人类（我们的早期祖先）开始在地球上占据支配地位。农业的发展开始于午夜前 25 秒，金字塔在午夜前 11 秒开始建造。按照这种时间尺度，整个人类历史出现在宇宙历史的最后 4 分钟之内（图 1.3）。

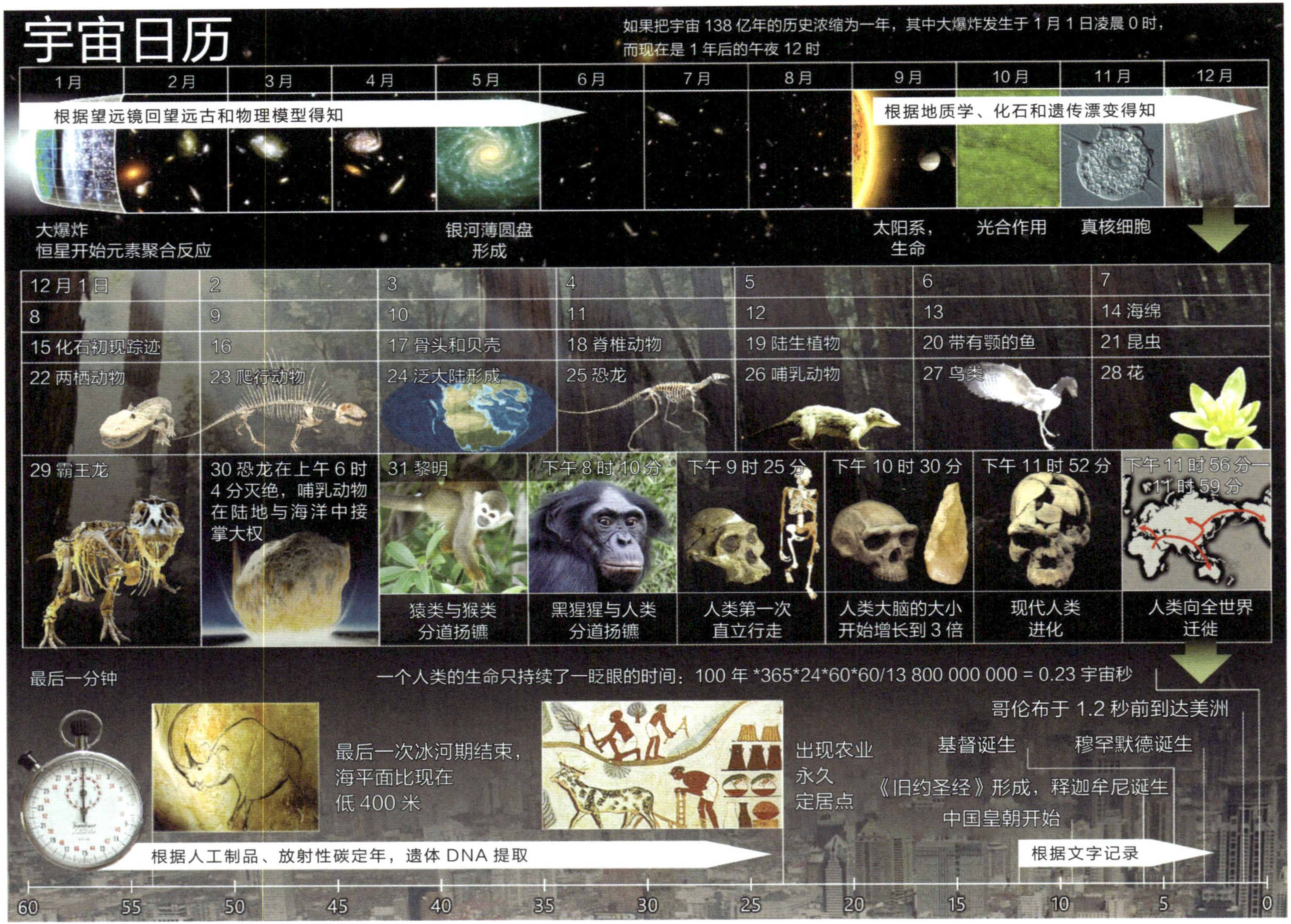
宇宙日历
如果把宇宙 138 亿年的历史浓缩为一年，其中大爆炸发生于 1 月 1 日凌晨 0 时，
而现在是 1 年后的午夜 12 时
1 月
2 月
3 月
4 月
5 月
6 月
7 月
8 月
9 月
10 月
11 月
12 月
根据望远镜回望远古和物理模型得知
根据地质学、化石和遗传漂变得知
大爆炸
恒星开始元素聚合反应
银河薄圆盘
形成
太阳系，
生命
光合作用
真核细胞
12 月 1 日
2
3
4
5
6
7
8
9
10
11
12
13
14 海绵
15 化石初现踪迹
16
17 骨头和贝壳
18 脊椎动物
19 陆生植物
20 带有颚的鱼
21 昆虫
22 两栖动物
23 爬行动物
24 泛大陆形成
25 恐龙
26 哺乳动物
27 鸟类
28 花
29 霸王龙
30 恐龙在上午 6 时 4 分灭绝，哺乳动物在陆地与海洋中接掌大权
31 黎明
猿类与猴类
分道扬镳
下午 8 时 10 分
黑猩猩与人类
分道扬镳
下午 9 时 25 分
人类第一次
直立行走
下午 10 时 30 分
人类大脑的大小
开始增长到 3 倍
下午 11 时 52 分
现代人类
进化
下午 11 时 56 分—
11 时 59 分
人类向全世界
迁徙
最后一分钟
一个人类的生命只持续了一眨眼的时间：100 年 *365*24*60*60/13 800 000 000 = 0.23 宇宙秒
哥伦布于 1.2 秒前到达美洲
基督诞生
穆罕默德诞生
《旧约圣经》形成，释迦牟尼诞生
中国皇朝开始
出现农业
永久
定居点
最后一次冰河期结束，
海平面比现在
低 400 米
根据人工制品、放射性碳定年，遗体 DNA 提取
根据文字记录
60
55
50
45
40
35
30
25
20
15
10
5
0

图 1.3 将宇宙描述为一年的历史

物理常数

为什么宇宙会以它现在的方式存在？生命形成的条件是怎样演变的？我们的行星是如何形成、演变并成为宜居星球的？这些问题以及其他许多基本问题，都可以通过自然界的物理常数的值加以解答。尽管我们不清楚为什么这些常数会有今天的数值，或者它们是怎样起源的，但它们仍是塑造我们周围世界的最基本的参数。

一些最重要的物理常数包括：光速（c）、普朗克常量（h）、电子电荷（e）、电子质量、牛顿引力常数（G），以及对应自然基本力强度的常数。最基本的常数有量纲，它们是以质量、长度和时间的基本数量为基础的。还有一些完全没有任何单位的物理常数，也就是说，它们是无量纲常数。这里仅举一例：精细结构常数 e^2/hc。这个常数的数值是 1/137.036，代表着电磁相互作用的强度。有关无量纲单位的有趣的一点是，它们表达的有关宇宙的事实与我们对单位的任何选择完全无关。如果这些常数具有不同的数值，宇宙将是一个非常不同的地方。

只有在物理常数具有它们现在的数值的情况下，以当前的形式与条件支持地球上的生命的宇宙才能存在。如果这些常数略有不同，我们将不会在这里生存。下面我将试举几例，清楚地说明这一点。让我们考虑自然的四种基本力：引力（决定宇宙中的大型结构）、电磁力（让原子得以成为一个整体）、弱力（决定粒子的衰变）和强力（让粒子聚集在原子核内部）；我们将在第 4 章中更详细地讨论这些力。（1）如果令原子核（由质子与中子组成）不至于崩溃的强力的强度增加 2%，则两个质子将聚合成另一种由它们组成的原子核，它将是仅次于氢的最轻的原子核。在我们现在的宇宙中，这是氢的一种非常不稳定的同位素，它将在形成之后立即衰变。然而，更强的强力将使它变得稳定，从而在更长的时间内存在。于是，这时候还大量存在的氢就可以聚合成这种原子。这种聚合反应将消耗早期宇宙的全部氢元素，让恒星中的核反应过程发生重大改变，让整个世界的情况与今天截然不同。（2）上面用精细结构常数表达的电磁力的强度是引力的 1 036 倍。如果电磁力略微减小，宇宙将会变小，宇宙的寿命也会缩短，让生命根本没有进化的机会。（3）2 个质子和 2 个中子将结合，形成一个氦原子的原子核。然而，这 4 个粒子的总质量只有氦核质量的 99.3%——多出的 0.7%（质量的 0.007）是作为能量释放的，是我们的太阳和其他恒星的能源。这个数字是由保持原子核作为一个整体的强力的强度决定的。如果这个数字略小一点，从 0.007 下降到 0.006，质子和中子就不会结合到一起，宇宙中将只有氢，不会生成任何比它更重的元素，宇宙中也不会存在生命。现在，如果这个数字略大一点，从 0.007 上升到 0.008，则所有的质子都将与中子结合，不会在宇宙中留下任何氢，这将会是一个非常不同的宇宙。我们有大量的例子说明，物理参数数值的微小变化能够影响宇宙与生命的演变。我们稍后讨论一些这种令人惊异的"微调"。

定义、度量系统和单位

大约 400 年前，伽利略·伽利莱伊（Galileo Galilei）曾经这样说："测量那些能够测量的量，并设法让那些无法测量的量变得能够测量。"测量是给科学观察定量的过程。有些测量是独立的，有些则需要用其他测量表达。比如，长度是一个独立量，面积需要用两个长度测量表达，而体积则需要用三个长度测量表达（长、宽、高）。质量与时间都是独立的测量，可以用它们定义力／能量或者速度／加速度。测量是用单位表达的。除了上面解释过的自然单位制外，单位是任意指定的实体，物理量则因人们选择的单位而有不同的数值。当早期的人们意识到需要用单位表达测量时，他们定义的单位全都是主观决定的。例如，长度单位（英寸和英尺）与身体的部位有关（英寸的英语为 inch，最初的定义是 3 个衔接在一起的大麦种子的长度，或者成人男子的脚长的 1/12，英尺的英语为 foot，是成人男子的脚长；质量单位取决于小麦颗粒的质量（小的质量单位是格令，英语为 grain，1 格令是 0.064 8 克，grain 也是"粮食颗粒"的意思）或者石头的质量（比较大的质量单位是英石，英语为 stone，1 英石是 6.350 29 千克，stone 即"石头"的意思）；时间的单位是由巴比伦人（Babylonians）创造的，其基础是将一天分为小时、分和秒。因此，当时采用的一些单位只有历史意义而没有科学意义。我们现在使用单位的现代定义，并采用表 1.1 中列举的不同尺度表达我们测量的系统，无论是宇宙还是细胞的大小。

对于天文距离的测量有不同的单位，取决于人们考察的系统。在我们的行星系（太阳系）内一般使用天文单位（AU），它的定义是日地间的距离，等于 149 597 871 千米。太阳系外的更大的系统用秒差距〔parsec（pc）〕来测量，它的定义是：在这个距离上，一个天文单位的距离形成的张角是 1 弧秒（弧秒是角度的度量单位，1 弧秒是 1°的 1/3 600。简单形象地说，1 秒差距是以 1 个天文单位的长度为底做等腰三角形，当顶角为 1 弧秒时两腰的长度①。这个长度对应 3.26 光年或 31 万亿千米。天文距离的另一个单位是光年，即光在 1 年内传播的距离，等于 9.46×10^{12} 千米。更长的距离用千秒

---

① 更准确地说是底边上的高的长度，但在这种距离下，高长与腰长已经没有实际差别。——译者注

表 1.1 测量单位的数字表达

倍数	前缀	简写	意义	单位的数目
10^{12}	Tera-	T	万亿	1 000 000 000 000 个单位
10^9	Giga-	G	十亿	1 000 000 000 个单位
10^6	Mega-	M	百万	1 000 000 个单位
10^3	Kilo-	k	千	1 000 个单位
10^{-3}	Mili-	m	千分之一	0.001 个单位
10^{-6}	Micro-	μ	百万分之一	0.000 001 个单位
10^{-9}	Nano-	n	十亿分之一	0.000 000 001 个单位
10^{-12}	Pico-	p	万亿分之一	0.000 000 000 001 个单位

差距（kiloparsec，kpc，即 10^3 秒差距）或者百万秒差距（megaparsec，Mpc，即 10^6 秒差距）表达。

日常生活中的通用质量单位是千克（kg），这一质量是存放在位于法国的国际度量衡局（International Bureau of Weights and Measures in France）内的一个圆柱体的质量。这不是一个令人满意的定义，因为它取决于一个物体，没有法定基础。下面是通过物体的运动加以表达的一个更合乎物理学标准的质量定义：物体具有保持其静止状态或者做匀速直线运动的倾向，它的这一性质叫作惯性。物体的质量是对其惯性的度量。质量不应与重量混淆，后者是引力在物体上的作用的总和。无论在什么地方，一个物体的质量是恒定的，而它的重量则会因为它在地球上或者任何天体上的位置而有所不同。一个天体的质量经常用我们的太阳的质量为单位度量，后者为 1.989×10^{30} 千克。

时间的基本单位是秒。这个单位的最初定义是一个太阳日的 1/86 400。然而，因为太阳日在一年中的长短并不固定，因此，这样定义的秒也不固定。为此，人们现在将 1 秒定义为铯原子的 90 亿次振动历经的时间。这便为时间单位提供了一个精确度达到几百万分之一秒的定义。天文与地质时间经常用数百万年或数十亿年表达。

人们将一个物体的速度定义为它在单位时间内相对于某个固定点的距离的改变。如果在时间 t 内这一距离的改变为 d，则其速度 v 表达为 $v = d/t$。加速度 a 定义为速度在单位时间内的变化。如果一个系统的速度在一段时间间隔 Δt 内从 v_1 变为 v_2，则其加速度为 $a = (v_2 - v_1)/\Delta t$，如果这一数值为负值，则称减速。加速度的单位是米/秒^2，即 m/s^2。

人们把温度定义为一个物体或者系统中分子的平均动能（速度）。换言之，温度是对于一个物体因其中分子运动的平均速度而具有的内能的度量。温度与热不同，人们将

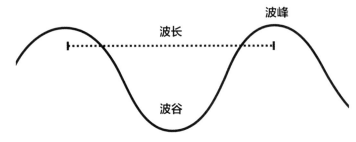

图 1.4 波长的定义，是波的连续两个波峰之间的距离

后者定义为能量是怎样从一个系统向另一个系统转移的。在科学文献中使用的温度单位是开尔文（Kelvin，K）。人们称 0 开尔文为绝对零度，即 −273 摄氏度。在绝对零度下，一个物体的原子和分子完全不运动。开氏温标中没有负值温度。要把一个开氏温度转化成摄氏温度，只要在开氏单位上减去 273，例如，3 开尔文等于 −270 摄氏度。[①]

对于基本粒子，质量与能量是等价的，联系二者的是著名的爱因斯坦质能方程 $E = mc^2$，其中 E 是能量，m 是质量，c 是光速。以此为基础，质量与能量是相互关联的。能量的单位是电子伏，其定义为经过 1 伏特的电势差加速的一个电子（单位电荷）取得的动能。能量经常以百万电子伏（MeV）或者 10 亿电子伏（GeV）作为单位，与此类似，基本粒子的质量也可以用这种能量单位表示。

在这本书中广泛使用的一个概念是波长，它的定义是一列波重复自己的一个波形经过的距离。换言之，波长即一列波的两个连续波峰之间的距离（图 1.4）。波长使用长度单位，而且常用希腊字母 λ 来表示。频率的定义是振荡系统一秒内完成的完整周期数，

表 1.2 电磁波和它们的对应波长

电磁波	波长
无线电	> 1 mm
微波	1 mm — 25 μm
红外光	25 μm — 2.5 μm
近红外光	2.5 μm — 750 μm
可见光	750 nm — 400 nm
紫外光	400 nm — 1 nm
X 射线	1 nm — 1 pm
γ 射线	< 0.001 nm

---

① 严格地说，0 开尔文 = −273.15 摄氏度。人们对于处于绝对零度时分子与原子是否完全没有运动也有不同的看法。——译者注

对应于在单位时间内同一个序列重复自身的次数。我们用字母 f 代表频率。频率的单位是赫兹（Hz）。更大的频率单位包括千赫（kHz；10^3Hz）、百万赫（MHz；10^6Hz，即兆赫兹）、十亿赫（GHz；10^9Hz，即千兆赫）和万亿赫（THz；10^{12}Hz，有人称之为太赫）。对于一列以速度 v、频率 f 和波长 λ 运动的波，联系这些性质的方程是 $f = v/\lambda$。

光的波长范围从长波（无线电波）到短波（X 射线和 γ 射线）。可见光（我们的眼睛对它们最敏感）的波长仅仅覆盖了一个很小的范围，它们都是电磁波，而且按照波长的大小，我们用不同的单位表达它们，见表 1.2。

通常使用的单位为纳米（10^{-9} 米；nm）、埃（10^{-10} 米；Å）和微米（10^{-6} 米或 10^4 埃；μm）。

自然基本定律

自然遵守一套物理定律，这些定律让自然按照它现在的方式运转。下面几个分节讨论了行星围绕太阳运动时遵守的定律、原子和粒子的行为遵守的定律，以及我们周围的世界在日常运转时遵守的定律。

万有引力定律

因为引力的存在，地球上所有的物体都只能"留在"地上。这是一种宇宙中所有物体之间的吸引力。与地球吸引我们的方式相同，我们也对地球施加了同样大小的力，但方向相反。同样的力也在天体之间起作用，让月球围绕地球旋转，地球围绕太阳旋转。这就是万有引力定律，由艾萨克·牛顿（1642—1727 年）在一本题为《自然哲学的数学原理》[①]（*Mathematical Principles of Natural Philosophy*）的书中首次提出，这本书是人类历史上最著名的图书之一，出版于 1687 年，拉丁原文题为 Philosophiæ Naturalis Principia Mathematica，人们普遍简称为《原理》（*Principle*）。万有引力定律宣称，一个质量为 m_1 的物体受到另一个质量为 m_2 的物体的吸引，吸引力与二者之间的距离 r 的平方成反比，与它们的质量的乘积成正比，表达形式为

[①] 艾萨克·牛顿的《自然哲学的数学原理》也简称《原理》，是用拉丁文写成的，于 1687 年出版，并由 B. 科恩（B. Cohen）和 A. 威特曼（A. Wittman）翻译为英文，于 1999 年由加利福尼亚大学出版社（University of California Press）出版。人们认为这是科学史上最重要的著作，为经典力学和万有引力定律奠定了基础，并从理论上推导了开普勒的行星运动定律。

$$F = G\,m_1 \cdot m_2 / r^2$$

此处 G 为万有引力常数，经实验测定的值为 $G = 6.67 \times 10^{-11}\ \mathrm{N \cdot m^2 / kg^2}$。

运动定律

牛顿的运动三定律是力学的基础。我们将它们总结如下。

第一运动定律：在不受外力作用的情况下，任意物体都将保持静止状态或者沿一条直线做匀速运动。这就是引入了惯性的定律，惯性是抗拒出现运动状况改变的倾向，这一倾向是伽利略第一个提出的。

第二运动定律：一个运动物体的加速度 a 与作用在它身上的净力 F 成正比，与这个物体的质量 m 成反比。

$$a = F/m$$

第三运动定律：当两个物体相互作用时，在其中一个物体上作用的力与在另一个物体上作用的力大小相等、方向相反。换言之，对于任何作用力，都有一个与之大小相等、方向相反的反作用力。

动量守恒定律

动量 p 的定义是物体的质量 m 与它的速度 v 的乘积，表达式为

$$p = m \cdot v$$

动量的单位是 $\mathrm{kg \cdot m/s}$。当一个物体自转即围绕自己的某根轴旋转时，它具有角动量，其定义是它的质量 m、速度 v 和大小 r 的乘积，

$$角动量 = m \cdot v \cdot r$$

动量守恒定律称，在不存在外力作用的情况下，相互作用的物体的总动量保持恒定。

能量守恒定律

运动物体具有力的作用，一旦它与另一个物体相撞，两者的速度会降低，其中一个物体会把力转移给另一个物体。运动物体带有的能量的叫作动能（KE）。质量为 m，运动速度为 v 的物体的动能为

$$KE = \frac{1}{2} m \cdot v^2$$

动能的单位是焦耳。

一个物体因自身所处的位置而具有的能量叫作势能。例如，把一个物体从一座建筑物的一楼带到二楼时，这个物体便存储了势能。我们称这种势能为重力势能，因为它是

由重力的吸引产生的。一个质量为 m，距离地面的高度为 h，并处于引力常数 g 的引力吸引下的物体，其重力势能的表达式为

重力势能 = $m \cdot g \cdot h$

此处的 mg 等于该物体的重量。势能的单位是牛·米（N·m），即焦耳（J）。

能量守恒定律称，能量既不能被创造也不能被摧毁，只能从一种形式转变为另一种形式，而且总能量恒定。

普朗克定律与黑体辐射

普朗克定律是有关黑体辐射的光谱能量分布（即一个物体以某种波长发射的辐射能量在总能量中所占的比例）的定律。辐射源是振荡的原子，它们的振动能量只具有不连续的数值（即量子化的）。当一个振子从它的初始能量状态 E_1 变为一个较低的能量状态 E_2 时，放出能量的数值是辐射频率 f 和一个叫作普朗克常量的常数 h 的乘积：

$E_1 - E_2 = h \cdot f$

普朗克常量 h = 6.626×10^{-34} 焦·秒。

黑体是一种假想物质，它能够吸收照射在它上面的一切辐射能，直到达到某个平衡温度。然后它将在整个波长范围内放出它吸收的能量。

探索物理定律的起源

人们在宇宙中观察到的秩序，如太阳在过去 46 亿年间在地球上空的起起落落、行星的运动、主宰着生命体的生物过程和我们周围万物的化学原理，所有这些都是物理定律的表现形式。这些定律是以一种合理且可以理解的方式来表达的。我们不知道这些定律是不是偶然出现的。与之类似，这些定律之间现在有着相互和谐的关系，在绝大多数基本科学观察中，它们是互补的，没有出现相互矛盾的现象。与我们前面讨论过的有关物理常数的情况类似，如果物理定律与现在的形式稍有不同，我们就不可能存在并在这里讨论它们了。关于这一点，有一个直截了当的解释来自所谓的人择原理（anthropic principle）。这个原理声称，宇宙之所以是如今这种情况，或者说之所以物理常数具有今天这些数值，物理定律具有当前的这种形式，是因为：物质宇宙必须与观察它的智慧生命相互适应，相互匹配。

为了探索物理定律的起源，我们首先需要对这些定律的定义达成共识。传统意义上，

定律描述自然界的规律，并把偶然发生的事件与无论在何种条件下都会发生的事件相区别。一项定律也能够给出可靠的预言。物理定律是宇宙的合理秩序的表现。因此，科学家的任务就是要承认这些定律，假定它们在宇宙中不受时间与地点的限制，并用它们解释自然现象。

这些物理定律是偶然的结果吗？或者说，有一系列惊人的事件在管理宇宙时进行了抉择，物理定律是它们在可能的情况下用最佳规则微调造成的结果吗？我们可能永远也无法知道这个问题的答案。无论是在早期宇宙还是在我们的太阳系的邻域，或者是在一个原子内部，这些物理定律都是绝对的、不可更改的，与它们被应用的地点的局域条件无关。物理过程对于决定它们的定律没有任何影响，这些定律是完全独立于这些过程的。

这些物理定律是为某种目的服务的吗？换言之，在许多不同的可能性下，它们最终成为现在的这种形式，是因为只有通过这样一种方式，它们才能控制并维持宇宙而不至于相互矛盾吗？为了用物理定律来解释宇宙，这些定律必须在宇宙形成之前，甚至在空间和时间诞生之前便已经存在。如果情况确实如此，宇宙则是以一种具有确定命运的形式形成的，所有的事件都是可以根据这些定律预测的。我们能否证明这一点？人们一直在尝试统一自然基本力，这些努力打开了一道大门，或许有一天我们能够发现这些定律来自何方，它们又为何是这个样子的。这表明在今天，所有这些自然力都是单一的一种力的表现形式，这种力来自宇宙历史之初，那时宇宙的密度和温度都处于极端状况之下。因此，最基本的定律很有可能存在于宇宙出现的一瞬，然后（很可能是偶然地）引出了我们今天看到的一切定律。如果情况果真如此，那么这些定律又是怎样产生的呢？处理这个问题的一种方式是在多元宇宙的框架下考虑问题。按照这种设想，人们假定曾经存在着大量宇宙，而我们的宇宙只不过是其中的一个。主宰着我们的宇宙的物理定律起源于另一个宇宙，并扩展到了这里。然而，这种说法只不过把问题推给了一个"不同的宇宙"，而无法接受实验的检验。我们现在确定的一点是，这些物理定律只是真理的近似。它们能够在何等程度上解释自然、预测未来事件，这一点取决于我们的测量的准确性。

自然的对称

在自然定律的背景下，对称的概念扮演了一个重要角色。在不同的时间地点重复同一个实验并得到同样的结果，这种能力依赖于自然定律在时空变换下的不变性。这一特性让自然定律具有与生俱来的规范性，没有这一点，我们就不可能发现它们。我们可以在与自然力相关的粒子的特性（即粒子是由场方程确定的）中看到有关这一点的一个明显的例子，其中预言粒子的性质在场中的任何地方都是相同的。我们将在第 4 章中再次讨论这一点。

有时候，因为无法预测的强制性初始条件，定律在预期中的规范性和对称被藏匿或者违背了。当研究在较高能量与较小尺度下的自然定律时，我们便越来越多地发现了在较低能量下被藏匿或者违背的对称。所以，这些对称在今日宇宙的低能量状态下无法显现，但它们在宇宙诞生之后不久便存在了。

让我们想象处于极高温度（10^{32} 开尔文或者 10^{19}GeV 数量级，你可以在这里看到用开氏温标和用 GeV 表达的温度之间的一致性）下的早期宇宙。那时，自然的四大基本力，即电磁力、弱力、强力和引力是不可区分的（我将在第 4 章中详细解释这一点），所有的粒子都是没有质量的。因此，如果你在那时把一件事物变成另一件事物，没有谁会注意到你的行为，因为所有的一切都是一样的。那时的力和粒子之间存在着一种对称。当宇宙冷却下来的时候，它的温度下降到大约 10^{22} 开尔文（10^{14}GeV），这时，由于某种物理过程（我将在本书稍后揭示），这一平衡被打破了。于是，粒子得到了它们今天具有的质量，而四大基本力的性质也有了不同。这一状况仍在持续。平衡因为温度下降而被打破，我们今天在自然界中观察到的一切粒子和力的不同特性都得到了揭示。

守恒定律的起源

自然的守恒定律属于最基本的定律之列。一切物理过程都必须遵守这些定律。能量、质量和动量等物理量的总数为什么必须守恒？为此，数学家艾米·诺特（Emmy Noether，1882—1935 年）进行了揭示守恒定律的第一次尝试，其结果被称为诺特定理。这一定理声称：自然界物理量总数守恒这一状况的存在是自然定律对称（即自然定律独立于时间这一事实）的结果。它们同样适用于过去、现在与未来发生的事件。因为自然定律在空间中的任何地方都是一样的，以物体的质量与速度的乘积表示的动量也是守恒的。这就意味着，如果一个物体是静止的，则在不受外力作用的情况下，它的动量为零，而且将一直为零。

总结与悬而未决的问题

围绕着我们的一切自然事物很可能都有自己的起源。为了理解我们看到的世界是如何发展到今天的形式的，研究它们的原因与起源至关重要。这也是探讨我们观察到的现象是如何随着时间变化（即进化）的第一步。这样的"探险"需要结合多种学科的方法，越过特定学科的边界。本书的目标是对自然界可观察现象的起源进行科学研究，寻找世界按照它自己的方式运转的原因。

在极早期的时刻，当宇宙的年龄远远小于1秒时，微观范围内的过程占据着主导地位。在那个时候，粒子物理与宇宙学之间的互动，导致了宇宙的最初演变。我们今天在宇宙中观察与测量的许多现象都是这种互动的结果。如果事情略微有所不同，今天的一切都会不一样。第一代恒星与星系是在宇宙事件中形成与演化的。此后，按照物理定律的规律，原子结合形成了分子，因此产生了化学。在合适的条件下，通过不同的化合物之间的复杂反应，生物分子得以形成，于是产生了生物学。这告诉我们，科学的不同分支似乎就是这样形成的。在对于起源的研究中，我们需要拥抱和链接所有这些学科。

物理定律是对称的——无论过去、现在和未来都同等适用，它们也都同等适用于空间中的一切地方。这种对称会产生一个结果。它或许能够揭示守恒定律的起源。例如，为什么在一个系统之内的质量和能量是守恒的？诺特定理给出的解释是：这是物理定律独立于时间的结果。而宇宙刚刚诞生那一刻形成的这种让粒子和力各自不可分辨的对称现在被打破了，因此我们现在在自然界中体验了不同的力（具有不同的特性）和粒子。

为了探讨包括宇宙、恒星和星系的物质世界的起源，我们需要将物理定律逆时间反向外推。科学家们在进行相关研究时假定这些定律适用于任何时间和地点。那么，摆在我们面前悬而未决的问题便是：物理定律的起源是什么？基本常数的起源是什么？为什么我们可以如此准确地应用守恒定律？一旦拥有了一个预言宇宙起源所有细节的框架，我们怎样才能证明它是正确的？宇宙的每一个角落都可以有神奇的现象。这就是启发人类这样的智慧生命，让我们去寻找这些基本问题的答案的东西。

回顾复习问题

1. 写下宇宙从诞生到出现生命这段时间的时间线。
2. 列举一些能让今天的我们不可能存在的主要宇宙事件。
3. 什么能让地球上的生命开始形成？
4. 为什么有些生命体能够维持生存，而其他的却不能？
5. 哪种生物过程让生物体如此多样化？
6. 我们知道，宇宙的年龄是138亿岁而地球的年龄是46亿岁，如果把宇宙的生命浓缩为一年，那么地球是什么时候形成的？

7. 与有量纲的单位相比，无量纲单位有什么优势？

8. 基本物理常数的定义是什么？

9. 质量和重量有什么不同？

10. 温度的定义是什么？怎样把热力学温度换算为摄氏度？

11. 对于基本粒子，科学家有时候用能量单位代替质量单位。解释一下他们是如何这样做的，并定义他们使用的能量单位。

12. 波长的定义是什么？说出从原子尺度到天文尺度的长度（距离）单位。

参考文献

Bennett, J., and S. Shostak. 2005. *Life in the Universe*. 2nd ed. Boston: Pearson/Addison-Wesley.

Hester, J., B. Smith, G. Blumenthal, L. Kay, and H. Voss. 2010. *21st Century Astronomy*. 3rd ed. New York: Norton.

Larsen, C.S. 2014. *Our Origins*. New York: Norton.

Primackm J.R. and Arams, N.E. 2006, *The view from the center of the Universe*, Riverhad books--Penguin Group, PLC.

Rees, M. J. 2001. *Just Six Numbers: The Deep Forces that Shape the Universe*. New York: Basic Books.

 Schneider, S.E., and T.T. Arny. 2015. *Pathways to Astronomy*. 4th ed. New York: McGraw-Hill.

插图出处

一经发现，一切真理都易于理解。关键是要发现它们。

——伽利略·伽利莱伊

哲学家热爱真理，但他爱的不是感觉的变化世界，那是
意见的对象；他爱的是不变的真实的世界，那是知识的
对象。

——柏拉图（Plato）

02

科学思想的发展：
历史的回顾

DEVELOPMENT OF SCIENTIFIC THOUGHT:
A HISTORICAL OVERVIEW

本章研究目标

本章内容将涵盖：

· 从早期人类到现代人类对于真实的求索

· 科学思想的发展历史

· 用客观的推理解释世界的第一批尝试

· 第一批世界模型

· 不同的科学学科的出现

· 科学革命与自然定律的发现

对了解我们自身起源的渴望，是定义人类好奇心的有机组成部分。这里的主要挑战是在对真实的求索中找到对整个世界运行机理的合理解释，并试图解答如下问题：为什么事物会是它们现在这种样子？如果人类在这个恢宏的宇宙图像中扮演了某种角色，那是一种什么样的角色？在这一旅程中，新的想法会直面强有力的实验的检验，新的假说必须符合自然现象。这就是所谓的科学方法——尽量通过科学的、数学的、可以验证的定律来解释人们观察到的现象。只有在得到了实验验证之后，一种解释才会被接受。所以，如果人们对这个世界中任何事物的起源做出一种假定，它都应该首先得到确定，然后得到经验证实。

在试图解答诸如自然现象的起源这类深刻的问题时，我们经常会见到抽象或猜测性的解释。对于这类问题的探索，以及哲学家和科学家思索这个问题的方式经过了千百年的演变。人们过去采取的方式是抽象的，但后来，当人类能够用科学手段观察自然现象时，我们逐渐可以将模型与真实世界联系，并能完全理解让事物具有其性质的密码。最令人神往的工作莫过于破解这些密码，发现隐藏在它们背后的真实。

在理解周围的世界活动中，人类走过了漫长的道路。我们当然应该为此而骄傲，但同时也应该承认，在这个世界上，人类并没有占据独一无二的地位。我们对于宇宙知道得越多，这一点就越清晰。将人类与其他造物相区别的是我们所具有的思考和想象的能力，以及从经验当中学习的能力。本章将简单地回顾思想的进化和人们用于理解大自然隐藏的奥秘的不同方法，并通过引申法阐述人类的起源。尽管人类的思想进化在开始时发展得很慢，但加速非常迅猛。

本章回顾了人类知识的逐步积累、不同科学学科涌现的时刻，并以古希腊哲学家们的工作为起点，总结了改变人类世界观的重大发现。随之而来的是人类获得了观察的能力，从而引发了科学革命。本章讨论了现代科学的进步、导致这一进步的因素，以及这一进步如何改变了我们的宇宙观和我们周围的世界。当不同的科学学科在科学革命之后出现时，人们已经不可能再孤立地学习单一学科了。例如，化学依赖于物理定律，而生物学严重依赖于理解化学的过程。为了深刻地理解起源问题，我们需要发现的恰恰是这些看上去各自独立的领域之间的关系。

对于真实的早期探索[①]

第一批古希腊哲学家试图使用从基于信仰到基于知识的方法，通过逻辑寻找真实。他们属于前苏格拉底（Socratic）哲学家学派，寻找真实的、单一的、绝对的原理。第一位前苏格拉底学派的哲学家是泰勒斯（Thales，公元前 624—前 546 年），他也是第一个赞成所有物体都来源于水这个单一终极物质的人。因此，他相信万物是统一的。泰勒斯是第一位对数学、天文学和哲学的开创性方法进行统一的哲学家，也是第一位用理论和假说解释自然事物的哲学家。阿那克西曼德（Anaximander，公元前 610—前 546 年）是泰勒斯的学生，是第一位科学哲学家，他相信自然是遵循定律的，并试图将自然现象解释为一系列因果关系。历史上有记录的最早的科学实验由阿那克西曼德完成。尽管在历史记录中，巴比伦人（Babylonians）创建了天文学，但人们通常认为，阿那克西曼德是第一个用非神学方法考虑宇宙学的人。他试图运用观察与实验的方法研究宇宙的不同方面及其起源，并探索了天体力学。另一位著名的泰勒斯的学生是毕达哥拉斯（Pythagoras，公元前 570—前 490 年），他是第一个自称哲学家（即"智慧热爱者"）的人，也是第一位纯数学家，被人称为"数字之父"。毕达哥拉斯是第一个通过数学方法解释自然的人，而且他看到了数学表达的世界之美。在追寻形而上学基础和道

---

① 在有关古希腊哲学家对于科学的早期发展的讨论中，作者大量使用了如下来源的材料：

Internet Encyclopedia of Philosophy: http://www.iep.utm.edu

Stanford Encyclopedia of Philosophy: http://plato.stanford.edu/index.html

德应用方面，有一位超越了物理学理论的前苏格拉底学派的哲学家，他就是赫拉克利特（Heraclitus，公元前535—前475年）。赫拉克利特有关具有内在秩序与理性的持续变化的宇宙的想法，形成了后来的欧洲世界观的基础。赫拉克利特与埃利亚的巴门尼德（Parmenides of Elea，公元前515—前450年）是同代人，后者是一位非常有影响力的前苏格拉底学派哲学家，被称为"形而上学之父"。巴门尼德在做出断言的时候遵循推理证明的方法，否定变化的现实。西方哲学史上的一个转折点由此出现，对在他之后包括柏拉图（公元前428—前348年）之内的哲学家具有重大影响。

两位深受巴门尼德思想影响的早期希腊哲学家是阿那克萨哥拉（Anaxagoras，公元前500—前428年）和恩培多克勒（Empedocles，公元前490—前430年）。阿那克萨哥拉在自然科学方面有许多洞见，在他的时代很有革命意义。例如，他是第一个解释日食成因的人，其想法推动了后来的原子论的发展。恩培多克勒被认为是古代世界四大经典元素——土、水、气、火的宇宙理论的创造者，后来，在许多个世纪中，这一理论一直是人们的标准信条。德谟克里特（Democritus，公元前460—前370年）是最后一批前苏格拉底学派的哲学家之一，他发展了一个自然界的唯物论模式，并对建立原子论的哲学流派做出了重大贡献。尽管他是苏格拉底的同时代人，但他的观点更接近前苏格拉底学派的哲学家。

以上讨论总结了人类对于真实的早期探索，这些探索为此后两千年间对于自然的科学理解奠定了基础。从泰勒斯到德谟克里特的近三百年间，人类获得的基础成就是能够考虑简单的观察，并解释自然携带的信息。这也有助于解释自然现象所经历的从最初假定到最后模型的思想的发展。这说明了人类是如何开始思考自身在宇宙中的地位以及起源问题的。在这个时期，对于思想的发展有所贡献的重大方法，是由苏格拉底（Socrates，公元前469—前399年）建立的对话和谈话的力量，人称苏格拉底问答法。在探讨自然的真实方面，这种方法发挥了重要作用，它不但由苏格拉底的学生们在发展与对比各种想法时使用，而且在此后很长一段时间内产生了重大影响。

第一批世界模型

第一个宇宙模型是苏格拉底的学生柏拉图提出的。在他的著名著作《蒂迈欧篇》（*Timaeus*）中，柏拉图解释了宇宙和其中的一切是如何诞生的。他的观点与后来的中世纪神学家的观点不同。他认为宇宙并不是无中生有地被创造出来的，而是由已经存在的土、水、气、火四大元素生成的，这些元素组成了各种复合物，构成了世界。柏拉图的宇宙是由恒星、行星、太阳和月球组成的，它们都在不同的球面上围绕地球旋转。他的结论是，月球旋转的球面是与地球最近的，其次是太阳的球面，接着是更远的其他行星，恒星则是最遥远的。柏拉图认为天体必须是对称的，具有完美的形状，而这是它们能够存在的唯一可能方式。柏拉图的学生亚里士多德（Aristotle，公元前384—前322年）运用观察的方法提出了他有关自然现象的模型，并解释了这些模型的理性论证。亚里士多德的宇宙是不随时间变化的，永远以同样的方式存在。在将近1900年的时间内，人们广泛接受了亚里士多德的地心说宇宙模型，认为这是唯一可行的宇宙模型，直到哥白尼革命（Copernican revolution）之后，情况才有所改变。这些年间，人们已经对地心模型进行了修正，但该模型的基本原则一直未变。

尽管亚里士多德为宇宙的地心模型奠定了哲学基础，但他并没有以天文学观察为基础仔细地添加细节。公元2世纪，托勒密（Ptolemy，公元90—168年）开发了一套标准地心模型，其中以组合圆运动解释人们观察到的行星运动。然而，要使他的模型与观察结果匹配，托勒密只能偏离亚里士多德的某些原理。尽管许多人试图修正托勒密的模型，但直到16世纪中叶，有关行星球面结构的不确定性仍然未能得到解决。

尼古拉·哥白尼（Nicolaus Copernicus，1473—1543年）出版了一部题为《天体运行论》〔De revolutionibus orbium coelestium（On the Revolution of Heavenly Bodies）〕的著作，他在书中试图通过让太阳取代地球居于宇宙中心的方式来纠正这些偏差。哥白尼相信，每颗行星的大小和速度取决于它们与太阳的距离。这是一个革命化的概念，常被人称为"哥白尼革命"。尽管哥白尼的断言当时遭到了反对，但它为未来的发现铺设了道路。

一个以观察为基础的世界模型

丹麦人第谷·布拉赫（Tycho Brahe，1546—1601年）是最后一位用肉眼观察天象的天文学家。他准确地观察了天体的位置和它们在天球上的运动，对其进行了角度测量。通过对一次超新星爆发和一颗彗星的观察，他得出一个结论：它们比月球离我们更远。这种测量非常重要，因为亚里士多德和托勒密的模型认为，彗星和超新星是气象或者大气现象。因此，布拉赫提供了反对经典天文学的第一批证据之一。他也提出了一个新模型，其中行星围绕太阳旋转，太阳则率领所有的行星围绕着位于中心的地球旋转。布拉赫做出了他那个时代有关天体位置的最准确的测量。他的助手约翰尼斯·开普勒（Johannes Kepler，1571—1630年）利用了这些数据，把它们总结为数学模型，得到了行星运动的三大定律。开普勒受到了新柏拉图思想的影响，相信"几何图形为创世者提供了装点整个世界的模型"。开普勒是第一个发现行星运动遵循的宇宙定律的人。他最初的模型为行星围绕太阳的旋转假定了一条圆形轨道，但他发现，这与布拉赫测量的行星的准确位置有 8 弧分的偏差。他并没有将这一点归咎于观察误差，而是修正了自己的模型，并最终发现，当假定行星沿椭圆轨道公转时，理论与观察能够得到最佳匹配，这时太阳处于椭圆的一个焦点上（开普勒行星运动第一定律）。他也发现了行星的轨道速度和它们的轨道与太阳的距离之间的关系（开普勒行星运动第二定律）。通过尝试许多模型的结合，他最后得出了开普勒行星运动第三定律，即任何行星围绕太阳公转周期的平方都与轨道的长半轴的立方成正比。这一定律完美符合当时的观察数据，这些数学模型也得到了此后无数次独立实验的证实。开普勒行星运动定律的重要意义在 1687 年得到了清楚的展现，当时艾萨克·牛顿应用这些定律，得到了万有引力定律。

1610 年，意大利天文学家、哲学家、工程师伽利略·伽利莱伊（1564—1642 年）利用自己刚刚研制的望远镜，观察到了围绕木星旋转的 4 个天体，也就是说，他实际上发现了木星的 4 颗卫星。这与亚里士多德的宇宙学矛盾，后者认为所有天体都围绕地球旋转。伽利略于同年注意到，金星与月球一样有位相。托勒密的地心学说完全无法解释这种观察结果，而日心说则预测金星会有不同的位相。这些观察结果摈弃了亚里士多德的地心宇宙观点，支持行星围绕太阳旋转的日心体系。这一事件影响了科学与哲学的基本概念和人类的世界观。

科学革命

艾萨克·牛顿（1642—1727 年）生于伽利略去世的那一年。在他于 1687 年出版的《自然哲学的数学原理》一书中，牛顿为万有引力概念和后来的运动定律奠定了基础。牛顿结合了开普勒定律和由克里斯蒂安·惠更斯（Christiaan Huygens，1629—1695 年）发现的与离心力①相关的定律，证明向心力（即令物体沿着圆形路径运动的力，力的方向永远指向该物体的圆形轨道的中心）确实是让行星运动的力，而且太阳与其行星之间的引力与它们之间的距离的平方成反比。这是牛顿万有引力定律的诞生过程，它让科学发生了革命性的变化。应用这一定律，牛顿预言了彗星的轨道、行星的运动以及许多其他天体现象。牛顿的工作无可辩驳地证实了太阳系日心模型的有效性，否定了亚里士多

---

① 离心力是一种虚拟力，只是在非惯性参考系中作为向心力的反作用力而存在的。——译者注

德的世界模型。牛顿的万有引力定律和运动定律成功地解释了此前 350 年间人们对于太阳系内各天体的观察结果。

除了万有引力定律，后牛顿时代的另一项重要发现，是对于电、磁和光现象是同一种现象的不同表现形式的理解。这种思想由苏格兰数学家詹姆斯·克拉克·麦克斯韦（James Clerk Maxwell，1831—1879 年）于 1860 至 1871 年间开发的 4 项方程予以阐述。人类第一次成功地表达了一种统一力，这种力被命名为电磁力。麦克斯韦证明了，电磁波传播的速度等于光速，而光是一种遵照麦克斯韦方程建立的定律传播的电磁扰动。牛顿和麦克斯韦共同为延续到今天的现代科学奠定了基础。

牛顿的世界观于 20 世纪初受到了挑战。随着在自然科学不同领域内发生的突破，一种新的世界观崭露头角。1905 年，阿尔伯特·爱因斯坦（1879—1955 年）推出了他的狭义相对论，粉碎了人类到那时为止有关世界的见解。爱因斯坦是以麦克斯韦的电磁理论为基础推导他的理论的。根据他的论证，出现在麦克斯韦方程中的光速是一个无视产生它的光源的速度的常数。接着，爱因斯坦进一步提出，物理定律在任何参照系中都是不变的。这两个概念形成了狭义相对论和现代物理学的基础。

物质本质的现代观点的出现

19 世纪初，英国化学家约翰·道尔顿（John Dalton，1766—1844 年）注意到，各种元素总是按照整数比例参与反应。通过测量一种化合物中不同成分（元素）的相对质量，他意识到，参与反应的每种元素都是某个离散单位的整数倍，即原子的整数倍。法国物理学家让·佩兰（Jean Perrin，1879—1942 年）用实验方法证实了道尔顿的原子论，并首次证明物质是由人称原子的离散单位组成的。在用阴极射线所做的一次实验中，英国物理学家 J. J. 汤姆逊（J.J. Thomson，1856—1940 年）证明了一种粒子的存在，其质量为原子的 1/1 800。人们很快便意识到，这些"新"粒子带有负电荷，正是它们形成了电线中的电流，为此人们称其为电子。电子的发现向原子不可分而且是构成物质的终极成分的理念提出了挑战。然而，人们当时并不清楚电子在原子内部是如何分布的。在 1909 年的一次实验中，汤姆逊的学生欧内斯特·卢瑟福（Ernest Rutherford，1871—1937 年）研究了带有正电荷的阿尔法粒子被金属箔散射的现象，出乎意料的是：他注意到，有些粒子的偏转角度大于 90 度。为了解释这一观察结果，卢瑟福提出了一种观点，认为带有正电荷的粒子形成了处于原子中心的小原子核。汤姆逊和卢瑟福分别提出了原子结构的两种最早的模型，一种是布丁模型（plum pudding model），另一种是行星模型（planetary model）。然而，1913 年，汤姆逊的另一位学生——丹麦物理学家尼尔斯·玻尔（Niels Bohr，1885—1962 年）证明卢瑟福的模型不可能稳定，并首次提出了以量子概念为基础的原子结构模型。在这个模型中，原子核处于原子的中心，电子在不同的轨道上围绕原子核旋转。电子可以通过吸收或者发射独立的能量单位来改变它们的轨道。1916 年，有关原子结构的信息让人们理解了原子之间的化学键，以及如何解释原子的发射与吸收光谱这一由来已久的问题。人们将化学键解释为不同原子中的电子之间的相互作用，而在 1919 年，美国化学家欧文·朗缪尔（Irving Langmuir，1881—1957 年）解释了元素的化学性质，认为这是由于电子之间结合的特殊模式而产生的。

20 世纪 20 年代，量子力学的发展彻底改变了物理学世界，改变了人类对于物质构成的看法。1900 年，马克斯·普朗克（Max Planck，1858—1947 年）发现了有关黑体辐射的原理；1905 年，爱因斯坦解释了光电效应。这两次重大发现揭示了物质的量子性质。而人类对于基本粒子的物理特性的测量始于一次利用银原子束的实验，银原子在穿过磁场时按照粒子的不同角动量（或者说自旋）分裂。1924 年，路易·德布罗意（Louis de Broglie，1892—1987 年）提出，一切粒子都在某种程度上表现出波的行为。埃尔温·薛定谔（Erwin Schrödinger，1887—1961 年）于 1926 年利用了这一模型，将电子视为波而不是质点粒子，从而为原子建立起一个数学公式。电子的波动本性导致的一个后果是：在任何给定的时间内，人们无法同时准确地测量一个粒子的速度和位置；这一原理被称为不确定性原理，是由维尔纳·海森伯（Werner Heisenberg，1901—1976 年）于 1927 年提出的。由此，量子力学第一次向人类揭示了原子尺度上物质运转的深刻内涵。

今天，人们将电子视为基本粒子，而组成原子核的中子和质子（neutrons and protons）则是由更基本的夸克（quarks）组成的（每个中子和质子中都有 3 个夸克）。不同类型的夸克的存在已经得到了实验证明。同样，考虑到粒子具有与波类似的性质，人们通常用场的术语解释它们的行为（第 4 章）。20 世纪的后 50 年见证了物理学理论的巨大飞跃，这些理论解释了基本粒子的性质和夸克的行为，并尝试统一自然的四大基本力。当人们进一步深入地寻找并发现更多细节的时候，对于这些模型的实验验证变得更加困难，需要更精细复杂的实验装置。尽管如此，我们当前的实验能力是能够检验现有模型的。

有关空间与时间的现代观点

1915 年，爱因斯坦在一个优美的数学框架内发展了广义相对论。通过这一进展，他改变了牛顿的绝对空间和绝对时间的概念，并将质量－能量关系结合到了空间与引力的集合框架之内。广义相对论预言了太阳系内许多可观察的现象，并预言了空间与时间的经纬。在广义相对论发表后不久，这些预言中就有许多得到了实验证实，其中包括水星轨道近日点的进动、光线由于引力发生的弯曲，以及最近几年得到证实的庞大物体发出的引力波概念。如果将广义相对论扩展到太阳系之外，爱因斯坦方程的解预言了一个动态宇宙，它会收缩或者膨胀。在没有任何观察证据的情况下，爱因斯坦在他的方程中引进了一个数学项，以此平衡引力的吸引，由此得到了一个静态宇宙。人们称这个数学项为宇宙常数（cosmological constant），它产生了对抗引力的压力，从而让星系分开。1925 年，利用坐落在加利福尼亚威尔逊山（Mount Wilson, California）上的、当时最大的望远镜，美国天文学家埃德温·哈勃（Edwin Hubble, 1889—1953 年）发现了宇宙的膨胀，这是理论预言与实验观察证实之间最令人惊讶的不期而遇之一[①]。在宇宙膨胀被发现之后，爱因斯坦摈弃了宇宙常数这一概念。然而，人们于 1998 年发现了一种令宇宙膨胀加速的人称暗能量（dark energy）的神秘力（第 10 章），在此之后，科学家们重新燃起了对宇宙常数的兴趣。暗能量是一种力，具有与宇宙常数同样的作用。我们目前还不清楚这种排斥力的真正本质。这项实验观察得到的事实正在等待理论上的解释，这是科学史上罕见的一个例子。

宇宙诞生之初的残留辐射叫作宇宙背景辐射（cosmic background radiation），它的发现是理论预言后来得到观察证实的另一个例子。这种辐射的存在是由乔治·伽莫夫（George Gamow, 1904—1968 年）于 1953 年预言的，并由阿尔诺·彭齐亚斯（Arno Penzias, 1933— ）与罗伯特·威尔逊（Robert Wilson, 1936— ）于 1964 年通过实验证实。这种辐射充满了整个宇宙，在空间与时间中提供了一个绝对参照系。宇宙背景辐射被发现以来，人们已经利用专门的太空航天器与地基设备对其进行了详细研究。

宇宙学是研究宇宙起源和演变的学科，有了这些观测结果后，这门学科就有了坚实的实验基础。这是宇宙学作为一个独立的科学学科的开始。从那时起，发现之路便一直在持续向前，而且，随着科技的进步，宇宙学变成了一项精确科学。过去几十年来，这门学科飞速发展，让我们越来越了解人类生活的这个世界的真实情况。

---

① 在威尔逊山天文台（Mount Wilson Observatory）上的 100 英寸（2.54 米）胡克望远镜（Hooker Telescope）是 1917—1949 年间世界上最大的望远镜，正是利用这台望远镜，埃德温·哈勃发现了宇宙膨胀现象。

从自然哲学到自然历史和生物学

前苏格拉底学派的哲学家们惊叹于生命的神奇，并提出了许多这方面的问题。人们称希波克拉底（Hippocrates，公元前 460—前 370 年）为医学之父，他是第一个相信疾病是自然造成的，而不是通过迷信的方式或者神祇造成的人，从而使生物学（有关生命的科学）与宗教分道扬镳。希波克拉底是亚里士多德的同代人，后者的生物学是完全根据经验而来的，不同于他在自然哲学中采取的推测方式。亚里士多德为许多动物物种做了分类，而且他相信，从植物到动物，所有生物都是按照完美的分级标准排列的。直到 18 世纪，这种观点才得到了其他学者的认同。在希波克拉底与亚里士多德之后的时代，出现了一位著名的生物学家兼医师——克劳狄乌斯·盖仑（Claudius Galen，129—216 年）。他建立了许多沿用至今的生物学科，包括生理学与外科的基础。在盖仑之后，尽管有史上记载的中国、美索不达米亚（Mesopotamian）和埃及学者在生物学方面的活动，但在欧洲 14 世纪至 17 世纪的文艺复兴时期之前，这个学科没有出现重大进展。

安德雷亚斯·维萨里（Andreas Vesalius，1514—1564 年）是第一批在医学与生物学领域用事实经验主义取代抽象推理的人之一。他解剖、研究动物，并于 1543 年（哥白尼出版有关日心天文学的革命性著作的同年）发表了人类解剖学领域最有影响的书籍之一——《人体的构造》（On the Fabric of the Human Body）。维萨里的方法也有助于观察与研究植物。17 世纪 70 年代，荷兰微生物学家安东尼·范·列文虎克（Antonie van Leeuwenhoek，1632—1723 年）发明了显微镜，开始了一场生物学革命。这场革命促使显微镜的放大倍数急速增加，这让人们发现了微生物。英格兰博物学家约翰·雷（John Ray，1627—1705 年）是第一个将植物分类为亚组的人，他为"物种"这个术语做出了科学定义，开创了分类学这门学科。大约在同一时间，丹麦解剖学家兼地质学家尼古拉斯·斯丹诺（Nicholas Steno，1638—1686 年）观察到，活体生物的尸体可以被禁锢在岩石层中并产生化石，从而提出了化石的有机起源。由于哲学方面的分歧和宗教在地球年龄这类问题上的影响，当时的科学家们并没有完全接受这一点。

18 世纪初，自然科学开始多元化，不同的学科相互独立地成长了起来。法国博物学家德·布丰伯爵（Comte de Buffon，1707—1788 年）收集了直至 17 世纪的一切自然科学知识，并以 36 卷本百科全书的形式出版，书名为《自然史》（Natural History）。与布丰一生的心血结晶发表的同年，伊曼纽尔·康德（Immanuel Kant，1724—1804 年）提出了他有关地球形成的著名理论。这些工作共同为地质学这门科学奠定了基础并与19世纪初亚历山大·冯·洪堡（Alexander von Humboldt，1769—1859年）的工作相辅相成；洪堡用自然哲学的定量法分析了生物与它们周围环境之间的关系。洪堡的工作引发了对于生物的时间分布与空间分布之间关系的研究，并最终推动了19世纪初生物学、古生物学和生态地理学等相互独立的学科的发展。这些尝试共同为进化研究奠定了基础。乔治·居维叶（Georges Cuvier，1769—1832年）进行了比较哺乳动物与化石的实验，并由此得出结论：化石就是那些已经灭绝的物种留下的尸体。后来，随着科学与技术的发展，化石成了研究自然历史的主要工具之一，并最终成为研究我们这颗星球的历史和演变的主要工具之一。

1859年，随着查理·达尔文（Charles Darwin，1809—1882年）的巨著《物种起源》（*On the Origin of Species by Means of Natural Selection*）的出版，进化科学迎来了一个新的转折点。在达尔文之前，深受德·布丰伯爵影响的法国博物学家让－巴蒂斯特·拉马克（Jean-Baptiste Lamarck，1744—1829年）曾提出一种新的进化理论，而英国探险家阿尔弗雷德·罗素·华莱士（Alfred Russell Wallace，1823—1913年）也发现了与达尔文类似的有关进化的证据。让达尔文的工作鹤立鸡群的，是他列举的无可辩驳的数据的规模与深度，以及他根据这些数据推导结论时采用的科学方法。到了19世纪末，越来越多的科学家接受了进化以及一切生物都具有共同起源的概念。尽管争论持续存在了许多年，但到今天，人们已经积攒了数量宏大的数据，为进化论打下了坚实的科学基础。

在此期间也发生了另一次革命。1839年，显微技术的进步让西奥多·施旺（Theodore Schwann，1810—1882年）和马蒂亚斯·施莱登（Matthias Schleiden，1804—1881年）发现了作为生物基本单元的细胞，并发展了细胞理论。作为这一发现的基础的实验观察是：人们发现，新的植物细胞是通过老的植物细胞形成的，动物细胞上发生的过程也与此类似。19世纪末，在放大倍数更高的显微镜的帮助下，人们确定并研究了细胞的不同成分。活体生物的基本组成一经确认，生物学家们便能够把注意力转向考虑生命起源的问题了。经过一系列实验，路易·巴斯德（Louis Pasteur，1822—1895年）证明，活体生物无法通过非活体物质产生，从而结束了一场从亚里士多德时代便开始了的辩论。

这一时期的发现预示着新的科学学科的出现，从而推动了生命科学的发展和这些学科向不同子领域的分化。在此之后，科学家们进一步挖掘，试图理解生命本身，以及能够形成生命的物质的起源。

有机化学和分子生物学的诞生

20 世纪初，科学家们开始通过物理学与化学过程来解释生物的行为。在试图将有机物与无机物分开的过程中，有机化学这门科学诞生了。极为重要的一点是人们理解，有机物质的存在是任何生物存在的需要，但并不是每一种有机物质都带有生命的标志。这导致科学家们开始研究生物的物理与化学功能。与此同时，药物代谢以及蛋白质和脂肪酸被发现。到了 20 世纪 20 年代，科学家们开始研究生命的新陈代谢路径，生物化学领域也因此取得了显著的进步。20 世纪 30 年代，许多科学家开始应用物理学与化学技术研究生物学。这推动了分子生物学的诞生，为许多延续至今的杰出发现铺设了道路。

由于生物化学和遗传学的进步，奥斯瓦德·埃弗里（Oswald Avery，1877—1955 年）意识到，基因和染色体的遗传物质是核酸，而不是蛋白质。此后，1953 年，詹姆斯·沃森（James Watson，1928— ）和弗朗西斯·克里克（Francis Crick，1916—2004 年）提出了遗传物质脱氧核糖核酸（DNA）的一个结构模型。这里的基本要点是核酸的特殊配对，说明 DNA 具有一种复制能力，这是任何生物分子都需要的一种能力。当时新出现的 X 射线晶体学技术让这一发现成为可能。因此，一个领域内的进步开始对其他学科的发展具有重大影响。此后，从 20 世纪 50 年代末期到 70 年代初期，分子生物学有了迅速的发展，其中生物科学分裂为几个独立的学科，包括遗传生物学和后来的天体生物学，它们探讨的是最基本的问题，如疾病的分子基础、医学的新分支和生命进化的起源。

20 世纪以来，出现了一个文明史上前所未有的时代，人类在理解生命起源以及进化到当前状态所需的基本功能方面取得了非常大的进展。科技的进步让人们能够提出并研究更加深刻的问题，而自然科学的其他领域也同样参与了对这些最基本的问题的解答。我将在本书后面的章节中探讨一些这样的领域。

总结与悬而未决的问题

按照时间次序，本章对人类文明出现以来的科学发展做出了一个简要的总结，其目的主要是展现千百年来科学思想和重大发现的起源和演变，以及科学方法的发展。古代哲学家们在文明之始做出的发现，与人们近年来使用最先进的方法与科技做出的发现同样深刻。这些发现协力为人类提供了机会，让我们能够更加准确地理解真理。

与当前的情况不同，早期的科学进步更为抽象，是由个别思想家发展的，有时来自信仰，而不是通过客观观察获得的。然而，在任何时候，思想家们都有一个共同点：追求真实。在这样一个过程中，出现了许多不同的问题。而在寻找这些问题的答案的过程中又出现了新问题，人们又接着研究新问题。所有这些问题和理论都被交给实验加以检验，而只有得到了实验结果的支持时，它们才会被接受。本章也涵盖了一些学科的出现，人们现在用它们直接研究最基本的问题，宽泛地说就是：宇宙、星系、恒星、行星和生命是怎样出现并且演变成现在这种状态的。在这一章的讨论中，有一件事情是清楚的：每一个时代都有它面临的独特的挑战和谜团。每一个发现都让我们距离理解真实更近了一步，但这同时也引发了许多新问题。自从第一批哲学家面对有关真理的问题而冥思苦想时，到现在已经过去了差不多 2 500 年的悠悠岁月，但我们与真理的距离还是和过去一样遥远。

遥想当年，伽利略曾透过他的第一台望远镜观看，研究着人们那时认为就是宇宙的那片天空，而差不多与此同时，范·列文虎克正在透过他新造的显微镜，研究所谓的"微观宇宙"。所以，推动生物学革命的微观世界研究是与对宏观宇宙现象的研究一起发展的。这些研究依赖于物理定律，物理定律同时也决定了形成化合物的化学键，而其中有些化合物恰恰是生物学需要的，它们能够产生人类细胞需要的能量，并且能够传递来自祖先的遗传信息。

为了检验这些有关宇宙起源的理论，科学家们需要模拟当时的主要条件。于是他们建造了最庞大的粒子加速器，可以把粒子加速到接近光速，并让它们迎头相撞；当粒子相撞的时候，它们会产生早期宇宙中存在的那种数量级的能量。通过这种方法，科学家们揭示了微观尺度的物理学影响今天的宇宙状态的方式。伽利略的望远镜现在已经被大型陆基与天基天文台取代，这使我们可以研究宇宙最遥远的部分，或者找到其他的行星；而列文虎克的显微镜也变成了先进的电子显微镜和磁共振成像仪，用来研究细胞是怎样发展的，它们是怎样满足自己对于能量的需要的，以及人类的思想是如何运转的。破解自然定律是人类取得的最伟大的成就。

科学的当前发展与亚里士多德和伽利略的时代非常不同。我们已经进一步接近了以实验与观察为基础的科学的客观观点。类似地，当今有关真实的见解也与千百年前完全不同。同样，科学发展的部分也大大加快了。人类花费了几千年时间，才让地球不再是宇宙的中心，而在过去一百年间，人类对于围绕着自身世界的整体理解也发生了改变。今天的科学界拥有有史以来最大、装备最为精良的一支队伍，它正在为解决人们曾经认为不可想象的问题而努力工作。如果会有一个以科学方法探讨宇宙与生命起源的时代，那一定就是我们今天的时代。

回顾复习问题

1. 早期希腊哲学家可以按照前苏格拉底学派与后苏格拉底学派划分。人们是根据什么而这样划分的？

2. （a）按照理论与假说，（b）按照一系列因果关系，或者（c）按照数学方法揭示自然现象的第一人是谁？指出这三种事件发生的时间，并解释这些事件是否开启了科学思想的进程。

3. 埃利亚的巴门尼德是怎样影响了他之后的哲学家的？这一影响持续了多久？

4. 最早的世界模型是什么？

5. 为什么柏拉图的宇宙模型长时间在社会占主导地位？

6. 尼古拉·哥白尼根据什么提出了他的日心宇宙模型？

7. 解释第谷·布拉赫和约翰尼斯·开普勒的共同工作是怎样导致行星运动定律的发现的。

8. 伽利略的哪些观察否定了亚里士多德的宇宙地心模型？为什么？

9. 牛顿与爱因斯坦的世界观有什么区别？

10. 解释导致原子结构的第一个模型最终发现的不同步骤。

11. 为什么要在爱因斯坦方程中引入宇宙常数？为什么它被摈弃了，后来又被重新接纳？

12. 解释从希波克拉底到亚里士多德和盖仑的生物学早期发展。

13. 从什么时候开始，科技在生物学史上扮演了重要的角色？

14. 描述化石的发现、它们作为有机物质的解读，以及这一发现在当时是怎样被人接受的。

15. 解释地质学这门科学是怎样产生的。

16. 是谁第一个确定了化石是已灭绝的动物的遗留物？

17. 是什么让查理·达尔文在进化方面的工作如此独特而且极具说服力？

18. 20世纪20年代与30年代，有机化学、生物化学和分子生物学作为不同的学科得到了发展。解释这些发展背后的根本原因。

参考文献

Almasi, G. 2013. "Tycho Brahe and the Separation of Astronomy from Astrology: The Making of a New Scientific Discourse." *Science in Context* 26 (01): 3 - 30.

Bowler, J.P., and I.R. Morus. 2005. Making Modern Science: A Historical Survey. Chicago: University of Chicago Press.

Brush, S., and G. Holton. 2001. *Physics, the Human Adventure: From Copernicus to Einstein and Beyond*. New Brunswick, NJ: Rutgers University Press.

Brush, S.G. 1992. "How Cosmology Became a Science." *Scientific American* 267 (2): 62 - 68. doi:10.1038/ scientificamerican0892-62.

Collins, G.P. 2007. "The Many Interpretations of Quantum Mechanics." *Scientific American*, November 19.

Gleiser, M. 2014. *The Island of Knowledge: The Limits of Science and the Search for Meaning*. New York: Basic Books.

Kahn, C.H. 1994. *Anaximander and the Origins of Greek Cosmology*. New York: Columbia University Press. Reprint, Indianapolis: Hackett.

Kirk, G.S., J.E. Raven, and M. Schofield. 1995. *The Presocratic Philosophers*. 2nd ed. Cambridge, UK: Cambridge University Press.

Lindberg, D.C. 2008. *The Beginning of Western Science*. Chicago: University of Chicago Press.

McClellan, J.E., III, and H. Dorn. 2015. *Science and Technology in World History: An Introduction*. Baltimore: John Hopkins University Press.

Schrödinger, E. 1992. *What Is Life?* Cambridge, UK: Cambridge University Press.

Watson, J. 1980. *The Double Helix: A Personal Account of the Discovery of DNA*. New York: Norton.

时间与空间是让我最为困惑的事物；然而，我最不在乎的
也是它们。

——查尔斯·兰姆（CHARLES LAMB）

除了原子与虚空之外，一切都不存在；其他的事物仅仅存
在于人们的意念之中。

——德谟克里特（Democritus）

空间与时间的起源

THE ORIGIN OF SPACE AND TIME

本章研究目标

本章内容将涵盖：

· 空间与时间的历史观点

· 空间与时间的本质

· 时间之矢

· 空间、时间与引力

· 质量与能量的本质

　　我们生活在空间之内，能够感受时间的流逝。空间与时间是我们在生命的任何一瞬都必须与之打交道的两项最基本的事物。但是，空间与时间的本质是什么？它们是一直存在的，还是在某一个遥远的瞬间突然形成的？如果答案是后者，我们能否想象一个不存在空间与时间的世界？它们是宇宙的基本构造吗？还是说，它们只是我们的感知的结果？我们能够通过科学方法研究它们吗？对于空间与时间本质的研究在以往的多个世纪中不断演变，从哲学家的观点发展到科学的、可测试的理论。尽管如此，空间与时间的起源与本质仍然扑朔迷离，是考验人类聪明才智的最基本的问题之一。在整个历史上，我们对于空间与时间的见解的变化形成了一个迷人的故事，如今，我们依旧在沉思默想：这两个实体的本质究竟是什么，它们又是如何与我们生活的世界相联系的？为了对此进行研究，我们需要以现代观察揭示的实际情况为背景，对比验证空间与时间的抽象概念。

　　一个与此相关的问题是质量与能量的概念。对于这两个概念之间关系的研究挑战了不知多少代科学家。在现代物理学中，如果无法理解质量与能量和空间与时间的关系，就无法理解质量与能量的本质和它们的起源。在大尺度下，空间与时间受到引力的影响，而正如爱因斯坦的广义相对论揭示的那样，引力本身又取决于质量与能量的存在。

　　本章首先对空间与时间进行了历史回顾，并讨论了它们的本质。随后我们将讨论时间之矢的实在性，在此过程中会涉及"空间与时间究竟是分离的还是相互结合的"这一问题。除了研究空间—时间和质量—能量之间的关系，我们也将研究引力对于空间与时间的结构的影响。

有关空间与时间的历史回顾

　　空间与时间的概念在随着时间不断地演变。在《蒂迈欧篇》（对话）[①]中，柏拉图将空间解释为事物在其中形成的实体，而时间是天体运动的时期。他的学生亚里士多德则发表了一部有关科学和哲学的有影响的著作，题为《物理学》〔*Physica Auscultationes* [②]（*Lectures on Nature*）〕，并在其中将空间（某个物体的所在地）定义为"第一个（即最内层的）无运动的边界线之内包含的事物"，将时间定义为"运动的一种恒定属性，它无法单独存在，只能通过与运动之间的关系表现自己"。希波的圣奥古斯丁（Saint Augustine of Hippo，公元 354—430 年）在他的自传体著作《忏悔录》（*The Confessions*）[③]中认为，有关时间的知识依赖于有关运动的知识，所以，在生物无法衡量时间流逝的地方，时间无法存在。在这种背景下，圣奥古斯丁把时间与创世问题相连。后来，神学家们反对希腊哲学家提出的无限宇宙的理念。他们认为不可能存在真正的无限，认为宇宙有起点，因此时间也有起点。《纯粹理性批判》（*The Critique of Pure Reason*）是伊曼纽尔·康德颇具影响力的一本论及空间与时间的著作，他试图在书中将时间视为一种理念，当它与另一种叫作空间的理念结合的时候，就能让人们通过感觉、经验和数据，而不是通过纯粹的理性理解知识。绝对空间与绝对时间的概念是由艾萨克·牛顿在他的名著《自然哲学的数学原理》一书中阐述的，即认为它们只与自身有关，其存在绝不依赖于任何其他物体。按照牛顿的模型，人们需要绝对空间来描述不依赖于其他物体的现象，如旋转和加速。与此相反，德国哲学家戈特弗里德·威廉·莱布尼茨（Gottfried Wilhelm Leibnitz，1646—1716 年）则认为，我们称两个物体之间的事物为空间的说法是错误的，这一事物只不过是这两个物体之间的关系。换言之，如果没有物体存在，空间就没有意义，而运动被定义为这些物体之间的关系。然而，按照牛顿的观点，空间和参照系独立于它们之中的物体存在，而物体的运动是相对于空间本

---

① 柏拉图的《蒂迈欧篇》是对于宇宙形成问题的一个独白式解释。这是柏拉图收集的一个智慧成就的合集，描述了一个有序宇宙，其中的对话的目的是解释这个宇宙。对话中的人物包括苏格拉底、蒂迈欧（Timaeus）、赫摩克拉底（Hermocrates）和克里底亚（Critias）。1982 年由 B. 乔伊特（B. Jowett）翻译。
② 亚里士多德的《物理学》是研究自然运动物体（无论有生命的或者无生命的）的哲学原理的八本书中的演讲的合集。这本书讨论了运动和动作的主要原因，是一部有关物理学、宇宙学和生物学的基本著作。
③ 圣奥古斯丁的著作《忏悔录》全名为《忏悔录：圣奥古斯丁的忏悔》（*Confessiones: The Confessions of Saint Augustine*），原书是由圣奥古斯丁在公元 397—400 年间撰写的，其中包括圣奥古斯丁的一份自传，解释了人类关注的重大事件。

身而言的。在将近两个世纪的时间内，牛顿有关绝对空间的想法被广泛接受，直到奥地利物理学家、哲学家恩斯特·马赫（Ernst Mach，1838—1916 年）提出了自己的原理（人称马赫原理），才改变了这一局面。马赫原理认为，惯性（静止物体保持静止、运动物体保持按照原有方向运动的倾向）来自一个物体与宇宙中所有其他物体之间的关系，无论那些物体多么遥远。换言之，惯性是由宇宙中不同物体的相互作用引起的。

20 世纪初，牛顿有关绝对空间和绝对时间的观点受到了阿尔伯特·爱因斯坦的挑战。通过一些思想实验，爱因斯坦假定空间和时间是相对的。考虑这样的情况：两位宇航员飘浮在空间中两艘不同的宇宙飞船内，宇宙飞船正在做匀速运动，则宇航员无法在他们各自的宇宙飞船中做任何实验，来确定哪一艘飞船是运动的，哪一艘没有运动。在这里，人们需要一个绝对参照系，相对于这个参照系来测量他们的运动。但这样一来，如何才能知道这个"绝对的"框架有没有运动呢？因此我们得出"一切运动都是相对的"这样一个结论。这一点现在引出了一个重要的说法：既然两位宇航员都无法做任何实验来确定他们在空间内的运动状况，那么物理学定律在两艘飞船中必定都是一样的。如果情况不是这样，在两艘飞船上的实验就将产生不同的结果，而宇航员们就能够确定谁在运动。这便产生了相对性原理：无论观察者在哪一个参照系之内，只要这个参照系没有做加速运动（即这个参照系是惯性参考系），各参照系的物理学定律就都是一样的。于是爱因斯坦得到了作为狭义相对论基础的第二个原理：无论观察者本身处于何种运动状态，光的速度都是恒定的。如果光速不是恒定的，宇航员们就可以测量在他们的宇宙飞船中的光速，从而确定谁在运动。

在以上讨论中，我们假定人们处在一个没有引力的世界中。那么，一旦引入引力，情况会如何变化呢？受到马赫原理的影响，爱因斯坦认为，来自宇宙中遥远恒星的引力，是造成加速度和惯性的原因。于是等效原理得以发展，即在一个引力场中的观察者感觉到的力，与在一个加速参照系中的力是不可分辨的。换言之，在一艘宇宙飞船中的宇航员无法分辨引力和由于飞船加速产生的力。有了这些发现，爱因斯坦便得以提出：惯性、引力和加速度都与空间和时间相互联系的方式有关，人们称这种联系为时空。换一种表达方式就是：时空的概念是与几何和弯曲相联系的。根据广义相对论，一个物体的质量影响了它周围的时空几何，使其弯曲，而时空的弯曲是造成物体加速 / 减速的原因，也就是引力出现的原因。

我们在这里考虑三个基本问题：什么是空间与时间的起源和本质？它们是否能够脱离对方存在？空间和时间是怎样与宇宙的结构相联系的？

空间与时间的本质

在两百多年间，牛顿的绝对空间和绝对时间概念一直占据主导地位。牛顿也假定，光需要介质（即所谓以太）才能传播。人们认为以太是运动的绝对参照系，也是光在其中运动的框架。詹姆斯·克拉克·麦克斯韦创立了一组解释电磁场传播的最迷人的方程，他在其中提出，光是以 30 万千米 / 秒的速度运动的电磁波的一种形式。然而，光在麦克斯韦的公式体系中并不需要传播介质。以此为基础，爱因斯坦的论证是：人们没有发现能证明以太存在的可观察的证据，而且在麦克斯韦方程组中也没有以太的容身之所，这就说明，这种东西可能并不存在。如果以太确实存在，在这种情况下我们迎着入射光运动，或者远离它而去，则光速必定会大于或者小于 30 万千米 / 秒，以这一事实为基础，人们也设计了一些寻找以太踪迹的实验。人们在各种不同的情况下测量光速，结果发现它是恒定的，从而用实验排除了以太存在的任何可能性。但接着就出现了"光是相对什么运动的？"这个问题。对此，爱因斯坦提出了现代物理学最基本的概念之一：相对于任何事物，光都是以 30 万千米 / 秒的速度运动的，无论"这些事物"本身的运动速度是多少。他的中心意思是，无论一个观察者在测量光速时以什么样的速度运动，他测得的光速永远是相同的。这一概念具有极为深刻的内涵。让我们想象一艘宇宙飞船，它正在以近乎光速的速度运动，在这艘飞船中的一位宇航员正试图测量飞船内点 A 和点 B 两者之间的距离。这就需要从点 A 向点 B 发出一束光，测量光走过这段距离的时间，然后用光速乘以时间得出距离。与地球上没有随着飞船运动的一个观察者相比，飞船中的宇航员测到的 A、B 两点间的距离总是较短。类似地，与不随飞船运动的观察者的时间相比，飞船上的宇航员所经历的时间要慢一些。这就说明，让光速保持恒定（也就是与相对论保持一致）的唯一方式，就是接受一个事实，即在两个参考框架相对运动的情况下，两个事物之间的距离和时间是不同的。因此我们得到了结论：牛顿认为，空间与时间是绝对的，但情况并非如此；它们实际上是相对的，取决于它们在其中运动的参照系的运动。尽管空间与时间都是相对的，但它们结合形成的时空却是绝对的，无论观察者所在的参照系情况如何，时空都是相同的。我们可以在下一节中厘清这一概念。

过去、现在与未来的真实性

时间从过去流向现在，然后又走向未来。我们可以通过自己的心跳、身体中的生物学现象、事件多次出现的周期或者原子钟来测量时间。物理学定律没有时间相关性；所以，它们以同样的方式作用于过去、现在和未来。在日常生活中，我们每天都在感知和处理这些问题；但问题是，在我们的头脑中，这一点是真实的还是捏造的？让我们想象一位站在教室里看着学生们的老师。由于声速是有限的，这位老师的声音需要经过几分之一秒才能传到学生耳中。所以，对于学生们来说，这位老师口中的"现在"并非"现在"，而是几分之一秒之前。我们可以把老师和学生中间的空间切分成许多时间片段（取决于分辨率），而对于每一个时间片段，都可以有一个"现在"与它对应，这个"现在"与前一个和后一个都有所不同。这就意味着，"现在"并不是一个绝对的概念，而是取决于老师与学生之间的时间片段，其中每一个片段都有它自己的"现在"。所以，"现在"不能表达真实，它依赖于学生相对于老师的位置，而且当学生在空间内运动时，"现在"会产生变化。只有当时空内所有事件都集合在一起的时候，才能够提供反映真实的概念。这里，我们不妨引用爱因斯坦的一句话："过去、现在和将来之间的差别只不过是一个幻觉，真实的是时空的理念"。

时间之矢

对于一个飘浮在空间内的物体来说，"上、下、前、后"都没有多大的意义。这个物体可以沿着任何方向自由运动。然而，对于时间来说，情况并非如此。时间只有一个流动方向——向着未来。

在日常生活中的每一个时刻，我们经历的事件都是向时间的这个方向展开的，永远不会逆向行进。当水从水瓶中喷洒到地板上的时候，水不可能被收集起来，重新回到水瓶里。也就是说，当一个玻璃杯被打破，或者当一只鸡蛋裂了缝时，它们没法恢复原来的状态。这些事件的次序确定了过去和未来的概念，或者说从前与今后的概念。我们记得过去的事情，但对未来一无所知。这就是我们说时间有方向，即存在着时间之矢的意思。于是人们在考虑时空时，发现时间轴上出现了与生俱来的不对称性。然而，物理学定律显示了过去与未来二者的完全对称。在这些定律中，我们没有发现任何一个只能应用于时间的一个方向，而无法逆向应用的例子。换言之，物理学的基本定律中没有这个时间之矢。大体上可以说，就我们所知，物理学定律并没有说明为什么事件只能按照一种次序展开，反之则不行。然而，在打碎玻璃杯或者泼水的情况下，我们看到了时间的单向性在自然界中是如何体现的。我们如何才能自圆其说呢？看起来，从理论上说，如果我们逆转了泼水或者玻璃杯破碎时物体运动的速度方向，水就可以回到水瓶里，玻璃杯也可以恢复原样。这能够满足物理定律的预言。

熵是一个系统可以具有的状态的物理量。它的定义是在一个系统内加入的热除以温度。一个系统的熵是所有小增量的总和。如果系统是逐渐冷却的,熵的值也会逐渐减少。

玻耳兹曼(Boltzmann)证明,物质的熵与物质分子填充其体积的不同方式的数目相关。这就是在流体中分子分布方式的可能数目(即在相等的体积之内,一切分子可以按照多少种不同的方式分布)。人们称之为在给定状态下的多重数,用 W 表示,显示这种状态出现的概率。我们可以用多重数来表示熵:熵 $= k\ln W$,其中 k 为玻耳兹曼常数。

一旦我们让水洒出了水瓶,水分子之间的混乱度便增加了。在这种情况下,水被限制的空间大于在水瓶内的空间,因此,水分子的排列方式便超过了它们在水瓶内的排列方式。人们称系统内的混乱度为熵(专题框3.1)。在高熵系统的情况下,尽管系统的成分(以上一个例子中的水分子为例)会有大量恢复有序的选择,但这种选择与进一步混乱的选择相比微不足道,因此不会受到系统的注意;而对于一个低熵系统,少量恢复有序的选择也不会被系统注意。与水分子在水瓶中的情况相比,它们在水瓶外安排与再次安排自己的排列方式的选择数目显然大得多,这说明水在外面时的熵增加了(专题框3.1)。类似地,一个由多个成分组成的物理系统发展无序的方式多于有序的方式,所以它的熵会增加。这就是热力学第二定律的一种表述方式:物理系统具有向更高的无序状态演变的倾向,因此具有熵增加的倾向(热力学第一定律与能量守恒有关)。这一点自然而然地解释了由大数量成分组成的物理系统的时间之矢问题,因为它们倾向于向熵增加的方向移动。

考虑到物理学定律对于时间的对称性(即可以同样有效地应用于过去与未来的事件),我们便可以想象一些熵在过去高于现在或未来的状况。换言之,让我们想象一个过去高度无序的混乱系统;在经过了足够长的时间之后,这个系统有可能在未来进入有序状态。例如,我们可以看到,我们的宇宙具有各种结构,这让它包含着某种秩序。恒星的诞生与死亡、行星围绕恒星旋转、控制人类身体的生物系统,还有在人类大脑中相互作用的神经元都遵循着这种秩序。这意味着宇宙过去的有序程度较低,熵较高。这便暗示着,如果我们等待的时间足够长(可能意味着永恒),我们就有机会从混乱中实现有序。这一点可以通过物理学定律不依赖于时间加以解释。根据这一讨论,我们有可能从无序与高熵中得到结构和生物体。布赖恩·格林(Brian Greene)在他2005年出版的一本名为《宇宙的结构》（*The Fabric of the Cosmos*）的书中指出，一切秩序的起源是宇宙诞生之时的大爆炸。这一事件在初始时刻具有令人惊异的秩序，而我们现在正在见证这一秩序在宇宙中逐步展开。我们将在本书后面的章节中见到，在宇宙诞生之初，高热宇宙是仅仅由氢、氦和少量锂组成的均匀气体。那时的高密度造成了宇宙的高度有序。在10亿年之后，引力形成了结构，从而导致了星系、恒星的形成，最后形成了像我们的地球这样的行星。自始至终，熵一直在增加。所以，对于如今时间之矢的存在，初期宇宙的条件必定是其关键。正如格林（在他2004年的著作中）所说："事情是这样开始、那样结束的，而从来不是那样开始、这样结束的，这一事实说明，宇宙是以高度有序的低熵状态开始其生命的飞翔的。"于是，尚待回答的问题便是：宇宙是怎样从这样一种有序状态下开始的呢？

亚瑟·爱丁顿（Arthur Eddington，1882—1944年）是第一个通过热力学第二定律解释时间之矢的。然而，并没有实验证据支持爱丁顿的时间之矢假说。由于诞生之初的高密度，早期宇宙各处极为有序，这时熵很低，而且并未增加。如果时间之矢确实是受到熵增加驱动的，当时就不会存在任何"箭头"。这就意味着，时间被停止了。由此而来的便是，人类将永远不会离开那个年代；宇宙的膨胀将被停止；宇宙中不会有任何结构，没有星系，没有恒星，没有行星，我们现在也不会存在。这种论证反驳了"时间之矢是由熵增加驱动的"这一观点。唯一能够为爱丁顿的解释辩护的是，时间和熵都在增加。然而，这一点并不意味着其中一个因素是因另一个而增加的——相关性并不能说明因果关系。

是否有对于时间之矢的替代性解释？要想用一个事件来解释时间之矢，这种事件必须是单向的。熵是其中之一，其他的例子包括落入黑洞、一去不复返的粒子，或者衰变成为较轻元素的放射性元素。而且，如果我们考虑在时空中的宇宙，那么它为什么要在空间内而不是在时空中膨胀呢？每一秒，我们都会在时间上加入新的一秒，而一秒一秒的积累生成了时间之矢。如果情况确实如此，我们就可以持续地创造时间，就像我们确实可以创造出空间一样。

在引力存在下的时空真实性

迄今我们的讨论一直未涉及引力，并局限于匀速运动（加速度为零）的参照系。然而，在真实的宇宙中，物质是以结构的形式存在的。广义相对论为我们建立了一种解释物质在时空中的效应的优雅的方式。根据这一理论，物质影响了围绕空间的几何，在空间内产生了弯曲。这一"扭曲了的"空间造成了被空间包围的任何大质量物体的非匀速（加速或者减速）运动。这种非匀速运动可以与引力类比，而且这就是引力场在庞大物体周围产生的方式（专题框 3.2）。

根据广义相对论，我们每个人感受到的引力是宇宙中一切物质（这就是整个时空的几何）造成的结果，包括最遥远的恒星和星系。例如，一个自由落体的物体将面对来自宇宙中所有其他物体的综合引力。所以，如果我们清除了宇宙中的一切物质，自由落体将不会感受到任何引力或者加速度。如果一切物质都被清除了，空间的弯曲也就不存在了，因此引力也就不存在了。在这种情况下，如同前面各节中讨论的那样，广义相对论将简化为狭义相对论。物质改变了时空几何，这会让运动物体产生加速度，从而产生引力。因此，人们依照分布在整个宇宙内、占据时空的一切物质的作用来定义加速度，而这正是广义相对论与马赫原理得以融合之处（专题框 3.2）。

德国哲学家戈特弗里德·莱布尼茨发展了 17 世纪与 18 世纪的关系主义概念。这一概念认为，空间产生于物体之间的某种关联模式。如果两个物体有相似的性质，它们的相互位置将靠在一起，而如果性质不同，它们的位置将有一段距离。这便造成了某种连接模式。它们之间的关系遵循自然定律，即量子理论。

近年来发展出的一种新理念叫作量子纠缠。根据这种理念，两个同时产生并沿着不同方向运动的粒子一直具有某种联系，无论它们相距多远。相互关联的程度取决于它们的界面（几何）大小。换言之，在一个场中的不同点的测量是有联系的。因此，纠缠可以造成物质的存在和时空几何结构之间的联系。这为我们提供了解释引力定律的另一种方法（专题框 3.2）。

专题框 3.2 什么是引力？

我们无法区分加速系统和一个受到引力影响的系统，也就是说，加速度与引力有相同的意义。物质改变了空间的几何，令其弯曲。空间的弯曲让穿越其中的物体加速或者减速（与在平坦空间中运动的物体相比）。这种加速或者减速表现为引力。

如果两个场没有在它们的边界上发生纠缠，它们就变成了一对互不相干的实体，对应于两个独立的宇宙。两个宇宙间无路可通。现在，当两个"宇宙"进入纠缠的时候，它们之间就好像打开了一条叫作虫洞的隧道。纠缠程度加深时，虫洞的长度也会变短，让两个宇宙越来越近，最后成为一个整体。根据这种想法，时空的出现是场纠缠的结果。我们在场（电磁场或者其他场）中观察到的相互关系，是将空间结合到一起的纠缠的残余。我们观察到的一切现象都发生在时空的范围内。然而，我们永远无法看到时空，而只是通过日常经历推断其存在。

质量与能量的概念

宇宙中的任何物体都具有质量和能量。它们表现为在一个静止物体（即不运动的物体）内"储存"着的能量，可以通过爱因斯坦著名的质能公式加以计算：$E = mc^2$，其中 E 是储存在一个系统中的能量，m 是系统的质量，而 c 是光速——30 万千米 / 秒；或者表现为当物体在以非零速度运动时的动能。一个物体的总能量是这两种成分之和。总能量守恒。这就意味着，如果一个系统具有某种初始能量，它将在任何给定的时间点上具有同样的能量，即使有些能量消失或者转化为另外的能量（或者质量）形式。人们称这种关系为质能守恒定律。

根据爱因斯坦的相对论，与一个物体一起运动的一切能量都是这个物体的质量的一部分。这增加了对抗加速度的阻力（即惯性）。一个物体的动能（通过其质量与速度的综合度量）在不同的参照系中数值不同，取决于物体相对于那个参照系的速度。所以，当质量守恒的时候，物体的总质能（它的质量与动能之和）会随质量的变化而有所变化。

质量的本质是什么？从本质上说，存在着两种质量的概念。第一个是惯性质量，即一个物体对抗加速度的性质；第二个是引力质量，即一个物体的固有性质，它决定物体自身受到某种特定强度的引力场的吸引力有多大。广义相对论中的等效原理假定，物体在做加速运动时感觉到的力与来自引力场的力是无法区分的。换言之，惯性质量与引力质量是等价的，它们是同一种东西。

总结与悬而未决的问题

整个 20 世纪，人们在理解空间与时间这两个自然界最基本的事物方面取得了很大的进步。现在，我们已经可以从科学的角度出发，解释这两个由许多个世纪前的希腊哲学家们提出的概念，并从经验上予以探测。我们尚未破解空间与时间的真实本质，但随着每个观察结果与发现产生，我们都向那个目标迈进了一步。我们现在知道，空间与时间并非绝对的实体，它们的定义与参照系有关，而参照系本身也并不是绝对的。

马赫原理认为，一个物体的惯性是它与宇宙中其他物体之间的关系造成的；深受这一原理影响的爱因斯坦在 1915 年完成了广义相对论。这一理论预示着一场即将来临的科学革命。根据广义相对论，引力来自空间的几何。由于庞大的天体扭曲了它的邻域空间，从而使在这一空间内运动的物体感受到了加速度／减速度，而这又表现为引力。这是因为人们无法区分非匀速（加速或减速）运动的系统和受到引力影响的系统。由此得到的结论是，具有质量的物体产生了"引力场"，并通过这些场相互作用。

物理学领域的一个由来已久的问题是对于时间之矢的解释，即为什么时间总是朝着一个方向（即向着未来）运动。物理学的定律对于时间是对称的，它们可以同等有效地应用于过去和未来。亚瑟·爱丁顿从熵增加的角度（即通过热力学第二定律）对此做了解释。为了从物理过程出发解释时间之矢，我们需要确定哪些过程是单向性的，即只沿着一个方向发生而无法逆转。熵是这样的一个过程（只会增加）[①]。其他可能的过程包括物质体坠入黑洞（一旦穿过了由某个半径定义的人称"事件视界"的界限，任何物体都会彻底消失）。解释时间之矢的另一种方式是认为时间与空间一样，也是在宇宙中被持续地创造出来的。即刻创造的时间将与过去创造的和未来将被创造的时间结合，形成我们观察到的时间的持续流动。以上这些解释都没有得到实验的证实，时间之矢的起源仍然是一个待解决的问题。

尽管我们在理解空间与时间的结构方面取得了令人激动的进展，但依旧存在一些悬而未决的问题。例如，时空在一个质量非常庞大的系统周围极端纠缠的区域内会如何表现？未来的某一天，我们能否理解空间与时间的真正本质？是什么造成了时间之矢？等效原理的准确性如何？如何才能测试或者测量这个原理？

回顾复习问题

1. 在柏拉图的《蒂迈欧篇》中，空间与时间是怎样定义的？
2. 圣奥古斯丁是怎样领会空间与时间概念的？又是如何把它们与创世问题相联系的？
3. 解释绝对空间与绝对时间的概念。
4. 比较牛顿与莱布尼茨分别提出的空间与时间概念。
5. 解释马赫原理。

[①] 熵自发减小的过程并非绝对不可能发生，只是发生这类过程的概率极小。——编者注

6. 什么是相对性原理?

7. 是什么论证导致人们否定了以太是光传播的介质的观点?

8. 从热力学第二定律的角度出发解释时间之矢。

9. 人们是怎样在给定的参照系中模拟引力作用的?

10. 质能是如何与时空和引力相关的?

参考文献

Greene, B. 2005. *The Fabric of the Cosmos: Space, Time, and the Texture of Reality*. New York: Vintage.

Kant, I. (1781) 1999. *The Critique of Pure Reason*. Translated by P. Guyer and A. Wood. Cambridge, UK: Cambridge University Press.

Muller, R. A. 2016. Now:*The Physics of Time*. New York: W. W. Norton & Company.

Primack, J.R and Arams, N.E 2006. *The view from the center of the universe*. Riverhead Books. Penguin Group Inc.

Sachs, J. 1995. *Aristotle's Physics: A Guided Study*. New Brunswick, NJ: Rutgers University Press.

每当科学解决了一个问题，它就会创造另外十个问题。

——乔治·萧伯纳（*GEORGE BERNARD SHAW*）

所谓专家，就是在一个非常狭窄的领域内犯了所有能犯的错误的人。

——*尼尔斯·玻尔*

粒子与场的起源

THE ORIGIN OF PARTICLES
AND FIELDS

本章内容将涵盖：

· 物质的成分

· 宇宙中的基本粒子

· 粒子的相互作用

· 宇宙中的力的起源与本质

· 场的概念

· 质量的起源

· 物质 – 反物质不对称

· 力的统一

　　物质宇宙包含的物体横跨了 35 个数量级，从亚原子尺度（ 10^{-14} 米）到星系尺度（ 10^{21} 米）。近年来，研究这两个极端尺度的粒子物理学家和宇宙学家们开始集中研究一个图像，它联系着这两个差别很大的学科。过去 50 年间，人们在理解自然基本力和粒子的本质以及它们遵循的物理学定律方面取得了令人震撼的进步。量子力学在 20 世纪初的发展，让我们对于物质及其组成的认知有了革命性的转变。这种理论成功地解释了亚原子粒子的运动和相互作用，让我们更好地了解了粒子在最低能量下的具体行为。量子力学告诉我们，能量与动量是不连续的（即所谓"量子化"了的）实体，物质可以同时具有粒子与波的行为（波粒二象性），而且还有对于数值测量准确性的严格限制（不确定性原理）。量子力学无法探讨一个粒子的准确位置和动量，而只能探讨一个粒子在给定位置并具有给定动量的概率。粒子有与它关联的"场"，这些"场"在空间与时间的每一点上都有数值，例如在大质量物体（如地球）周围的"引力场"或者在带电粒子（如电子与质子）周围的"电磁场"。粒子是通过它们的场相互作用的。例如，当两个庞大的天体相互影响的时候（例如太阳—地球系统），它们的引力场必定会相互作用。

　　粒子物理学开发了描述力和粒子之间相互作用的标准模型，并用实验证实了这些模型，这是现代物理学取得的胜利之一。这些模型解释了在不同尺度下规范宇宙的力的本质，预言了负责这些相互反应的新粒子。这自然而然地解释了今天的粒子的起源与特性。另一个激动人心的现代物理学问题，是自然基本力如何拥有了人们观察到的性质（它们的有效范围和强度），以及它们在遥远的过去的行为。有关基本粒子和力的本质的知识，让我们能够破解宇宙的奥秘，并了解使宇宙成为今天这个样子的条件。这是有关最小尺度（粒子）和最大尺度（宇宙）的物理学交汇的地方，造就了宇宙这部恢宏著作的第一章。

在短暂综述了物质的量子性质和新的概念之后，本章讨论了基本力和粒子的本质，以及它们之间的相互作用。然后我们将探讨粒子根据其各自性质的分类、场的概念、质量的起源和自然中的力的统一。本章提供了必要的背景，让我们可以研究我们的宇宙诞生之初远远不足 1 秒内的行为。

有关物质的量子观点

20 世纪上半叶，新的物理学出现并塑造了人类有关自然的观点。20 世纪初，德国物理学家马克斯·普朗克用公式表达了黑体（完美的热吸收体，见第 1 章）的能量辐射，认识到电磁波（包括光）只能以量子化的形式辐射。也就是说，电磁波只能以所谓量子的能量分立小单元的形式辐射，而不能采取连续值的形式。以这一发现为基础，阿尔伯特·爱因斯坦提出光具有二象性，是由叫作光子的分立能量单元（粒子）组成的，但同时也具有电磁波的性质，以此解释了光电效应。随后，丹麦物理学家尼尔斯·玻尔假设，在原子中的电子只能有特定的（量子化的）能量，占据不同的能级。法国物理学家路易·德布罗意进一步证明，每一个粒子都与一列波相联系，其波长取决于粒子的动量（质量与速度的乘积），即动量越大，波长越短（专题框 4.1）。这些发现展现的世界与经典物理学描述的世界差别很大。

专题框 4.1 量子化的能量和波粒二象性

在一项改变了物理学版图的革命性发现中，马克斯·普朗克提出，黑体（一种能够吸收一切光并以一切波长发出辐射的假想物体）只能发射由分立的（量子化的）能量单元组成的电磁波（包括光波）。这些能量单元是一个叫作普朗克常量（h）的常数的倍数，用公式表达为 $E = h\nu$，其中 E 是单元的能量，ν 是光的频率。

路易·德布罗意在 1924 年提出，任何粒子都具有一个与它相关的波长。与一个动量为 p 的粒子相关的德布罗意波长 λ 可以通过公式 $\lambda = h/p$ 计算。

20 世纪 50 年代，通过在量子场论方面的发展，科学家们对基本粒子的研究进入了崭新的阶段。在粒子物理学中，人们将场定义为在空间与时间的任何点上都有数值的物理实体，并可以利用场的概念解释两个粒子之间的相互作用。场有能量和动量，因此我们可以将它视为给定类型的粒子的集合。然而，"场"并不是一个新的概念，艾萨克·牛顿有关大质量物体之间相互吸引的引力定律也涉及一个场，即所谓的引力场。这一点与库仑静电力定律（Coulomb's law of electrostatic force）一样，其中描述的带电粒子相互影响。这可以通过假定每个粒子在其周围产生了一个"场"予以解释，这个场可以影响其他的粒子，因此让粒子之间发生相互作用。场中的能量是量子化的（以分立的单元存在），这种量子化可以表现为一个粒子。所以，我们可以将粒子视为一个场的量子，从而使场和粒子的概念可以相互转化。

在一个场内或者两个场之间的粒子是怎样相互作用的？解释两个粒子之间相互作用的一种方法是，假设其中一个粒子发射一个虚拟光子，这个虚拟光子会被另一个粒子吸收。于是，这个虚拟粒子在两个"真实"粒子之间转移动量。自然的基本力就是通过这种虚拟粒子的交换解释的。例如，对于两个电子之间的电磁力相互作用，人们便通过它们之间交换一个虚拟光子加以解释（图 4.1）。

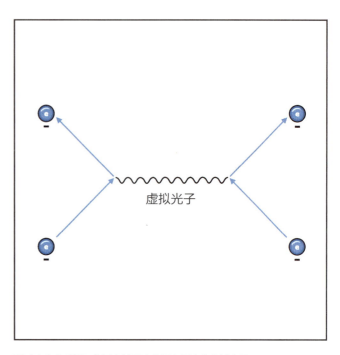

图 4.1 在电磁相互作用中的两个电子之间交换虚拟光子

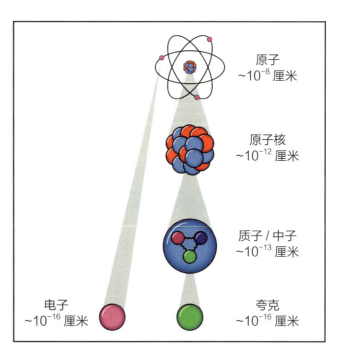

图 4.2 原子的不同成分。质子和中子（统称核子）构成了一个原子的原子核，而电子围绕着原子核旋转。质子和中子各由 3 个夸克构成

我们将在本章稍后看到，两个带电粒子之间的电磁相互作用是通过光子进行的。类似地，自然中的其他力也是与它们各自的虚拟粒子结合的。这个概念决定了自然界中不同力的起源，其中一些粒子担当中间介质（被称为载力玻色子，例如光子），而其他的粒子则形成了我们周围的物质（被称为轻子和夸克）。我们将在本章稍后对此再做讨论。

基本粒子的本质

科学家们多年来始终相信，物质最基本的建筑材料是三种亚原子粒子：质子、中子和电子。一个原子其实是由两个部分组成的，即原子核（其中包括质子和中子）和围绕原子核旋转的电子（图 4.2）。但后来他们认识到，自由中子可以衰变为一个质子和一个电子，这一变化过程将在本章稍后描述。考虑到当时已知的粒子，他们不可能解释清楚所有进入这个过程的初始能量，结果这个过程似乎违反了能量守恒定律，所以科学家

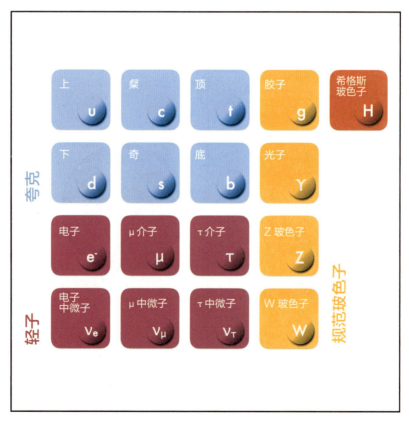

图 4.3 基本粒子分类。夸克和轻子组成了我们周围的物质，而玻色子则是自然界中的力（电磁力、弱力、强力和引力）的介质

们引入了一种新的粒子，它不带电荷，只有极小的质量，并以此解释丢失的能量。人们把这种粒子命名为中微子（意思是"小的中性粒子"）。中微子虽然与其他物质有相互作用，但异常微弱，所以能够穿过物质而不留下任何痕迹，因此它们极难被检测到。在这一假说提出之后好几十年，人们才最终用实验证实了中微子的存在。

粒子物理学的标准模型解释了最基本的物质结构单元的本质和特性，以及它们的不同成分之间相互作用的方式。根据这个模型，可以把宇宙中的一切粒子归为三类：夸克、轻子和载力玻色子（图4.3）。一切物质最基本的结构单元是夸克和轻子（图4.4）。在这两组粒子中，每组都有六个成员。它们通过交换载力子（如光子）相互作用。由于一种叫作夸克禁闭（color confinement）的现象，我们无法找到自由夸克，但它们可以结合形成叫作强子（hadrons）的复合粒子。强子进一步分为由三个夸克组成的重子（baryons）与由一个夸克和一个反夸克组成的介子（mesons）（图4.4）。最常见的重子是质子和中子。

在标准模型中有六种不同味（flavors）的夸克，分别叫作上（u）、下（d）、奇（s）、粲（c）、顶（t）和底（b）（图4.3）。所有这些味的夸克的存在都得到了实验证实。上夸克与下夸克的质量最小。因此它们是最稳定的，

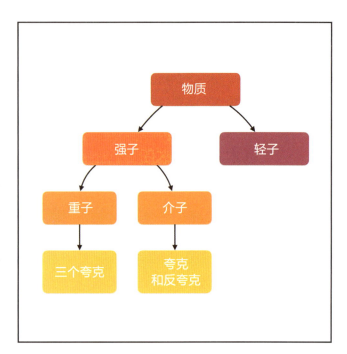

图4.4 归入不同类型的普通物质

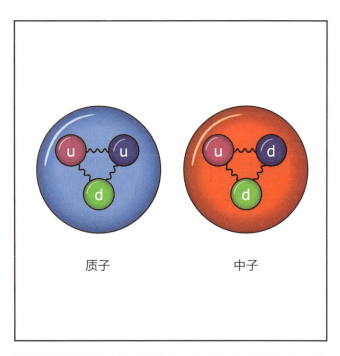

图4.5 三个夸克结合组成一个质子（uud）或者一个中子（ddu）。强力把它们结合在一起。为了满足不相容原理（按照费米子的要求），夸克被赋予红、绿、蓝三种颜色。它们不是真正的颜色，而是为了满足泡利不相容原理（Pauli's exclusion principle）而赋予它们的不同特性

也是自然界中最常见的（最稳定的粒子是质量最小的）。其他味的夸克质量比较大，会衰变成更稳定的上夸克与下夸克。总结如下：夸克可以三个一组或两个一组地出现。三个夸克组成一个质子（uud）或者一个中子（ddu）（图4.5），而一个夸克和一个反夸克组成一个介子（u ū）。反夸克与夸克有同样的质量和自旋角动量，但电荷相反。夸克具有固有性质，包括电荷、质量、色荷（color charge）和自旋。它们带有分数电荷，因此在形成三体与二体时带有整数电荷。例如，上夸克的电荷量是 +2/3（与此对比，质子的电荷是 +1），而下夸克的电荷量是 −1/3（与此对比，电子的电荷是 −1）。因此，当三个上夸克和三个下夸克组合时，uud 的夸克组合让质子带有单位正电荷，而 ddu 的夸克组合让中子不带电荷。

夸克是由强力结合在一起的，强力的介质是一种叫作胶子的粒子，当夸克被拉开时，这种力会变得更强（图4.5）。这就像把一根弹簧拉开，它的两端就会产生更大的力，试图恢复到原来的位置。这就说明了，为什么在无法得到宇宙创造初期的那种高温与高密度的状态的情况下，我们便无法得到自由的夸克粒子。与电子和中微子不同，夸克带有色荷，这让它们可以参与强相互作用（strong interactions）。这与重子（质子与中子）类似，它们也是由强力结合在原子核中的，力的介质同样是胶子。人们引进了颜色（color）的概念后，就可以让不同的夸克存在于同一个强子（如一个复合粒子）中，而不至于违背泡利不相容原理（专题框4.2）。换言之，为了让三个夸克在一个重子中结合并满足这个不相容原理，我们需要一个具有三个不同值的性质，并为此引进了红、绿、蓝这三种"颜色"（这三种颜色的结合形成了"白色"，所以是一种无色粒子）。它们与真正

专题框 4.2 物质的结构单元

自然界中有两类粒子：费米子（例如电子、中子和质子）和玻色子（光子、胶子和 W^+、W^- 和 Z^0 粒子）。我们周围的物质是由费米子组成的，其中最基本的部分是夸克。它们遵守一项叫作不相容原理的统计学定律，该定律规定，一个以上的费米子不能同时占据同样的状态（用专业术语表达，即两个费米子不能拥有同一套量子数）。玻色子不遵守不相容原理。费米子是物质的结构单元，而玻色子则负责传递四种自然基本力（引力、强力、弱力和电磁力）。图4.3所示的四种玻色子具有自旋量子数 1，因此是矢量玻色子（vector bosons）。还有其他类型的玻色子，包括标量玻色子（scalar bosons，如希格斯玻色子）和介子（mesons），后者是由夸克组成的复合玻色子。

的颜色毫不相干，只是用来描述不同的量子状态，只允许形成无色或者中性色的粒子。重子是由红、绿、蓝夸克组成的，这些颜色的加和形成了无色粒子，而介子是由一个夸克（带色的）和一个反夸克（反色的）组成的，因此它们是中性色的。

另一组基本粒子由轻子组成（图4.3），它们是自旋量子数为半整数（1/2）的基本粒子，不参与强相互作用。自然界中存在着两种轻子：带电轻子（电子）和中性轻子（中微子）。与夸克一样，轻子也有六种味：电子（e^-）和电子中微子（ν_e），介子（μ^-）和介子中微子（ν_μ），τ介子（τ^-）和τ介子中微子（ν_τ）。电子在带电轻子中质量最小，也是最常见的。轻子具有固有性质，包括自旋、电荷和质量。与夸克不同，它们没有色荷，因为它们不会受到强力的作用。

最后，载力玻色子是传递相互作用的基本粒子（图4.3）。标准模型为载力玻色子规定了位置，称它们为规范玻色子（gauge bosons），它们传递电磁相互作用（光子）、强相互作用（胶子）和弱相互作用（W^+、W^-和Z^0）（见下节）。模型中也包括最近发现的希格斯玻色子（将于本章稍后讨论）和尚未发现但假定存在的引力子（gravitons，负责传递引力）。

宇宙中的物质的主体成分是强子（由夸克组成的复合粒子）和轻子。电子、质子和中子等粒子被统称为费米子，就其物理性质而言，它们各有其特质。费米子是以恩里科·费米（Enrico Fermi，1901—1954年）的名字命名的，具有分数自旋且遵守不相容原理的特质。根据不相容原理，两个费米子不可以同时处于同一状态。而玻色子是以萨特延德拉·玻色（Satyendra Bose，1894—1974年）的名字命名的，具有整数自旋且不遵守不相容原理的特质。这就意味着，玻色子遵守一种统计学定律，它不限制一个以上的玻色子占据同一量子状态（见专题框4.2）。

宇宙基本力

制约宇宙的是四种基本力：强力、弱力、电磁力和引力。它们负责粒子之间的一切相互作用以及它们之间的动量交换，而且也制约了物质的结构单元与宇宙的结构（专题框4.3）。我们在本章前面的部分讨论过，每种力都是通过交换一个虚拟粒子（载力玻色子）作为介质的，以此在任何两个真正的相互作用粒子之间传递动量。

强力负责将质子圈禁在原子核内，也负责将夸克圈禁在核子内（图4.2）。因为质子都带有同样的电荷，而且相同符号的电荷之间相互排斥，所以需要强力来维持原子核的完整。重于氢的原子核中都有一个以上的质子，它们由于静电力而相互排斥。强力抵

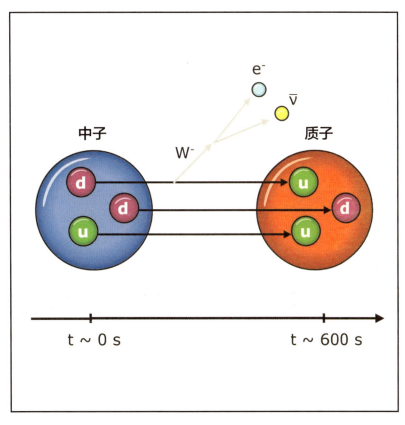

图 4.6 通过将一个下夸克交换为一个上夸克，一个自由中子衰变为一个质子。这个过程是由 W⁻ 玻色子的交换传递的。W⁻ 玻色子衰变为一个电子和一个反中微子。自由中子的半衰期大约为 600 秒

消了原子核内部的排斥，因此让原子核金身不破。强力发出的强相互作用是靠交换所谓胶子的粒子来传递的，后者的作用如同胶水，因此得名。核子（如质子和中子）内部的夸克也是通过强力相互作用的（图4.5）。

弱力在原子核的范围内也是有效的，是负责粒子衰变的力。例如，中微子能够感受到弱力，弱力造成了自由中子的衰变（图4.6）。弱力是通过大质量的 W^+、W^- 和 Z^0 玻色子传递的。这些粒子在 20 世纪 80 年代通过实验被发现，证明了电磁相互作用与弱相互作用具有相同的机理。因此，这两种力都是同一种力的表现形式，人们称其为弱电力（electroweak force）。强力与弱力只能在原子核范围内有效，到了原子尺度就非常弱了（原子的大小差不多是原子核的 10 万倍），见表 4.1。

电磁力负责让电子围绕原子核旋转，从而组成原子；它也负责让原子组成分子和复杂的化学与生物结构——它们形成了生命的基础（表 4.1）。电磁力是通过叫作光子的

光粒子传递的。因此，电磁力是对于原子之间的相互作用唯一有效的力。

引力在四种自然力中是最弱的；在强力、弱力和电磁力的有效范围内，引力的作用完全可以忽略（表4.1）。引力是一种长程力，负责月球围绕地球、地球围绕太阳的旋转。一个原子是电中性的，因为在它内部包含近乎等量的正电粒子（质子）和负电粒子（电子）。所以，大质量的大型系统之间不是通过电磁力相互作用的，但因为它们具有质量，所以能通过引力相互吸引。电磁力和引力的强度都与相互作用物体的距离的平方成反比例递减。引力的强度随着引力作用下的物体的质量增大而增强。按照其他力的作用模式，我们认为引力同样是通过交换一种叫作引力子的虚拟粒子传递的。然而，与其他力的介质粒子不同，与引力相关的粒子至今还没有得到实验确证。

表 4.1 宇宙基本力的特性

力	相对强度	作用范围（米）	介质粒子
强力 保持原子核完整	1	10^{-15}	胶子 π 核子
电磁力	0.007	无穷远（∞）	光子 质量 = 0 自旋 = 1
弱力 中微子相互作用诱导的贝塔衰变	10^{-6}	10^{-18}	中等能量的矢量玻色子（W^+, W^-, Z^0） 质量 > 80 GeV 自旋 = 1
引力	6×10^{-39}	无穷远（∞）	引力子? 质量 = 0 自旋 = 2

自然界存在着四种不同的力。在宇宙历史的极早期，这些力是作为一种力而统一的。但宇宙在膨胀时变冷了，这些力便分开了，取得了它们今天具有的不同身份。下面列举这些基本力，并做简单的解释：

引力是四种力中最弱的，并在宇宙诞生 10^{-44} 秒后，取得了自己的独立地位，当时的温度是 10^{32} 开尔文。这是一种长程力，与有质量的物体之间的吸引相关。这就是我们能够感觉到引力但却感觉不到其他的力的原因。爱因斯坦的广义相对论解释了引力的性质。

强力负责将夸克禁闭在一起形成质子和中子，也负责让质子和中子足够接近以形成原子核。强力是在宇宙诞生 10^{-23} 秒后与弱力和电磁力分道扬镳的，当时的温度是 10^{27} 开尔文。负责传递强力的粒子叫作胶子（表 4.1）。这种力的作用范围极小，只在 10^{-15} 米量级的范围内起作用。研究强力的理论叫作量子色动力学（quantum chromodynamics）。

电磁力要比强力弱得多，但可以在更大的范围内起作用。在宇宙存在了 10^{-12} 秒之后，电磁力与弱力分离，并获得了自己的独特身份，当时的温度是 10^{15} 开尔文。携带电磁力的粒子是光子（表 4.1）。这种力是让带电粒子相互作用的原因。研究电磁力的理论是量子电动力学（quantum electrodynamics）。

弱力的作用范围在原子核内部，掌管放射性衰变（贝塔衰变）、中子衰变和中微子的相互作用。它的作用范围极小，也非常弱。携带弱核力的粒子是 W^+、W^- 和 Z^0 玻色子（表 4.1），说明弱力的标准模型是电弱模型。

场的概念

我们在本章前面部分引入了"场"这个概念。场在现代物理学中极为重要，我们在这里对它做进一步探讨。电磁力、引力、弱力和强力这四种自然基本力都有与它们结合的场。每一种场都有携带它的粒子。我们从以前的讨论中得知，电磁场是由光子携带的，弱力是由 W^+、W^- 和 Z^0 粒子携带的，而强力是由胶子携带的。正如光子可以传送电磁场一样，负责传送引力场的假想粒子是引力子。虽然这种粒子还没有被发现，但按照解释其他力的框架，人们自然觉得应该有一种引力子存在，由它携带引力场。

现在，我们可以把这一框架推广到其他粒子上，并进一步推广到一般的物质上。正如本章前面部分解释的那样，我们也可以把每一个粒子视为一列波，它代表着在任何给定位置发现这个粒子的概率。在这样小的尺度下，粒子的运动和位置是通过量子力学的方程计算的。我们不可能确定粒子的准确位置，而只能确定它在某个位置出现的概率。举例说明，一个电子是一个粒子，但我们也可以把它视为一列波（人们曾观察到两束电子在通过两条狭缝后形成的干涉花样，因此这一点已经得到了实验证实）。在这种情况下，一个电子的概率波与电子场密切相关。

除了以上讨论的力场与物质场之外，还有另外一种希格斯场，是以苏格兰物理学家彼得·希格斯（Peter Higgs）的名字命名的。人们相信，整个空间都充满着希格斯场，它是我们的宇宙在诞生几分之一秒后留下的遗迹。正是希格斯场将粒子的性质赋予它们，因此组成整个宇宙的物质便获得了各自的性质。希格斯场是与一种叫作希格斯玻色子（Higgs boson）的粒子相关的场，这种粒子的行为与其他力的介质粒子相同（图4.3）。以希格斯玻色子为介质的是遍及宇宙的各种力，因为它会与所有的粒子，特别是大质量粒子相互作用。根据能量守恒定律，质量不是由希格斯场创造的，而是通过希格斯玻色子传递的这个粒子与粒子的相互作用赋予的。

质量的起源

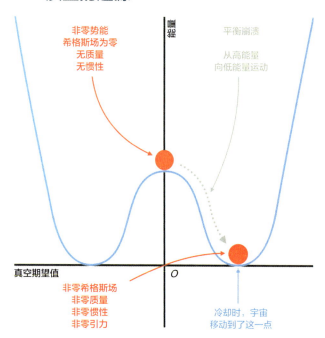

场对于温度有与普通的物质同样的反应。在宇宙诞生后极短的时间内，当它的年龄只有 10^{-44} 秒时，宇宙的温度是 10^{32} 开尔文，这时所有的场都在急速起伏。就在这个极早的阶段，在极高的温度影响下，所有的场都有同样的性质，它们是不可分辨的。当宇宙逐步冷却下来的时候（具体讨论见下章），最初的物质密度与辐射密度下降了，场的起伏也减轻了，场的值变得趋近于零。在这个时刻，希格斯场的表现与其他场不同，这是由这种场的势能曲线的形状决定的（图4.7）。一旦宇宙的温度降低到某个数值以下，希格斯场便在整个空间（即整

图 4.7 图中显示了希格斯场的势能曲线的形状。考虑一个位于"势垒"顶点的球。在这一点上，这个球具有非零势能与零希格斯场。它想要让能量达到最小，于是它沿着势垒向下滚动，在势垒底部某处停了下来。这是一个零势能点，但有非零希格斯场。在向下滚动的过程中，这个球与均匀而且非零的希格斯场相互作用并得到了质量

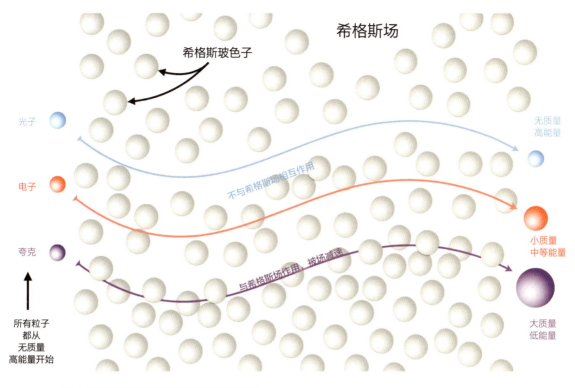

图 4.8 说明粒子与希格斯场相互作用的示意图

个宇宙）中获得了一个非零数值（如同水蒸气在温度下降时变成了液态水一样），这对应于最低的能级（势能为零，但希格斯场的值不为零，见图 4.7 中的势能曲线），叫作真空。这个能级（势能为零而希格斯场非零的能级）充满了整个宇宙。这是希格斯势能曲线的某种形状造成的。希格斯场在整个空间内取得一个非零值的过程叫作对称性自发破损（spontaneous symmetry breaking）。

现在，假定一个粒子在这个均匀希格斯场中运动。场在这个粒子身上施加了一些阻碍或者阻力（图 4.8）。这种阻力让物体与加速度对抗。正在与加速度对抗的实体就是这个粒子的惯性质量。这就是惯性质量的起源。换言之，一个粒子的惯性质量之所以产生，是这个粒子与均匀的希格斯场相互作用的结果。希格斯场反抗一个粒子的加速度的程度因粒子的种类而不同。粒子与希格斯场的相互作用越强，它们的质量就越大（图 4.8）。这就是粒子有不同的质量的原因，例如，电子和夸克的质量就不同（专题框 4.4）。如果希格斯场不存在，任何粒子都会像光子一样没有质量。在这种情况下，各种粒子之间的差别就不复存在了。

每个粒子都会穿过一个假定在整个宇宙中存在的能量场，即希格斯场。粒子通过与这个场的相互作用获得质量。不同的粒子与这个场相互作用的强度决定了它们的质量。相互作用越强，粒子的质量就越大。不与希格斯场相互作用的粒子就没有质量，并以光速运动，例如光子。一旦粒子有了质量，它的速度就慢了下来。是希格斯场的势能曲线的形状让希格斯场具有这种特定性质的（图 4.7）。

希格斯场与一种叫作希格斯玻色子的粒子相关（图 4.8）。希格斯玻色子是一种力的介质粒子（载力子），希格斯场利用它与其他粒子相互作用。希格斯粒子不稳定，平均寿命为 1.56×10^{-22} 秒。希格斯场在宇宙诞生之后很短一段时间内为零，但当宇宙膨胀而且温度下降到一个临界值以下时，希格斯场变强了，于是，任何与它相互作用的粒子都得到了质量。我们无法观察希格斯场，它只能通过希格斯粒子显示自己的存在。这些粒子的质量很大（125 GeV），寿命很短。因为希格斯粒子能与所有其他粒子相互作用（除了没有质量的粒子），所以我们可以通过在加速器中让高能粒子碰撞来创造希格斯粒子（专题框 4.7）。

力的统一

在宇宙的最初级阶段，当温度极高（~10^{15} 开尔文）的时候，各种粒子的一切差别都不存在，所有的力都统一为一种。这是因为在这种极端的温度下，希格斯场的值为零。在没有希格斯场的情况下，粒子的加速不会受到阻碍，这就意味着一切粒子有同样的零质量。这是一个高度对称的状态，如果其中一个粒子的质量变成了另一个的，也不会带来任何不同。当温度下降到 10^{15} 开尔文以下时，粒子突然得到了质量，质量的大小取决于它们与希格斯场相互作用的程度。因为粒子的质量非零而且各不相同，质量之间的对称崩溃了。这就是科学家们说的"对称性自发破损"的含义（图 4.7）。在希格斯场取得它的非零值之前，不仅一切物质粒子都没有质量，所有的载力子（在自然界中传递力的粒子）也同样没有质量（专题框 4.5）。这导致了另一个对称。在载力子之间的对称意味着，在没有希格斯场的情况下，自然界所有的力都是一样的。

19 世纪后期，詹姆斯·克拉克·麦克斯韦意识到，尽管电力与磁力是不同的力，但它们实际上是同一种力的不同表现，这种力就是电磁力。20 世纪 60 年代，谢尔登·格拉肖（Sheldon Glashow）、史蒂文·温伯格（Steven Weinberg）和阿卜杜勒·萨拉姆（Abdus Salam）证明，在早期宇宙非常高的温度下，光子和 W^+、W^-、Z^0 粒子全都毫无二致。换言之，这些载力子之间是对称的，所以，与这些粒子相关的力也是对称的。这就意味着，当希格斯场不存在的情况下，电磁力和弱力都是一个单一的力（弱电力）的一部分。在这些力之间的统一对称存在于极高的温度与希格斯场不存在的条件下，一旦光子和 W^+、W^-、Z^0 粒子与希格斯场发生了相互作用（在光子的情况下是零相互作用）并得到了各自的特性，这种对称便崩溃了（专题框4.5）。其结果便是：自然界中两种非常不同的力其实是单一的一种力，尽管它们中的电磁力负责电磁现象和光，而弱力负责放射性衰变。只是当希格斯场不存在的情况下，它们在本质上的对称才表现了出来。

是否有这种可能，在统一了电磁力和弱力的同一框架下，另一种非引力的力——强力——也可以与弱电力统一？如果确实如此，在大约 10^{28} 开尔文的温度下和宇宙诞生的 10^{-35} 秒之后，就必定出现了另一次相变，让强力与其他力有所不同。在这一时刻到来之前，光子和 W^+、W^-、Z^0 粒子及胶子这些载力子必定具有同样的性质，相互间可以自由转换。这是在这三种非引力的力之间完全对称的结果。人们称之为力的大统一（Grand Unification）。当宇宙的温度下降到 10^{28} 开尔文以下时，希格斯场的一个新物种（大统一希格斯场）凝聚出现了非零值，打破了对称。这一过程接着赋予了胶子质量。因为大统一希格斯场对于胶子具有与对其他载力子不同的作用，它将只影响强力，而不影响其他的力。然而，我们现在还没有任何支持这种理论的实验证据。下一章中，当我们研究宇宙最初几个演变阶段的时候，我们将再次讨论这个问题。

反粒子

对于每一种轻子与夸克，都存在着一种与之质量相同但电荷相反的反轻子和反夸克。电子的反粒子叫作正电子（positron），除了带有正电荷以外，它与电子完全等同。所以，我们总共有 12 个费米子〔夸克和轻子；以及同样数目的反费米子（图 4.3）〕。当粒子与反粒子相撞时，它们便湮灭了，它们的全部质量都遵照爱因斯坦的 $E = mc^2$ 公式变成了能量（其中 E 为能量，m 为质量，c 为光速）。

物质—反物质转变为能量的过程也可以逆向进行。在某种条件下，能量可以转变成一对粒子和反粒子。只要有一个电子出现，它就必然会通过一种叫作电子对生成（electron pair production）的过程生成一个正电子，这一过程满足所有的守恒定律（能量与电荷）。所以，在宇宙的极早期，当温度和能量处于极端情况下的时候，粒子 – 反粒子对会通过粒子对生成过程持续生成，并通过湮灭过程消失为能量。

为什么当今的宇宙是由普通物质而不是由反物质组成的呢？一个由数量相等的粒子与反粒子组成的宇宙会持续创生与湮灭，最终只有能量留下来（除非能够通过某种现在还无人得知的物理过程，将粒子与反粒子相互隔开）。当宇宙随时间慢慢冷下来的时候，对生成过程需要大量能量才能引发，所以产生粒子 – 反粒子对的过程已经停止了，而残存的粒子对仍然继续湮灭，继续变成能量。然而，今天，我们周围的一切几乎完全是由物质组成的。由于某种原因，物质与反物质的平衡必定产生了有利于物质的偏移。很有可能的是，在宇宙诞生的几分之一秒之后，通过某种我们还不知道的过程，有极小一部分物质留了下来，或许只是 10 亿个粒子中的一个。粒子可以非常快地转变为它们的反粒子。为了产生这样一点点多于反物质的物质，人们提出了一个假说，认为出现了一个干预过程，因此粒子倾向于更多地向物质衰变，而不是向反物质衰变，因此形成了今天这个物质占统治地位的宇宙。

自然定律对于粒子和反粒子是相同的吗？粒子物理学实验业已证明，一种叫作 D-介子（D-mesons）的粒子会从粒子变为反粒子，然后再变回来。但这两种转变是以不同的速率发生的，取决于这个介子是被转变为一个反介子还是与此相反。这样的过程打破了粒子与反粒子之间的对称，说明物理定律对于物质和反物质是不同的。人们把这种现象叫作物质—反物质非对称性。当粒子与其反粒子以不同的速率衰变时，我们就可以看到这种非对称性，比如 B_0 介子和它的反粒子 B_0 介子就是以不同的速率衰变的。我们将在下一节讨论过宇称概念之后再来讨论这个问题。

宇称

一个物理系统的宇称变换用其镜像代替了系统本身。这意味着系统的空间坐标相对于原点反转（改变符号）。宇称守恒声称，物理定律（诸如一个粒子的衰变速率）无论对于一个粒子还是它的镜像都是成立的。应用到粒子身上，则粒子对称指的是：粒子物理学的方程在镜像反演之后也是一样的。这便预言了，一个反应（化学反应或者是放射性衰变）的镜像与原有的反应将以同样的速率发生。

人们经常以电荷（C）和宇称（P）来表达粒子与反粒子之间理论上的对称。这是两个对称的乘积：一个是当把一个粒子转变成它的反粒子时的电荷，另一个是创造了粒子的镜像的宇称。如果自然界平等地对待粒子和反粒子，则 CP 是对称的，即二者相同。反之，则 CP 遭到破坏，粒子和它的反粒子不同（见专题框 4.6）。对于解释宇宙中现有的物质—反物质不对称，CP 的守恒或不守恒具有重大意义。人们发现，CP 在电磁相互作用和强相互作用中是守恒的，但在弱相互作用中是不守恒的。

宇称不对称是在涉及钴 -60（原子核由 60 个质子与中子组成的钴）贝塔衰变的弱相互作用的实验中发现的。研究者检测到，逆反应没有原来的反应发生得那么频繁。CP 不守恒是首先通过 K- 介子（kaon）的衰变证实的。从而证明，弱相互作用不仅分别违背了电荷与宇称的对称，而且在它们组合的情况下也同样如此。在粒子物理学和宇宙学中，CP 不守恒的发现造成了严重的困惑，尤其是 CP 在电磁相互作用和强相互作用中是守恒的，而在弱相互作用中却不守恒。

除了电荷和宇称之外，还有第三种变换：时间反演（T），指的是运动的逆转。时间反演对称的意思是：如果物理定律允许一种运动发生，它们也会允许这种运动的逆向运动发生。电荷、宇称和时间反演（CPT）的组合在一切反应中都是守恒的。CPT 守恒意味着，粒子与它的反粒子具有同样的质量值和寿命。

总结与悬而未决的问题

在解释基本粒子和基本力的本质方面，粒子物理学的标准模型获得了很大的成功。许多问题已经得到了解答，但仍然有更多的问题在等待未来的实验或者理论来揭示答案。将基本粒子按照各自的特性分为不同组别的简单分类，表明我们可以用有系统的简单方法表达自然。我们知道，费米子（电子、中微子和夸克）是我们周围一切物质的组成部分，而玻色子（光子、胶子与 W^+、W^- 和 Z^0 粒子）是自然力的虚拟介质。这两类粒子之间的差别源于它们各自遵循的统计定律、它们的自旋角动量，以及它们是否遵守泡利不相容原理。

粒子之间的基本相互作用是通过交换载力玻色子组别中的虚拟粒子（这一点对于引力的情况尚未得到证实）实现的。强力将夸克禁锢在强子中，将质子禁锢在原子核中，这种力由胶子传递，遵循一种叫作量子色动力学的理论，该理论使色力满足泡利不相容原理（这一点只能应用于费米子）。粒子物理学的标准理论成功地解释了弱力和与之相关的 W^+、W^- 和 Z^0 粒子。1983 年，欧洲核研究中心（European Organization for Nuclear Research，简称 CERN）发现了这些介质粒子，从而用实验证实了这一理论（专题框 4.7）。电磁力的介质粒子是光子。电磁力的行为与原子和分子尺度上的相互作用相关，是通过量子电动力学加以解释的。这是粒子物理学中最成功的理论之一，它的预言得到了高度准确的实验证实。弱力和电磁力已经在弱电力理论的框架内得到了统一，这一点现在已经得到了普遍证实。最后，引力是一种远程作用的力，它决定了行星、恒星和星系在宇宙中的运动。与其他力相比，我们知道的有关引力的知识要少得多，而且它也明显比电磁力或者强力弱得多（是其 $1/10^{43}$ 数量级）。有关引力的唯一理论是爱因斯坦的广义相对论，它是一项经典理论，没有涉及物质的量子性质。尽管广义相对论成功地解释了已有的观察结果，并给出了可以通过观察检验的预言，但我们无法用它来探讨宇宙历史极早期〔在宇宙诞生后还不到普朗克时间（10^{-44} 秒）的那个时间段〕的条件。事实证明，将引力与其他三种力统一形成所有自然力的大统一理论极为艰难。这也是当前研究的一大主题。

当前模型的许多预言被证实，这表明了这些模型的胜利，也展现了我们在用我们的理论预言新的粒子时的信心。例如，正电子（电子的反粒子）就是保罗·狄拉克（Paul

Dirac）于 1928 年预言的，随后才于 1932 年由卡尔·大卫·安德森（Carl David Anderson）在研究宇宙射线时通过实验证实。夸克的许多味也是 20 世纪六七十年代在实验室中被发现之前通过理论预言的，最后一个味是顶夸克，是人们于 1995 年在芝加哥附近的费米国家加速器实验室（Fermi National Accelerator Laboratory）中发现的。这一过程让我们有信心扩展我们的理论并寻找有关它们的预言。然而，必须指出的是，无论一个理论在数学上何等优雅，如果它无法通过实验加以证实，人们就不可能接受它并认为它是具有生命力的理论。

宇宙中的每一种粒子都有它的反粒子，二者具有同样的质量和自旋，但电荷相反。然而宇宙中却有一种不对称，让物质多于反物质。我们现在还不清楚这种情况发生的原因，它也是当今物理学界的一个不解之谜。它有可能源于宇宙诞生后不久的极早期发生的一些过程。如果粒子与反粒子在被创造之初数量相等，今天的宇宙将只有能量充斥，而不会有任何其他事物。人类当然不可能存在。为了回答这个问题，我们应该把目光投向宇宙诞生极短一段时间内存在的那种量级的极高能量状态。

我们知道，由轻子和夸克构成的费米子组成了我们周围的一切事物。今天，我们又得到了切实的证据，证明总共存在着 12 种夸克和反夸克，12 种轻子和反轻子，即我们周围的一切事物是由净额总计 12 种基本粒子组成的。在今后的几年间，通过新一代粒子加速器得到的更高的能量（专题框 4.7），我们或许能够创造新一代大质量粒子，它们或许能为我们透露新物理学的方向，或者再次改变我们关于宇宙的观点。

玻色子与夸克通过与一种假定存在的希格斯场的相互作用得到了自己的质量，这个场的介质粒子是希格斯玻色子。人们认为这是一种赋予粒子质量的过程。在此之前，一切粒子的质量都是相等的——零。因为希格斯场具有特殊的势能，粒子之间的对称在低能区域被打破了，粒子因此得到了它们的质量。任何特定粒子得到的质量的数值都取决于粒子与希格斯场相互作用的强度。2013 年，人们在日内瓦 CERN 实验室中的大型强子对撞机（Large Hadron Collider）上发现了希格斯玻色子，证实了希格斯的设想。

今天，一个悬而未决的问题是重子不对称的原因；换言之，为什么宇宙主要由物质而不是由反物质构成。这个问题的种子是在宇宙诞生后极短时间内播下的。一个与此相关的问题是，为什么 CP 守恒在弱相互作用中不成立，但在电磁相互作用与强相互作用中成立。同样，怎样才能将引力与其他三种基本力统一？考虑到最近的发现来自庞大的碰撞系统的引力辐射的，我们是否有一天会检测到来自早期宇宙的引力信号？

　　粒子加速器使用电场排斥并加速带电粒子，让它们沿着预先设计的方向飞行。一个例子是位于瑞士的大型强子对撞机，它利用振荡电场，加速两束在周长 27 千米的圆形路径上沿相反方向运动的质子。这两束质子被加速到光速的 0.999 999 991 倍，得到了 7 万亿电子伏（电子伏的定义是单个电子通过 1 伏特的电势差得到的动能）。这种碰撞产生了 14 万亿电子伏的能量，足以创造质量非常大（但寿命非常短）的粒子。被加速的粒子的能量越大，它们能够探索物质结构的层次就越深，导致新粒子发现的希望就越大。

回顾复习问题

1. 解释光的本质。

2. 场的定义是什么？科学家们将场量子化是什么意思？

3. 什么是强子？说出两种强子。

4. 夸克的主要性质是什么？

5. 说出自然界四大基本力的介质粒子。

6. 向夸克引入颜色项的基本原因是什么？

7. 解释自然界四大基本力的特性。

8. 解释宇称的概念，以及我们在说到粒子与反粒子之间的对称时是什么意思。

9. 在什么条件下，自然界的四大基本力是统一的？

10. 解释"对称在自然界崩溃"的概念，以及我们在说到"对称性自发破损"时的意思。

11. 定义 CP 不守恒及其意义。

12. 简要解释粒子是如何得到其质量的。

参考文献

Bennett, J., M. Donahue, N. Schneider, and M. Voit. 2007. *The Cosmic Perspective: The Solar System*. 4th ed. Boston: Pearson/Addison-Wesley.

Gross, D.J. 1996. "The Role of Symmetry in Fundamental Physics." *Proceedings of the National Academy of Sciences* 93 (25): 14256 − 14259.

Perkins, D.H. 2003. *Particle Astrophysics*. Oxford, UK: Oxford University Press.

Tillery, B.W. E.D. Enger, and F.C. Ross. 2013. *Integrated Science*. 6th ed. New York: McGraw-Hill.

宇宙的起源

THE ORIGIN OF THE UNIVERSE

本章研究目标

本章内容将涵盖：

- 宇宙起源的证据
- 宇宙大爆炸奇点
- 普朗克单位
- 暴胀宇宙
- 早期宇宙的历史
- 宇宙极早期的粒子

 宇宙有自己的诞生之日，并且在一段时间之前诞生，而不是亘古永存、无穷无尽的——这一概念是由比利时的一位教士乔治·勒梅特（Georges Lemâitre，1894—1966 年）于 1927 年首次提出的。他找到了广义相对论方程组的一个解，并由此宣称，宇宙是在过去某个时间点上，以一种密度极大、温度极高的状态诞生的，这种状态源于一次狂暴的大爆炸。1953 年，英国天文学家弗雷德·霍伊尔（Fred Hoyle，1915—2001 年）将这一事件命名为 "宇宙大爆炸"（big bang，时常简称为 "大爆炸"）。在 1948 年的一篇经典论文中，苏联宇宙学家乔治·伽莫夫（1904—1968 年，后来移民美国）及其学生拉尔夫·阿尔弗（Ralph Alpher，1927—2007 年）提出，大爆炸模型以正确的比例生成了氢、氦和微量的较重元素。他们也做出了论证，认为在大爆炸中释放的能量导致了宇宙诞生时刻的极高温度。他们预言，这一辐射的残余必定还萦绕在当前的宇宙环境中。

 1929 年，利用加利福尼亚威尔逊山天文台上的望远镜，美国天文学家埃德温·哈勃发现，银河系外的星云（星系）远离我们而去，其速度和它们与我们之间的距离成正比。这是证实宇宙正在膨胀的第一份观察性证据。如果宇宙确实正在膨胀，它在过去必然要小一些，而且由此逆时间推断可以得知，宇宙中一切物质应该曾经以极为致密的状态存在于很小的体积之内。在得出宇宙膨胀这一发现之后，原本一直在研究一种宇宙的静止模型（即无演变的模型）的科学家放弃了这些模型，其中著名的有亚瑟·爱丁顿、威廉·德西特（Willem de Sitter，1882—1934 年）和阿尔伯特·爱因斯坦。人们现在普遍接受宇宙大爆炸作为宇宙起源的标准模型。1968 年，阿尔诺·彭齐亚斯与罗伯特·威尔逊发现了宇宙背景辐射——这是来自当年大爆炸留下的残余辐射，证实了乔治·伽莫夫团队在 30 年前的预言，因此稳固地确立了这一模型。

　　本章首先给出大爆炸作为宇宙起源的观察证据，然后一步步地研究宇宙的演变和在它诞生后的最初几个几分之一秒内占据主要地位的过程。接着我们将研究第一批原子核是如何形成的。

宇宙诞生的证据

　　三项主要的观察证据有力地支持了如下观点：我们的宇宙是在 138 亿年前，由于一次人称"宇宙大爆炸"的狂暴的爆炸而诞生的。

　　观察证据 1：1929 年，埃德温·哈勃证明星系相互远离，它们的光谱从较短的波长（蓝色方向）向较长的波长（红色方向）移动（红移），这种变化是由光传播的这些年来的空间膨胀造成的（专题框 5.1）。哈勃还发现了，星系远离的速度（V；以千米 / 秒为单位）与星系之间的距离（D；以百万秒差距为单位）成正比。这一关系叫作哈勃定律：

$V = HD$

　　其中，H 是以千米 /（秒·百万秒差距）为单位的哈勃常数。这就意味着，随着相对于参照系（在这里是我们的银河系）的距离每增加 1 个百万秒差距（Mpc，百万秒差距的定义见第 1 章），单一一点（星系）的速度增加 1 千米 / 秒。星系远离的速度与它们之间增加的距离成正比，这一事实意味着，在过去的某个时间点，它们之间的距离很近，是从单一的一点开始的（图 5.1）。

专题框 5.1　多普勒效应与红移

　　通过监测一个星系发出的光的光谱（不同波长的光的相对强度），天文学家们能够指出这个星系是向我们而来，还是离我们而去。与静止的天体的光谱相比，如果我们观察到的光谱向短波方向位移（蓝移），则这个星系是向我们而来，这和一辆接近我们的汽车的声波声调比较高（波长较短）的道理相同。类似地，如果光谱向长波方向位移（红移），则这个星系是在离我们而去，这就像一辆远离我们的汽车的声调较低（波长较长）一样。这种现象叫作多普勒效应（Doppler effect）。

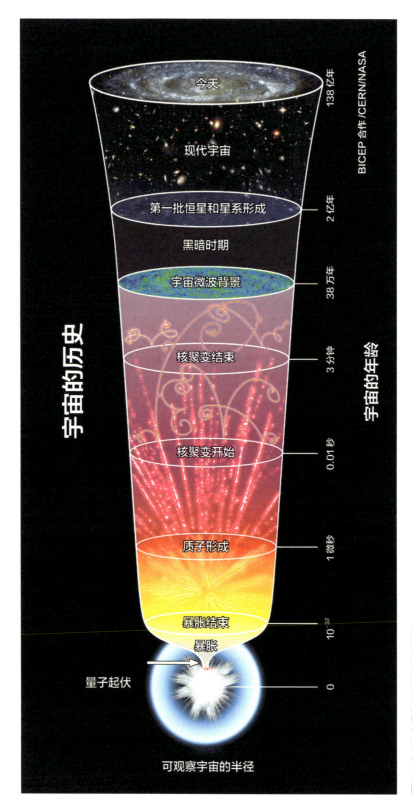

图 5.1 宇宙从大爆炸开始到当前的历史

观察证据 2：早期宇宙极高的温度与密度，为比氢重的元素的聚合提供了条件。例如，质子和中子在宇宙历史很早的时期便形成了，此后它们结合，形成了氘（也叫重氢）的原子核，而两个氘原子核的聚合产生了氦。这些过程叫作大爆炸核合成（big bang nucleosynthesis），是由乔治·伽莫夫于 1946 年首先提出的。他预言，在早期宇宙的高温下，氘、氦与痕量的锂和铍这些太初元素可以在基本粒子（质子与中子）的混合物中形成。

这些元素大多数存在于恒星形成之前。所以，轻元素的当前丰度为我们提供了早期宇宙形成了哪些事物的说明。根据大爆炸核合成假说，天文学家们在 20 世纪 60 年代中期预言，大约 25% 的元素的质量都贮藏在氦中，而其余的（75%）在氢中。这与观察揭示的氦丰度（按照质量）在 20% 至 30% 之间相吻合。我们也知道，大部分氢核（由单一的一个质子组成）是在宇宙诞生后最初几分钟内产生的，它们是与氘或者氚这两个重一些的同位素相互独立的，不是由它们产生的。的确，氘不是在恒星中产生的，而是在宇宙诞生时形成的，而且它在宇宙的整个历史中不断被摧毁，说明氘今天的丰度是它的原始丰度的下限。

观察证据 3：支持宇宙大爆炸模型的最有力的观察证据来自宇宙背景辐射（图 5.1）。宇宙背景辐射是大爆炸的余晖，是均匀地充满了整个宇宙的低能辐射。由于空间在过去 138 亿年中的膨胀，背景辐射的温度下降到了 2.73 开尔文，而其波长推移到了长毫米波段（longer millimeter bands）。在宇宙历史的较早时期，这种辐射始终与宇宙中的物质有接触，但从大爆炸后大约 38 万年开始，它与物质脱离了接触（脱耦）。在这一事件发生之前，宇宙的温度如此之高，让质子和电子作为散射背景光子的自由粒子，让宇宙对于辐射不透明（也就是说，辐射无法穿透在空间分散的质子与电子云）。当宇宙的温度下降到 3000 开尔文以下时，由两个质子和两个中子组成的氦核形成了。此后不久，带有正电荷的氢和氦的原子核捕获了带有负电荷的电子，中和了电荷（复合）。在此之后，宇宙变得对光透明了。这种微波背景辐射的强度符合黑体（假定的理想物体，能够吸收照射在它身上的一切电磁辐射）辐射分布，符合那种与其环境形成平衡的辐射的特征，而如果这种辐射真的是大爆炸的遗迹，它刚好应该有这样的性质。这种宇宙背景辐射每立方厘米中有 300 个光子，占宇宙光子总数的 99%。

极早期宇宙

在我们的宇宙诞生后的最初期发生了几个事件，它们有助于塑造我们今天在其中生活的世界。无论是在微观与宏观尺度上负责让物质保持完整的力，还是组成我们周围的原子的粒子，以及负责质量起源的过程，它们都是极早期宇宙的状况造成的结果。这些事件是在宇宙历史中不同的时间间隔内发生的，对于宇宙的未来发展做出了重大贡献（图5.1）。而且，它们的发生也不是孤立的，而是有先后次序，一个接一个地出现的。在后面的各节中，我们将逐步讨论宇宙从诞生到诞生后 10 秒之间的历史，也就是强子和轻子出现并结合形成了物质与反物质的那段历史。

奇点

我们曾在第 3 章中讨论了空间和时间的概念，尽管它们在当今宇宙中的表现形式不同，但我们的论证表明它们是相关的实体。此外，空间的几何受到了空间内包含的物质的影响，而这反过来又是引力形成的原因（引力的出现是物质影响它的邻域的空间几何的结果）。这就是在大尺度上决定宇宙的力。爱因斯坦的广义相对论解释了引力与时空之间的关系。这一理论预言，在大爆炸发生的时刻，当宇宙中所有的质量都集中在一个无穷小的体积之内的时候，宇宙的密度无穷大，这时的空间与时间毫无区别。人们把这种状况叫作奇点，是通过把爱因斯坦方程的解逆向外推到 $t = 0$ 的初始时刻预言的。为了解释极早期的宇宙，我们需要理解奇点的物理学。

尽管物质在大尺度下的行为可以通过广义相对论中的引力予以解释，但在极小尺度（原子尺度）下，物质具有完全不同的性质，这是通过量子力学解释的。所以，在宇宙刚刚诞生之时，原子尺度下的引力本质只能通过一种新理论来解释，这种理论将会把量子理论与广义相对论结合（关于极小和极大的理论）。对于引力，科学家们迄今尚未拿出一种可以接受的或者可以检验的量子理论，这让对于奇点本质的任何预言都无从谈起。紧随宇宙诞生之后，引力的量子性质有一段极为重要的时间，人们称之为普朗克时期（Planck epoch），对应于从大爆炸到其后的 5.39×10^{-44} 秒（专题框 5.2）。

普朗克时期（$0 < t < 10^{-43}$ 秒）

从大爆炸到普朗克时间（$t_p = 5.39 \times 10^{-44}$ 秒）之间的时间段，被定义为宇宙历史的最初时期，在此之后我们可以使用已知的物理定律来研究宇宙的行为。在普朗克时间这个时间点上，宇宙的半径大约为 1 个普朗克长度（l_p），即在普朗克时间内光走过的距离（1.6×10^{-35} 米）（专题框 5.2）。由于宇宙在这一时间内的尺寸特别小，引力的量子效果非常显著，而电磁力、弱力、强力和引力这些自然基本力都有同样的强度与特性。我们对于这一时期的宇宙状态的理解仍然非常模糊。

大统一时期（$10^{-43} < t < 10^{-36}$ 秒）

大统一时期在普朗克时间之后，是宇宙温度约为 10^{28} 开尔文的时期（对应于 10^{15} GeV）。在这个时期，电磁力、弱力和强力这三种自然基本力仍然是单一的、统一的力（图 5.2）。引力也曾与其他三种基本力统一，但在普朗克时期结束的时候（大爆炸后 10^{-44} 秒）分离了。当在宇宙温度为 10^{27} 开尔文时，强力与电磁力、弱力分手，这时大统一时期结束，对应于大爆炸后 10^{-35} 秒（图 5.2）。

专题框 5.2 普朗克单位

使用引力常数（G）、光速（c）和普朗克常量（h）这几个普适的自然常数，人们通过量纲分析，定义了下面的一套基本单位。这些单位是由德国物理学家马克斯·普朗克最先确定的：

普朗克时间：$t_p = (hG/c^5)^{1/2} = 5.391 \times 10^{-44}$ 秒

普朗克长度：$l_p = c\, t_p = (hG/c^3)^{1/2} = 1.616 \times 10^{-35}$ 米

普朗克质量：$m_p = (hc/G)^{1/2} = 2.176 \times 10^{-8}$ 千克

这些单位定义了在解释物质行为时量子效应占主导地位的极限。

电磁力、弱力和强力的统一是人们预言的，人们发现了传递这些力的虚拟粒子，通过实验证实了这个预言（第 4 章）。为了创造让这些粒子出现的条件，我们需要可以与极早期宇宙相匹配的极高能量（约 100 GeV）。在粒子加速器中，我们现在已经可以产生生成痕量基本力载力子的能量，结果形成了这些力的介质粒子（专题框 4.3）。因为它们通常都是大质量粒子，所以会在极短时间后衰变成为其他成分。其中，引力是一个例外，它仍然是一个人们捉摸不定的力，人们将它与其他力统一的努力至今仍然未能成功。在大爆炸后约 10^{-35} 秒，当强力、弱力和电磁力依旧统一的时候（图 5.2），宇宙在远远小于 1 秒的时间内，经历了一次体积的急剧膨胀。人们称这一时期为暴胀阶段。

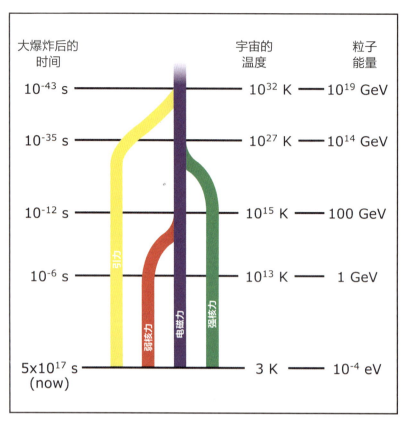

大爆炸后的
时间

10^{-43} s

10^{-35} s

10^{-12} s

10^{-6} s

5×10^{17} s
(now)

引力

弱核力 电磁力 强核力

宇宙的
温度

10^{32} K

10^{27} K

10^{15} K

10^{13} K

3 K

粒子
能量

10^{19} GeV

10^{14} GeV

100 GeV

1 GeV

10^{-4} eV

图 5.2 宇宙极早期四大基本力的统一。当宇宙在膨胀冷却时，这些力得到了它们各自的身份，从单一的统一力中分离

暴胀时期（$10^{-36} < t < 10^{-32}$ 秒）

人们对于今天的宇宙有两项尚未得到解释的观察结果，它们无法融入标准的大爆炸模型，这就是平坦（flatness）问题和视界（horizon）问题。下面我们将对这些问题做简要的解释：

平坦问题：当前的观察显示，在曲率为负的（开放的）宇宙与曲率为正的（封闭的）宇宙之间存在着一个微妙的平衡，这就意味着，宇宙的质量－能量密度非常接近于封闭宇宙需要的临界值（见第 9 章和专题框 9.2）。这需要极为精密的微调，并被命名为平坦问题。在宇宙的极早期，这个问题更为严重，因为对这一平衡的任何小偏移都会接着被放大，导致严重的后果。例如，当宇宙的年龄为 10 亿岁的时候，只要宇宙的密度超过它的临界值（会使宇宙停止膨胀并自行坍缩的物质密度）一点点，所形成的宇宙到现在就会崩溃。

人们把视界距离定义为光在宇宙存在的时间内走过的路程。信息传递的最快速度是光速（c）。已知最长的时间是宇宙的年龄（t_u）。因此，我们在宇宙诞生以来可能接收的信息来源的最大距离就是视界距离：$d_n = ct_u$。与我们之间的距离大于视界距离的区域无法与我们交换信息。它们与我们是有原因地分隔的（causally disconnected）。

视界问题： 人们在宇宙微波背景辐射（见专题框 7.2）的温度分布中观察到了均匀同质性，这说明宇宙在各个方向上都是均匀分布的。唯一可能让这种情况发生的条件是，宇宙的不同部分足够接近，使它们之间可以相互交换信息（让温度达到平衡）。信息传递的最快速度是光速。所以，如果两个区域之间相隔非常远，导致光都没有足够的时间

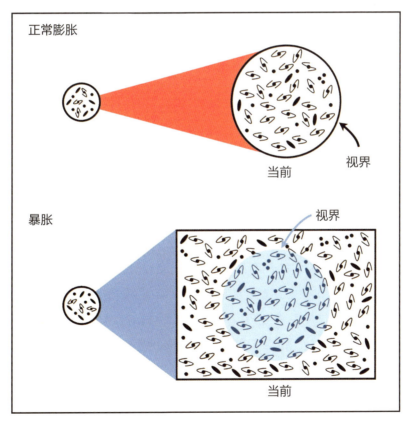

图 5.3 比较宇宙正常膨胀下的视界和暴胀时期下的视界。根据暴胀模型，宇宙的不同部分在暴胀之前有接触，这就解决了视界问题

在它们之间运行，人们便把它们视为超过了相互的视界距离（horizon distance，专题框5.3）。由此而来的问题是：当宇宙膨胀而且让更多的空间在我们的视界内运动时，这些分隔得很远的区域与我们已经看到的那些区域为什么会如此类似（这是宇宙微波背景的各向同性和均匀同质性揭示的）？这就是视界问题（图5.3）。

作为上述两个问题的一种解决方法，阿兰·古斯（Alan Guth）首先于1982年提出了一个暴胀假说。他认为，在大爆炸后大约 10^{-35} 秒，宇宙存在着一个指数式暴胀的阶段。在一段极短的时间内（从宇宙诞生后的 10^{-35} 秒到 10^{-32} 秒；图5.3），宇宙的大小增加了 10^{26} 倍，温度降低到了原来的十万分之一。在暴胀时期以后，宇宙膨胀的速度减慢了，但至今依然在膨胀。宇宙中那些在暴胀之前有接触并处于平衡状态的区域在暴胀之后因膨胀而远离了，因此解决了视界问题。同样，极早期宇宙的任何弯曲或结构都因为极度膨胀和宇宙大小的增加而变得平滑甚至基本上被抹去了，这就解决了平坦问题。

究其原因，暴胀很可能是由于强力与其他基本力分离造成的真空能量密度的一个负形式或者正的真空压力（真空是系统能量的最低状态），我们曾在第4章简单讨论过这一现象（见图4.7）。这就引起了对称的崩溃，相比于这一现象未发生时，宇宙得到了多得多的能量，因此具有推动它高速向外膨胀的力（反引力，antigravity），这也会在极短的时间内创造数量极多的粒子。

电弱时期（$10^{-32} < t < 10^{-12}$ 秒）

在大爆炸后大约 10^{-32} 秒，驱动暴胀的势能释放了出来，再次加热了宇宙，在暴胀期间降低到十万之一的宇宙温度又增加到暴胀之前的水平。这一能量是许多粒子形成的原因，其中包括在那段时间内弥漫在宇宙中的热夸克胶子等离子体[1]（专题框5.4）。这一时期的宇宙温度大约为 100 GeV（10^{15} 开尔文），足以统一电磁相互作用和弱相互作用（图5.2）。在这一时期的粒子相互作用足够强，可以创造 W^+，W^- 和 Z^0 粒子以及希格斯玻色子，对此我们现在已经有了有说服力的实验证据。在大爆炸后大约 10^{-12} 秒，当宇宙进一步膨胀与冷却时，W^+、W^- 和 Z^0 粒子的生成停了下来。已有的 W^+、 W^- 和 Z^0 粒子迅速衰变，弱相互作用成了短程力。这个时期的粒子还没有质量。

---

[1] 此后不久，由于对称崩溃，粒子得到了它们今天的性质。粒子要么通过与希格斯场的相互作用得到质量，要么因为不与这个场作用而没有质量。

夸克 – 胶子时期（$10^{-12} < t < 10^{-6}$ 秒）

当 $t = 10^{-12}$ 秒的时候，自然界的四大基本力都分开了，取得了各自的特性（图 5.2）。然而，宇宙的温度仍然足够高，让夸克无法结合形成强子（质子和中子）。在这个时期，宇宙中充满了高密度的热夸克 – 胶子等离子体。当宇宙诞生了 10^{-6} 秒之后，粒子的平均能量降到了强子的结合能量之下，于是夸克 – 胶子时期结束。从那时起，夸克不再作为自由粒子存在，而是遵循一项规则，即它们会像弹簧的两端一样，相互间的结合在距离拉大时变得更强。因此，它们不会成为自由粒子（专题框 5.4）。

强子时期（$10^{-6} < t < 1$ 秒）

在这个时期，夸克 – 胶子等离子体在宇宙膨胀时变大，夸克之间的距离增加。在夸克分离的时候，由于胶子而产生的弹性力变得更强了。当两个夸克之间的距离变为大约 10^{-15} 米时，它们之间的胶子弹性力崩溃了，产生了两个新夸克，各在断裂的一端。当宇宙进一步膨胀，而且其温度下降到 10^{10} 开尔文时，它已经不再有足够的能量打断胶子的弹性力了，于是每个夸克都与自己的邻居（永久）结合起来，结果产生了强子（质子和中子）和反强子（专题框 5.4）。就在这时，宇宙温度仍然足够高，能够持续生成强子和反强子对。当宇宙进一步膨胀、温度进一步降低时，强子 – 反强子对便不再生成了。现有的这些粒子对继续湮灭，不再存在，只在宇宙中留下一小部分强子。强子时期在大爆炸后 1 秒结束，其结果是产生了质子和中子。如今我们观察到的宇宙中重子的不对称性，正是在这一时期形成的，而由于某种未知的物理过程，留下的强子多于反强子。

轻子时期（$1 < t < 10$ 秒）

在强子时期结束时，宇宙的能量密度下降得非常厉害，已经无法继续生成强子了。这时，以当前这种密度存在的能量开始转变为轻子（电子、μ 子和中微子）和反轻子（正电子、反 μ 子和反中微子）。当电子和正电子湮灭时，它们把自己的能量转变为光子，光子又接着碰撞，通过电子对生成过程产生电子 – 正电子对。当温度下降到 10^{10} 开尔文的时候，光子不再能够生成电子 – 正电子对了。然而，轻子 – 反轻子对还在继续相互湮灭。电子和正电子一直保持同样的数目。它们接着被质子和反质子通过电磁力吸引，生成了物质和反物质。

专题框 5.4 宇宙极早期的粒子

夸克

在当今宇宙中找不到自由夸克，只有在其他粒子（质子、中子和介子）的内部才能找到它们。但由于早期宇宙的极度高温，当时的夸克还是有可能作为自由粒子存在的。夸克分上、下、顶、底、奇、粲六种，它们带有分数值电荷（以电子或质子的电荷为 1）。夸克在原子核内通过交换叫作胶子的虚拟粒子结合。为了满足不相容原理，每个夸克都被赋予了一种颜色（红、蓝或者绿），这样它们就可以处于不同的状态了（图 4.5）。不同种类的夸克具有不同的质量。

胶子

胶子是强力的载力子。胶子是粒子，但其作用是将夸克结合到一起的弹性带（图 4.5）。当夸克相互距离很近时，通过胶子产生的力很弱。这就是早期宇宙的情况，也是在那个时期可以找到自由夸克的原因。当夸克的距离加大时，胶子在它们之间的弹性力变得更强，与弹簧被拉开的情况相同。

强子

夸克结合到一起，产生了我们可以在自然界中看到的作为独立实体的粒子。三个夸克（上夸克和下夸克）结合产生质子和中子。我们称这些粒子为重子。一个夸克和一个反夸克可以组成一个介子。重子和介子形成一组，统称强子。中子不带电荷，比质子略重。自由中子不稳定，会衰变为一个质子和一个电子（图 4.6）。

玻色子

它们是力的介质粒子。它们都有整数值自旋。W^+、W^- 和 Z^0 玻色子是弱力的介质粒子。例如，通过交换一个 W 玻色子，一个中子衰变成为一个质子、一个电子和一个电子中微子（图 4.6）。它们是重粒子，质量为 80.38 GeV（W）和 91.10 GeV（Z^0），因此在生成之后很快就衰变了。W 玻色子带有正电荷或者负电荷，而 Z 粒子不带电荷。光子是电磁相互作用的介质粒子。它们的静止质量为零，不带电荷。希格斯玻色子是与希格斯场相关的粒子，负责赋予粒子质量。粒子物理学的标准理论预言了希格斯粒子的存在，科学家最近发现了这种粒子。它们的质量是 126 GeV，不带电荷，自旋为零。

总结与悬而未决的问题

表 5.1 罗列了极早期宇宙的时间线和每个时期的重要事件。通过宇宙大爆炸，宇宙诞生于 138 亿年前，并开始从密度和温度极高的极小的体积向外膨胀。通过这次爆炸，产生了空间与时间，而大爆炸前这两者都不存在。空间像一个吹起来的气球那样膨胀，物质随着扩展的空间向外运动。我们不知道宇宙诞生前的奇点的任何信息；那时候，空间和时间还没有作为分开的实体存在。因为在奇点存在时引力极大，而且一切都密集地存在于一个极小的体积之内，我们已知的物理学定律全都不起作用。因此，对于大爆炸是怎样发生的、它的发生取决于哪些因素这类问题，我们没有令人信服的答案。确实，我们没有关于宇宙从诞生直至诞生后大约 10^{-44} 秒这段时间内的演变的信息。人们称 5.39 x 10^{-44} 秒为普朗克时间，那时的宇宙半径大约为 10^{-35} 米（普朗克长度）。

因为宇宙在这一极早时期有着极高的能量，我们今天所知的引力、电磁力、弱力和强力这自然界的四大基本力还是一种统一的力。当宇宙膨胀的时候，这几种力分开了，取得了各自的身份。引力是第一个离开的，当时的时间是 10^{-44} 秒，温度为 10^{32} 开尔文。第二个说再见的是强力（10^{-35} 秒，10^{27} 开尔文），最后坚持不下去的是弱力和电磁力，它们在 10^{-12} 秒，温度为 10^{15} 开尔文时扬长而去。在普朗克时间之后，粒子物理学的定律能够解释宇宙的行为，能够在自洽的理论框架内解释强力、弱力和电磁力的统一。作为一种长程力，引力还东躲西藏地不肯与其他三种力统一。今天，没有任何以量子力学为基础的物理学或者数学框架能够让它与实验可以证明的预测搭上关系。

在强力于 10^{-35} 秒分裂之前，宇宙经历了一个极为迅速的膨胀阶段，叫作暴胀时期。这一说法的提出是由于人们想解释当今宇宙的几个不解之谜，即为什么宇宙是均匀同质的，以及为什么宇宙的质量恰好处于开放宇宙与封闭宇宙需要的质量的边界线上。因为这次暴胀，宇宙的半径增大了好多倍，宇宙的温度也急剧下降了。正是这些宇宙早期发生的事情，确定了宇宙接下来（直至今天）的演变。

这里有一个悬而未决的问题：初期的密度增加导致了宇宙结构的形成，但密度在极早期的增加是如何发生的呢？能量的释放是因为暴胀再次加热了宇宙（我们称它为再次加热，由于初期热宇宙的极高温度因膨胀而大大降低了）。释放的这些能量导致了第一批粒子的形成。

作为基本力的介质粒子，玻色子是在以下这些力取得了不同身份时形成的，包括胶子（强子的介质）、W^+、W^-、Z^0 粒子（弱力的介质）和光子（电磁力的介质）。夸克也是大约在这时形成的，但无法结合形成强子，因为这时的宇宙温度实在太高，让强子一经形成便立即瓦解。这种情况一直持续到大爆炸后 10^{-6} 秒，夸克这时终于结合，形成了质子、中子和介子。这是宇宙历史上夸克最后一次作为自由粒子存在。

在对早期宇宙的研究中，令人着迷的是两个看上去全无关系的尺度之间的相互影响。例如，在这一时刻，粒子相互作用的速率与宇宙膨胀的速率竞争。随着宇宙年龄的增长与温度的下降，光子失去了能量，不能在夸克组成质子和中子的时候摧毁它们了，因此，强子便在大爆炸后大约 10^{-6} 秒时形成了，接着，轻子也在大爆炸后大约 1 秒时形成。

表 5.1 极早期宇宙的时间线

时期	时刻（秒）	温度（K）	描述
普朗克	$< 10^{-43}$	10^{32}	当今存在的物理学定律不适用。引力的量子性质很重要
大统一	$< 10^{-36}$	10^{29}	电磁力、弱力和强力是统一的
暴胀	$< 10^{-32}$	10^{28}	暴胀让空间增大了 10^{26} 倍，温度从 10^{27} 开尔文下降到了 10^{22} 开尔文
电弱	$< 10^{-12}$	10^{22}	强力与电磁和弱力分道扬镳
夸克－胶子	$< 10^{-6}$	10^{12}	宇宙中的能量太高，夸克无法组成强子。夸克－胶子等离子体形成
强子	< 1	10^{10}—10^{9}	能量变得足够低，让夸克能够形成强子。微小的物质－反物质不平衡造成了宇宙中物质的主导地位
轻子	< 10	10^{9}	轻子与反轻子出现而且处于热平衡。中微子脱耦

通过光子的湮灭，它们的能量转变成一对粒子与反粒子（电子和正电子），后者又通过碰撞转变为光。这里的一个悬而未决的问题是：为什么现在的粒子和反粒子不对称？换言之，为什么当今宇宙中的粒子远远多于反粒子（即所谓的重子不对称）？尽管现在我们还不完全清楚，但答案似乎在于极早期宇宙的物理状况，当时这两种粒子的平衡失调，让一种粒子多于另一种。如果这两种粒子完全平衡，我们今天就不会在这里生存。所以，人类本身的存在是物质－反物质对称崩溃的结果。最后，我们还不清楚奇点的物理学本性，这是一个需要研究的极端重要的课题。

回顾复习问题

1. 解释支持大爆炸的观察证据。
2. 早期宇宙的电子对生成造成了什么后果?
3. 描述奇点的时空特性。
4. 描述普朗克单位,并解释它们的意义。
5. 物理学家们在说到力的统一时是什么意思?
6. 人们用暴胀假说解释了哪些观察事实?解释这一假说是怎样解决这些问题的。
7. 描述视界距离。
8. 粒子是在宇宙历史的哪个时期内得到质量的?
9. 质子和中子是在宇宙历史的哪个时期形成的,它们的形成为什么被延迟了?
10. 解释"重新加热的能量"及其意义。

参考文献

Chaisson, E., and S. McMillan. 2011. *Astronomy Today*. New York: Pearson.

Guth, A.H. 1998. *The Inflationary Universe: The Quest for a New Theory of Cosmic Origins*. New York: Basic Books.

Schneider, S.E., and T.T. Arny. 2015. *Pathways to Astronomy*. 4th ed. New York: McGraw-Hill.

插图出处

· 图 5.1:https://commons.wikimedia.org/wiki/File:The_History_of_the_Universe.jpg.

我们大家都是氢和氦的原始混合演变形成的事物，我们中的每一个人都是如此。这一故事的历史如此悠久，已经让人们开始问起最初是怎么回事了。

——吉尔·塔特（*JILL TARTER*）

要知道，化学家们有一种复杂的计数方式。他们数的不是1，2，3，4，5个质子，而是说氢，氦，锂，铍，硼。

——理查德·P. 费因曼（*RICHARD P. FEYNMAN*）

轻元素的起源

06

THE ORIGIN OF LIGHT ELEMENTS

本章内容将涵盖：

- 宇宙中轻元素的形成
- 负责轻元素合成的主要参数
- 物质与反物质之间不平衡的起源
- 导致我们的宇宙具有其性质的初始条件

有关宇宙中轻元素起源的知识，是走向理解重子形成的物质的第一步。轻元素是我们身边的普通事物，包括星系、恒星、行星和我们观察到的一切。轻元素是氢、氘、氦、锂和铍的统称。因为早期宇宙的高热让基本粒子（质子和中子）获得了高速度，所以它们聚合形成最轻的元素的原子核，由此形成了这些元素。轻元素接着在恒星中发生核聚变反应，合成了重一些的元素。在早期宇宙中，较轻的元素形成化学元素的过程叫作大爆炸核合成。然而，当宇宙膨胀时，它的温度下降了，最终达到了不足以再通过聚变过程形成重于铍元素的程度。此后，重于铍的元素是在恒星内部，通过恒星演化过程形成的（第14章）。由于轻元素形成时宇宙的体积还很小，而且其实这些元素只有相当小的一部分能够在后来的恒星内部形成，所以轻元素的密度在整个宇宙中是均匀的。换言之，任何今天在宇宙中发现的轻元素（主要是氢和氦），都是从大爆炸核合成时代遗留下来的，因此是原始的。所以，测量今天这些元素的丰度，将告诉我们有关宇宙极早期（宇宙刚刚出生大约10秒）的条件的线索。现代观察的结果证实，人们在当今宇宙中观察到的氢和氦的丰度与热大爆炸模型预言的丰度类似。

本章将讨论宇宙在轻元素形成之前的状态，然后研究轻元素的起源。我们也将探讨使这些元素具有当前丰度的初始条件，以及这些条件会如何影响宇宙的当前状态。

轻元素形成之前的宇宙

宇宙形成之初，大约在大爆炸发生1秒后，宇宙中充斥着基本粒子的等离子体，其组成要素是质子和中子，以及电子及其反粒子正电子、中微子（质量小 、电中性，与其他粒子没有相互作用的粒子）和光子。在宇宙当时具有的狭小体积内，这些粒子通过电磁力和弱力（弱电力）相互作用。粒子持续衰变或者相互作用，形成新的粒子物种。这导致了宇宙中的一个平衡状态，其中每个物种的粒子数目和它们各自的能量都是恒定的。这种状态是通过同样的粒子被毁灭与再次产生而得到的。例如，质子（p）和电子（e⁻）相互作用生成一个中子（n）和一个电子中微子（ν_e）：

$$p + e^- \rightarrow n + \nu_e$$

类似地，中子和正电子（e⁺）结合，形成一个质子和一个反中微子（ν_e）：

$$n + e^+ \rightarrow p + \nu_e$$

所以，在极早期的宇宙中，因为这些反应， 质子和中子的数目保持恒定。如果粒子之间的反应速率很高，则可以很快达到平衡，但如果反应速率低，则需要经过一段时间才能达到平衡。在这个阶段，影响平衡的基本因素，是宇宙的膨胀速率和核反应速率之间的竞争。这时，这一平衡的结果是整个宇宙中温度的均匀一致。然而，由于宇宙的膨胀，总的温度在变化。

直到大爆炸后 0.1 秒，弱相互作用的速率还足够高，能够让粒子保持平衡。当温度降低到 10^{11} 开尔文以下时，中微子和电磁辐射场之间弱相互作用的速率变得太慢，已经不足以支持它们继续反应了，因此它们脱耦，并一直保持相互独立的行为。这时，另一个重要的过程是电子和正电子的湮灭，它们会产生对电磁场有贡献的光子。这一过程与电磁场中的光子生成电子 – 正电子对的逆向反应（叫作电子对生成反应；图 6.1）平衡。当宇宙继续膨胀的时候，电磁场的温度下降，使它无法继续生成新的电子 – 反电子对了。这导致了电磁场的温度上升（由于电子

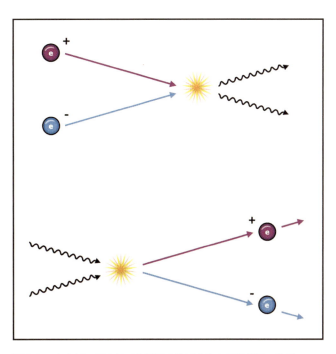

图 6.1 一个电子 – 正电子对的湮灭产生形式为光子的能量。逆反应是光子的碰撞，生成电子 – 正电子对，这个过程叫作电子对生成。在宇宙诞生后不到 1 秒时，这些过程占据主导地位

和正电子之间的碰撞产生光子，以及逆向反应不存在），但没有影响那时已经脱耦了的中微子。于是中微子出现在今天仍然存在的宇宙背景中。

这时，达到平衡的唯一方法是通过上述的弱相互作用。然而，能让这些反应发生的电子或者正电子非常稀缺。宇宙膨胀的速率远远超过了保持平衡所需的这些反应的速率。结果，这些弱相互作用被冻结了。这时能够发生的唯一弱相互作用是自由中子向质子的衰变（图 4.6）。这种反应与温度无关，只取决于中子的放射性衰变速率，其半衰期约为 10 分钟（中子衰变的半衰期的定义为：任何数量的中子中的一半衰变为质子所需的时间）。宇宙膨胀速率与核反应速率之间的赛跑固定了这时形成的原子核的数量和种类。例如，如果宇宙的膨胀速率比它的真实速率更快，中子仍将是自由粒子并不断衰变。于是，所有的中子都会被转化为质子，没有机会形成比氢重的元素。正如真实情况发生的那样，宇宙的膨胀速率刚好足够慢（与核反应的速率相比），使得中子和质子能够结合形成轻原子核。

轻元素的形成

在大爆炸后大约 1 秒，宇宙的温度大约是 10^{10} 开尔文（对应于每个粒子 1 MeV）。在这个时期，与宇宙膨胀的速率相比，核反应仍然足够快，可以使宇宙处于平衡状态，产生令轻元素形成的条件，即迫使中子在衰变之前与质子结合。由于中子的衰变速率比质子快，中子与质子之间的比率一直恒定在 1∶6，即每个中子对应于 6 个质子（专题框 6.1），而且在这个时候，因为宇宙存在的时间还不够长，还没有较大比例的中子衰变为质子。这种状况持续到大爆炸的 1 到 2 分钟后，这时的宇宙温度达到了使一个质子和一个中子合成氘（又叫重氢，符号为 ^{2}H；这里的数字 2 表示其中含有 1 个质子和 1 个中子[①]）的大约 8×10^8 开尔文（图 6.2）。自由中子的平均寿命为 890 秒，这样看来，1 到 2 分钟的时间与此相比不可以忽略。所以，到形成氘的适当条件出现时，中子的衰变将中子与质子之间的比率降低到了 1∶7（1 个中子对应于 7 个质子）。如果宇宙的膨胀在这个时候停止，则它已经有了足够的时间让中子衰变，而宇宙的中子与质子之间的比率最终为 1∶7（专题框 6.1），完全无法形成重于氢的元素。

氘很脆弱，而且，当它产生时就会被高能光子摧毁。这推迟了重于氘的元素的生成，人们把这一现象称为氘瓶颈（deuterium bottleneck），当宇宙膨胀并冷却的时候，光

[①] 这是元素的质量数，其定义为原子核内质子数与中子数之和。质量数位于元素化学符号的左上方。

子失去了许多能量；在大爆炸大约 3 分钟后，氘核形成，而没有被光子摧毁（图 6.2）。在这个时间点之后，元素合成的过程高速展开（图 6.3）。在一个氘核形成并存活之后，它捕获了一个中子，变成了氚（³H；以字母 t 表示；图 6.2）。这一反应的最后生成物是 ⁴He，由两个质子和两个中子组成（图 6.2）。有不同的反应途径可以形成 ⁴He：1）两个氘核聚合；2）由 ³He 捕获一个中子，或者由 ³H 捕获一个质子。

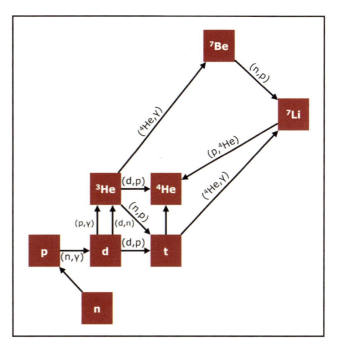

图 6.2 图中显示了导致轻元素形成的不同过程（中子和质子捕获）。不存在质量数为 5 与 8 的稳定元素

大爆炸核合成过程一直持续到生成 ⁴He 之后，而且生成了更重的元素（然而，请接着往下读）。⁴He 是最稳定的原子核之一。如果因为某种原因，宇宙的膨胀在这个时间点上停止了，⁴He 将以高丰度出现，所有的核子（质子和中子）最终都会成为它的原子核。由于宇宙膨胀的高速率和质子向中子衰变的低速率，这种状况没有发生。取代这种状况发生的，是高速有效的质子 – 中子捕获过程，导致更多的 ⁴He 原子核生成（图 6.2）。

在 ⁴He 形成之后，元素向更重的原子核发展之路停了下来。⁴He 的原子量是 4，其中有两个质子和两个中子，它们结合得非常紧密，原子核非常稳定。然而却不存在原子量为 5 的稳定原子核。一个质子或者中子与 ⁴He 的聚合不会产生任何元素，因为 ⁵He 和 ⁵Li 都不稳定。所以，⁴He 对与质子或者中子的聚变非常排斥。类似地，原子量大于 7 的核的合成也因为不存在原子量为 8 的稳定原子核而受到妨碍。到了宇宙的成长之路历时 10 分钟的时候，温度大约为 4×10^8 开尔文，这时的大爆炸核合成本质上已经结束。几乎一切重子都以自由质子（氢的原子核）或者 ⁴He 原子核的形式存在。少量自由中子也衰变成为质子，还剩下少量残存的氘、氚和 ³He（图 6.3）。图 6.3 显示了在大爆炸核合成中形成的轻元素含量的比例变化。

在轻元素形成期间，处于平衡状态的质子 / 中子比率为 7 : 1。现在，考虑 16 个核子（在一个原子核中的质子和中子总数），其中 2 个是中子，14 个是质子，保持质子中子比为 7 : 1。我们可以用它们创造一个质量数为 4 的 ^{4}He，用掉全部 2 个中子和 2 个质子。剩余的 12 个质子将形成质量数为 1 的氢原子核，总原子量为 12。这样一来，氦与氢的质量比是 4 : 12。也就是说，按照质量计算，氢是氦的 3 倍。所以，氢在宇宙中的质量分数是 75%，氦是 25%（图 6.3）。这一预言非常接近于观察结果，是支持大爆炸假说最有力的证据之一。

是什么驱动了大爆炸核合成

早期宇宙的一个重要的宇宙学参数对于核合成有重要的影响，这就是重子与光子的数量密度之比。这一结果是根据对于宇宙背景辐射中的重子（质子与中子）总数量密度和光子总数量密度（413 个 / 立方厘米）的测量计算得来的。重子对光子的比率约为 5.5 x10^{-10}，也就是说，相对于 1 个重子，宇宙中有大约 10 亿个光子。重子对光子的高比率会提高氦合成需要的温度，让核合成更早开始。由此而来的后果是，这一过程将对生成 ^{4}He 更加有效，当宇宙的密度和温度更低时留下的氘和 ^{3}He 更少。

重子 / 光子比不可能小于 10^{-12}，因为这会让大爆炸核合成的效率非常低，让我们预期生成的氦的数量非常小。同样，重子 / 光子比也不可能超过 10^{-7}，因为在这种情况下，核合成的发

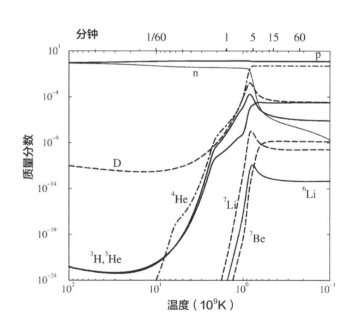

图 6.3 随宇宙时间变化的元素丰度。在大爆炸后大约 100 秒的时候氦合成开始。而铍（^{7}Be）到了大爆炸后 300 秒的时候才开始形成，拖延了原子量大于 7 的元素的形成，这就是所谓铍瓶颈（beryllium bottleneck）

以宇宙一定体积内的中子和质子数表达的重子密度直接影响了核合成的结果。例如，如果宇宙中的这一密度很高，核反应的发生将会更加频繁，导致 ^4He 的生成更为迅速，这让中子形成放射性衰变的时间更短，因此氚和 ^3He 会更少。所以，如果我们测量了 ^4He 和 ^3He 元素的丰度并发现了与之对应的质子 – 中子密度，我们就能知道宇宙中重子密度所在的范围。

生将会早得多，那时候的中子还来不及衰变，而且宇宙中将不会有氚存在，而 ^4He 的丰度会达到最大值。所以，根据轻元素丰度的观察结果，宇宙中重子的可能数量被限制在一定的范围之内，宇宙的物质密度也被限制在一定的范围之内（专题框 6.2）。

为什么宇宙中不存在反物质

由于对称性，物理学定律预言了由夸克和反夸克分别组成的重子与反重子的存在。然而，我们知道，今天的宇宙对于重子的偏爱远远超过了反重子。在早期宇宙的高温下，夸克并没有受到必须存在于重子之内的限制。所以，在宇宙极早期，夸克 – 反夸克对的生成与湮灭生成光子的过程都非常迅速。这时，夸克、反夸克和光子的数目是类似的。当宇宙膨胀并冷却时，夸克 – 反夸克对因为没有足够的能量创造它们而不再生成。但它们还是在湮灭与创造光子。现在，如果夸克在宇宙极早期比反夸克略多一点点，则在这些粒子湮灭之后会留下一小部分夸克。在宇宙膨胀与冷却时，这些夸克便会结合形成重子，但并不存在许多反夸克来产生反重子。由于夸克 – 反夸克对的湮灭，生成了更多的光子，而重子的结构单元——夸克逐渐消失了。这便解释了宇宙中极低的重子/光子比率。为什么在极早期宇宙的大统一时期会出现重子不对称，这一点我们现在还不知道。我们必须在早期宇宙条件的框架之内寻找。

总结与悬而未决的问题

在大爆炸核合成的2分钟内发生的事件，塑造了我们的宇宙138亿年的历史（表6.1）。

事实上，人类今天的存在本身，也是在宇宙开始阶段那2分钟之内发生的事件的直接后果。表6.1总结了核合成时期直至第一个原子形成时的时间线。我们相当清楚地知道，核合成的物理学能够对当时发生的事件做出准确的估计。在宇宙几分钟大的时候，有一些参数确定了轻元素的合成。这些参数包括中子的半衰期，宇宙的膨胀速率，质子－中子相互作用的速率，铍瓶颈，除了原子量为 5 和 8 的稳定元素的重子（质子和中子）/ 光子数量密度的比率。如果它们中间任何一个与当时的数字略有差异，我们今天就不会在这里存在。

大爆炸核合成是一个一步接一步的过程，通过聚合较为简单的元素制造较重的原子核。一个质子和一个中子的聚合结果是一个氘核（^{2}H），结合能（分解氘核需要的能量）为 2.2 MeV。氘很脆弱；考虑到大爆炸后约 2 分钟时的光子高能量，氘在生成后不久就被摧毁了，这就是所谓的氘瓶颈，导致了重于氘的元素的形成被推迟。所以，氘核的结合能在氘之后的元素形成时间线上扮演了重要角色。氘的合成时间与自由中子的 840 秒寿命很接近。也就是说，到了氘被合成的时候，很大一部分中子已经衰变为质子了，导致质子的数目远远超过了中子。这对于氘和氦的丰度具有直接影响。

表 6.1 极早期宇宙的时间线

时期	大爆炸后的时间段	温度	描述
大爆炸核合成	10 至 10^3 秒	10^{11} 至 10^9K	质子与中子结合形成原子核
光子	10 至 10^{13} 秒（约 38 万年）	10^9 至 10^3K	宇宙中包括电子、原子核和光子。这时的温度还太高，电子无法与原子核结合

宇宙的膨胀速率是其密度和温度下降的原因，而后二者又决定了轻元素之间的反应速率。这导致了宇宙演变最初几分钟内的元素合成。宇宙的膨胀速率和粒子结合形成较重元素的速率之间的竞争确实存在，这种竞争固定了这些元素的丰度。当膨胀速率随时间下降时，反应变得更有效，导致更重的元素形成。最后的生成物是 ^{4}He 原子核，它非常稳定，结合能为 28.3 MeV。宇宙中不存在原子量为 5 和 8 的稳定元素。所以，大爆炸核合成过程到 ^{4}He 出现便戛然而止，尽管有痕量的 ^{5}Li 生成，但它立即就被其他元素摧毁了。同时也无法找到弥合原子量为 8 和其他更重的原子核之间的鸿沟的方法。这些更重的元素是在恒星高密度的星核中通过"三氦"反应（^{4}He + ^{4}He + ^{4}He → ^{12}C）形成的（见第 14 章）。这就是通过大爆炸核合成只能生成轻元素的原因。一切重于 ^{7}Li 的

元素都是几十亿年之后在恒星中形成的。

　　上述讨论说明，如果这些过程中的任何一个以不同的方式发生，都会对我们现在的宇宙带来戏剧性的后果。然而还有许多尚未得到答案的问题：是什么固定了宇宙中重子与光子之间的比率？为什么这一比率如此之小？怎样才能检测中微子的背景？

回顾复习问题

1. 解释弱相互作用速率和宇宙膨胀速率之间的竞争是如何影响轻元素的丰度的。

2. 在大爆炸 0.1 秒后发生了什么意义重大的事件？

3. 解释导致中微子背景的事件。

4. 中子衰变速率是怎样影响早期宇宙中轻原子核的形成的？同样，对于今天的轻元素的相对丰度，中子与质子之间的比率扮演了什么角色？

5. 解释氘瓶颈和它在轻元素形成方面的作用。

6. 解释导致 ^{4}He 形成的步骤。

7. 为什么 ^{4}He 不能通过吸引一个质子或者中子而变成更重的元素？

8. 大爆炸核合成是什么时候结束的？为什么？

9. 以大爆炸核合成为依据，预言氢和氦在宇宙中的预期丰度分数。

10. 在限制轻元素丰度范围方面，宇宙中的重子与光子之间的比率扮演了何种角色？

11. 解释宇宙的密度与 ^{4}He 和 ^{3}He 的丰度之间的关系。

参考文献

Alpher, R., H. Bethe, and G. Gamow. 1948. "The Origin of Chemical Elements." *Physical Review* 73 (7): 803 – 4. doi:10.1103/PhysRev.73.803.

Perkins, D. 2005. *Particle Astrophysics*. Oxford, UK: Oxford University Press.

Weiss, A. 2006. "Equilibrium and Change: The Physics behind Big Bang Nucleosynthesis." *Einstein Online* 2: 1018.

——玛丽·居里（MARIE CURIE）

自然定律构建宇宙的方式是尽可能地让它有趣。

——弗里曼·戴森（FREEMAN DYSON）

第一批原子与黑暗时期

THE FIRST ATOMS AND DARK AGES

本章研究目标

本章内容将涵盖:

- 第一批原子的起源
- 早期宇宙中的物质和辐射
- 宇宙微波背景辐射
- 黑暗时期
- 宇宙是怎样变得透明的——走出黑暗的旅程

　　我们在第 6 章中知道,氘、氦和锂这些轻元素的原子核都是通过大爆炸核合成过程生成的。然而,那个时候的强烈辐射、极高的温度和密度,让电子无法与已有的原子核结合形成中性原子。在这个时候,绝大多数物质是带正电荷的氢与氦的原子核和带负电的电子,它们散射光子。当宇宙膨胀并冷却的时候,一个叫作复合(recombination)的过程在大爆炸 28 万年后开始发生,由此形成了稳定的原子(电子加入原子核,形成了中性原子)。在这个时候,以氢和氦原子的形式出现的物质与辐射共存。在某个时间点,物质与辐射脱耦了,各自独立演变。辐射形成了我们今天观察到的宇宙背景光子,而物质形成了恒星、星系、行星,并最终形成了人类。

　　中性原子向四面八方反射光子,且不让它们逃逸,这让宇宙变得不透明。这个时期叫作黑暗时期,几乎持续了 6 亿年,最后因为第一代恒星和星系的形成方才结束。来自这些原始恒星和星系的高能辐射把这些原子电离了,这一过程叫作再次电离,让光子可以不受物质阻碍地逃逸,让宇宙变得透明。因此我们才能够窥视宇宙的极深层次。在这段时间里,宇宙经历了几次转变,它们影响了宇宙随后的演变。

　　本章向读者呈现了对宇宙在黑暗时期之前、之中和之后的叙述。随后讲述的是有关原子起源的故事,以及物质后来是怎样与充斥着今日宇宙的宇宙背景辐射脱耦的。我们还将研究与物质和辐射相互作用有关的各种物理过程,接着讨论让宇宙透明的再次电离过程。

第一批原子的形成

　　大爆炸后约 10 分钟，大爆炸核合成结束，这时宇宙中 75% 的重子（质子与中子）是氢核，另外 25% 是氦核，此外还有痕量的较重的元素。在这个时间点上，宇宙的温度已经足够低，可以生成重于铍和锂的元素了，但还是无法让带正电荷的原子核与带负电荷的电子结合生成稳定的原子（图 7.1）。电子刚一与氢核和氦核结合，就会被高能光子的轰击击飞（图 7.1- 上）。这一过程一直持续到大爆炸后 24 万年，那时的宇宙温度为 3 740 开尔文。宇宙的膨胀足够地降低了温度和光子的能量，这使带负电荷的电子能够通过复合过程加入带正电的原子核（主要是氢核与氦核），形成第一批稳定的原子（图 7.1）。宇宙历史上的这个时期叫作复合时期（专题框 7.1），第一批原子在这一时期形成，光子持续被电中性的原子和自由电子散射，因此无法不受阻碍地运动（图 7.1- 下；专题框 7.1）。光子的散射速率取决于复合时期的自由电子的数目（图 7.1- 上）。因此，当自由电子的数目因复合过程减少时，光子散射速率也下降了。这时候，光子散射速率与宇宙膨胀速率（哈勃常数）竞争。随着宇宙膨胀，光子散射速率急速下降（与 $1/a^3$ 成正比，此处 a 是与宇宙半径成正比的因素），一直到光子两次被散射相隔的时间超过了当时的宇宙年龄（即哈勃时间，对应于 H^{-1}，此处 H 是宇宙膨胀的速率；哈勃时间基本上等同于宇宙的年龄）。在这个时间点上，光子不再与自由电子相互作用，因此脱耦（图 7.1- 下）。人们称这一时期为脱耦时期。因此，光子现在可以不与物质作用或者说不受它们干扰地自由运动了，因此宇宙也变得透明了。脱耦过程发生的时间不长，大约在大爆炸之后 38 万年完成，

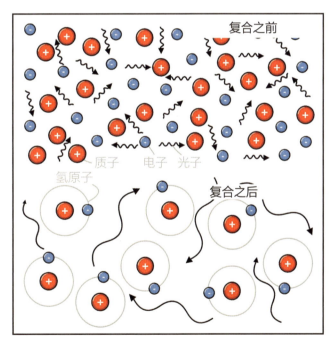

图 7.1 光子在复合之前被电子和氢原子核（即质子）散射的过程（上）——见专题框 7.1。在这个时期，宇宙的温度过高，电子刚与原子核复合就会从原子中被击出（上）。由于宇宙的膨胀，光子的能量降低了，它们不再有能力从原子中击出电子了。这对应于大爆炸 24 万年后的复合时期（下）

物质与辐射通过如下方式相互作用：

电离： 从原子中去除一个或多个电子的过程。因为电子带有负电荷，丢失电子就会使原子带有正电荷，于是形成了离子。电离形成的离子用 H^+（失去一个电子的氢原子，单电离）或者 He^{++}（失去 2 个电子的氦原子，双电离）表示。电离过程发生在原子碰撞的时候，或者当与原子结合的电子受到光子轰击被击出的时候。

复合： 电离的逆过程，这时电子重新加入离子，产生中性原子。在早期宇宙中，当温度由于宇宙的膨胀下降而使光子失去能量时，它们不再能够将电子从原子中击出，因此形成了稳定的中性原子。复合的速率取决于电子和原子核在介质中的密度，同样也取决于它们的速度（温度）。

吸收： 当一个光子击中一个原子内的电子，并向这个电子转移了自己的全部能量时发生的过程。接收了能量的电子可以跃迁到一个更高的量子化能级。在这种情况下，光子的能量必须等于原子内这两个能级之间的能量差。

散射： 当光子与自由运动的原子核或者电子相撞，失去或者增加能量的过程。这一过程降低了光子的能量，或者说把能量转移给了电子和原子核，或者从电子和原子核那里得到了能量。光子被电子或者自由原子核的散射发生在复合过程（大爆炸后约 24 万年）之前。这对应于一个叫作最后散射表面的想象表面的半径。

这时的宇宙温度是 3 000 开尔文（见图 6.1）。一个光子经受一个电子最后一次散射的时间叫作最后散射时间，它与脱耦时间非常接近。

宇宙背景辐射

在脱耦时期之前，宇宙中的物质和辐射处于一种热平衡状态，也就是说，整个宇宙的温度是均匀的。因此，辐射在脱耦时期（大爆炸后 38 万年）的温度分布涨落直接反映了那个时候的物质分布。在电中性原子形成之后，光不再受到自由电子散射，因此可以穿过已有的物质，使宇宙透明（图 7.1- 下）。这是来自大爆炸的热残余，因为空间的

专题框 7.2 测量宇宙微波背景

宇宙微波背景辐射是阿尔诺·彭奇亚斯和罗伯特·威尔逊于 1968 年发现的。为了理解宇宙微波背景的起源以及它是否来自宇宙之初，我们需要测量它的光谱和温度分布的均匀程度。由于原始辐射因空间膨胀造成的波长拉长，我们的观察需要在亚毫米波频段进行，这就需要使用航天探测器，因为亚毫米波长会被地球大气中的水蒸气吸收。

在最近 20 年间，人们发射了三台不同的卫星，目标是测量宇宙微波背景的物理性质，它们分别是宇宙背景探测器（Cosmic Background Explorer，COBE）、威尔金森微波各向异性探测器（Wilkinson Microwave Anisotropy Probe，WMAP）和普朗克。为了避免太阳和地球产生的背景噪声，这些卫星被发射到了距离地球大约 150 万千米的拉格朗日 2 号轨道（Lagrangian 2 orbit）。在这条轨道上，来自地球、太阳和月球的引力相互抵消，卫星处于一种"无噪声"的环境。这些探测器负责勘测整个天空并绘制温度分布图。分辨率经过改善后的分布图见图 7.2，所示次序从 COBE 到普朗克。这些实验证实，温度的分布是均匀的，达到每 10^{-5} 单位为 1，分辨率高于 0.2 度。

对于宇宙微波背景辐射的观察发现了它的温度分布涨落，从而形成了今天的宇宙结构；为宇宙 138 亿岁的年龄提供了最准确的估计；说明空间是平坦的，超出平坦的曲率不超过 0.4 度；证实了普通物质仅占宇宙的 4.6%；说明宇宙中包含 24% 的暗物质和 71.4% 的暗能量；并且测量了宇宙的密度涨落的幅度，这导致了第一批星系的形成。

COBE　　**WMAP**　　**普朗克**

图 7.2 宇宙微波背景光子在脱耦时期的温度分布。这反映了宇宙 38 万岁时的物质分布。红点与蓝点分别对应高密度的热区域和低密度的冷区域

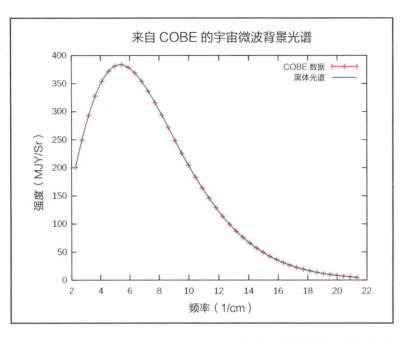

图 7.3 宇宙微波背景光谱显示了与在 2.754 开尔文温度下的黑体光谱的完美契合。这是宇宙背景探测器（COBE）卫星的探测结果（有关宇宙微波背景的详情见专题框 7.2）

膨胀而转移到较长的波长（微波波段）。人们今天已经检测到了残余辐射，并称其为宇宙微波背景（cosmic microwave background），它是支持大爆炸理论最有力的观察证据。这种辐射具有黑体光谱（图 7.3），这便意味着，它已经与宇宙中的物质达到了热平衡；这种辐射是均匀分布的，说明它来自宇宙的一个原点。自从脱耦以来，宇宙微波背景的温度已经在宇宙时间内从 3 000 开尔文下降到了今天观察到的 2.754 开尔文。

宇宙微波背景让微波光子充斥着宇宙。然而，它也显示了在脱耦时期前后宇宙的物质分布涨落造成的明显的温度变化。

这些重子物质块为恒星和星系的形成提供了种子，它们在各自的引力下坍缩，形成了我们今天在宇宙中看到的结构（从星系团到行星）。

黑暗时期

人们把第一批原子形成之后和第一代恒星形成之前的那段时间称为黑暗时期。这时候的宇宙没有任何光源，占据统治地位的主要是暗物质，它们最终坍缩，形成了恒星和星系（见第 8 章）。这时候，恒星和星系还不存在，仅有的光子来自大爆炸后大约 30

什么是再电离时期？

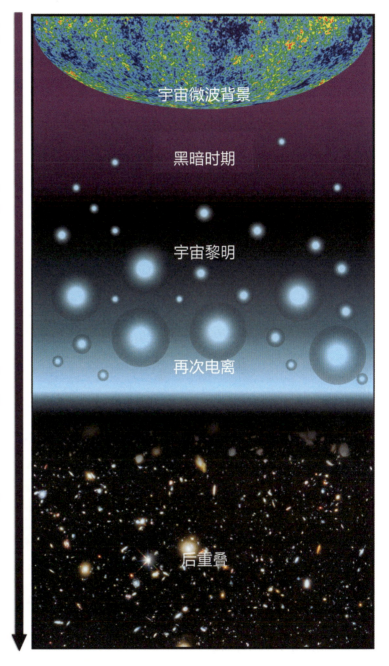

从大爆炸
开始的时间

大爆炸
宇宙中充斥着
电离了的气体

约 30 万年　宇宙变为
电中性
而且不透明

约 5 亿年　星系和类星体
开始形成，
再次电离开始

宇宙复兴
黑暗时期结束

约 10 亿年　再次电离结束
宇宙透明

星系持续演变

约 90 亿年　太阳系形成

约 130 亿年　今日宇宙

宇宙微波背景

黑暗时期

宇宙黎明

再次电离

后重叠

图 7.4 宇宙历史中的不同阶段。黑暗时期之后是"宇宙黎明"，然后第一代恒星和星系形成并电离了宇宙中的中性物质

万年前与物质脱耦了的背景辐射。在这个时期，电中性的物质（原子）创造了一堵不透明的墙，让光无法通过。所以，我们无法收到有关黑暗时期的任何信息，这时的宇宙演变也显著地减慢了。黑暗时期开始于大爆炸后大约 30 万年，并在大爆炸后 10 亿年左右、第一代恒星和星系开始形成的时候结束（图 7.4）。通过发出强烈的紫外光子流，这些天体发出的光增加了宇宙的光子背景。高能光子电离了原子(即击出了电子,专题框 7.1)，因此让宇宙对光透明了。人们称这一现象为再次电离（reionization，见图 7.4 和下一节）。宇宙从黑暗时期重新现身是一个逐步的过程，历时 6 亿年以上，直到再次电离在大爆炸后大约 10 亿年后完成。

宇宙的再次电离

我们可以从宇宙微波背景图上看到温度涨落，它们反映了宇宙在脱耦时的温度分布（图 7.3 和 7.4）。这说明了在物质分布中的不均匀现象（块状结构）。这些块状结构在自身的引力下坍缩。因为它们核内的高密度和高温度使轻元素（氢和氦）发生了聚合，从而形成了第一代恒星与星系。这些天体发出了高能紫外辐射，这些辐射随之又电离了周围的电中性物质。通过这一过程，电中性的原子遭受辐射的轰击而电离（专题框 7.1）。因此，光可以自由地在物质中运动，让宇宙变得透明了。我们现在还不清楚再次电离过程是什么时候结束的，但对最遥远的星系的观察说明，这一事件发生在大爆炸后 10 亿年左右（图 7.4)。

我们通过观察遥远的、明亮的天体来对再次电离进行研究，这些天体是类星体（quasars）、第三星族恒星（population III stars）和原始星系。沿着我们的视线，光遇到了在星系际介质中形成的物质块，结果其中一些波长的光被这些块状物中的特定化学元素吸收了。所以，通过研究这些天体的光谱，我们看到了能够说明星系际介质云层的化学组成的吸收特征。波长较短的光更容易被吸收，因此，在这个波段上的光大部分都被吸收了。再次电离是我们今天能够看到宇宙的遥远部分的原因。再次电离时期处于可观察宇宙的边缘。今天，通过对宇宙最遥远区域的最深度成像的方法，我们已经能够观测这个时期的第一代恒星和星系了。

总结与悬而未决的问题

大爆炸后有几个重要的状态转变，它们塑造了我们的宇宙的历史（图 7.4）。这些转变主要是由宇宙的膨胀及其温度下降造成的，这为大爆炸后大约 24 万年的第一批原子通过再次电离过程而形成提供了合适的条件。大约在同一时间，由于宇宙的膨胀，光子受到物质（电子、氢核与氦核）影响而散射的频率显著下降，达到了不再被散射的临界点（这是因为光子与电子和质子的连续两次碰撞的间隔时间增加了）。这导致了物质和辐射的脱耦。大多数物质的形式是重子暗物质，而辐射形成了宇宙背景，它是当时宇宙中的唯一光源。当复合过程完成时（所有的原子都形成了），宇宙经历了一个不活跃的时期，演变非常缓慢。这时没有任何光源，电中性的原子阻塞了散射的光，使之无法逃逸，这就是所谓的黑暗时期。在此期间，暗物质的引力导致了结构的坍缩，吸引了更多的物质并使自身的体积变大了。由于第一代恒星和星系的形成，黑暗时期逐渐结束了。由恒星发出的强烈高能紫外辐射再次电离了宇宙中的物质。人们称之为再次电离时期。今天，通过地基与天基望远镜的强大威力，我们能够观测大爆炸大约 10 亿年后的再次电离时期边缘的第一代星系。从再次电离时期向黑暗时期的过渡与黑暗时期的结束都是逐渐发生的，经历了千百万年的时间。表 7.1 显示了这个时期的宇宙的时间线。

表 7.1 宇宙在复合时期、黑暗时期和再次电离时期的时间线

时期	大爆炸后的时间	温度	描述
复合时期	38 万年	3 000 K	电子和原子核结合，形成电中性的原子。光子不再与物质处于热平衡状态。它们与物质脱耦，形成了宇宙背景辐射
黑暗时期	38 万年至 150×10^6 年	4 000—100 K	这是在复合时期和第一批恒星与星系形成之间的时期。在这段时间内，辐射的唯一来源是宇宙背景光子
再次电离时期	150×10^6 至 10^9 年	60—19 K	第一代恒星和星系在这一时期形成。来自这些天体的光电离了电中性的氢。最早的第三星族恒星在这段时间内形成

　　仍然有一些悬而未决的问题在等待答案。最早的恒星叫作第三星族恒星，我们还不清楚它们看上去是什么样的。人们预期，这些恒星是质量非常大的恒星（其质量大约是太阳质量的 10 到 100 倍），因此它们会很短命，寿命只有几百万年。因此，至今我们

发现的这类恒星还很少。我们今天看到的、围绕着我们的重元素的第一个形成地点可能就是第三星族恒星。而且，我们也不清楚暗物质是如何影响第一批星系的形成的。我们缺乏有关暗物质性质的知识，这让问题更加复杂了。最后，我们无法准确地断定再次电离时期的结束时间，以及星系在再次电离时期的本质。这些问题，以及其他许多问题，对于理解星系和宇宙具有非常基本的意义。因此，我们通过最大的地基与天基望远镜，利用大量时间研究它们，并辅以详细的计算机模拟进行研究。这些观察数据与模型为未来的研究提供了许多极为令人神往的课题。

回顾复习问题

1. 是什么延迟了第一批原子的形成？

2. 解释复合过程。

3. 宇宙中导致物质与辐射脱耦的物理条件是什么？

4. 解释最后散射时期。

5. 人们是怎样用宇宙背景辐射为早期宇宙的密度涨落绘制分布图的？

6. 宇宙背景辐射的黑体光谱是什么意思？

7. 说出观察宇宙背景辐射的不同探测器的名字。

8. 黑暗时期是怎样开始与结束的？

9. 解释宇宙的再次电离。

10. 人们如何探测星系之间的介质？

参考文献

Bennett, J., M. Donahue, N. Schneider, M. Voit. 2010. *The Cosmic Perspective*. 6th ed. Boston: Pearson/ Addison Wesley.

Hester, J., B. Smith, G. Blumenthal, L. Kay, and H. Voss, H. 2014. *21st Century Astronomy*. 3rd ed. New York: Norton.

Smoot, G.F. 2006. "Cosmic Microwave Background Radiation Anisotropies: Their Discovery and Utilization" (lecture). Nobel Foundation. http://www.nobelprize.org/nobel_prizes/physics/laureates/2006/smootlecture.html.

Wilson, R. 1978. "The Cosmic Microwave Background Radiation" (lecture). Nobel Foundation. https://www.nobelprize.org/nobel_prizes/physics/laureates/1978/wilson-lecture.html.

插图出处

· 图 7.2：https://en.wikipedia.org/wiki/File：Cmbr.svg.

· 图 7.3：https://en.wikipedia.org/wiki/File：PIA16874-CobeWmapPlanckComparis on-20130321.jpg.

· 图 7.4a：https://en.wikipedia.org/wiki/File：Ilc_9yr_moll4096.png.

· 图 7.4b：https://commons.wikimedia.org/wiki/File：NASA-HS201427a-HubbleUltraDeep Field2014-20140603.jpg.

对于我们中间的大多数人来说，更大的危险不是将目标定得太高而无法完成；而是定得太低并且完成了。

——米开朗基罗（MICHELANGELO）

需要许多知识，才能让你意识到自己无知的程度。

——托马斯·索厄尔（THOMAS SOWELL）

宇宙结构的
起源

08

THE ORIGIN OF STRUCTURE
IN THE UNIVERSE

本章研究目标

本章内容将涵盖：

- 宇宙结构的发展

- 宇宙中的不同结构

- 早期宇宙中的密度涨落的起源

- 第一代星系和恒星

- 第三星族恒星

宇宙中有许多不同尺度的结构，从行星和恒星这样小尺度的结构，到星系这样中等尺度的结构，再到星系团和超星系团这样大尺度的结构。这些结构的起源、它们在整个宇宙的生命过程中的演变等，都跻身于现代宇宙学最令人不解的问题之列。例如，人们曾在许多年里为一个由来已久的问题争论不休，那就是：是星系团首先形成然后分解为星系、接着分解为恒星，还是星系首先形成，然后组合在一起形成星系团和更大的结构？尽管我们在宇宙的大尺度上观察到的物质是光滑分布的，但无论第一批出现的结构是什么，它们的起源都在于这些大尺度光滑分布上各处的不均匀。这些物质分布的涨落在引力作用下发展，导致今日宇宙结构（恒星、星系和星系团等）的形成（专题框 8.1）。这些结构的尺度取决于初始涨落的大小。很清楚的一点是，在创造我们观察到的今日宇宙的结构方面，来自暗物质的引力扮演了重要的角色。

宇宙结构的形成始于物质与辐射脱耦之后，在黑暗时期持续，并在宇宙大爆炸后不到 10 亿年的再次电离之前结束。人们相信，在再次电离时期，许多如恒星和星系这样的较小的结构已经存在。因此，对于结构形成过程的研究将说明引起宇宙再次电离的第一批恒星和星系的性质，这同样有助于解释它们的形成过程。

本章将考察宇宙中的结构的起源，及其随着宇宙时间的演变，并研究导致结构形成、生长并形成第一代恒星与星系的密度涨落。

原始结构的形成

物质与辐射在大爆炸后大约 38 万年脱耦，此后物质可以自行追随自己的命运。于是，在引力的作用下，物质（包括普通物质与暗物质）坍缩，形成了高密度、大质量的结构（图8.1）。今天，有关宇宙中结构形成的流行理论是冷暗物质假说（cold dark matter scenario）。这个名字中之所以有一个"冷"字，是因为组成冷暗物质的粒子的速度远远低于光速，这与热暗物质不同，后者的粒子的运动速度非常快。所以，由冷暗物质控制的涨落可能会发展为大质量的致密结构（专题框8.1）。这种结构接着产生了薄片和丝条——统称宇宙网（cosmic web）。第一代恒星和星系就是在这些细丝当中形成的（图8.2）。

在发生最初的坍缩时，物质和辐射混在一起。这导致把事物拉到一起的引力与辐射引起的辐射压力之间产生相互作用；辐射是由坍缩的云的核心发出的轻元素聚合产生的，

专题框 8.1 宇宙中的结构

根据尺度的不同，宇宙中的结构有不同的类型，包括：

恒星： 在整个宇宙生命中都会形成的小结构。人们认为，小尺度的原始涨落是形成第一代恒星的原因，人们称这些恒星为第三星族恒星。较晚期的气体云坍缩也可以形成恒星。恒星通过核聚变过程产生自己的光，并把轻元素转变为重元素。我们的太阳50亿岁，是一颗年龄适中、质量平均的恒星。

星系： 平均由 10^{11} 颗不同类型的恒星组成，我们观察到的星系发出的光是所有这些恒星发出的光加在一起形成的。有些类型的星系也是当前恒星形成活动发生的地点。除了恒星之外，星系中也含有气体和尘埃，还有大量暗物质。星系是宇宙中的小岛，由于空间的膨胀而相互远离。有些星系正在活跃地形成恒星，有些则没有这种活动。我们所在的星系叫作银河（Milky Way）。它具有螺旋形状，我们的太阳就在其中的一条螺旋臂上。平均大小的星系的质量大约为 $10^{11}M_{sun}$，M_{sun} 即我们的太阳的质量。

星系团： 尺度更大的结构，其中含有许多星系，数量从几十个到几百万不等，取决于星系团的丰富程度。宇宙中大多数星系处于星系簇或者星系团中。星系团的高密度环境（在比较小的体积内容纳大量星系）会引起星系间的碰撞，因此影响了其中的星系的形状和演变。星系团的质量大约为 $10^{15}M_{sun}$。

超星系团： 宇宙中最大的结构，是由许多不同的星系团一起组成的。它们似乎是由最初的密度扰动产生的。它们的大小大约是 100 个百万秒差距。我们的银河系属于它其中的超星系团。

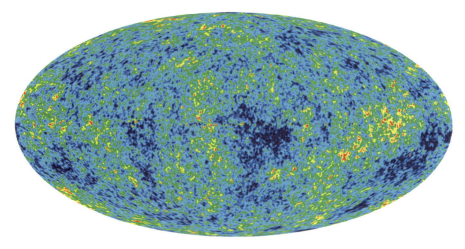

图 8.1 宇宙微波背景的温度分布。在脱耦时的密度增强痕迹反映在宇宙背景辐射的温度分布上。红色和蓝色的区域分别代表高温与低温。这揭示了大爆炸 38 万年后宇宙中的物质分布

辐射压力会把事物往外推。这引发了声波形式的振荡模式（密度涨落在整个物质中的传播）。因为引力是暗物质和普通物质共同作用的结果，而辐射压力只是由普通物质引起的（因为暗物质粒子不与光子起作用），这些振荡的形状解释了普通物质与暗物质的比率。而且，由于暗物质不与光子耦合，它们只要有一点浓度就会非常快地成长，产生致密的大质量结构。宇宙中物质分布最初的不均匀性反映在宇宙背景辐射的温度分布上（图8.1）。这给了我们有关导致当前宇宙结构涨落的大小和程度的线索。图 8.1 显示了宇宙背景辐射在脱耦时的温度分布，其中蓝色和红色／黄色的区域分别对应于低物质密度与高物质密度（低温与高温）。

初始密度不均匀性的起源

出于某种原因，为了开始结构形成过程，需要将初始扰动（非均匀性）引入均匀的物质分布。这些扰动提供了最初的种子，它们后来成长起来，产生了我们今天观察到的结构（图8.2）。在大爆炸后大约 38 万年，物质和辐射脱耦之前，它们相互作用，并达到了热平衡。所以，当时物质分布的不均匀性反映在今天的宇宙背景辐射的温度分布上（图8.1）。

接下来的问题是，这些初始不均匀性是从何而来的呢？物理学家们相信，它们是通过一种叫作真空涨落（vacuum fluctuation）的过程产生的。根据量子力学定律，空间内的能量数量会有暂时的改变，从而让"虚拟粒子"在极短的时间内在空旷的空间中生成。这种预言背后的物理学原理是不确定性原理（uncertainty principle，见专题框 8.2）。

根据不确定性原理，我们测量任何粒子的能量和时间的准确性有一个极限。如果测得的能量的误差是 ΔE，而时间的误差是 Δt，则它们遵循如下公式：

$$\Delta E \ \Delta t \sim h / 4\pi$$

这里的 h 是普朗克常量。这就意味着，我们不可能同时对能量与时间做出准确测量。以上公式可能看上去违反了能量守恒定律。然而，能量是通过在极短的时间内创造出虚拟粒子和反粒子（能量单元）而得以守恒的。这些虚拟粒子和反粒子进而变成了物质分布不均匀性的最初种子，结构就是从这些种子中发展出来并最后生成的。

这意味着在小尺度下，能量场在空间的任意一点上（即使在真空中也不例外；真空的定义是最低能量状态）都一直有涨落（即从一个值跳跃到另一个值，见专题框 8.2）。这些涨落产生了量子涟漪，最终形成涨落，产生了造就今天的宇宙结构的种子。这些涨落的特性由它们的波长决定，波长对应于它们的大小（即它们是大尺度的还是小尺度的涨落）。在暴胀时期，由于宇宙的急速膨胀，波长（涨落）增加了 10^{30} 倍，与今天观察到的结构（恒星和星系）的大小接近。因此，这样的量子涨落是在引力接管大权之前形成宇宙中的结构的种子的起源。

第一代星系

在大爆炸之后，宇宙是热的、均匀的、平滑的。在引力作用下，大小为十万分之一（10^{-5}）的小型密度涨落成长了起来，而在宇宙冷却的时候，它们形成了致密的结合系统，气体分子在这些系统内形成（图 8.2）。就在这时，这些气体和暗物质被吸引到了密度更高的区域，形成了暗物质晕（dark matter halos）。这些晕就是第一代星系生成的种子。在引力的作用下，这些晕坍缩了，形成了原星系（protogalaxies）。然后，晕之内的氢和氦聚合，形成第一代恒星。随着时间的进程，这些晕合并，形成了体积更大、质量也更大的结构，这就是星系。星系的形成从低质量的小系统开始，人们称之为矮星系（dwarf galaxies），然后合并生成更大的星系，并最终成为我们的银河系这种庞然大物。根据这一假说，结构的形成是一个自下而上的过程，即首先形成小星系，然后合并，接着形成比较大的星系，最后形成超星系团。这一过程最终产生了宇宙网（图 8.3），通过致密区

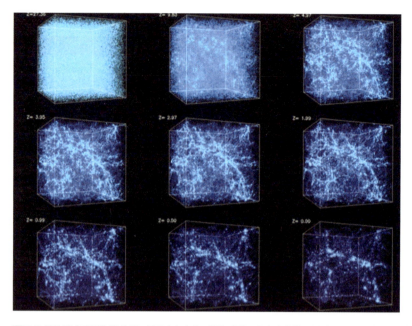

图8.2 结构随宇宙时间的生长。最初（在宇宙时间初期），宇宙中的物质分布是均匀的（上）。小的涟漪导致小的结构，它们随着时间的进程生长，形成更大的结构（中）。这些结构的大质量吸引了更多的物质，增加了当前宇宙的不均匀程度（下）

图片来源 图片的模拟是由芝加哥大学的安德雷·克拉夫佐夫（Andrey Kravtsov）和新墨西哥州立大学（New Mexico State University）的阿纳托利·克雷平（Anatoly Klypin）在国家超级计算机应用中心（National Center for Supercomputer Applications）进行的。可视化是由安德雷·克拉夫佐夫进行的

域坍缩，星系在其内部形成。对于宇宙中的早期结构的模拟显示，宇宙网是由包含星系的细丝组成的。星系团就是在宇宙网中这些细丝的交叉点上形成的（图8.3）。

第一代恒星

第一批恒星是从原始气体中形成的，这些气体是大爆炸核合成的残留物。正是这些恒星制造了宇宙中的第一代金属。在天体物理学中，人们在说到金属时指的是重于氢与氦的元素。所以，碳、氧和氮都是这种意义上的金属。天文学家们将恒星归为两个星族：第一星族比较年轻，金属富集（即其中含有重元素），处于星系圆盘上；第二星族比较古老，含有的金属很少（主要由轻元素组成），大多处于星系的中央核球（central bulges）和晕上。为什么比较年轻的第一星族恒星中的金属多于第二星族恒星呢？原因在于，它们从气体中诞生的时代比较迟，那些气体有时间通过核反应生成金属。所以，在黑暗时期之后形成的第一代恒星（第三星族恒星）中含有的金属极少，因为使它们从中诞生的气体没有足够的时间形成金属。

由于最初的物质块的坍缩和其核心的温度上升，那里的温度达到了能够引发核聚变过程的程度，使两种或更多种轻元素结合，生成较重的元素，而在这一过程中，大量以短波（高能）紫外光形式存在的能量得到释放。这标志着第三星族恒星的诞生（图 8.4）。它们是由氢、氦和少量锂、铍组成的。这些恒星开始了金属富集的过程，生成了重元素（金属），这些元素最终成为第二星族恒星中的成分。第三星族恒星的质量非常大，大约是太

图 8.3 对于包含星系的宇宙网的模拟。星系团被广泛认为是通过宇宙网中的细丝结构的相互作用形成的

阳质量的 60 到 300 倍。大质量恒星是短命的。人们因此预期，第三星族恒星的寿命很短，约为几百万年。这也是今天我们很少能够看到这种恒星的原因。正是因为这类恒星的存在，才会出现多种元素富集的气体，它们也得到了再次利用，推动了下一代富含金属的恒星的形成。

总结与悬而未决的问题

今天的宇宙中存在着大小各异的结构：这是一个观察事实，因为我们能够看到它们（图 8.5）。现在的首要问题是：这些结构是怎样形成的，它们又是如何在宇宙的生命中演变的。这些涨落的种子在宇宙背景辐射的温度分布中留下了痕迹（图 8.1），从而导致物质块在自身的引力作用下坍缩（图 8.2）。在它们坍缩时，它们核心的密度增大了，结果造成了氢向氦核的聚变，

图 8.4 典型的恒星形成场所图像（虚拟图）。第三星族恒星中的金属含量极低。因为它们很古老（诞生于宇宙不到 10 亿岁期间），能够发出高能辐射，所以它们的紫外辐射非常明亮

产生了大量热和辐射，生成了向外的压力，并与坍缩相互抵消（图8.2）。这引发了第一代恒星（第三星族恒星）的形成。通过这一过程，大量高能光子以紫外辐射的形式生成，其中有些逃逸了，再次电离了周围的空间（图8.4）。这是在大爆炸后不到10亿年的再次电离时期发生的。这次涨落的大小等价于宇宙背景辐射的温度变化。

我们现在正在接近于开发一个宇宙中结构形成的一致图像。通过研究当今宇宙中观察到的结构（图8.5），天文学家们已经能够做出模拟，用以理解这些系统的成长。然而，我们仍需要仔细地检查很多细节。例如，包含着第一代星系的暗物质晕的本质是什么？通过这种方式生成的高能光子，能够从系统中逃逸进入星系际介质的比例有多大？准确地说，第一代星系究竟是在什么时间形成的？金属含量少但特别明亮的大质量第三星族恒星的本质究竟是什么？

一大批理论与模拟工作正在研究暗物质晕及其内部结构的出现。这涉及基本物理原理的构建，也经常涉及非线性效应（指事件不是孤立地发生的，而是事件之间存在相互影响，等等）。人们也做出了许多观察与理论上的努力，来检测与研究大爆炸后大约10亿年形成的第一代星系。人们发现，最遥远的系统大约形成于大爆炸发生的5亿年后，几乎在可观察宇宙的边缘。与此同时，对于第三星族恒星的搜寻也在进行中，但这很难，因为这些恒星质量大、寿命短特性表明它们是非常罕见的。尽管如此，随着我们的探测器和新仪器的灵敏度越来越高，很可靠的第三星族恒星候选天体正在被发现。

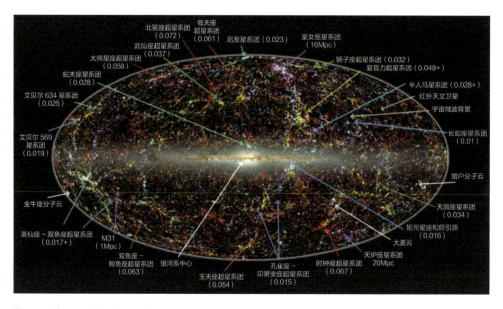

图8.5 图中显示了邻近我们的宇宙的结构。我们能够看到超过150万个星系，全都以彩色点表示。这些星系都是按照它们的红移程度标色的，红移的大小说明了它们与我们之间的距离。括号里的数字表明每个星系或者星系团的红移。这幅图像取自2微米全天巡视（2 Micron All Sky Survey）数据，这些数据用红外波长显示了整个天空

回顾复习问题

1. 解释宇宙结构形成的冷暗物质假说。
2. 天文学家们所说的宇宙网是什么意思?
3. 密度涨落是怎样穿过坍缩的气体云传播的?
4. 是什么让宇宙中的密度涨落不断成长?
5. 解释不同的已知宇宙结构。
6. 初始物质分布的不均匀性的起源是什么?
7. 解释不确定性原理,以及这个原理最后是怎样解释虚拟粒子的形成的。
8. 什么是暗物质晕?
9. 在暗物质晕中的小星系最后是如何变成今天的巨星系的?
10. 解释第三星族恒星的特点。

参考文献

Bennett, J., M. Donahue, N. Schneider, and M. Voit. 2007. *The Cosmic Perspective*. 4th ed. Boston: Pearson/ Addison Wesley.

Hester, J., B. Smith, G. Blumenthal, L. Kay, and H. Voss. 2014. *21st Century Astronomy*. 3rd ed. New York: Norton.

插图出处

- 图 8.1: https://en.wikipedia.org/wiki/File:Ilc_9yr_moll4096.png.
- 图 8.2: Andrey Kratsov and Anatoly Klypin / The Center for Cosmological Physics, "Formation of the Large-Scale Structure in the Universe," http://cosmicweb.uchicago. edu/filaments.html.
- 图 8.3: https://en.wikipedia.org/wiki/File:Structure_of_the_Universe.jpg.
- 图 8.4: https://en.wikipedia.org/wiki/File:Stellar_Fireworks_Finale.jpg.
- 图 8.5: https://commons.wikimedia.org/wiki/

弄清楚宇宙的真实面目要比认定它虚无缥缈好得多，无论后者多么令人满意与宽慰。

——*卡尔·萨根*

我真的为这些人感到震撼：尽管他们对于在中国城中找路一筹莫展，但他们想要"认识"宇宙。

——*伍迪·艾伦（WOODY ALLEN）*

宇宙的当前状态

09

THE PRESENT STATE OF
THE UNIVERSE

本章研究目标

本章内容将涵盖：

· 宇宙的膨胀

· 空间的几何

· 宇宙的年龄

· 宇宙的密度

· 宇宙的边缘与中心

· 奥伯斯佯谬（Olbers' paradox）

　　通过天基与地基设施的广泛观察，我们极大地增进了有关宇宙的认识。我们已经发现，气体云坍缩形成了不同质量与类型的恒星。这些恒星又接着形成了叫作星系的物质岛，星系平均由 1 000 亿（10^{11}）颗恒星组成。这些星系相互吸引，形成了星簇和集团，它们构成宇宙中最大的结构。所有这些通过引力形成的庞大结构一直演变到今天。这些星系的总体质量和其间分布的物质影响着时空的几何，同样也影响着各个星系的动态。

　　由于作为恒星与星系的物质能够发光，我们可以对其进行观测。但我们发现，这种物质只占构成宇宙整体的事物的 4%，其余的都是不发光的东西，叫作暗物质，只有通过其自身引力才能被探测到（第 10 章）。尽管我们无法观察暗物质，但由于其质量和通过这些质量具有的引力，它极大地影响了宇宙的密度，进而影响了星系的动态。通过改变时空，宇宙的物质密度影响了它自身的几何性质、它的寿命和它的未来命运。利用世界上最大的天文台和最灵敏的探测器，我们可以测量当今宇宙的可观察参数。这些装置也使我们能够到达可观察宇宙的边缘。今天，在人类文明史上，我们第一次能够将理论与观察结果进行对比，从而深刻地理解我们的宇宙的运行机理。

　　本章是有关宇宙的当前状态的。它将证明，我们能够对这个宇宙遵守的物理参数进行准确的测量。本章研究宇宙的膨胀，以及它的密度和时空几何，就此研究我们可以如何确定宇宙的未来命运。本章告诉我们：宇宙学现在正成为一门精确科学，像其他学科一样，它是一门可以用实验数据表达的科学。

物质和宇宙

爱因斯坦的广义相对论是我们今天拥有的有关引力的唯一理论，它的预言之一是：物质会使其周围的空间弯曲。例如，从太阳旁边经过的光线发生了偏转。这是因为太阳的质量弯曲了它周围的空间，而光线或者任何在这个弯曲了的空间中运动的物体都会偏离它们的主要轨道，如同外力作用在它们身上一样。依据物质在宇宙中的数量，空间将形成不同的形状，这种几何性质通常以物质诱导的曲率加以描述：如果曲率为零，则空间是平坦的；如果曲率为正，则空间是球状的；如果曲率为负，则空间是马鞍形弯曲的(图9.1)。

宇宙的物质内容决定着空间几何或者说它的曲率，而后者又决定了宇宙是否会永远膨胀，或者它最近的膨胀会在未来的某个时间点上停止。例如，如果空间曲率是负值，宇宙的物质密度（每单位体积中的物质）便不足以终止其膨胀，于是，当前的膨胀将会永远持续下去，也就是说，宇宙是开放的（图9.1–中）。另一方面，如果空间曲率是正值，则宇宙的物质密度足以终止其膨胀，因而它

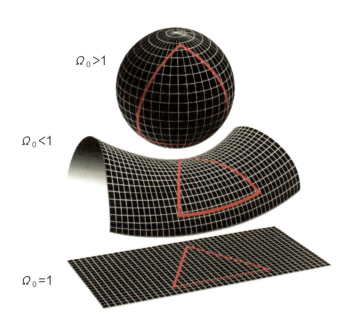

$\Omega_0 > 1$

$\Omega_0 < 1$

$\Omega_0 = 1$

图 9.1 图中显示了宇宙当前由密度参数 Ω_0 确定的几何形状（专题框9.2）。宇宙的形状是由 Ω_0 确定的：如果 Ω_0 大于 1 则是球面，等于 1 则是平坦的，小于 1 则是双曲面

专题框 9.1 宇宙学原理

宇宙学原理（Cosmological Principle）称宇宙中的物质分布是均匀的、各向同性的。也就是说，在大的尺度上，物质是均匀分布的，与我们观察视线的方向无关。这就是构建宇宙的数学方程的基础原则。人们在宇宙微波背景辐射中观察到了宇宙中物质分布的均匀一致性与各向同性，证实了宇宙学原理。

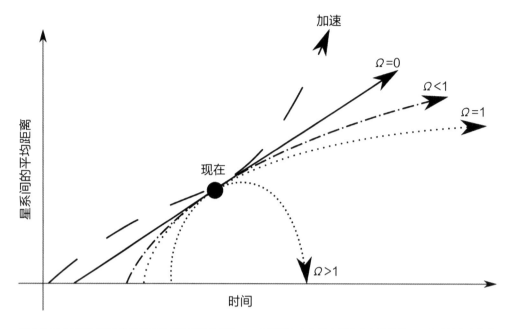

图 9.2 图中显示了宇宙作为宇宙时间的函数的行为。一个封闭宇宙将结束膨胀并自我坍缩。一个开放宇宙将永远膨胀，其半径随着时间的推移而不断增加。一个以相同的密度作为临界值的宇宙（平坦宇宙）将在无限时间内均匀膨胀。Ω 参数（专题框 9.2）对应于宇宙的物质密度，决定了空间的几何性质和宇宙的未来命运

会在某一个时间点上自己折叠，所以宇宙是封闭的（图 9.1- 上），最后，如果空间曲率为零（图 9.1- 下），则宇宙的物质密度刚好足以令膨胀终止，但要等时间达到无穷大之后，于是宇宙没有边界，并将永远以匀速膨胀，即空间是欧几里得（Euclidean）的。这些假说及其对于宇宙命运的影响见图 9.2。以暴胀假说为基础，最近的理论在各种观察的帮助下进行了预测，指出在宇宙学尺度上的宇宙是平坦的，其密度接近封闭数值（即 $\Omega = 1$）。

有关宇宙的几何构想建立在如下考虑之上：在大的尺度上，宇宙中的物质分布是均匀与各向同性的，即它与方向无关，这就是所谓的宇宙学原理（专题框 9.1）。

宇宙的密度

宇宙中的物质和能量的密度定义是单位体积中物质和能量的数量，它们决定了宇宙的几何性质、寿命和未来命运，即它将是开放的、封闭的或者是平坦的。这里的一个重要参数是临界密度（critical density），其定义是使宇宙封闭所需要的密度（图 9.2 和专题框 9.2）。如果观察得到的宇宙物质和能量密度大于"临界密度"，宇宙的曲率是正值，则宇宙将像一个球体一样封闭。如果观察到的密度小于临界密度，宇宙将有负曲率，呈

宇宙学的一个基本参数是"临界密度"，这是需要终止宇宙膨胀的平均密度（单位体积的物质数量），用 ρ_c 来表示。用以定义密度的体积必须足够大，能够代表整个宇宙。否则，它将受到局域密度不均匀性的影响，无法表达宇宙学的数值。临界密度是

$$\rho_c = 3H^2/8\pi G$$

这里的 H 是哈勃常数，G 是引力常数。宇宙的临界密度是 10^{-26} 千克 / 米 ^{3}，或者每立方米 10 个氢原子。

密度参数 Ω 是观察到的宇宙真实密度 ρ 与临界密度的比率，也是确定宇宙几何特性的关键参数。这一参数定义为

$$\Omega = \rho/\rho_c$$

总 Ω 是各分部贡献项的和，包括来自物质的 Ω_M、来自辐射的 Ω_R 和来自形式为宇宙常数的暗能量的 Ω_Λ：

$$\Omega = \Omega_M + \Omega_R + \Omega_\Lambda$$

平坦宇宙、封闭宇宙和开放宇宙分别对应着 $\Omega = 1$，$\Omega > 1$ 和 $\Omega < 1$（图 9.2）。

马鞍形，那么宇宙将是开放的。如果观察到的值接近"临界密度"，就说明宇宙是平坦的，会永远膨胀下去（图 9.2）。为了找出密度参数，天文学家们测量了宇宙膨胀速率随宇宙时间的变化。换言之，他们测量了我们的宇宙在过去几十亿年间膨胀得多快或者说多慢，用以确定宇宙膨胀速率的变化。用专业术语来说，就是测量图 9.2 中相对于时间的线的斜率或者说曲线的正切值。密度越大，宇宙膨胀速率下降的幅度越大。

宇宙的膨胀

如我们现在所知，宇宙正在膨胀，星系正相互远离。星系远离的速度随着它们与我们之间距离增大而增加。这就意味着星系离我们越远，它们远离银河系的速度就越快。这样的速度 – 距离关系是线性的，叫作哈勃定律（Hubble's law，见图 9.3），定义为

$$V = H \times D$$

这里的 V 是每个星系离开我们的速度，以千米 / 秒（km/s）为单位，D 是那个星系与我们的距离，以百万秒差距（Mpc）为单位，H 是宇宙的膨胀速率，即哈勃常数，以千米 /（秒·百万秒差距）〔km/（s·Mpc）〕为单位。宇宙的膨胀率取决于它的物质 / 能量密度。在这一关系中，任何对于线性的偏离（图 9.3）都是由星系平均膨胀速度的增加或者减少导致的宇宙总密度的变化造成的。

为了测量哈勃常数，我们需要估计离我们非常遥远的星系的距离，以确保这个星系确实参与了宇宙膨胀（任何特定星系由其相邻的星系的引力都产生了退行速度的噪声，但与

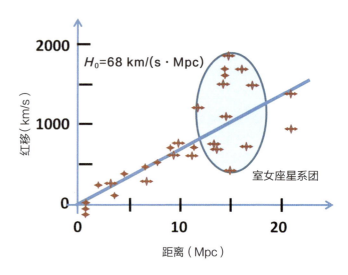

图 9.3 速度 – 距离关系（哈勃图）。红色符号对应于不同的星系。这个关系直线的斜率 V/D 表示的是哈勃常数。如果在宇宙膨胀中出现不均匀性，便会出现对于直线关系的偏离。例如，一个邻近的星系团（大批与我们的距离几乎相等、以几乎相同的速度运动的星系）可以影响速度场，引入非线性。非线性也可以因为空间几何的变化而出现。在这种情况下，人们观察到的非线性可以加以测量，并用于制约空间几何。我们将在第 10 章讨论这一点

"哈勃膨胀速度"即该星系参与宇宙膨胀的速度相比，这些噪声都是可以忽略的，见图 9.3）。我们可以通过一些很亮的天体来确定这一距离，这些天体在遥远的距离之外都能看到，而且具有类似的已知的固有光度（标准烛光，standard candles）。一个距离我们为 d 的天体的光度与距离的平方成反比。所以，通过比较在一个星系内的标准烛光的固有光度和视在光度，我们就可以估计那个天体的距离，从而知道它所在的星系的距离。星系的离开速度也叫红移，可以通过光谱法直接测量。星系相对于我们的距离和后退速度之间的关系可以用哈勃图来表示（图 9.3），这条关系曲线的斜率对应于哈勃常数的当前值。根据哈勃空间望远镜的观察数据估计，哈勃常数的最新数字为 73.00 ± 1.75 km/（s·Mpc）。

宇宙的年龄

通过测量宇宙的膨胀速率，天文学家们在假定一个星系的运行速度恒定的情况下，计算了从它在早期宇宙中形成的地点到达当前地点所用的时间。换言之，数值 D/V 对应着星系和我们的距离（在宇宙的年龄内，这个星系和我们的星系之间的距离）与它相对

于我们的星系的速度之间的比率，也就是宇宙年龄的估计值。这个比率是哈勃常数的倒数，所以，宇宙的年龄可以估计为 $t_u = 1/H_0$，这里 t_u 是宇宙的年龄，H_0 是哈勃常数的当前值。这一测量与宇宙的质量密度有关，而且只在宇宙平坦时（也就是说，宇宙的质量密度等于它的临界密度，或者说宇宙在整个生命中一直以匀速膨胀）等于宇宙的年龄。一个质量密度更高的宇宙要比质量密度更低的宇宙年轻些。

很显然，宇宙的年龄必定大于最古老的恒星的年龄。人们相信，这些恒星处在球状星团（globular clusters）中。这些系统会让我们得到准确的宇宙年龄测量，这一点我们将在第 13 章讨论。这就为我们提供了宇宙年龄的更低的下限。今天，根据不同的独立方法测得的结果都指出：宇宙的年龄是 138 亿岁。

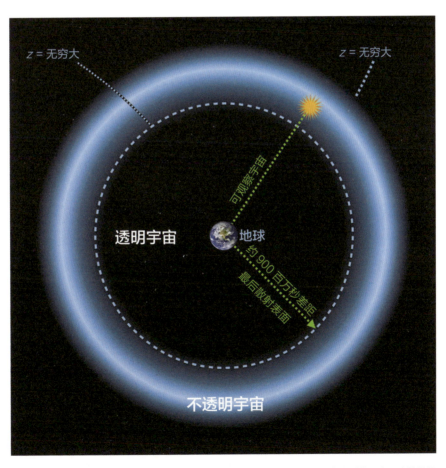

图 9.4 图中显示了"可观察宇宙"的大小，其半径是光在宇宙的生命过程中走过的距离，也就是视界距离。我们无法接收任何来自视界距离以外的区域的信号。在这里，"z"表示红移。最后散射表面是一个想象表面，宇宙背景光子在它上面最后一次被粒子散射，大约是在再次电离发生的时候（第7章）。这是不透明宇宙与透明宇宙之间的边界

可观察宇宙的边缘

我们在宇宙中可以看到的最大距离叫作视界距离（专题框5.3）。回想一下：这是光在宇宙的生命过程中走过的距离，$d_h = c \cdot t_u$，这里的 c 是光速，t_u 是宇宙的年龄。视界距离一直延伸到可观察宇宙的边缘（图9.4）。宇宙的一些部分之间的距离大于视界距离，它们之间无法交流，因为信息的传递或者需要大于光速的运动速度，或者需要等待更长的时间——长于宇宙的年龄。要使光能够走完这段距离，这两种考虑都是不现实的。人们称这些区域为有原因地分隔的。

宇宙的中心在哪里？一个简单的回答是，你可以把宇宙中的任何一点视为它的中心。大爆炸发生在大约138亿年前，所以，如果你向任何方向遥望138亿光年外的地方，你将看到宇宙诞生（或者在这之后不久，即黑暗时期结束的时候）的那一点。于是，你可以将这一点视为宇宙诞生的起点，即宇宙的中心。现在，想象在大约138亿光年外有一位观察者，他正在观察我们的银河系。这位观察者可以将我们的星系（或者我们的星系周围的空间）视为宇宙诞生的地方。对于这位假想中的观察者来说，我们这里是大爆炸发生的地方，是宇宙的中心。所以，我们可以把任何一点视为宇宙的中心。

奥伯斯佯谬

在一个无限的、不变的宇宙中会有无穷多颗恒星。如果恒星的分布是均匀的，我们则预期无论朝哪个方向观察，都会看见一颗星。这就意味着，在空中的任何一点都是明亮的，所以夜空是处处被照亮的（图9.5）。即使宇宙中有尘埃阻挡了星光，这个结论仍然成立，因为强烈的星光会加热这颗尘埃，使它闪光或者挥发。这个论证链导致了一个佯谬，因为它与"夜空是黑暗的"这一观察事实相矛盾。约翰尼斯·开普勒第一个注意到了这一点，人们却称之为奥伯斯佯谬，以德国天文学家海因里希·奥伯斯（Heinrich Olbers，1758—1840年）的名字命名。

为解决这一佯谬，人们提出了两种解释。第一，宇宙有着有限的年龄。所以，从遥远的恒星发出的光没有足够的时间（在宇宙的生命历程之内）到达这里。第二，因为宇宙在膨胀，在更为遥远的地方，天体运动得更快，而来自它们的光会越来越多地向光谱的红光一侧移动，并离开电磁波光谱的可见光部分。所以，我们无法在可见光波长范围内看到这些天体。

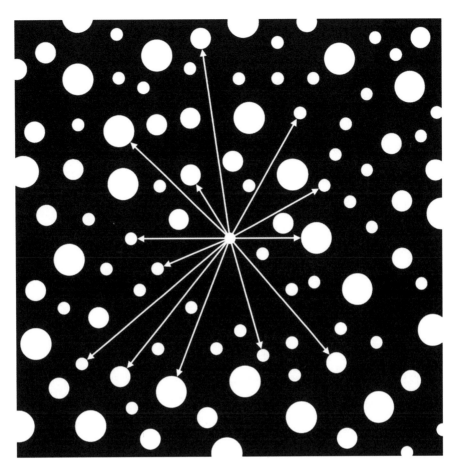

图 9.5 宇宙中的恒星数目极多，因此，无论我们将视线投向什么方向，都能在那里看到一颗恒星。这让我们得到一个结论，即夜空是明亮的；但实际上却与观察事实相反。这就叫作奥伯斯佯谬

总结与悬而未决的问题

观测宇宙学这门学科是一个相对年轻的科学分支，诞生于 1929 年埃德温·哈勃提出有关宇宙膨胀的发现。几十年来，对于宇宙膨胀速率的准确数值，人们的意见颇有分歧。事实上，制造哈勃空间望远镜的目的之一，就是通过改进对遥远星系的距离测量来确定这一数字。今天，天文学家们已经就一个数值达成了共识：$H_0 = 73 \pm 1.75\ \text{km}/(\text{s} \cdot \text{Mpc})$，也就是说，对于任何一对星系，它们的相对距离每增加一个 Mpc，它们之间的远离速度便增加 73 千米 / 秒。哈勃常数的倒数给出了宇宙年龄的更低下限。对于宇宙年龄的另一个独立的限制是最古老的恒星的年龄。对于宇宙年龄的最新估计结果是 138 亿岁。

在邻近宇宙区域的星系的膨胀速度会受到具有吸引力的不同星系的密度增加（即星系形成集团让局域密度出现的增加）的影响，在估计星系参与宇宙整体膨胀的速度分量时引入了噪声。这种"噪声"对应于速度的非宇宙学分量。由于星系的速度增加与它们和我们之间的距离成正比（哈勃定律），相对于运动得更快的遥远星系，速度场上的这种噪声可以忽略不计（见图9.3）。所以，考虑到局域密度对于星系动态的影响，这种速度超出的程度提供了一种测量星系局域速度场的手段，天文学家们可以据此估计宇宙的物质密度（包括发光物质和暗物质）。

根据上面的讨论，我们很清楚的是，宇宙学现在是一门精确科学了。在这里，一个悬而未决的问题是，目前对于宇宙的观察结果可以如何帮助限定物理学的基本定律。我们现在可以准确地测量与我们的宇宙的物理性质有直接关系的许多参数。然而，这样的测量还有一些不确定之处。例如，星系的光度按照它们与我们的距离的平方呈反比例递减，也就是说，一个星系距离我们越远，它看上去的光度就越低。类似地，星系中存在的尘埃会降低它们的光度，使星系看上去比实际上更加遥远，这也是不确定性的重要来源；天文学家们有时将一粒邻近我们的尘埃误认为是一个星系。的确，由于存在着这些尘埃，埃德温·哈勃在一开始得到的宇宙膨胀速率的数值是现在的8倍，因为他在计算中没有考虑尘埃造成的灭绝。

今天，我们通过对我们看到的几十亿个星系的研究来了解宇宙，这些星系是可观察宇宙的基本成分。平均而言，这些星系中的每一个都是由数以十亿计的恒星组成的，来自这些恒星的所有光结合在一起，形成了我们观察到的星系的光度。所以，对于星系和它们的演变的研究，以及以它们作为测试粒子探讨宇宙物理性质的工作，全部依赖于组成它们的恒星的类型和光度，而且在很大程度上依赖于恒星的形成和演变。例如，正是一些从这样的恒星上喷射出来的物质，或者由庞大的恒星死亡时变成的超新星（见第13章），变成了星系中尘埃的来源。今天，在恒星、星系和宇宙的形成与演变的理论模型与望远镜做出的观察结果的比较中，天文学家们取得了很大的成功。未来，对于不同波长的星系的调查将能够到达宇宙最遥远的部分，并揭开我们的宇宙及其演变的新奥秘。这是过去几十年间科学界取得的最伟大的成果之一。

回顾复习问题

1. 描述宇宙学原理。

2. 宇宙的物质内容如何影响了空间的几何形状?

3. 解释宇宙的密度参数,以及它与宇宙的命运之间的联系。

4. 什么是哈勃定律? 这一定律与线性之间的偏差有何含义?

5. 哈勃常数的物理意义是什么?

6. 标准烛光是什么?

7. 宇宙的年龄是如何测量的?

8. 描述视界距离。

9. 当人们说到宇宙中的两个区域是"有原因地分隔的"时,他们指的是什么?

10. 解释奥伯斯佯谬,以及它是怎样得到解决的。

参考文献

Kirshner, R.P. 2003. "Hubble's Diagram and Cosmic Expansion." *Proceedings of the National Academy of Sciences* 101 (1): 8–13. Bibcode:2003PNAS..101....8K. doi:10.1073/pnas.2536799100.

Livio, M., and A. Riess. 2013. "Measuring the Hubble Constant." *Physics Today* 66 (10): 41. Bibcode:2013PhT....66j..41L. doi:10.1063/PT.3.2148.

Schneider, S.E., and T.T. Arny. 2015. *Pathways to Astronomy*. 4th ed. New York: McGraw-Hill.

插图出处

可以在日常生活中观察到引力。如果可以把一个苹果扔到宇宙边缘，我们将观察到它在加速。

——亚当·里斯（ADAM RIESS）

我们的知识永远是有限的，而我们的无知必定是无限的。

——卡尔·波普尔爵士（SIR KARL POPPER）

宇宙的组成

THE CONTENT OF THE UNIVERSE

本章研究目标

本章内容将涵盖:

· 暗物质在宇宙中存在的证据

· 暗物质的本质

· 存在于宇宙中的暗能量及其本质

· 我们的宇宙的未来命运

我们的宇宙过去的历史和未来的膨胀与它含有的事物有关。如果我们当前的理解是正确的,则控制宇宙的引力场的主要元素是暗物质。暗物质不发光,但直接影响着宇宙的物质来源,因此在恒星和星系结构的形成、宇宙膨胀速度和宇宙的未来命运等方面扮演着重要角色。20世纪30年代,弗里茨·兹维基(Fritz Zwicky,1898—1974年)发现,根据星系团各发光体的质量之和计算的总质量与根据它们的动力学性质(受到发光与不发光物质的影响)计算的总质量之间存在偏差。为了解释这一偏差,他首先提出了暗物质的概念。兹维基发现,动力学质量总是会存在超过发光体恒星的质量,于是假定存在着一种只有引力贡献而没有发光贡献的物质,人们将其称为暗物质。20世纪60年代,维拉·鲁宾(Vera Rubin,1928—2016年)继续这一研究,她注意到,位于仙女星系(Andromeda galaxy)边缘的恒星的运动速度远远超过了牛顿引力定律的预言,说明存在着一种比恒星本身质量可以解释的更强大的引力。

在将近40年间,人们假定暗物质是构成宇宙的主要成分。1998年,以亚当·G.里斯(Adam G. Riess)和索尔·珀尔马特(Saul Perlmutter)为首的两个天文学家团队各自独立地证明了,通过宇宙膨胀速度(哈勃定律)测量的星系距离持续小于使用一种示距天体测量的"真实"距离,而后一种方法不依赖于有关宇宙动力学的任何模型。为了解释这一偏差并弥合两种独立测量所得距离的不同,他们假定了一个加速宇宙的概念,这个概念中的星系是加速相互离开的。造成这种加速现象的实体被称为暗能量。它创造了一种排斥能量,推动星系相互远离。暗能量的本质至今还是未知的,但人们已经用许多相互独立的科技手段证实了它的存在。

暗物质和暗能量这两种成分加起来占整个宇宙组成的 96%，而那些组成了可视宇宙和我们观察到的一切的成分只占其组成的 4%。所以，要理解我们的宇宙的演变，就需要获得有关宇宙的组成的详尽知识。迄今为止，我们主要关注宇宙组成中能够被观察到的 4%，这与起源问题是如何产生联系的呢？宇宙的组成是形成我们今天观察到的一切的唯一原因——包括星系、恒星、行星以及生命。所以，有关 96% 的不可见宇宙的知识，将揭示宇宙如何发展到今天的状态，以及它在未来会如何演变的奥秘。

本章将展示暗物质和暗能量存在的观察证据，并研究这两种成分各自的本质，然后探讨我们的宇宙未来的演变以及它的最终命运。

宇宙的组成

现在，独立的测量已经证实了宇宙不同成分的相对分数。尽管天文学家们还没有完全了解这些成分的本质，但他们对于这些相对分数很有把握。今天的宇宙是由 71.4% 的暗能量、23% 的暗物质和组成原子的 4.6% 的普通物质组成的（图 10.1，左图）。正如我们在第 9 章中所述，在遥远的过去，宇宙主要是由暗物质、光子、原子和中微子组成的，其中暗物质导致了宇宙结构的形成；光子组成了微波背景辐射，我们可以从中得到有关宇宙在退耦和时期的信息；原子构成了我们今天看到的恒星和星系；中微子至今仍然在宇宙中漂泊不定（图 10.1，右图）。然而，暗能量只是在最近 40 亿年间方才崛起，并成为宇宙的主要成分的（图 10.1）。

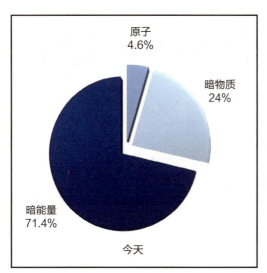

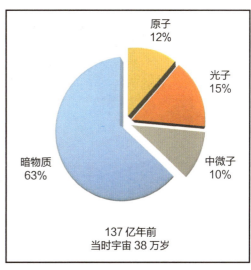

图 10.1 组成当前宇宙的不同成分的相对分数（左图）与大爆炸 38 万年后物质与辐射脱耦时的成分分布（右图）

暗物质

无论是我们自己的星系银河系，还是星系团和超级星系团这些外部系统，天文学家们都已经在多种尺度上发现了暗物质。他们也发现了暗物质在其所在结构中的分数与结构的大小成比例。各种不同的独立观察已经证实了暗物质的存在。

暗物质存在的证据

暗物质存在的最直接证据来自星系最外层的恒星与气体的运动。暗物质的存在是由含气体较多的星系的自转曲线揭示的。星系中的恒星与气体的自旋速度有所改变，这一改变与它们和星系中心之间的距离有关（图 10.2）。通过研究星系外层区域的运动并运用牛顿动力学定律，天文学家们测量了从星系的中心起、沿着任何给定半径所形成的球体内物质（包括发光物质和暗物质）的总质量。由于这是以气体动力学为基础的，所以它提供了对于引力的直接测量，从而给出了暗物质和发光物质的预估总数量。对于大部分含有气体的星系来说，自转曲线的外层部分都引人注目地平坦，与按照牛顿力学定

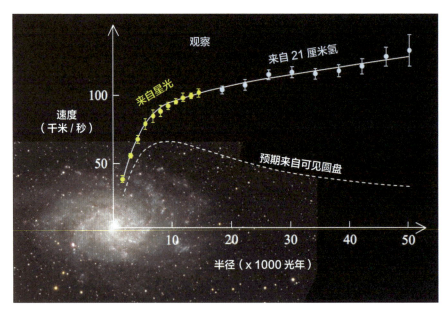

图 10.2 围绕螺旋星系的气体的动力学性质（速度）变化是离中心的距离（自转曲线）的函数。黄色的标记代表星系的发光部分。灰色的标记代表对星系外层部分的观察结果；相比之下，按照牛顿动力学预言的预期关系显示了一条几乎完全平坦的自转曲线（虚线）。观察与预期的自转曲线之间的差别说明了暗物质的存在。星系不可见外层的自转速度通过观察来自电中性的氢发射的无线电波（波长 21 厘米）得到；这些电波信号是氢原子自旋翻转产生的

律的理论预言偏差颇大。牛顿定律预言，随着半径的增大，自转速度将会迅速下降（图10.2）。这说明星系的外层部分存在着额外（不可见）的物质。对于不含气体的椭圆星系（elliptical galaxies），暗物质的存在是通过测量星系内的恒星的运动确认的。

暗物质在星系团中存在的主要证据来自对星系围绕星系团中心的转动的测量。使用这种方法，测量的是星系团中的星系的后退速度，这一速度是参与宇宙膨胀的速度分量。将这一部分速度从不同星系的速度中去除，则会得到星系在星系团内部运动的速度分量。天文学家们运用牛顿定律，利用各个星系在星系团中的速度，找出了星系团中的动态物质，包括发光物质和暗物质。与在星系团中各个星系的质量总和相比，他们发现，星系团的质量远远多于发光星系中存在的质量，因此，其中的暗物质必定占更大的比例。

在更大的尺度下，暗物质的存在是通过引力透镜技术证实的。这一技术的基础是时空会在大质量物体的邻域受到扭曲的概念，星系团就是这样一种大质量物体。于是，背景光源发出的光在靠近庞大的天体时产生弯曲，这就是广义相对论预言的结果（图10.3）。这一效应扭曲了背景光源的形象，同时把更多来自天体的光集中到我们的望远镜上（否则这些光不会进入地球和我们的望远镜），从而让天体看上去更加明亮。事实上，

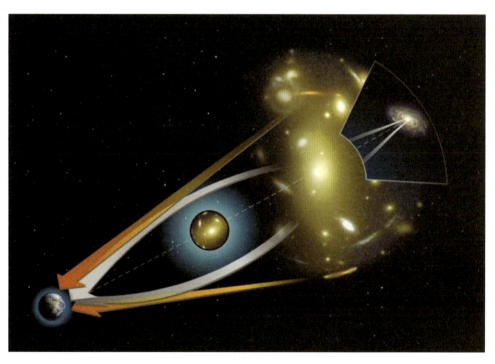

图10.3 来自背景星系的光受到作为前景质量的星系团引力场作用而偏转。星系的形象被扭曲并放大。扭曲的程度取决于干预物质的质量

前景天体起到了透镜的作用，聚焦了来自背景光源的光，放大了它的光度。出于这一原因，人们称其为"引力透镜"技术。由此，我们可以通过测量来自背景光源的光的路径偏转的程度来估计前景天体的质量。对于像星系团这样的非常庞大的天体，这种技术能够产生背景光源的一个扭曲的像（图10.3）。通过分析这些像，天文学家们可以测量位于观察者和星系团后面的光源的物质的质量，而不必依赖暗物质与发光物质之间的相对质量比率。我们不但能够用引力透镜法测量星系团的质量，还可以测量在我们和遥远的星系之间的任何大尺度结构的质量。

暗物质的本质

暗物质可以分为两类：第一类是普通的暗物质，由质子和中子组成，人称重子物质；第二类是特别黑暗的物质，人称非重子物质。

天文学家们还不知道暗物质的真正本质。看上去其中一小部分是由普通物质组成的，这些物质不会发出多少辐射。这种暗物质大部分是非常昏暗或者死去的恒星，或者未能开始核聚变的恒星，因此没有光源，我们称它们为棕矮星（brown dwarf）。而且，如果木星大小的行星大量存在，它们可能会构成普通暗物质的一大部分。有一种天体叫作大质量致密晕天体（Massive Compact Halo Objects，简称MACHOs），即一种昏暗的红色恒星，它们能够逃过我们的望远镜的检测，很可能是暗物质。它们在我们的星系的晕中大量存在，但数量还不足以解释所有的暗物质。

人们预期，在星系和星系团中的大部分暗物质会是某种离奇的粒子。这些粒子不带电荷，因此不会产生电磁辐射。一个可能成为非重子暗物质的事物是中微子。然而，由于中微子的速度极快，而且难以与其他物体相互作用（它们只通过引力与弱力与物质有作用），所以可以穿过宇宙中的小型结构逃逸。另一个可能是非重子暗物质的事物是弱相互作用大质量粒子（Weakly Interacting Massive Particles，简称WIMPs），它们能够构成大量的星系和星系团，而不会发射任何电磁波，因为它们基本上不与其他粒子相互作用或交换能量。

暗能量

暗能量是一种神秘的实体，是我们观察到的宇宙膨胀加速的原因。与带有引力、能让物质聚在一起的暗物质不同，暗能量产生的是排斥力，驱使星系分开。考虑到它在宇宙的组成中占据最大分数，暗能量将在很大程度上决定我们的宇宙的未来演变和宇宙的命运。

专题框 10.1 如何测量我们与星系之间的距离

　　暗能量被发现时，天文学家们在测量距离中使用的示距天体是 I a 型超新星（第13章）。这些超新星是低质量恒星爆炸后的最终进化产物。它们是非常好的示距天体，原因有二：（1）它们很亮，在很远的距离之外都能被看到；（2）爆炸发生一些天后，当光度达到最高点时，它们几乎都拥有相同的固有光度，而且通常在大约 45 天后达到这一光度。比较"固定的"峰值固有光度（ L ）与可以直接测量的超新星的视在光度（ I ），天文学家们可以估计它们的距离（ d ），因为光度的减弱与距离的平方的倒数成正比：$I = L/d^2$。

暗能量存在的证据

　　被叫作暗能量的这种斥力，是人们为研究时空的几何性质而测量遥远星系的距离时第一次发现的（专题框 10.1）。有两种独立的方法可以测量我们到同一个星系的距离。一种方法对宇宙的物质组成很敏感，因此也对星系的动态状况敏感，我们用这种方法测量星系的后退速度，接着用哈勃定律计算其距离。另一种方法用一个示距天体（distance indicator）直接测量，因此与星系的动态无关。对于同一个星系，倘若两种独立方法估计的距离不同，这就意味着，如果假定我们与星系之间直接测量的"真实"距离是正确的，则星系的动力学性质（膨胀速度）不遵守线性的哈勃定律。然而事实证明，"真实"距离总是要比通过哈勃定律测得的距离大。要解决这一偏差，我们需要修正哈勃定律，即星系需要比简单的哈勃定律预言的远离速度运动得更快。换言之，星系需要加速远离。

　　图 10.4 说明了暗能量的排斥力的效果。图中显示了作为回顾时间（lookback time）函数的上述两种独立测量的距离的不同（图中纵轴）；所谓回顾时间就是从当前到过去的时间，即图中横轴显示的数据。图中给出的模型呈现了一个加速宇宙、一个减速宇宙，还有一个结合了这两个宇宙的假定状况。这些模型的假定以爱因斯坦的广义相对论为基础，在比较观察数据时用超新星作为示距天体（标准烛光，见专题框 10.1）（图 10.4；实线）。这些观察数据与一种宇宙模型有最佳契合：在遥远的过去，宇宙的膨胀由于暗物质的引力而减速，但在更接近现代的时候，则因为暗能量的作用（图 10.4）而加速。与数据取得最佳契合的模型指出了宇宙组成物质的相对百分数：73% 的暗能量，23% 的暗物质，4% 的发光物质。图 10.4 的横标（红移）也是宇宙年龄的一种测量，即从 $z = 0$（当前）到 $z = 2$（100 亿年前）。最佳契合模型线（图 10.4；蓝色线）的斜率变化处的红移（宇宙时间）对应于暗能量代替暗物质占优势的时间，即宇宙从暗物质占据主导地位变

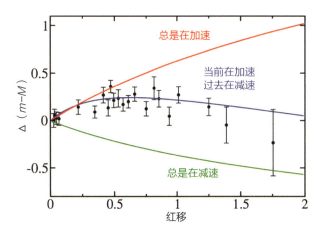

图10.4 原恒星的诞生场所是冷气体云。恒星产生的光可以被云吸收或者散射，取决于它的气体和尘埃中包含的物质。云发射长波辐射，但短波辐射（在紫外或蓝光波段）将会在云内散射。这些辐射也会被云内的尘埃吸收并以更长波长（更靠近红端）的低能光子的形式再次发射

为暗能量占据主导地位的时间。这一事件发生于红移约为0.4的时候，对应于42亿年前。作为对照，这是在地球形成的4亿年之后。

暗能量的本质

尽管暗能量在我们的宇宙组成中占优势，但它的本质受到神秘的层层迷雾包裹。它是由负压力造成的，推动宇宙各部分相互远离。在其最简单的形式中，我们可以把暗能量解释为一种真空能量，这是宇宙常数造成的结果（专题框10.2）。在这种情况下，暗能量是在空间均匀分布的，其强度不随宇宙时间变化。所以，要检测暗能量的本质，我们需要测量宇宙的膨胀速率在它的整个生命中随时间的变化。在这里，宇宙膨胀的时间历史中包含着有关暗能量的本质和强度的详细信息。而且，由于暗能量的存在引起的排斥力将对抗结构的生成。这是因为，宇宙的迅速膨胀将抹平任何结构。所以，宇宙中生成结构的时间尺度与暗能量的强度相关。人们还需要做大量的工作来探索暗能量的本质，为研究这个问题，许多天基与地基任务正在展开。

专题框 10.2 宇宙常数

当构建广义相对论的场方程时，爱因斯坦在其中引入了宇宙常数。他的理论预言了一个动态宇宙，可能是膨胀的或收缩的。爱因斯坦在其中加入了宇宙常数项，修正了方程的解，允许出现静态宇宙。然而，亚历山大·弗里德曼（Alexander Friedmann）于1922年得出了爱因斯坦方程的解，其中允许出现一个膨胀的宇宙，接着，埃德温·哈勃于1929年发现了宇宙的膨胀，这时，人们对于宇宙常数的兴趣大减。

宇宙常数也对应于真空能量，其定义为最低的能量结构。另一方面，不确定性原理不允许零能量状态存在，即使在真空中也不可以，这让人们创造了虚拟粒子，它们影响了宇宙动力学。带有排斥力的暗能量的发现重新燃起了人们对于宇宙常数的兴趣，它是这种能量的表现形式。它能产生负压，这可能是宇宙膨胀加速的原因。

宇宙的命运

宇宙的命运是由两个方向相反的力竞争控制的：暗物质的吸引力和暗能量的排斥力。考虑到这些力的不同组合，我们对于宇宙的命运有四种假说（图10.5），叙述如下：

封闭与坍缩的宇宙： 一个暗物质占优势的宇宙，其密度高于宇宙的临界值。在未来的某个时间点上，它将因为引力的合力而放慢膨胀速率，并最终停止膨胀。宇宙接着将在引力的作用下自我坍缩，在一次大崩溃中寿终正寝，回到与大爆炸开始时类似的状态（图10.5，左下）。

开放与均匀膨胀的宇宙： 这是当宇宙的物质密度刚好等于临界值（专题框9.2）时发生的情况。在这种情况下，吸引与膨胀的各种力将相互抵消，宇宙将永远膨胀（基本上会在时间无穷大时停止膨胀）。这样的宇宙具有平坦的几何特征（图10.5，右上）。

开放与永远膨胀的宇宙： 当宇宙中没有或者只有数量少到可以忽略的暗能量，而且

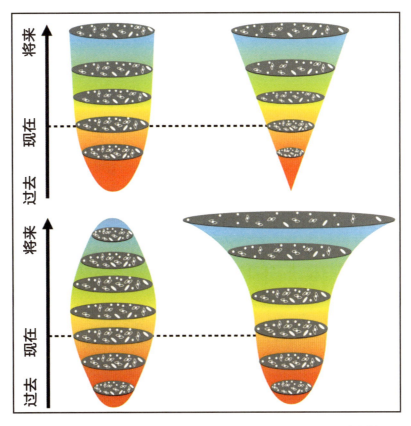

图10.5 图中显示了有关宇宙未来命运的不同假说。观察数据似乎支持加速的宇宙的假说，其膨胀速率将随宇宙时间增加（加速）

其物质密度低于临界值时，宇宙中将没有足够的物质来使其膨胀减速。在这种情况下，宇宙将永远膨胀，其膨胀速率基本不变（图10.5，左上）。

加速的宇宙：如果暗能量在宇宙组成中占优势，它产生的排斥力将加快宇宙膨胀的速率。膨胀速率将随着时间增大。在遥远的未来，宇宙中所有结构都将由于这种力而瓦解（图10.5，右下）。

图10.5表明，通过研究宇宙被星系覆盖的空间体积，并研究这一体积随时间的变化，我们可以知道宇宙的几何性质和未来命运的各种可能性。当前的观察与宇宙的加速假设一致。这意味着一个永远膨胀的开放宇宙。最近，来自研究宇宙背景辐射的卫星（WMAP和普朗克）的数据也说明，宇宙的物质密度非常接近临界值，宇宙几乎是平坦的，而且暗能量在宇宙的组成中占据优势。

总结与悬而未决的问题

暗物质在半个多世纪前被发现以来，天文学家们一直在研究它的本质和性质。我们很容易看出为什么这样做很重要，以及为什么他们对这一研究做出了如此重大的资源倾斜。基本上可以说，暗物质是在各种尺度上生成结构的原因，也同时控制着宇宙的膨胀和命运。而且，它为我们提供了一个存在于宇宙学和粒子物理学之间的令人振奋的界面，并告诉我们，有关极小尺度的物理学能够如何控制已知的最大结构。一些天文学家甚至讨论过对牛顿引力加以修正的可能性，来解释暗物质导致的多余引力，但他们并没有发现有效的证据来支持这一想法。可能性比较大的一点是：构成暗物质的是一种混合物，其中包括构成恒星和行星的普通（重子）暗物质和冷暗物质，后者是运动缓慢的冷基本粒子，它们不与物质或者辐射相互作用。冷暗物质假说在解释观察到的结构方面取得了成功。这些结构是从小的系统向大的系统成长的，即从低质量的矮星系向高质量的巨星系和星系团成长的。

暗能量的发现是当代物理学最伟大的成就之一。暗能量是比暗物质更为神秘的一种实体，具有与后者相反的效应，即将星系彼此推开。这与负压力类似，理论上与宇宙常数具有同样的效果——宇宙常数是爱因斯坦在他的广义相对论方程中加入的一项，用以抵消宇宙的膨胀。人们尚不清楚暗能量的真正本质。观察结果证实，100亿年前，暗物质在宇宙组成中占优势，但在42亿年前发生了变化，暗能量转而占据优势（图10.4）（作为比较，地球的年龄是46亿岁）。从那时起，暗能量的强度便随宇宙时间增加，并控制了宇宙的动力学状态。

今天，宇宙组成的71.4%是暗能量，24%是暗物质，只有4.6%是构成我们身边一切事物的普通物质。暗物质和暗能量的相对分数控制了我们的宇宙的未来演变。考虑到暗能量的重大优势，人们现在认为宇宙将持续加速膨胀。这意味着当前的宇宙膨胀将永远继续下去。

暗物质与暗能量的本质向物理学、天文学和宇宙学提出了一些最严峻的挑战。暗物质和暗能量的本质是什么？它们是如何影响我们的宇宙的最终命运的？暗能量的强度是如何随着宇宙时间变化的？暗能量在宇宙中的分布是各向同性（即与方向无关）的吗？宇宙学常数扮演了何种角色？这些是今天的宇宙学中最基本的一些问题。

回顾复习问题

1. 暗物质、暗能量和普通物质在宇宙中的相对分数各是多少？
2. 解释暗物质存在的证据。
3. 暗物质可能是由哪些东西构成的？
4. 描述检测暗物质的方法。
5. 有哪些观察证据能够说明暗能量的存在？
6. 解释暗能量的主要特征，以及它可能会如何影响我们的宇宙的未来命运。
7. 构成暗能量的事物可能是什么？
8. 简要解释测量星系距离的方法。
9. 暗物质和暗能量在宇宙中的相对分数是如何测量的？
10. 暗能量是在宇宙历史的哪个时期开始占有优势地位的？这一时间是怎样估计的？

参考文献

Bennett, J., M. Donahue, N. Schneider, and M. Voit. 2007. *The Cosmic Perspective*. 4th ed. Boston: Pearson/ Addison-Wesley.

Schneider, S.E., and T.T. Arny. 2015. *Pathways to Astronomy*. 4th ed. New York: McGraw-Hill.

插图出处

- 图 10.2: https://en.wikipedia.org/wiki/File:M33_rotation_curve_HI.gif.
- 图 10.3: http://hubblesite.org/newscenter/archive/releases/2000/07/image/c/.
- 图 10.4: Turner and Huterer, 2007.

根据标准模型，数十亿年前，一些小小的量子涨落或许只存在于物质密度略低的地方，它们可能刚好就在我们现在所在之处，让我们的星系在这附近开始坍缩。

——塞斯·劳埃德（*SETH LLOYD*）

自然是一切真知的源泉。它有自己的逻辑、自己的法则，没有无原因的结果，也没有不必要的发明。

——莱奥纳多·达·芬奇（*LEONARDO DA VINCI*）

星系的起源

THE ORIGIN OF GALAXIES

本章研究目标

本章内容将涵盖：

- 星系的形成
- 星系中的星族
- 不同类型的星系的起源
- 星系随宇宙时间的演变

　　星系是宇宙的基本成分。它们有不同的形式和形状，并由于它们之间的空间膨胀而相互远离。一个星系的定义是由引力聚集在一起的数亿颗恒星的集团。它们是复杂的系统，包括不同类型（星族）的恒星、气体和尘埃，其中恒星的质量、年龄和化学富集的历史各有不同。在星系中的恒星的特性和气体与尘埃的比例决定了星系的类型。可观察宇宙中存在着大约 10^{11} 个星系，平均每个星系包括 10^{11} 颗恒星。在检测宇宙现有的模型时，人们常用星系作为质量粒子。

　　19 世纪初，"螺旋星云"被发现，它们是夜空中看上去像云一样的明亮系统。这在天文学家之中引发了一次有关星云本质的漫长论战，其焦点是：它们是位于我们的银河系之内，还是在我们的星系之外的外界天体？这就是哈洛·沙普利（Harlow Shapley，1885—1972 年）和希伯·D. 柯蒂斯（Heber D. Curtis，1872—1942 年）两位天文学家之间的"大辩论"的主题。沙普利认为，我们的银河系就是"宇宙"，而螺旋星云就是"宇宙"中的气体云。他测量了银河系中恒星的距离，认为太阳远离星系的中心，也就是远离他认为的宇宙的中心。柯蒂斯则认为，宇宙包括许多星系，我们的银河系只是其中之一，但他把太阳置于星系的中心。到了 1919 年，埃德温·哈勃最终让这一争论尘埃落定。哈勃用当时最新式的望远镜与仪器拍摄了其中一个系统的可分辨的照片，即仙女座星云（Andromeda nebula），并在其中确认了昏暗的恒星。随后，大约在 1923 年，人们确认，在夜空中可见的星云其实是宇宙中不同的岛屿。这一发现改变了人类对于宇宙的认识。人们不再将我们的星系视为整个宇宙，而只是亿万个这样的系统中的一个。今天，星系在宇宙中的形成与演变，以及它们与周围环境相互作用的历史，是科学研究中最激动人心的领域之一。天文学家们利用星系测量并估计宇宙的年龄及其演变，而星系中的恒星之间的介质（星际介质）则决定了与生命的起源和发展直接相关的元素富集。

本章将研究星系的起源及其不同分类。我们将讨论星系中恒星的形成行为。同时，我们也会讨论作为时光机的宇宙的概念，并用它来研究星系的演变。我们将在本章呈献在可见与红外波段拍摄的宇宙最深处的图像，并确定可观察宇宙边缘上的星系。

星系的形成

宇宙背景辐射的可观测分布图揭示了大爆炸发生大约 38 万年之后的情景（图 8.1），当时正是物质与辐射脱耦的时候，代表着在原本均匀一致的质量分布上出现物质块的温度涨落。这些区域内的过量密度由于暗物质的引力逐渐成长，吸引了更多质量体。物质的这种力使自身向内坍缩变为结构，它与宇宙膨胀造成的向外力展开了竞争。在某个时间点上，引力的吸引力超过了空间的膨胀，这些物质块开始坍缩（图 11.1）。这导致了大爆炸后大约 10 亿年的原星系系统的形成。这些系统是由氢与氦组成的，并在它们坍缩的物理过程中冷却。由于这些系统中心的极高密度，核聚变反应（即将轻元素的原子核结合在一起产生较重的元素，同时释放大量能量的过程）发生了，产生了光，形成了第一代恒星。在这个阶段，气体云的稳定依赖于恒星产生的辐射的向外力与暗物质向内

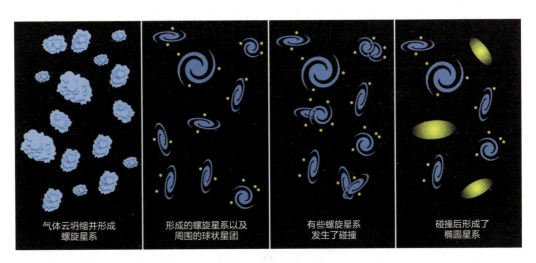

气体云坍缩并形成　　形成的螺旋星系以及　　有些螺旋星系　　　碰撞后形成了
螺旋星系　　　　　　周围的球状星团　　　发生了碰撞　　　　椭圆星系

图 11.1 原星系通过初期气体云的收缩形成，这是恒星在它们的中心形成的开始。星系接着碰撞并合并，失落的气体成为星系际介质，形成了其他庞大的系统。一个星系的最后形状取决于两个初始参数：原始气体的角动量和密度

的引力之间的平衡（图11.1）。这些天体类似于庞大的第三星族恒星，可以通过低丰度的重元素（贫金属）以及紫外波段的高能明亮光度加以识别。这些恒星开始通过轻元素的聚合生产重元素。因为第一代恒星的质量很大，它们的寿命数量级只有几百万年，很快就爆炸成为超新星，将重元素散布到气体云中，让它们在其中富集（第13章）。这种爆炸产生了向外的力，减缓了坍缩的速度，使结构有时间在这些系统内形成。这也创造了冲击波，使云凝结，并开始了新的恒星生成行为，这次是从"金属富集"的物体开始的。最终产物取决于初始气体云的质量和它的自转速度（角动量），我们将在下面的几节中进行讨论。

不同类型的星系的起源

星系可分为两大类：螺旋星系与椭圆星系。螺旋星系相对年轻，有圆盘，包含气体，是恒星形成活动的场所。椭圆星系年老一些，没有可辨认的结构（没有圆盘），包含的气体很少，没有正在形成的恒星。这两种类型的星系具有明显不同的形成历史，可以通过哈勃音叉图（Hubble fork）来说明（图11.2），在那里，它们是根据人们观察到的形态进行分类的。

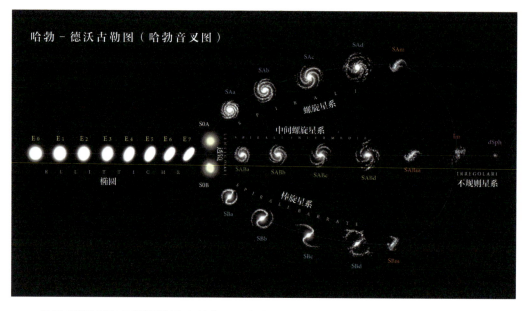

图 11.2 该图表明了不同类型的星系。这些星系具有非常不同的形成历史

图 11.3 带有星系核球（其中包括年轻的与较老的恒星）、星系圆盘（恒星形成活动的场所）和星系晕（由较老的恒星组成）的仙女座星系（M31）图像

在原星系阶段，形成这些星系的气体云具有类似的形状和组成成分（图 11.1）。然而，由于初始气体云的自转速度（角动量）和密度不同，它们演变成了完全不同类型的星系。如果初始云的角动量很高（也就是说，它在自转），根据角动量守恒定律，它在收缩时就会转得更快，导致圆盘的形成，最终成为螺旋星系。如果初始云没有角动量，最后形成的星系就不会有圆盘，因此就产生了椭圆星系（图 11.2）。

高密度的原星系云将在自身引力作用下更快地坍缩，将会更有效地辐射能量，因此将更快地冷却。随着系统失去热能，它将继续坍缩（但不是受到内部辐射力驱动），同时密度持续增加（因为体积减小而质量不变）。这就会在系统中的气体凝结时形成更有效的恒星生成活动。这些云不会有时间或者不会有足够的气体留下形成圆盘，因此造成的结果是生成椭圆星系（图 11.2）。类似地，一个不那么致密的系统的恒星形成速率比较慢，坍缩速率也比较慢，剩余的气体比例较大，坍缩时间较长，所以可以形成圆盘，于是便形成了螺旋星系。随着宇宙时间的进程，星系发生碰撞与合并，形成了更大的星系，其中基本没有恒星生成活动了（图 11.1）。当星系合并时，它们经常会失去气体，毁掉圆盘，改变形态。

星系由三种成分组成：中心的一个核球隆起，外围的一个圆盘，以及星系周围的一个晕（图 11.3），星系的形状和性质正是由这几种成分的相对大小确定的。例如，螺旋星系具有突出的隆起和圆盘，而椭圆星系没有圆盘这一成分。另外还有没有表现出明显形态的星系，它们正在经历迅速的恒星生成活动。螺旋星系还在继续生成恒星，直到它们用尽自己的气体。到那时，它们将经历一个被动演变的阶段，其中的恒星将会演变、衰老。

星系中星族的起源

星系盘中富含气体，是正在发生恒星生成活动的场所（图 11.3），它们的晕主要由老年恒星组成，而核球中既有年轻的恒星，又有年老的恒星。晕中没有尘埃和气体，这说明没有新的恒星正在形成，而最后的恒星大约形成于 100 亿年以前。随着一代又一代恒星形成、死亡，它们通过恒星核合成形成的重化学元素丰富了恒星之间的空间（第 14 章）。观察结果已经证明，与星系圆盘或者核球中的恒星相比，晕恒星中含有的重元素很少，说明这些恒星是很久以前形成的，当时星系中还没有金属富集。这表明星系中的恒星形成星族是有时间次序的。晕恒星比较古老，重元素贫乏，是第一批在星系中形成的恒星，而圆盘和核球恒星比较年轻，重金属富集，是后来由星系中的金属富集气体生成的。天文学家们称这些年轻的圆盘恒星为第一星族，而称年老的晕恒星为第二星族。

作为时光机的宇宙

来自遥远星系的光要经历几十亿年的时间才能到达我们的地球。因为光速是有限的，所以我们看到的星系是它们几十亿年前的形象，而不是今天的形象。这一点带来的后果是，当我们遥望星空时，我们实际上是在回顾远古。所以，如果我们发现了一个 130 亿光年以外的星系，我们看到的是它 130 亿年前的形象。考虑到宇宙的年龄是 138 亿岁，当我们看着这些星系时，我们看到的是宇宙 8 亿岁时的形象。所以，我们可以回顾第一代星系形成的时刻（图 11.4）。

这一讨论刺激了天文学家们去寻找宇宙中最遥远的星系。于是，他们就可以研究宇宙诞生后不久（大约 10 亿年）的星系正在形成的状况，从而理解第一代星系的形成过程和本质。类似地，通过确认星系与我们之间的距离，天文学家们正在为宇宙生命的不

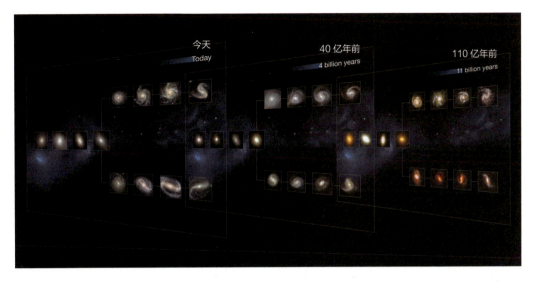

图 11.4 从左至右，这些星系就如同它们在整个宇宙的历史中的状况，从左边的今天开始，直到上百亿年之前的右边。通过眺望宇宙中遥远的区域，我们可以回顾时间。所以，通过研究距离不同（也就时代不同）的星系的性质，我们能够研究星系随着宇宙时间的演变

同时刻照相。通过比较不同距离（也就是在不同的宇宙时间）上的星系，他们研究了星系在宇宙时间进程中的演变（图 11.4）。

考虑到上述概念，要观察第一代星系，我们需要尽可能远地在空间窥视，一直到达再次电离时期——星系就是在那个时候形成的。在许多年间，这一探索导致天文学家们将很大一部分工作时间用于使用望远镜来获得宇宙深处的图像。这方面的一个例子是用哈勃空间望远镜拍下的哈勃极深场（Hubble Ultra Deep Field，简称 HUDF），它是人们见到的宇宙最深处的可见光波长图像（专题框 11.1）。天文学家们广泛使用 HUDF

专题框 11.1 哈勃极深场（HUDF），最深的宇宙图像

HUDF 是人类迄今为止见到的宇宙最深处的图像，这是哈勃空间望远镜对一块 3 x 3 平方弧分的面积（大小大约相当于一枚硬币）进行了 400 小时观察的结果。图 11.5 显示了在可观察宇宙边缘的一些最遥远的星系的 HUDF 图像。通过更深入地观察宇宙、更遥远地回顾时间，我们能够观察恒星形成活动第一次爆发时期的更年轻的星系，看到它们在经历质量积累的第一个阶段的情况。

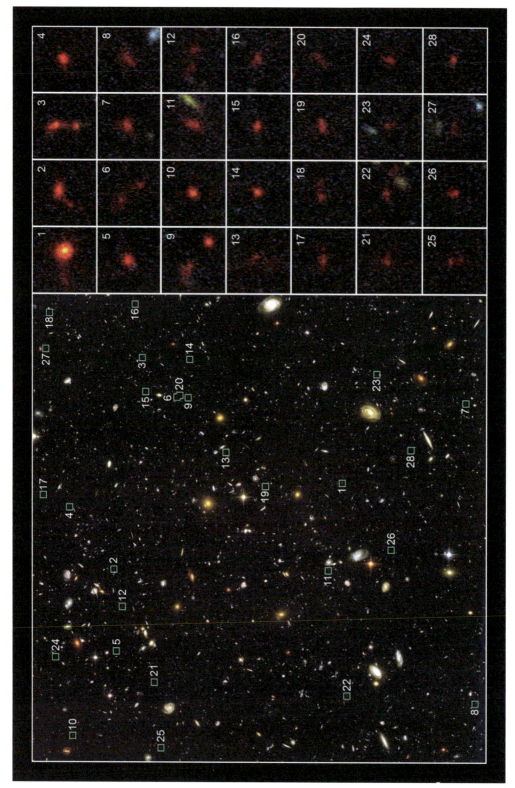

图11.5 HUDF 是人类有史以来在可见光和红外波长区间拍下的宇宙最深处的图像，这是它的一个图像。这里的星系处于可观察宇宙的边缘，大约在 120 亿到 130 亿光年以外。人们在宇宙中发现了一些最遥远的星系形成于大约 120 亿年前（第一代星系），其中的几个例子以邮票的形式显示在图的右边

来确定可观察宇宙边缘的星系。图11.5中的一些星系是当宇宙5亿岁（大约130亿年前）时形成的，而望远镜今天接收的光离开那些星系的时间远远早于我们的银河系和太阳系形成之时。

总结与悬而未决的问题

星系刚开始形成时，是在物质最初的平滑分布上播下密度涨落的种子。然后，它们通过引力生长，形成质量较小的（矮）系统。天文学家们深入研究的课题之一是这些系统如何发展并形成了我们今天看到的庞大星系，以及这些星系的形状与形态是如何固定的。一旦初始气体云形成，它们便通过辐射这种物理过程冷却并坍缩，并根据它们各自的角动量或质量、密度的不同，分布形成螺旋星系或者椭圆星系（图11.1）。非零角动量能使初始气体云发展出圆盘，因此变成螺旋星系。这是角动量守恒定律造成的结果。质量相对较大的气体云将迅速坍缩，所以来不及发展圆盘（因为系统在坍缩时体积变小；要保持角动量守恒，它就需要更快地旋转才能发展圆盘），结果就形成了椭圆星系。较低的气体密度导致了较慢的收缩和较长的坍缩时间，这就为形成圆盘提供了足够的时间。对于高密度的气体云，恒星的形成更为有效，因为它能在更短的时间内把更多的气体转变成恒星的成分，因此很快就用完了气体。气体云相互碰撞、合并，形成了像我们的银河系这样的质量更大的星系。

通过与我们距离不同的地方确认星系，天文学家们逆时间观察，看到了第一代星系形成的时候。通过研究和比较与我们距离不同（也就是不同的宇宙时间）的星系的性质，他们接着研究了星系随宇宙时间的演变。星系的性质与类型是随着回顾时间变化的函数。更遥远的星系（即更年轻的系统）经常表现出合并和相互作用的迹象，说明星系的碰撞在我们今天看到的星系演变中扮演着首要角色。对在星系中的质量积累做出贡献的主要过程是恒星形成的行为。这也是星系内的星际介质富集和重元素生成的原因。宇宙中作为生命形成前提的恒星形成活动的主要阶段出现在大爆炸后约100亿年。

在星系研究中，最主要的悬而未决的问题包括：我们观察到的星系的不同性质（恒星形成、金属含量和质量）之间关系的起源是什么？这些关系随宇宙时间会怎样演变？星系怎样通过交换气体和尘埃与星系所在的环境相互作用？星系以多大的频率合并？决定星系形成和演变的最基本的参数是什么？人们最近发现，在每个星系的中心都有一个黑洞。然而我们不清楚黑洞是如何存在于它们的寄主星系中的，也不清楚它们在星系的演变、恒星的形成和反馈过程（即在星系中保留气体，然后在恒星形成过程中添加燃料）

中扮演的角色。这些问题是人们使用最新的望远镜和仪器进行深入研究的课题。随着新望远镜的发射，天文学家们将能够更加深入地窥探宇宙，得到过去不可能得到的信息。许多新一代望远镜，例如詹姆斯韦伯空间望远镜（The James Webb Space Telescope，简称 JWST）和极大望远镜（Extremely Large Telescope，简称 ELT），它们要比我们当前拥有的最强大的望远镜强大 8 倍以上。这些观测工具将在可观察宇宙的边缘确认星系，从而使我们能够研究第一代星系的本质。

回顾复习问题

1. 描述导致人们接受"星系是在我们自己的银河系之外的实体"这一观点的所谓"大辩论"。
2. 天文学家们在说到原星系时指的是什么？解释它们的形成过程。
3. 解释星系中的恒星生成活动场所需要低温的原因。
4. 什么是影响星系形成的主要参数？为什么？
5. 我们今天观察到的星系形态的成因是什么？
6. 解释有关不同的星系类型的哈勃音叉图。
7. 同星族的星系的核球、圆盘和晕有何不同？
8. 解释星系中质量积累的过程。
9. 天文学家们如何研究星系随宇宙时间的演变？
10. 为什么天文学家们需要得到宇宙非常深处的图像来研究星系的形成和演变？

参考文献

Bennett, J., M. Donahue, N. Schneider, and M. Voit. 2007. *The Cosmic Perspective*. 4th ed. Boston: Pearson/ Addison-Wesley.

Chaisson, E., and S. McMillan. 2011. *Astronomy Today*. New York: Pearson.

Schneider, S.E., and T.T. Arny. 2015. *Pathways to Astronomy*. 4th ed. New York: McGraw-Hill.

插图出处

- 图 11.2：Copyright © Antonio Ciccolella (CC BY–SA 3.0) at https://en.wikipedia.org/wiki/File：Hubble–Vaucouleurs.png.
- 图 11.3a：Copyright © Adam Evans (CC by 2.0) at https://commons.wikimedia.org/wiki/File：Andromeda_Galaxy_%28with_h–alpha%29.jpg.
- 图 11.4：https://en.wikipedia.org/wiki/File：The_Hubble_Sequence_throughout_the_Universe%27s_history.jpg.
- 图 11.5：https://www.spacetelescope.org/images/heic0611a/.

即使傻瓜也知道你摸不到星星，但这无法阻挡智者的尝试。

——哈里·安德森（HARRY ANDERSON）

一位哲学家曾经问："我们是因为凝视星辰才是人类，还是因为我们是人类所以才凝视星辰？"这样问毫无意义，真的……"星辰是否回望我们？"现在这仍是一个问题。

——尼尔·盖曼（NEIL GAIMAN）

Chapter

恒星的起源

12

THE ORIGIN OF STARS

本章内容将涵盖：

- 恒星形成的步骤
- 为什么恒星具有它们的质量
- 恒星演变的早期阶段
- 控制恒星演变的主要参数

　　用肉眼观看夜空，我们能够看到我们的银河系中有很多恒星。尽管它们在千百万年，甚至几十亿年间都一直存在，但它们并不是永恒的。有些恒星刚刚诞生，有些正在活跃地用自己的燃料制造我们看到的光和能量，还有一些已经接近了它们生命的终点。简言之，在形成与演了几十亿年后，恒星才会耗尽燃料而死。在星系螺旋臂内黑暗的云中，恒星在有大量气体存在的区域内形成。一旦"原恒星"（protostar）形成，它们便会根据质量和它们将自己的燃料转变为能量的速率演变为不同类型的恒星。恒星形成与演变的过程历时几十亿年。所以，为了研究恒星的整个生命过程，天文学家们搜索并确定了处于生命不同阶段的各类不同的恒星。通过将这些片段结合到一起，他们发现了恒星演变的奥秘。

　　卡尔·史瓦西（Karl Schwarzschild，1873—1916 年）是第一个发展了恒星演变理论的人。他发现，太阳中的物质分布可以通过研究气体压强对于其温度和密度的准确依赖度决定。他还发现，能量从恒星的核向表面转移是通过对流（因为温差造成的循环运动）过程或者能量的直接流动进行的。这份工作由亚瑟·爱丁顿爵士（1882—1944 年）继续推进，他考虑了辐射压力的作用，并证明了只是因为恒星的质量和光度的结合被物理学定律固定，才保证了恒星在力学上的稳定性。爱丁顿也发现，当气体云坍缩时，它们的核的温度增加，而且，只要温度达到了 2 000 万开尔文，它们便停止收缩了。系统在这个阶段变得稳定，并形成了一颗主序星。然而，爱丁顿无法回答的问题是：为什么收缩会在这个温度下停止？是什么维持着这个温度的能源？

　　这个问题是由汉斯·贝特（Hans Bethe，1906—2005 年）和卡尔·弗里德里克·冯·魏察克（Carl Friedrich von Weizäcker，1912—2007年）在20世纪30年代解决的，他们证明了人称"碳—氮—氧循环"（CNO cycle）的热核聚变是太阳的星核中产生高达2 000万开尔文温度的能源。这便产生了向外的辐射压力，也就是平衡向内的引力所需的力。然而，天空中大多数恒星的光度小于我们的太阳，它们的核聚变反应是把氢转化为氦（而不是开始CNO循环），这也能够产生需要的温度（数量级为1 600万开尔文）。人们今天发现了更加复杂的过程，它们能够产生高于CNO循环的温度，这便解释了更重的元素的形成机理。

本章将研究恒星的起源，从原恒星的形成到发展更为完善的系统。我们将研究恒星在其演变的不同阶段的性质，也会探讨"为什么只有具有一定质量和光度的恒星才能存在与维持"这个问题。

走向恒星形成的步骤

第一步： 恒星形成的介质

恒星是在星系内星际气体的致密冷云中形成的。我们关于恒星诞生过程的知识来自对于年轻恒星和使它们在其中诞生的介质的研究。恒星之间的空间中充斥着气体与尘埃，天文学家们称之为星际介质（interstellar medium，ISM）。第一代恒星是由星际介质中的物质形成的，这种物质组成了原始氢和氦。到了第一代恒星形成的时候，星际介质没有得到比氢和氦重的元素富集。由于这些云的低温（10至30开尔文）和高密度，氢原子结合形成的氢分子不会受到高温或者高强度辐射的破坏。因此人们称这些云为分子云（图12.1）。除了气体云，星际介质中也存在着大量尘埃。尘埃吸收来自新生恒星的光，因此这些分子云经常是黑暗的（图12.1）。所以，要观察分子云中的恒星，天文学家们需要利用更长的波段（红外或者亚毫米），这些光受到尘埃吸收的影响较小。这是因为，尘埃颗粒的尺寸小于典型的可见光波长，因此能够更有效地散射波长较短的蓝光，而对于波长较长的红光和亚毫米光的散射不那么有效。

第二步： 原恒星的形成

因为云的引力使云坍缩，同时也没有氢聚变为氦产生的辐射压的外向力，不会产生辐射、提高温度，所以恒星在冷气体云中形成。坍缩一直在继续，直至云的核变得足够致密，达到了能够形成核聚变的程度，这可以让轻元素结合成更重的元素并释放能量，这时便形成了原恒星（专题框12.1）。原恒星发出的辐射产生了源于辐射压的外向力。

专题框 12.1 原恒星的形成

气体云中的引力向云内部的吸引受到了气体辐射压的外向力的对抗。这确实是云内恒星形成需要低温的原因，因为要让辐射压最小，这才能使它在引力作用下坍缩。这两种力之间的平衡是恒星稳定的原因。人们称之为引力平衡。要使引力压倒热压力，分子云的质量至少需要是太阳质量的 100 倍。

图 12.1 原恒星的诞生场所是冷气体云。恒星产生的光可以被云吸收或者散射，取决于它的气体和尘埃中包含的物质。云发射长波辐射，但短波辐射（在紫外或蓝光波段）将会在云内散射。这些辐射也会被云内的尘埃吸收并以更长波长（更靠近红端）的低能光子的形式再次发射

为了形成一颗恒星，正在坍缩的气体云的引力必须很强，强到足以克服辐射压的外向力（专题框 12.1）。考虑到气体云在聚变过程之前的低温，恒星内部的辐射压比较小。这一点，以及这些云核的高密度，使它们成了原恒星形成的合适地点。恒星也可以在两片云相撞的地方形成，这会增加它们的气体密度，因此触发核聚变和恒星形成过程。

第三步：从原恒星到恒星

在气体云的致密中心形成的原恒星最终将生长成为恒星，因为原恒星的核的温度太低，还不足以支持聚变过程。

当分子云收缩而且密度增加时，以光子形式发出的热辐射的逃逸变得更困难了。这些光子撞击阻碍它们离开介质的分子，热能因此被储存在云内。当分子云再次收缩时，它的核变得更加致密，并最终达到了这样一个阶段：任何光子都无法从介质中逃逸。这产生了一个向外的压力，减慢了收缩。与此同时，当收缩的云的半径变小时，引力变得更强，因为它与半径的平方成反比。结果，外部区域的气体经历的内部压力很小，在引力作用下落到了原恒星上，增大了后者的质量。到了这个阶段，原恒星的主要能源来自引力收缩（图 12.2）。

由于原恒星的质量积累和受到禁闭的辐射，原恒星的核温度增加，一直增加到足以引起核聚变的程度（图12.2）。走到这一步所需的时间取决于恒星和最初的气体云的质量。对于一个质量相当于我们的太阳的恒星，这一过程需要好几百万年。

第四步：氢燃烧阶段

由引力收缩转变产生的热能中的一部分从原恒星的表面逃逸，使系统进一步坍缩（图12.2）。于是更多的热能被困在原恒星核中，增加了它的温度。当核的温度超过1 000万开尔文时，氢的聚变开始，将氢转变成氦，由此产生的能量使收缩终止。在这个阶段，一颗新的恒星诞生，它是一颗以氢为燃料的主序星（图12.3，专题框12.2）。所以，当引力向内的吸引和辐射压向外的力达到平衡时，主序星便形成了。原恒星演变为主序星需要的时间取决于恒星的质量（图12.3）。质量更大的恒星演变速度更快，因为它们的质量更大，所以受到的引力也更大，因此需要消耗更多的燃料来生成更多的能量（形成辐射压），以此平衡引力的吸引。从原恒星进入主序星阶段，我们的太阳用了3 000万年的时间，而对于比太阳的质量大得多的恒星，同样的过程只需要100万年。

控制一颗恒星演变的主要参数是它的质量，其质量决定了恒星演变的速率。主序星有不同的质量，其中质量最大的恒星的亮度和表面温度最高，半径最大。在它们的生命期间，主序星的质量、光度和表面温度是相关的。

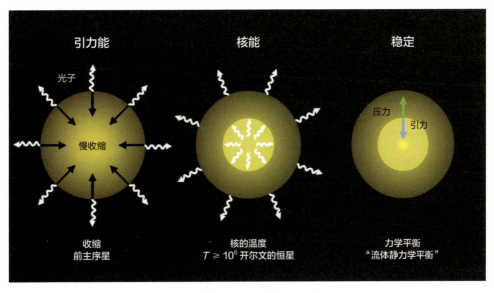

图12.2 由气体云收缩形成原恒星（左）。云的进一步收缩使温度达到 10^6 开尔文，开始了聚变过程（中）。引力与辐射压必须平衡，才能产生稳定的恒星（右）

正在收缩的气体云的核密度极高,其中的氢原子核(即质子)通过如下过程聚变生成氦:

1. 两个质子聚变形成氢的一种同位素氘,后者由一个质子和一个中子组成,也就是说,原来的两个质子之一被变成了一个中子。在我们的太阳内部,这个过程每秒发生 10^{38} 次。

2. 一个氘原子核与一个质子聚合,产生氦 -3(两个质子和一个中子)。

3. 两个氦 -3 原子核碰撞,生成稳定的氦 -4 原子核(两个质子和两个中子)和两个自由质子(这一过程的图解见图 14.1)。

恒星的温度 – 光度关系

利用当时已有的观察结果,丹麦天文学家埃希纳·赫茨普龙(Ejnar Hertzsprung,1873—1967 年)和美国天文学家亨利·诺里斯·罗素(Henry Norris Russell,1877—1957 年)发现了恒星的固有光度和颜色之间具有良好定义的相关性,其中颜色可以说明表面温度的数值。人们称这一关系为赫 – 罗(H-R)图(图 12.3)。按照它们的质量和年龄,主序星在这个图上形成了一个紧密的序列,人称主序(main sequence)。恒星的演变会经历主序,它们的整个历史在 H-R 图上得到了准确的描述。主序开始于明亮的蓝色热恒星一边,延伸到 H-R 图另一边的昏暗的红色冷恒星(图 12.3)。在原恒星阶段之后,恒星进入主序,并在这一支上经过了它们的整个氢燃烧阶段。按照光度和温度,其他类型的恒星占据了这份图的不同部分。H-R 图预言了恒星在其不同演变阶段中的特征,对于恒星演变的研究和演变模型开发具有重大意义。

恒星的质量取决于什么

如果最初正在收缩中的气体云的质量太小,它的核便无法产生足以触发核聚变的温度。在这种情况下,抵消引力收缩的不是上述的辐射压力,而是只与密度相关、不与温度相关的简并压力(degeneracy pressure,专题框 12.3)。简并压力不允许形成质量小于 0.08 太阳质量(M_{sun})的恒星,这一质量几乎是木星质量的 80 倍。这样的恒星无法生成能够触发氢聚变的星核质量密度。这是因为它们比较小的质量和电子简并压力(专

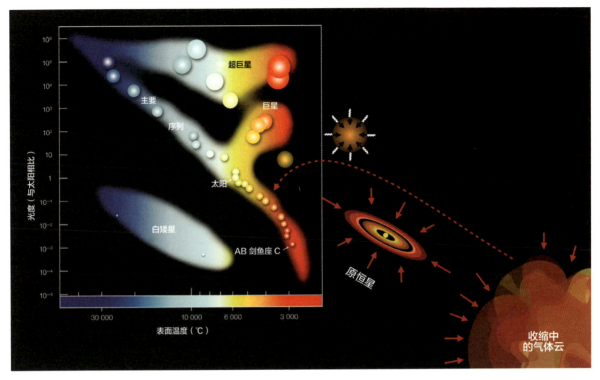

图 12.3 H-R 图说明了恒星的温度和光度之间的关系。横跨这幅图的带就是主序。恒星在这一支上的位置取决于它们的质量和温度。一旦原恒星开始了聚变过程，它们便会立即进入主序

专题框 12.3 简并压力

当一个包含基本粒子混合物的介质受到挤压时，其中的粒子相互距离缩短，产生了一个非常致密的系统。然而，这种压缩无法无限度地持续下去。根据量子力学的定律（不相容原理），任何两个粒子都不能占据同样的位置、动量和自旋，也就是说，任何原子都不能相互重叠。所以当系统达到某种密度时，压缩必然结束。人们把由于极度致密而在恒星的核上产生的对于压缩的抵抗称为简并压力（degeneracy pressure）。

终止了气体云收缩的简并压力是因为电子受到禁制而不能分享同一状态产生的，所以叫作电子简并压力（electron degeneracy pressure）。完全相同的过程可以因为中子而产生。然而，这种中子简并压力将在高得多的密度下发生。因为中子的质量大于电子（中子质量大约是电子质量的 1 750 倍），所以它们在接近光速时的动能也就是电子在相同速度下的 1 750 倍。这就意味着它们的位置更加准确，所以允许它们占据小得多的空间体积。这就是造成中子星坍缩并成为黑洞的过程（第 13 章）。

题框12.3）。所以，它们永远不会产生自己的光度，小于这一质量的恒星永远不可能形成。

与此类似，恒星的质量也存在着上限。当恒星的质量增加时，它将收缩得更快，在其星核上发生的聚变过程也变得更快，并产生大量辐射。人们预言，质量大于太阳150倍的恒星产生的大量能量将表现为辐射压力，它将超过引力，把天体的外层推到空间中去。这便终止了恒星的形成。大质量恒星是短命的，因为它们需要消耗更多的燃料（氢），才能创造抵消引力的足够能量。结果，它们更早地用尽了自己的燃料。因此，大质量恒星的数量并不多。

总结与悬而未决的问题

在星系中，恒星形成的活跃场所与气体存储相关。在第一代恒星形成和星际介质富集之前，这些气体是原始的，只含有氢和氦。当气体云收缩时，它们的核密度增加，最终达到了足以发生聚变的程度，这就形成了原恒星。由于它们的核温度不高，原恒星无法支持这一聚变过程。在云中，造成云收缩的引力能被转化为热能，然后由于收缩造成的云密度增加而被困在云中无法逃逸。以这种方式产生的辐射压力抵消了引力，使云的收缩速度减慢。星核温度的增加触发了核聚变以及主序星演变的氢燃烧阶段。

恒星遵守一种光度－温度关系，人称赫－罗（H–R）图。一旦原恒星开始了它们的氢燃烧阶段，它们便进入了H–R图的主序。恒星质量是H–R图上控制恒星演化的主要参数。大质量恒星的寿命不长，因为它们面临更强的引力；为维持平衡，它们需要将更多的燃料（或者说质量）转变为能量，因此它们的质量消耗得更快。只有质量在0.08倍到150倍太阳质量之间的恒星可以存在，其中的质量下限取决于电子简并压力，而质量上限取决于产生强有力的辐射压力平衡极强的引力的需要。

对于星系演变，恒星的演变是其中最重要的过程，没有之一。恒星是在星系的气体云中形成的，而在经过了恒星形成的最大活跃期之后，恒星形成的速率下降了，星系进入沉寂期。尽管人们对星系中的恒星形成活动进行了广泛的研究，我们仍然面对着一些未曾解答的问题，需要进一步的研究。在一个质量范围内会形成多少颗恒星？这个数字取决于什么因素？决定恒星形成的最基本参数是什么？第一代星系的恒星生成速率是多少？恒星的生成是如何在气体云中积累质量的？这一过程是如何随时间改变的？尘埃在恒星形成过程中起什么作用？对于星系演变的任何研究都需要上述问题的答案。这些是对于当前研究意义重大的课题。

回顾复习问题

1. 造成原恒星星核高温的物理过程是什么？

2. 解释作为恒星形成的活动场所——暗分子云的形成。

3. 为什么在形成恒星的云中需要低温才能让恒星的形成持续下去？

4. 为什么天文学家们使用某些波长研究分子云中的恒星形成场所？

5. 描述原恒星形成的步骤。

6. 解释从原恒星向主序星的转变。

7. 描述 H–R 图及其在恒星演变研究中的应用。

8. 恒星的质量是如何控制其生命周期的？

9. 解释恒星的质量只能在某个范围内的原因。

10. 解释简并压力和它在恒星形成中的意义。

参考文献

Bennett, J., M. Donahue, N. Schneider, and M. Voit. 2007. *The Cosmic Perspective*. 4th ed. Boston: Pearson/Addison-Wesley.

Chaisson, E., and S. McMillan. 2011. *Astronomy Today*. New York: Pearson.

Hester, J., B. Smith, G. Blumenthal, L. Kay, and H. Voss. 2010. *21st Century Astronomy*. 3rd ed.New York: Norton.

插图出处

· 图 12.1：https://en.wikipedia.org/wiki/File:Milky_Way_IR_Spitzer.jpg.

有所有这些行星都围绕着太阳旋转、依赖着它，但太阳仍然能够让一串葡萄成熟，就好像它在宇宙中没有别的事情可做似的。

——伽利略·伽利莱伊

一千亿颗恒星组成了一个星系；一千亿个星系组成了一个宇宙。这些数字可能不是非常可信，但我想，它们让人得到的印象是正确的。

——亚瑟·爱丁顿爵士

恒星的演变
与死亡

THE EVOLUTION AND DEATH
OF STARS

本章研究目标

本章内容将涵盖：

- 恒星的演变
- 恒星的死亡和超新星的爆炸
- 中子星
- 黑洞
- 在恒星之间的空间内的重元素
- 星际介质

现代天文学的胜利之一，是有关恒星演变的理论的发展。它不仅解释了重元素（比氢和氦重的化学元素）的起源，还让人们理解了最初在恒星中形成的元素是如何分布在星际介质中的，它们是怎样来到地球的，以及导致恒星得到自身特性的过程。这就需要人们对恒星生命的各个阶段进行研究。决定一颗恒星的演变速度和最终产品的主要物理参数是它的质量。这是因为恒星的温度或者寿命都取决于它的质量，质量在恒星演变的后期尤为重要。质量小的恒星演变得慢，而质量大的恒星演变得快，它们的最终产物会非常不同。所以，质量决定了离开主序的恒星的演变和它们的演变速度。有关恒星演变的问题非常复杂，牵涉许多不同的步骤。我们在这里的目标不是解释恒星的演变，而是集中关注对于我们理解起源问题意义重大的阶段。由于恒星的演变与生命取决于它们的质量，我们将分别探讨小质量与大质量的恒星。对于恒星形成和演变的初期阶段，以及之后它们走上主序的过程，我们已经在第 12 章中讨论过了。

本章继续讲述这一故事，探讨恒星在离开主序后的演变，并为读者展现一步一步的研究结果。我们在理解宇宙中重元素的起源（第 14 章）时需要这方面的知识。

质量较小的恒星的生命故事

主序星的主要能源来自质子－质子聚合（因为氢的原子核是由一个单个质子组成的）

反应，它把氢转变为氦，并释放能量，这与上一章和专题框 13.1 中讨论的氢燃烧是相同的。当主序星使用自己的氢存储时，它的核中逐渐积蓄了氦。由于恒星星核的密度和温度更高，氦在那里的积蓄更为有效。这种情况会一直持续到星核中所有的氢都被消耗殆尽。当星核中的氢被抽空，氢燃烧层将向恒星的上层延伸。到了这时，恒星离开了主序（图13.1）。对于一个质量与我们的太阳相当的恒星，需要 100 亿年才会达到这个阶段（我们的太阳是在大约 50 亿年前进入主序的，它将在 50 亿年后离开；见专题框 13.1）。

一颗恒星的稳定性取决于由于质量产生的向内的引力与内部聚变过程产生的向外的辐射压力的平衡。当氢在核中的燃烧变慢时，内部的辐射压力减少，核开始收缩。当核中所有的氢都被用尽之后，核的收缩加速，使它变为一个氦核（图13.1）。现在的氦核接下来发生了坍缩，产生引力能，增加了核的温度。让氦聚变为更重的元素需要的温度大约为 10^8 开尔文，与此相比，氢聚变需要的温度只有 10^6 到 10^7 开尔文。只要达到了氢燃烧温度，外层的氢便开始聚变。这使恒星在内层氦壳持续收缩的同时，外层区域不断扩大。结果，恒星的半径变大了，差不多相当于水星围绕太阳旋转的轨道的半径。在

专题框 13.1 恒星的能源

在像太阳这样的恒星的星核中，极高的温度和密度将 4 个氢原子变成一个氦原子。我们知道，一个氦原子的质量略轻于 4 个氢原子的总质量。这就意味着在通过聚变过程将氢转变为氦的时候，大约 0.007 的初始质量（4 个氢原子的质量）消失了。事实上，它们并没有消失，而是通过爱因斯坦的公式——$E = mc^2$——变成了能量，此处 m 为转变为能量的质量，c 为光速。所以，在每次聚变过程中，相当于 0.007 的质量被作为能量释放了出来。这就是太阳的能源。

根据这一论据，太阳可以通过核聚变过程创造的总能量是：

$E = 0.007\, M_{sun}c^2$

此处 M_{sun} 是太阳的质量（2×10^{30} 千克）。太阳的质量只有 10% 在其核中，那里的密度和温度足够引起核反应。所以，太阳通过氢的核聚变生成氦能够创造的全部能量是

$E = 0.007 \times 0.1\, M_{sun}c^2$

这说明了通过聚变能够得到的总能量是 1.3×10^{44} 焦耳。然而，我们观察到的太阳生产能量的功率是 3.8×10^{26} 瓦特，以上面估算的氢聚变产生的总能量数除以产能功率，我们将得到 100 亿年的时间，这就是太阳把它在星核中的氢全部转变为氦所需的时间，也是类似太阳的恒星将在主序中经历的时间。

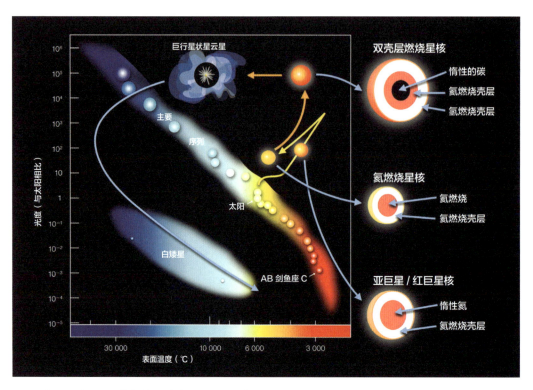

图 13.1 说明质量较小的恒星演变的 H-R 图。它们从主序较低质量的一端开始。在用尽了核中的氢以后，恒星将离开这一支，经历红巨星阶段，其间恒星的半径增大，即外层扩散，但氦核在引力作用下缩小。恒星最终喷射出它的外壳层（成为行星状星云），而它的核变成了一颗白矮星。它的最终形态就是白矮星

离开主序大约 100 年后，恒星将到达它生命中的红巨星阶段（red giant phase，见图13.1）。到了这个阶段（从现在起约 50 亿年后），我们的太阳将吞噬离它最近的行星（专题框 13.1）。

当收缩中的氦壳层内的温度达到 10^8 开尔文时，氦开始聚变生成 ^{8}B（铍 -8，一种非常不稳定的原子核）。此时的星核密度如此之高，会让铍在衰变之前轰击另一个 ^{4}He（氦 -4）并转变为 ^{12}C（碳 -12）。这便形成了一个碳富集的内核，在星核中的氦消耗殆尽之后，留下来取代它的是不能燃烧的碳核。碳核再次在引力作用下收缩，这时外层的氢和氦层燃烧并膨胀，情况与氦燃烧阶段类似（图13.2）。最后的结果是形成了二次膨胀的红巨星。这个阶段的温度比上一阶段高得多，恒星的半径和光度的增加都大于之前的氦燃烧阶段的情况。

质量较小的恒星的死亡

要让碳核开始聚变，形成更重的元素，星核的温度需要达到大约 6×10^8 开尔文。质量较小的恒星无法达到这个温度。当碳核收缩时，核的密度和温度变得极高，但没有达到能够点燃碳的程度。只有质量较大的恒星才能达到如此之高的温度。但在碳核缩小、密度增加时，氢和氦的外层燃烧得更快了。于是，包层扩大并降低温度，半径达到了如今的太阳的 300 倍（图 13.2）。在这个时刻，核用完了它的全部燃料，系统收缩并升温。这导致了高能紫外光辐射的产生，它将电离包层。这时，恒星内部的辐射压力向外推，外层区域受到的引力也减少了，二者的共同作用驱逐了外包层，使它以每秒几十千米的速度离开。人们把这些电离云叫作行星状星云（planetary nebula，见图 13.2）。

当包层变成行星状星云离开时，恒星的碳核变得透明了。由于持续地收缩，碳核现在相当于地球大小，质量要比太阳小得多。因为它的质量很小，所以无法支持核聚变，

图 13.2 一颗质量较小的恒星的尺寸增加示意图。这是星核燃料的燃烧和氢与氦燃烧层漂移造成了更大的半径的结果。最终，恒星的外包层被驱逐了，形成了行星状星云。行星状星云上有不同的颜色，指出了不同的化学元素所在的位置

专题框 13.2 白矮星

白矮星是质量较小的恒星演变的最终产品。它们本身不能产生能量，但能靠存储的能量发光。它们的大小与地球相当，但拥有的质量大约为太阳的一半。当一颗白矮星在一个双星系统中时，它能从伴星那里攫取物质（后者可以是一颗主序星）。这会增加白矮星的质量以及引力。人们从理论上证明了，一颗白矮星的最大质量为太阳的 1.4 倍，这就是所谓的钱德拉塞卡质量（Chandrasekhar mass）。超过了这个质量，电子简并压力便再也无法与引力对抗，白矮星将会坍缩。于是，它的星核温度增加，达到了能够让碳发生聚变的程度，结果使白矮星爆炸成为超新星——这就叫作碳引爆的超新星，或者 Ⅰa 型超新星。

但它有自己"储存的"热能，这让它有了白色的表面。处于生命这一阶段的恒星叫作白矮星（专题框 13.2）。图 13.3 总结了质量较小的恒星的演变史。

质量较大的恒星的生命故事

由于表面受到的引力较大，质量较大的恒星会产生更多的热能，加速核聚变过程。结果，它们会在较短的时间内用尽燃料，因此比质量较小的恒星更早地离开主序。它们

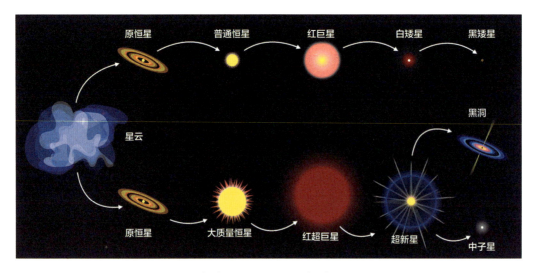

图 13.3 图中显示了质量较小的恒星（上）和质量较大的恒星（下）演化的不同阶段

此后的一切演变都受到自身质量的控制。无论质量大小，在离开主序这个时刻之前的恒星演变过程几乎都是一样的，差别只是细节（图13.3）。质量较大的恒星的星核温度能够达到 6×10^8 开尔文以上。在这种温度下，它们可以合成碳、氧和更重的元素。当新元素的合成耗尽了核内的物质并进入恒星外壳层时，星核开始收缩，温度继续上升，达到了让更重的新元素聚变的程度。这一过程一直持续到铁生成的时候。在这一时刻，恒星中含有不同的化学元素，从星核中最重的铁，到接近表面的较轻的元素（图13.4）。

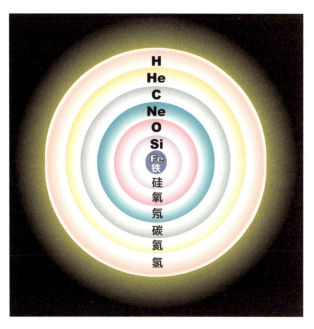

图13.4 在大质量恒星的演变过程中产生了不同的元素层。较重的元素位于星核，而较轻的元素更接近恒星表面

铁的原子核是所有元素中最稳定的，无法与任何元素聚合并释放出能量。当轻原子核聚变时，每个粒子的质量都会减少，会根据质能守恒定律释放能量。铁原子核的平均核子质量最小，因此是最稳定的。于是铁便无法与其他元素结合并释放能量，所以质量较大的恒星的聚合过程到铁为止。铁的生成终止了大质量恒星星核中的能量生产，因此显著减少了与引力平衡对抗的向内辐射压力。结果，恒星经历了一次灾难性的坍缩。因为这一现象，恒星星核中的温度增加到了 10^{10} 开尔文（主要是因为引力能向热能的转化），足以瓦解元素，把它们分解为组成它们的基本粒子，即质子与中子。光致蜕变过程消耗了星核中的一些能量，因此降低了核的温度，进一步减少了向外的压力，加速了坍缩。在这个阶段，星核完全是由基本粒子构成的，造成了质子和电子碰撞结合，产生了一个中子和一个中微子（专题框13.3）。中微子是电中性粒子，不与物质发生作用，因此可以从介质中逃逸，从而进一步降低了能量，使恒星内爆崩溃（图13.3）。

质量庞大的恒星的死亡

在大质量恒星演变的最后阶段，由于星核的极高密度（ 10^{15} 千克 / 米 ^{3} ），中子排中子星是大质量恒星演变的最后阶段。它们是非常小的恒星（直径大约 20 千米），由紧密堆积的中子组成。它们的质量比太阳大，以至它们的密度达到了 10^{17} 千克 / 米^3 的数量级。在这种密度下，系统因为中子简并压力而不会坍缩。由于角动量守恒定律，中子星的自转很快（体积缩小时，它们的自转必须加快，以使角动量守恒），它们有很强的磁场。因为恒星的坍缩，磁力线受到挤压，增强了场密度。

列得非常紧密。从这一时刻起，恒星的密度是由中子简并压力控制的。这种压力与质量较小的恒星中的电子简并压力类似，但在大质量的恒星中，不肯在相同的量子状态就位的是中子。于是进一步的收缩停止了，系统向外反弹，中子穿过了恒星的重元素外层，造成了庞大的冲击波。这导致了庞大的爆炸，造成了核坍缩超新星（core collapse supernova），也叫 Ⅱ 型超新星（type Ⅱ supernova），这就是大质量恒星生命的终点（图 13.3）。恒星的星核没有受到冲击波和爆炸的影响，仍旧保留中子密堆积形式不变，演化成中子星。它的密度远远大于白矮星。这是大质量恒星在自身外包层被超新星的爆炸炸飞之后的残余（专题框 13.3）。

中子星的直径大约为 10—25 千米，但质量极大，所以密度极大。一茶匙中子星的材料的重量大约为 1 000 万吨。如果一个中子星的质量是太阳的 3 倍，则没有任何东西能够终止恒星的坍缩，包括中子简并压力。这时候将出现恒星坍缩，使黑洞形成。黑洞

专题框 13.4 黑洞

如果一个中子星的质量超过了太阳的 3 倍，支持恒星对抗自身引力的中子简并压力便会崩溃，于是恒星开始坍缩。一旦中子简并压力不复存在，就没有任何其他力可以对抗引力。这时，引力变得如此之强，就连光也无法从恒星上逃脱。这就是人们说的黑洞。从黑洞的中心出发，有一个以某长度为半径形成的球面，进入这个球面的任何事物都不会有任何信息逃逸，这就是所谓事件视界（event horizon）。黑洞的中心是一个奇点，空间和时间在那里失去了各自的意义，变成了一个实体。

类似于一个点源，它的大小定义为某个半径之内的空间，进入了这一点之后，只有速度超过光速的事物才能逃逸（专题框13.4）。

总结与悬而未决的问题

有两个决定恒星演变的基本原理：第一，恒星通过轻元素的聚变演变，聚变产生了能量（光能与热能）和重些的元素。这一过程的速率取决于恒星的质量；第二，由于表面受到的向内的引力和辐射压力的外向力之间的平衡，恒星处于平衡状态。当这一平衡受到干扰时，系统或者坍缩，或者向外膨胀。控制恒星表面受到的引力的是它的质量。所以，一颗大质量恒星往往会坍缩得更快。为了抵消引力，恒星必须产生更多的辐射，把系统向外推。要形成对抗向内的引力的高辐射压力，就必须让更多的物质参与核聚变，从而加快了燃料的消耗，缩短了恒星的寿命。例如，一颗质量与我们的太阳相仿的恒星需要100亿年才能把它的全部氢变成氦（专题框13.1），而质量大于太阳的恒星完成这一过程的时间要少得多。所以，一颗恒星的质量决定了它的命运。图13.3说明了小质量与大质量恒星演变的不同步骤。

在小质量恒星的氢燃烧阶段之后，恒星的外包层膨胀，伴随着氢燃烧，这时星核坍缩。于是恒星氦核的密度和温度都增加了，而在达到氦燃烧阶段时（温度为10^8开尔文）发生了另一种核聚变，形成了碳（第14章）。因为这种恒星的质量小，星核的能量和温度不足以将碳转变为更重的元素。这就使辐射压力降低，恒星在引力作用下急速坍缩。这时恒星的外层区域被抛离，变成了行星状星云。因为能够影响恒星表面的引力已经所剩无几，这时恒星的碳核持续收缩，形成了一个大小与地球相仿，质量明显小于太阳的天体，叫作白矮星。白矮星无法引发聚变过程。根据理论计算，白矮星的质量不能超过太阳的1.4倍，如果它超过聚变过程，电子简并压力阻止了恒星坍缩的聚变过程就会被引力压倒，白矮星会发生爆炸，形成Ia型超新星，这些天体将经历非常暴烈的爆炸，产生极高的光度。通过这种爆炸，在恒星中生成的重元素在星际介质中四处散布，留下了一颗白矮星（图13.3）。

一直到碳核形成之前，大质量恒星的演变之路都与小质量恒星类似。因为这种恒星的质量大，它们的碳核会坍缩，星核的温度增加，最后达到了碳聚变需要的数值。这时，重于碳的元素通过核聚变生成。我们将在下一章讨论这个问题。这一过程会一直持续，直至通过轻元素的聚合在星核中形成了铁。铁是最稳定的元素之一，它不参与聚变过程，于是聚变过程在这时终止。因为不存在向外的压力，恒星经历了一个迅速坍缩的阶段。

星核的高密度将各种元素瓦解为组成它们的基本粒子，即质子和电子，它们接着结合形成中子。因为在这样的高密度下出现的中子简并压力，恒星发生了超新星爆发（这是一种星核坍缩式的超新星，与小质量恒星演变形成的超新星不同）。超新星爆发后留下的是中子星。如果恒星的初始质量超过了太阳的3倍，中子简并压力崩毁，系统将坍缩成黑洞。

恒星演变的理论是天体物理学最成功的理论之一。详细的观察结果在多种不同情况下证实了这一理论。然而，在细节上仍然有一些模棱两可的地方。例如，人们还没有完全理解超新星爆发的物理现象。人们还不清楚，核坍缩超新星是否都是在具有恒星形成活动的星系中产生的；也就是说，超新星爆发是否都发生在螺旋星系中，这种现象是质量庞大的年轻恒星演变的结果；或者说，它们也会发生在没有恒星形成活动的系统中，即在椭圆星系中。同样，对于黑洞的物理性质、在其中心的奇点和终结恒星生命的狂暴过程等，这些我们都还没有完全理解。

回顾复习问题

1. 解释主序星到红巨星阶段的演变。
2. 解释与碳合成有关的过程。
3. 质量较小的恒星进化形成的最重元素是什么？
4. 什么是黑洞的事件视界？
5. 行星状星云是怎样形成的？行星状星云的成分是什么？
6. 解释白矮星的特点。
7. 在大质量恒星演变的最后阶段，星核温度上升到了10^{10}开尔文。解释这一温度上升在恒星演变过程中造成了什么后果。
8. 铁是大质量恒星演变生成的最重的元素。解释恒星中为什么无法产生比铁重的元素。
9. 中子简并压力是如何导致核坍缩超新星爆发的？
10. 解释中子星的物理特性。

参考文献

Bennett, J., M. Donahue, N. Schneider, and M. Voit. 2007. *The Cosmic Perspective*. 4th ed. Boston: Pearson/ Addison-Wesley.

Chaisson, E., and S. McMillan. 2011. *Astronomy Today*. New York: Pearson.

插图出处

重元素的起源

THE ORIGIN OF HEAVY ELEMENTS

本章内容将涵盖：

· 合成重元素的步骤

· 影响重元素的产生及其丰度的参数

· 最重的元素的起源

· 一些元素的丰度高于其他元素的原因

· 星际介质的富集

人们现在广泛接受的观点是，在轻元素中，氢和很大一部分氦是原始的，而且都是在大爆炸后最初 10 分钟内形成的。同样，恒星形成后，在恒星演变过程中，氢一直被转化为氦，同时产生了恒星中的能量和热。现在的问题是：在宇宙中，构成我们周围万物的所有重些的元素是怎样形成的呢？我们曾在第 6 章中讨论过宇宙诞生后最初几分钟内轻元素的形成。我们也解释了在这一时期无法合成较重元素的原因。比氢和氦更重的元素是在与形成轻元素的早期宇宙完全不同的情况下形成的。我们现在对于它们的形成方式已经有了详尽的认知。人们在天体物理学的文献中称重于氦的元素为金属，称每种金属的总质量相对于氢的分数为其金属度（metallicity）。

金属是在恒星中心通过一种叫作恒星核合成（stellar nucleosynthesis）的核聚变过程形成的，与大爆炸核合成相反。在宇宙中，只有恒星的核具有足够高的温度和密度，可以使这一过程发生。然而，即使是恒星核的温度和密度也不足以合成重于铁的元素。人们预言，这些元素是在质量极大的恒星的核中，在恒星演变的最后阶段形成的；或者是在质量大于太阳的恒星中，在一次标志着恒星死亡的狂暴爆炸中形成的。

一项成功的重元素合成理论应该能够通过已知的物理学原理解释它们的形成，同时也能够预测它们的丰度。在 1957 年的一篇经典论文中，E. M. 伯比奇（E.M. Burbidge）、G.R. 伯比奇（G.R. Burbidge）、W.A. 富勒（W.A. Fowler）和 F. 霍伊尔（F. Hoyle）提出了一些能够在恒星上生成重元素的新过程。作者在这篇论文中首次证明了，从锂到铀的所有原子核都可以在恒星上形成。核物理学后来的进步证实了文中提出的许多生成重元素的反应，人们也测量了恒星中的元素丰度，对它们进行了检验。

利用上一章有关恒星演变的信息，本章将给出合成恒星中重元素的步骤。我们将讨论导致不同元素的合成的过程，以及使星际介质富集的机理。本章还会研究产生重元素需要的物理条件。

重元素的形成

恒星核合成过程的第一步，是由 4 个氢原子核通过聚变形成氦原子核：

$4 \, (^{1}H) \rightarrow {}^{4}He + 2e^{+} + 2\nu$ + 能量

在这里，^{1}H 和 ^{4}He 元素符号左上角的数字说明了氢和氦的原子核中的核子（质子和中子）个数，即氢核中有一个质子，氦核有两个质子和两个中子（专题框 14.1）。正电子（e^{+}）是电子的反粒子，它们将在形成之后立即与电子湮灭，产生高能伽马射线。中微子（ν）是质量非常小的粒子，带有能量，其速度接近光速，它们不与物质发生作用，所以可以从介质中逃逸。^{4}He 生成的步骤见图 14.1。

通过这一过程以及其他核反应产生的能量，是恒星发出的热和光的来源，太阳也不例外（专题框 13.1）。在主序星通过燃烧氢合成氦的过程中，恒星耗尽了燃料（氢），结果它在引力作用下收缩（因为这时不再有向外的辐射压力了），而且温度升高，星核温度达到了大约 1 亿开尔文。在这样的温度下，氦核可以克服它们之间的静电排斥力而相互聚合。于是，三个氦核将结合生成一个碳核和大量能量：

$3 \, (^{4}He) \rightarrow {}^{12}C$ + 能量

这一过程发生在每一颗恒星上，无论它们的质量如何。人们称这一牵涉氦俘获的过程为阿尔法过程（alpha process）。上面的反

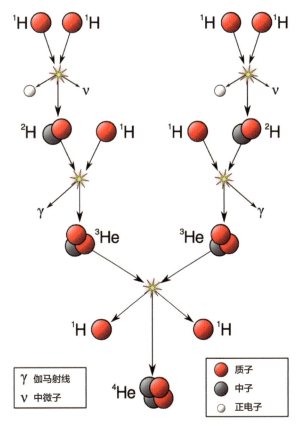

γ 伽马射线
ν 中微子

● 质子
● 中子
○ 正电子

图 14.1 在恒星星核中由氢合成氦 -4 的逐步过程

我们是根据化学元素的原子核中的质子数代表的电子组态来辨认它们的。拥有相同质子数的元素具有类似的化学性质。这些拥有相同质子数、不同中子数的元素叫作同位素（isotopes）。中子较多的同位素更加致密。

表明化学元素身份的是它们的原子序数（原子核中的质子数）和质量数（原子核中质子与中子的总数）。我们用如下方式表示一个以元素符号 X、原子序数 Z 和质量数 A 来代表的元素：

应牵涉三个氦核，叫作三氦过程（triple-alpha process）。然而，三个氦核同时碰撞的概率极低，因此这一过程极为罕见。更经常发生的是两个 ^{4}He 的聚合，生成 ^{8}Be（铍 -8）。这种元素不稳定，很快就会衰变为两个氦核。我们已经在第 6 章中讨论过，^{8}Be 是在早期宇宙中产生的，但因为它不稳定，很快就会衰变，因此推迟了比 ^{4}He 更重的元素的形成，这就是所谓的铍瓶颈。铍瓶颈是在恒星星核中得到克服的，那里的密度极高，所以铍刚刚产生，就在还没来得及分解的时候与第三个 ^{4}He 结合，产生了 ^{12}C：

^{4}He + ^{4}He → ^{8}Br

^{8}Br + ^{4}He → ^{12}C

下面的步骤导致重于碳的元素的生成只能在大质量恒星的核中进行，因为那里处于高温、高密度的极端条件下（图 14.2）。

当大质量恒星星核中的大部分燃料（氦）被消耗的时候，系统的能量生成停止了，并在引力作用下坍缩，使星核的密度和温度增加。当温度达到大约 6 亿开尔文时，碳燃烧开始，并通过如下反应形成了镁：

^{12}C + ^{12}C → ^{24}Mg + 能量

这样的温度只能在质量远远大于太阳的恒星的星核中产生。一般来说，重于碳的元素的原子核中有很多质子，这样的元素聚合会造成巨大的静电排斥力，因此需要极高

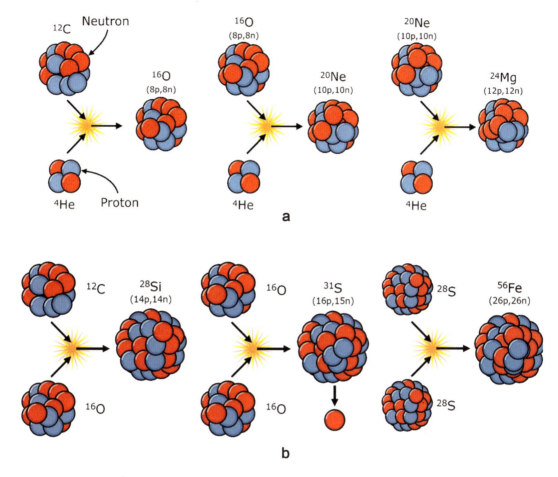

图 14.2a（上）图中显示了所谓的慢过程（s-processes），说明可以通过俘获 ^{4}He 来形成较重元素的原子核。质子和中子分别以蓝色和红色表示

图 14.2b（下）和重元素聚合生成铁。考虑到重元素的丰度比较低，碰撞概率很小，因此这些是过程罕见的。质子和中子分别以蓝色和红色表示

的温度和压力来克服。所以，像前文中两个重元素的原子核聚合的反应是罕见的（图 14.2b）。出于这一原因，这类过程被叫作罕见过程（r-processes）。然而，一个碳原子核俘获一个氦原子核形成一个氧原子核的过程所需的温度要低得多，大约为 2 亿开尔文，所以它的发生概率要高得多（图 14.2a）：

$$^{12}C + {}^4He \rightarrow {}^{16}O + 能量$$

类似地，一个氧原子核（^{16}O）也可以俘获一个 ^{4}He，生成 ^{20}Ne：

$$^{16}O + {}^4He \rightarrow {}^{20}Ne + 能量$$

综上所述，与涉及两个重原子核的过程（罕见过程，图 14.2b）相比，涉及氦俘获的过程（慢过程，图 14.2a）更加常见。于是，质量数为 4 的倍数的元素（氦的质量数

为 4；其他如碳 –12、氧 –16、氖 –20、镁 –24、硅 –28 等）的丰度更高，也更稳定（图 14.3）。质量数在 4 的倍数之间的元素是在其母元素的原子核释放质子和中子，并且这些核子被其他原子核吸收时形成的。由于这个原因，这些元素的丰度低于那些直接通过氦俘获产生的元素，即阿尔法元素（alpha elements）。

到了硅 –28 在恒星星核中形成的时候，恒星内部的温度如此之高（大约 30 亿开尔文），它将较重的原子核分解成了其组成部分，即许多氦核。例如，高能光子将硅 –28 分解为 7 个氦 –4 原子核。这些氦核接着又被其他原子核俘获，通过阿尔法过程（alpha process）创造了新的元素，例如镍 –56：

$$^{28}Si + 7\,(^{4}He) \rightarrow {}^{56}Ni + 能量$$

然而，^{56}Ni（镍）是放射性元素，且不

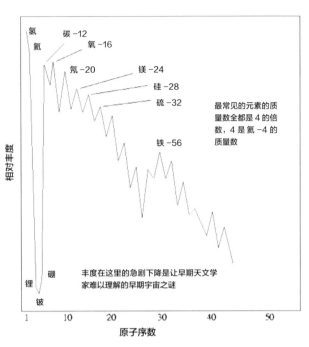

图 14.3 在质量数（质子数与中子数之和）为 4 的倍数的元素是通过俘获一个 ^{4}He 形成的。这些元素是丰度最高的，因为重元素通过俘获一个 ^{4}He 合成更重的元素的概率高于两个重元素的聚变

稳定，会衰变为 ^{56}Co（钴），然后又一次衰变为所有元素中最稳定的 ^{56}Fe（铁）。这是阿尔法过程的最终产物，最后变成了恒星星核中的铁（图 14.2b）。铁原子核的结合能（将 26 个质子和 30 个中子结合在一起需要的能量）大于其他任何元素的原子核的结合能。出于这一原因，铁非常稳定，需要大量的能量才能将它转化为另一种更重的元素。即使在质量最大的恒星的星核中，也没有如此多的能量。

为了合成重元素，需要有持续的 ^{4}He 供给。有两种产生 ^{4}He 的方法：第一种是让 4 个氢原子核在恒星（无论质量大或小）上发生聚变（图 14.1）；另一种方法更常见，但只能发生在大质量恒星（质量超过太阳的质量的 1.3 倍）的星核中，即通过一个碳、氮和氧（CNO）的循环（图 14.4）实现。这个过程可以通过链式反应生成一个氦核、两个正电子和两个电子中微子，其中以碳、氮和氧为催化剂。

比铁更重的元素

拥有不同于氦核俘获的另一种过程，是生成比铁更重的元素的必要条件。在演变的

恒星的星核中发生的核反应会产生作为副产品的中子。中子不带电荷，可以在不受质子的排斥力影响的情况下穿过原子核。所以，重元素可以触发一种叫作中子俘获的过程，其中有一个中子添加到原子核中，产生了同种元素的一个较重的同位素。例如，通过中子俘获过程，^{56}Fe（铁－56）原子核可以俘获一个中子，成为^{57}Fe（铁－57）同位素。中子俘获过程还可以进一步使^{57}Fe转变为^{58}Fe（铁－58），然后变为^{59}Fe（铁－59）。这些同位素中一部分有不稳定，它们会变成过去没有形成过的新元素。中子大概需要一年才会被俘获，从而使那些同位素有充足的时间在俘获另一个中子之前衰变为另一种元素。这些

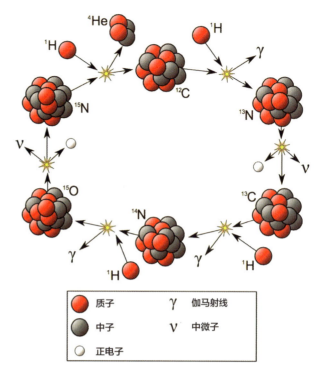

图 14.4. 生成氦核的碳－氮－氧（CNO）循环的例子。这一过程对于温度敏感，是质量大于太阳的 1.3 倍的恒星上的主要反应

过程发生得很慢，所以叫作慢过程。铜、银、金这类元素就是通过慢过程形成的（专题框 14.2）。以这种方式产生的最重的稳定元素（非放射性元素）是 ^{209}Bi（铋－209）（专题框 14.3）。任何通过中子俘获过程形成的重于铋的元素都是放射性元素，会衰变成较轻的元素并最终生成 ^{209}Bi。最重的元素是通过另一种不同的物理过程生成的。

专题框 14.2 恒星核合成的证据

元素锝－99 是一种放射性同位素，半衰期约为 20 万年。这就意味着这种元素几乎都已经衰变了，在地球上不会找到它的踪迹。然而，进行光谱研究的天文学家们找到了它在红巨星上存在的证据，证明了它是在这些恒星上通过中子俘获形成的，这也是这种元素能够形成的唯一已知方式。人们将它视为慢过程存在的实验证据。

地球上的生命所必需的元素是在质量较小的恒星上形成的。大质量恒星创造了铁和硅，它们形成了地球和我们在日常生活中需要的许多材料。最重的元素极为罕见，因为适合它们生成的条件极少发生（平均而言，每个星系每 10 年发生一次超新星爆发），每次发生的时间也极短（超新星爆发后的几分钟内）。超新星爆发也把重金属分散到了星际介质中。

最重的元素的起源

最重的几种元素是在恒星死后产生的狂暴的超新星爆发中形成的。这些爆炸属于宇宙中最有威力的爆炸之列（仅次于宇宙大爆炸），能够打碎重元素的原子核，并释放数量相当大的中子。这些中子很快就被超新星爆发时在场的元素吸收。这种情况发生得如此迅速，使得不稳定的元素没有足够的时间衰变。同样，在许多情况下，多个中子会被轻元素俘获，导致重元素形成。所以，最重的元素是在超新星爆发期间、在非常短的时间间隔（15 到 30 分钟）内的极端温度下形成的。因为适合最重的元素形成的条件存在的时间极短，所以这些元素在宇宙中丰度是最低的。总之，比铁重的元素的丰度大约为

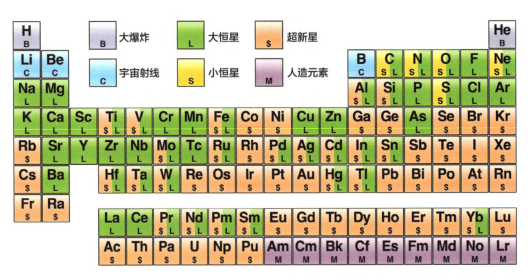

图 14.5 标注了不同元素起源的周期表。大质量和小质量的恒星有不同的演变历史，它们创造的元素也因此不同

氢和氦的十亿分之一。重元素 ^{238}U（铀 -238）和 ^{242}Pu（钚 -242）就是通过这一过程形成的。

我们可以根据以上讨论得出这样的结论：由于质量数不同，不同的元素有不同的起源。有些元素〔那些质量数为 4 的倍数的元素的原子核俘获阿尔法粒子（即 ^4He）形成的元素〕的丰度高于其他元素。比铁重的元素只能通过在大质量恒星的核中以中子俘获过程形成，或者在超新星爆发时形成。这些都是慢过程，因此通过这种方式形成的元素很罕见。最重的元素只能产生于超新星爆发的地点，通过中子俘获形成。图 14.5 所示的元素周期表总结了元素的起源。

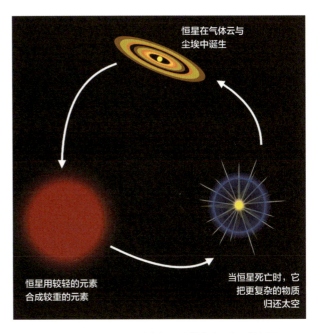

图 14.6 这一循环说明了重元素在恒星上的合成、由于超新星爆发造成的这些元素在空间中的分散以及在星际介质中的富集

星际介质的富集

星系内的新恒星诞生于已有恒星之间的介质中。这些已有恒星是从大爆炸产生的原始物质（氢和氦）中形成的（第一代恒星），或者从通过恒星演变加工、并通过超新星爆发抛到星际空间的物质（富含重元素）中形成的（第二代恒星）（图 14.6）。于是，由加工过的物质生成的第二代恒星富含重元素。这些材料是在恒星中形成的，并由它们的寄主恒星在死后通过超新星爆发分散到恒星之间的空间。这些被分散到星际介质中的材料是在太阳系中的行星、地球及其庇护的生命形成的根源。因此，与它的上一代前辈相比，每一代新的恒星中的重元素都更为富集。与更晚些时候从经过加工的材料中诞生的年轻恒星相比，老恒星（球状星团）的重元素富集程度更低。

总结与悬而未决的问题

星系中的星际介质包含大量气体与尘埃，它们是恒星形成活动场所的寄主。气体云在自身引力作用下坍缩，增加了云核的密度与温度。一旦达到了密度与温度的临界值，聚变就会发生，恒星由此形成。在恒星的中心，4 个 ^{1}H 核结合形成一个 ^{4}He。星际气体云主要由大爆炸时产生的氢原子组成，所以那时没有氢短缺之虞。在氦形成之后，通过一步一步的聚变过程，形成了重些的元素。两个 ^{4}He 核结合形成 ^{8}Br（铍），铍又进一步与另一个 ^{4}He 聚合形成 ^{12}C，以此类推，直到产生 ^{56}Fe。

这些通过 ^{4}He 聚变产生、因此具有 4 的整数倍质量数的元素是丰度最高的元素，因为 ^{4}He 的丰度极高，而且在需要氢核聚变的恒星星核中的密度和温度都极高，所以这些过程进行得高速、迅捷。人们称这种过程为阿尔法过程。铍的情况很有意思，它也是在大爆炸之后很快形成的，但因为它不稳定，所以立即衰变了。然而，在恒星的星核中，由于密度更高，所以在铍衰变之前，它便参与了另一个 ^{4}He 聚变，产生了 ^{12}C。这是产生碳的最有效的方式。其他无法通过氢核聚变产生的丰度不那么高的重元素是通过中子俘获生成的。这些过程比较慢，因此叫作慢过程。这个过程会产生不稳定同位素，它们进而衰变为其他重元素（其中质子与中子数之和不是 4 的整数倍）。最重的元素是在标志着恒星死亡的超新星爆发中形成的。根据原有恒星的质量混合调配，产生了不同的元素。超新星爆发期间极高的温度分解了许多重元素，释放了中子。这些中子会接着被其他元素吸收，导致最重的元素形成。这些元素非常罕见，因为合成它们的条件只能在超新星爆发过程中非常短促的时间段内（15 到 30 分钟）得到满足。

考虑到导致不同元素形成的各种过程，合成它们的场所各不相同，从大爆炸（最轻的元素 H 和 ^{4}He）、大质量恒星（上至铁）、小质量恒星（比碳轻的元素）、直到超新星（最重的元素）（图 14.5）。这是今天在地球上存在的不同元素的起源，尽管还有一些元素只存在于太空之中（专题框 14.4）。

我们还不清楚是否仍然存在着尚待发现的未知元素，或者地球上的元素是否都是在

专题框 14.4 自然界有多少种元素？

当前我们已知存在着大约 115 种不同的元素。它们中的 81 种是稳定存在于地球上的，构成了宇宙的基本物质组成。地球上还有 10 种不稳定的放射性元素。由于持续的衰变，它们的丰度随时间降低，到今天已经非常稀有了。另外还有 20 种实验室中产生的人造元素。剩下 4 种元素或者是在地球上没有、在其他恒星上发现的，或者还没有能够证明其存在的实验证据。

同一时间内出现的。为什么一些元素存在于太空中而不在地球上？使用地基与天基的大型天文台，天文学家们将能够在我们的银河系和其他星系中更多的恒星上寻找重元素，测量这些系统的金属丰度。

回顾复习问题

1. 解释从 ^{1}H 形成 ^{4}He 的分步过程。

2. 什么是阿尔法过程？

3. 描述与 ^{12}C 的生成有关的不同过程。解释哪一种是最有效的方法及其原因。

4. 比碳重的元素是在哪里合成的？是怎样合成的？

5. 为什么质量数（原子核中质子与中子的总数）为 4 的倍数的元素丰度更高也更稳定？

6. 解释慢过程以及它们生成了哪些元素。

7. 大质量恒星星核中的高能光子能够将重元素分解为它们的组成部分。这个过程是怎样影响重元素合成的？

8. 什么是 CNO 循环？解释其意义。

9. 解释重于铁的元素的形成过程。

10. 解释重元素在星际介质中分布的过程。

参考文献

Bennett, J., M. Donahue, N. Schneider, and M. Voit. 2007. *The Cosmic Perspective*. 4th ed. Boston: Pearson/ Addison-Wesley.

Burbidge, E. M. Burbidge, G. R. Fowler, W. A. and Hoyle, F. 1957. "Synthesis of the Elements in Stars." Rev. Mod Phys. 29, 547.

Schneider, S.E., and T.T. Arny. 2015. *Pathways to Astronomy*. 4th ed. New York: McGraw‐Hill.

插图出处

· 图 14.5: Based on information from https://en.wikipedia.org/ wiki/File:Nucleosynthesis_ periodic_table.svg.

者太远，会让温度过高或者过低，这让对我们的生存至关
重要的液体——水无法存在。

——布赖恩·格林（*BRIAN GREENE*）

最高尚的欢欣来自理解的喜悦。

——莱奥纳多·达·芬奇

Chapter

行星系的起源

15

THE ORIGIN OF THE PLANETARY SYSTEMS

本章研究目标

本章内容将涵盖：

- 行星系的起源
- 不同类型的行星的形成与特性
- 寻找太阳系外的行星系
- 宜居带和生命在其他行星上存在的条件

近年来，由于检测技术的进步，我们的望远镜变得越来越强大，新的太空任务和新观察技术的发展使人们在寻找我们的太阳系以外的行星——系外行星（exosolar planets）方面取得了重大进展。由于行星本身的昏暗、它们的微小尺寸，以及来自它们的母恒星占压倒地位的光亮，详细研究系外行星是非常困难的。然而这项工作非常重要，因为研究其他行星系统的本质和性质有助于我们更好地理解太阳系及其起源，并破解宜居性的奥秘。考虑到上述行星系统研究的困难，首先理解我们自己的太阳系的运转原理是很有指导意义的。

为了让我们有关太阳系起源的理论具有可行性，这些理论必须能够解释我们观察到的太阳系的特点。这些理论也提供了一个学习系外行星系统及其形成历史的起点。有关太阳系起源的第一项理论是德国哲学家伊曼纽尔·康德（Immanuel Kant，1724—1804年）和法国数学家皮埃尔·西蒙·拉普拉斯（Pierre-Simon Laplace，1749—1827年）在18世纪提出的。人们称他们的假说为星云假说（nebular theory），意思是太阳系起源于星际气体云。从那时起，这一理论长期以来都是有关太阳系起源的唯一理论。直到20世纪上半叶，才有人提出了一项与之竞争的假说，认为太阳系中的行星是由太阳与另一颗恒星的近距离碰撞产生的碎片形成的。人们称这一假说为密近碰撞假说（close encounter theory）。这一理论无法解释太阳系中的一些观察到的模式，而人们对太阳系中行星的观察也得出一些新的事实，它们为修正星云假说提供了根据。因此，修正版的星云假说已经能够成功地解释人们在太阳系中观察到的许多现象。

本章研究了包括我们的太阳系在内的行星系的起源，展示了有关不同类型的行星起源的假说，以及寻找系外行星的技术。本章也讨论了宜居带，即在一个行星系中能够使生命存在的区域。

太阳系的起源

一项有关太阳系起源的成功理论必须与如下观察一致：

1. 所有行星围绕太阳旋转，并沿着同一方向运动

2. 各行星几乎与太阳位于同一平面

3. 两类行星与太阳的距离不同

4. 太阳系中彗星与小行星的存在以及它们的位置

大量证据说明，恒星是由庞大的气体云在其自身引力下收缩后形成的（第12章）。这些云的温度和密度很低，是由几十亿年间在星际介质中循环使用的材料组成的，因此富含重元素。它们以极大的半径伸展，范围极广，因此云表面受到的引力很弱，在坍缩的过程中无法扮演重大角色。这些云最初的坍缩很可能是由一次超新星爆发造成的冲击波引起的，随后便由引力控制了。因为表面受到的引力的强度与半径的平方成反比，所以当系统坍缩、半径变小时，在增加了的引力作用下，向内运动的速度增大（系统坍缩速度加快）。

根据能量守恒定律，当气体云收缩时，它的引力能被转化为动能，使系统中每个粒子的速度增加，于是温度也同时增加。一旦在中心的密度和温度增加到了足够的程度，核聚变开始，太阳就会在气体云的中心诞生。云在坍缩的同时也在自转。它的半径变小，自转速度增加，以便达到角动量守恒定律的要求。这种转动的结果就是：组成气体云的物质向外分散，形成了太阳系平面。在这一坍缩过程中，气体云中的物质块相互碰撞，组成了更大的云。因此，破碎的物质块得到了旋转系统的平均速度，将原来的云变成了不均匀、形象扁平、向外伸展的旋转圆盘。

旋转圆盘假说解释了上文提到的我们的太阳系的全部特点。所有行星都以几乎相同的方向围绕太阳旋转，因为它们都是由这个扁平的圆盘形成的。圆盘的转动方向决定了围绕太阳旋转的行星的方向。而且由于在圆盘坍缩期间，圆盘上的物质不断地相互碰撞，这些行星的轨道均接近圆形。

不同类型的行星

任何有关行星起源的理论（专题框15.1）都可以解释我们在太阳系中观察到的

在 2006 年的国际天文联合会（International Astronomical Union）会议上，天文学家们采用了一套将天体归类为行星的标准。按照这一定义，一颗行星应该满足如下特征：（1）围绕太阳旋转；（2）足够大，能够承受它的引力；（3）能够吸引一切邻近它并且比它小的天体。行星的这一标准完全与科学无关，因此是可以改变的。

两种不同类型的行星的存在：相对较小的石质行星（与地球类似，统称类地行星，terrestrial planets）和含有丰富气体的较大的行星（与木星类似，统称类木行星，jovian planets）。考虑到初始气体云均匀的元素丰度，一项正确的理论应该能够解释太阳系最终怎样形成了这两类具有不同组成成分的行星。

类地行星是在气体云内部形成的，那里的温度非常高；而类木行星是在较冷的外层形成的。气体会在气体云中温度较低的区域内凝结（由于高温产生的能量，原子与分子的结合不会断裂），这个过程叫作冷凝。考虑到不同元素的冷凝温度不同，行星的组成取决于它们与太阳之间的距离（图 15.1）。例如，由含氢化合物（水蒸气 H_2O 和甲烷 CH_4）组成的材料在温度很低的时候（大约 150 开尔文）才会凝结，而在极高温度下处于气体状态的石质材料则在较高的温度下（500 到 1 300 开尔文）变成了固体。至于金属（铁和镍），它们的凝结温度甚至更高（1 000 到 1 600 开尔文）。而距离太阳系中心很近的区域的温度在 1 300 开尔文以上，任何材料都无法在那里固化与凝结。当温度达到大约 1 300 开尔文（大约在水星轨道的位置上）时，金属和一些类型的岩石凝结，变成了固体，而其他的物质仍为气态（图 15.1）。大约在金星、地球和火星现在所在的区域，温度达到了 1 300 开尔文以下，使岩石和金属能够凝结。含氢化合物只能在太阳系的外

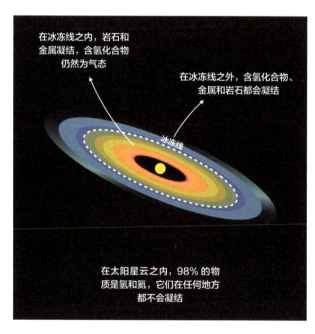

图15.1 处于原行星盘上不同位置的类地（石质）行星和类木（气态）行星。岩石和金属可以在很高的温度下凝结，于是它们在圆盘温度较高的内层部分凝结。氢和氦在温度较低的外层凝结。将高温区与低温区分开的虚线代表冰冻线

层区域凝结，那里在冰冻线之外，温度达到了 150 开尔文。冰冻线位于火星和木星的轨道之间，确定了太阳系内层热区域和外层冷区域的分界，也分开了类地（石质）行星和类木（气态）行星所在的区域。占气体云成分 98% 的氢和氦永远不会凝结，因此在整个太阳系中只能以气态出现。所以，冷凝过程导致了不同元素丰度的形成，这取决于它们与太阳之间的距离（也就是它们的温度）。这些种子将通过自身的引力吸引更多的物质，最终形成我们今天看到的行星（专题框 15.1）。

行星的起源

上节介绍了两类行星：类地行星和类木行星。类地行星比较小，在太阳系的内层区域形成，主要由石质和铁组成。类木行星比较大，在太阳系的外围区域形成，主要由气态含氢化合物组成。这两类行星之间有着根本差别和不同的组成，意味着它们形成的历史也有所不同。

类地行星相对较小，因为它们的主要成分（金属和铁）在太阳系中非常罕见。在它们围绕太阳旋转的过程中，这些物质通过冷凝形成的种子逐渐吸引了其他的小粒子，使其质量和大小都在增大。由于类地行星体积较小，它们的引力比较弱，在系统进一步成长之前，引力在吸引其他天体方面作用不大。后来种子逐渐成长壮大，引力最终接掌大权，或大或小的物体相互吸引，体积变大，形成了星子（planetesimals），意思是"行星的一部分"（图 15.2）。星子之间的碰撞是狂暴的，因为它们的运动速度很快。这会摧毁小一些的系统，改变它们的轨道。于是，只有较大的星子能够保留下来，围绕太阳旋转（图 15.2）。没有受到较大星子吸引的小星子现在飘浮在太阳系中，它们被叫作陨星（meteorites）。不时会有一些这样的陨星穿过地球的大气层，来到我们的脚下，其中含有重元素的踪迹。

类木行星中包含数量很大的冰，同时也有金属和岩石。它们吸引了氢气和氦气（氢和氦是太阳系中丰度最高的元素），这就是它们体积庞大的原因。冰核的形成是行星形成的第一步，使星子的体积增大到地球的好多倍。由于这样的庞大质量，它们也可以吸引氢气和氦气，这使它们变得更大，更容易吸引气体。这一假说成功地揭示了类木行星的组成和大小，以及它们为什么位于太阳系的外层部分。有些星子未能与其他星子携手形成行星，它们转而成为彗星（comets），并在太阳系中运动（专题框 15.1）。

今天的太阳系中气体很少，因为太阳风把它们吹走了。除了以上讨论的两种行星之外，在太阳系中存在的天体还有小行星和彗星。小行星是石质天体，其组成与类地行星

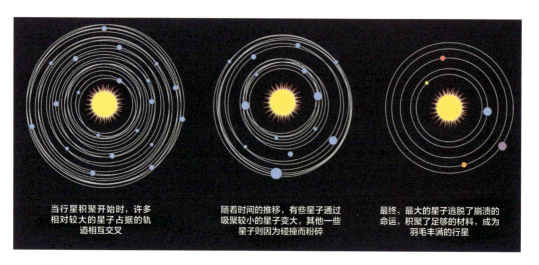

当行星积聚开始时,许多相对较大的星子占据的轨道相互交叉

随着时间的推移,有些星子通过吸聚较小的星子变大,其他一些星子则因为碰撞而粉碎

最终,最大的星子逃脱了崩溃的命运,积聚了足够的材料,成为羽毛丰满的行星

图15.2 从左至右:较大的星子吸引聚集较小的星子,变得越来越大。因为外层星子的质量较大,所以它们的引力较强,能够吸引更多的小星子

相似,大量存在于火星和木星之间的一个区域,组成了小行星带(asteroid belt);彗星则存在于太阳系的外层边缘(大约在海王星附近),其中含有大量的冰和气体(与类木行星相同),彗星通常位于一个叫作柯伊伯带(Kuiper belt)的区域。

探索系外行星系统

对于系外行星的本质和性质的研究,能让我们更好地理解地球的演变。通过寻找与地球类似的行星,我们可以研究与地球近似的行星形成的条件,从而看到地球形成之初的样子。然而,为了找到其他的恒星系行星,我们必须在一系列挑战中获胜:第一,与宇宙距离相比,在星际介质中的行星系的范围和大小极为渺小,因此,要想找到它们,需要进行专门为此设计的广泛、深刻的调查。第二,位于行星系中心的恒星要比行星本身亮得多。因为行星本身不发光,而只是反射来自母恒星的光,所以它们相对昏暗,想要找到它们需要特

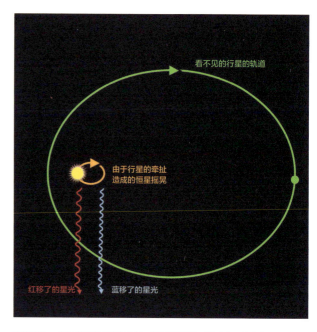

看不见的行星的轨道

由于行星的牵扯造成的恒星摇晃

红移了的星光 蓝移了的星光

图15.3 一颗围绕着恒星旋转的"看不见的"行星对于中心恒星的轨道的干扰。由于来自行星的引力,恒星的轨道会靠近或远离观察者,从而使它向地球发来的光发生蓝移与红移

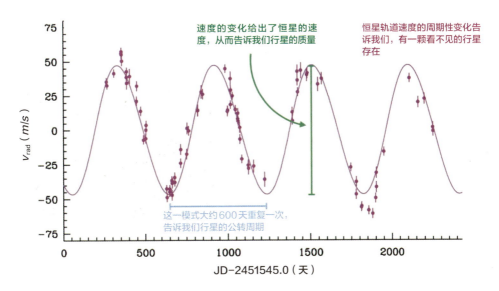

图 15.4 恒星的轨道由于围绕它旋转的行星的引力牵引而发生的变化。来自行星的引力改变了恒星的速度，这一点可以通过多普勒效应测量，得到的数据则可用于估计行星的质量，行星与恒星之间的距离，及行星公转轨道

殊的技术。第三，确定一条围绕这颗恒星旋转的行星的轨道是真正的挑战，这需要从空间进行分辨率极高的观察。下面我们将讨论寻找系外行星的技术：

引力法

在使用这种方法时，人们通过监控行星围绕其旋转的母恒星的轨道，来测量行星对恒星的引力作用（图 15.3）。尽管这种情况在多行星系统中变得异常复杂，但它在单行星系统中还是可靠的。这种方法的问题是监测恒星轨道及其运动所需要的时间基线，以及在任何给定时间内都需要极为准确地测量其位置。而且，根据行星轨道的大小与它和母恒星之间的距离，恒星的轨道受到的干扰可能因为太小而无法检测。

多普勒法

这种方法的基础是由于中央恒星的运动引起的光谱线位移（多普勒效应）。当一颗行星围绕一颗恒星旋转时，它会使恒星交替地靠近我们或远离我们，从而使其光谱线波长分别发生蓝移与红移。这种技术可以让天文学家们测量行星的速度、质量、轨道的形状和到母恒星之间的距离（图 15.4）。人们利用多普勒位移的大小测量行星的速度，而它的光曲线的对称程度则揭示了它的轨道形状。多普勒位移的大小反映了行星的质量——行星的质量越大，它引起的位移就越大。

为了在银河系内寻找系外行星（太阳系外行星），开普勒卫星（以德国天文学家约翰尼斯·开普勒的名字命名）于 2009 年发射。开普勒卫星的光度检测仪持续监测了 14 万颗主序恒星，寻找它们的亮度因行星在恒星面前经过而沿着我们的视线发生的变化。开普勒卫星已经发现了 1 042 颗系外行星，包括一些多行星系统。它的主要目标是确定那些处于恒星外的宜居带内的行星。迄今它已经发现了 4 颗在宜居带内且大小接近地球的行星。

凌恒星法

这是一种广泛使用的方法，它依据的原理是：当一颗行星位于我们投向恒星的视线上时，恒星的星光会暗淡，恒星的光度发生了轻微变化，揭示了正在它面前运动的一颗行星的存在（图 15.5）。恒星亮度的周期性变化说明了这颗行星在恒星面前经过时的运动速度。亮度下降的持续时间（图 15.5，点 2-3-4）与行星的速度成反比，而亮度下降的大小（与恒星的正常光度比较）则与行星的大小成正比（图 15.5，点 3）。

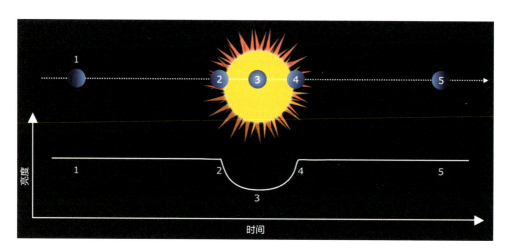

图 15.5 从左至右：较大的星子吸引聚集较小的星子，变得越来越大。因为外层星子的质量较大，所以它们的引力较强，能够吸引更多的小星子

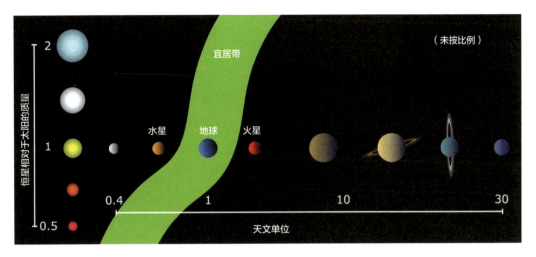

图 15.6 人们把地球所在的宜居带定义为太阳周围可以找到液态水的一个区域。因此，如果一颗行星适于生命存在（根据我们所知的有关生命的定义），它必须处于它的母恒星周围的宜居带内。地球便位于太阳周围的宜居带内

行星宜居条件

为了养育生命，一颗行星必须满足以下条件：

· 它的母恒星必须是一颗拥有足够长的寿命的恒星，才能使生命有时间发展。这便排除了寿命短的大质量热恒星，将搜索的范围局限于一批质量较小（质量仅为太阳的几倍）的恒星之内。

· 它必须处于一个区域之内，那里与母恒星之间的距离适中，能使液态水存在（也就是说，既不能太热，也不能太冷）。这是一个叫作宜居带（habitable zone）的区域，我们可以在那里找到液态水（图 15.6）。对于质量较小的恒星，宜居带距离恒星较近，而对于质量稍大的恒星则要远一些。所以，宜居带的大小和位置取决于母恒星的光度（质量）。因为恒星的光度是随时间变化的，它周围的宜居带的大小和位置也是变化的。

· 它必须有足够的质量，能维持大气。大气压也要足以让水保持液态。

· 它必须含有支持生命需要的化学成分。

· 它必须是一颗类地行星，因此与母恒星较近。

开普勒卫星已经发现了许多颗与地球类似的行星（专题框 15.2）。例如，它发现的开普勒 −186f 就是围绕着一颗距离地球大约 490 光年的昏暗红矮星旋转的行星。这颗行星比地球大，但它与母恒星之间的距离和行星的大小表明这颗行星上可能有液态水。

总结与悬而未决的问题

有关太阳系起源的主流理论是星云假说，它认为太阳系是通过星际介质中的旋转气体云坍缩形成的。这些气体可能是原始的（只包含氢和氦，没有重元素富集），或者是经过处理的，由来自重元素富集的上一代恒星的材料组成。行星在这些云内形成，是由因引力作用坍缩的凝聚气体组成的。这些凝聚的气体叫作星子，它们吸引其他的系统，尺寸增大，最后形成了我们今天看到的行星。这个假说解释了当前的观察结果，如行星为什么都位于同一个平面上，它们为什么以同样的方向运动，以及为什么会按照它们的质量、大小和组成而分离。

行星分为类地行星与类木行星两类。类地行星是在距离太阳较近的区域形成的，由于温度极高（大约 1 300 开尔文），只有铁才能凝聚形成行星的核。在这一温度下，大多数元素都是熔融的，处于气态。另一方面，类木行星位于离太阳更远的地方，体积比类地行星大得多，质量也更大，主要由气体组成。

我们只有关于太阳系中的行星的详细知识。对于远在太阳系之外的行星系，下面的几项限制使我们难以探测它们的本性：它们与母恒星距离太近，而我们的探测技术的空间分辨率有限；恒星强烈的光使人无法看清行星；行星本身也过于昏暗。想要发现人们所说的系外行星，只能靠检测它们与母恒星之间的引力相互作用，或者靠它们在恒星面前的运动来发现，因为这种运动会使恒星的光度曲线产生微弱的下降。事实证明，这些方法在寻找系外行星方面非常成功。

开普勒使命卫星是 NASA 于 2009 年发射的（专题框 15.2），它使用了以上用于寻找行星的方法，调查了 14 万颗恒星，寻找它们的光度变化。它发现了 2 300 多颗行星，其中大约有 700 颗与地球类似，即拥有与地球类似的体积和质量，它们与自己的母恒星之间的距离与日地距离相仿。

今天，研究行星的本质和大气层是一个热门课题。的确，走向在地球外寻找生命的第一步是搜索那些具有支持生命存在的条件的行星。当然，考虑到我们的望远镜和检测系统的有限能力，我们只能在太阳系的邻域寻找行星。我们面临的挑战是要在恒星周围的宜居带上找到系外行星，那里可能会有液态水存在。宜居带的大小与位置取决于中心恒星的性质。我们还不清楚有多少颗类似地球的行星存在，或者它们中有多少拥有大气层。我们还需要考虑许多基本问题，其中包括：在已经发现的系外行星中，有多大的比例处于它们各自的母恒星外的宜居带上？这些行星中，有大气层的占多大比例，这些大气层的组成是什么？位于多行星系中的行星有什么性质？在其他多行星系统中的行星是否遵循与太阳系中行星的相同模式？我们当前用于确定行星的技术在多大程度上是不够全面的？这些问题，以及许多其他问题，将由凌日系外行星巡天卫星（Transiting Exoplanet Survey Satellite，简称TESS）的观察来解答，它将专门用于在恒星外的宜居带中寻找明亮的行星。处于宜居带中，行星具有适合生命存在条件的可能性更大，而更明亮的光度让我们有可能更详细地研究行星的大气层及其组成。

回顾复习问题

1. 有关行星系起源的成功理论需要满足太阳系中哪些观察到的特征？
2. 太阳系平面是怎样形成的？
3. 解释两类行星的特性。
4. 简单描述不同类型的行星的起源。
5. 什么是星子？
6. 什么是冰冻线？它是如何随着与它相联系的恒星的性质变化的？
7. 解释用于寻找系外行星的不同方法。
8. 如何测量系外行星的物理性质（质量、轨道和大小）？
9. 为了支持生命生存，一颗行星需要满足哪些条件？
10. 解释行星系统的宜居带。

参考文献

Bennett, J., M. Donahue, N. Schneider, and M. Voit. 2007. *The Cosmic Perspective*. 4th ed. Boston: Pearson/ Addison-Wesley.

Chaisson, E., and S. McMillan. 2011. *Astronomy Today*. New York: Pearson.

Schneider, S.E., and T.T. Arny. 2015. *Pathways to Astronomy*. 4th ed. New York: McGraw-Hill.

插图出处

- 图 15.4 改编自：Sabine Reffert，et al.，"Precise Radial Velocities of Giant Stars II. Pollux and its Planetary Companion." 2006.
- 专题框 15.2 图：https://commons.wikimedia.org/wiki/ File：Kepler_spacecraft_artist_ render_(crop).jpg.

就我本人而言，我不知道人类在这个庞大的宇宙中究竟是不是独一无二的。但我确实知道，我们应该珍爱我们在这个宝贵的物质小斑点上的存在……这可能是我们接受的最伟大的礼品。无论如何，行星地球在宇宙中独一无二。

——潘基文（BAN KI-MOON）

Chapter

早期地球

16

THE EARLY EARTH

本章研究目标

本章内容将涵盖：

- 地球的起源
- 地球内部结构的形成
- 地磁场的形成
- 狂暴轰击

　　地球有一个混乱且时而狂暴的历史。幼年地球远不如今天这般舒适，而且是陨石和其他天体轰击的目标。与研究宇宙、星系和恒星时不同，我们在研究地球时可以享受的豪华待遇是：直接从地球上得到用于进行实验的资源，而不需要发明间接研究它们的方法。

　　地球与太阳系的其他行星非常不同，它有适宜的温度、充沛的水和允许生命产生并进化几十亿年的大气和生态。任何其他行星都没有这种组合特征。有许多因素影响了地球，使它变成了今天这个样子。地球与太阳之间的距离使它实际上处于太阳系的宜居带之内，它的质量足以保留自己的大气，它的化学组成中包括可以让生命发展的化学物质，所有这一切让地球变成了今天这样一个舒适的地方。地球是太阳系中唯一一颗这样的行星，在以太阳系为中心的更广大的范围内可能也是如此，甚至在浩瀚的银河系中，我们的地球也可能是独一无二的！而且，地球相对于太阳系中其他天体以及它们的联合引力的位置，为它提供了一个围绕太阳的稳定的轨道。通过关注地球的早期演变问题，我们会更多地了解我们的行星的过往历史和当今状态。这一点极为重要，因为地球是一颗独特的行星，而且是已知的唯一一颗在几十亿年间支持着生命存在并养育着智慧生命的行星。对于地球的本质和使其形成的物理条件的研究将带来线索，使我们能够理解其他像地球一样、有一天会孕育生命的行星。

　　本章将研究行星地球的形成、它的起源和早期历史，并探讨地球的内部结构及其来源，以及许多特性的起源。我们将在本章估计地球的年龄，研究地磁场的起源，也将讨论地球遭受的狂暴轰击及其对地球的影响。

地球的形成

地球是一颗类地行星，由初始气体云中的微型粒子积聚形成。这些微粒是太阳系星云中的气体凝聚而成的，当时的温度由于气体云与太阳的距离增加而下降。微粒随后围绕新形成的太阳做有序运动（图15.2）。这时，这些微粒的质量还太小，无法通过引力的吸引相互影响，而把它们聚到一起的主要作用力是电磁力，这就像用塑料尺摩擦我们的头发时产生的"静电"能够吸引纸屑一样。当各个微粒的大小和质量增加时，它们开始通过引力相互作用，并吸引更多的这类系统，形成了原行星（protoplanets）或者星子（第15章）。由于表面积的增加，星子之间碰撞的概率增大了，因此，它们的质量和大小在100万年至1000万年的时间里迅速成长，形成了与行星类似的系统。

对于包括地球在内的4颗距离太阳最近的行星，这时的温度太高，使大部分挥发性物质（容易汽化的物质）都蒸发了。因为这一点，再加上来自太阳的太阳风和辐射压力，大部分轻元素（氢和氦）都被吹走了。所以这些行星主要由重元素组成，包括形成岩石的硅酸盐以及铁和镍等金属。通过测量陨石的年龄，地质学家们推断地球大约在45.6亿年前形成。当星子与行星碰撞并合并的时候，它们的动能转化为热能，熔化了行星上的

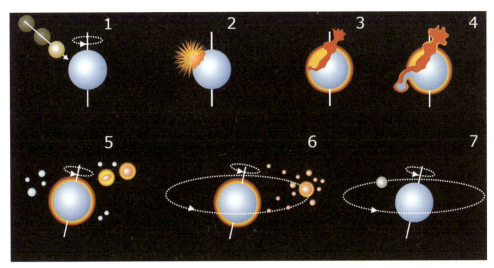

1与2.
43亿年前，一颗质量相当于行星的天体与地球相撞

3与4.
这次碰撞从地球和那颗天体身上击出了庞大的碎片雨，碎片进入了空间

5.
这次碰撞让地球的轴偏转了23.5°，并加快了它的旋转速度

6与7.
碎片共生成为月球，地球再次塑造自身

图16.1 地球形成后不久，便遭到一颗火星大小的行星的巨大冲击。这次冲击使地球在它现在的轨道上运行，让地球的自转偏离竖直轴23.5°，并击碎了地球的一部分，这部分就是今天的月球

物质。这些热能，以及通过放射性物质（铀、钍、钴和钾）的衰变产生的热，是现在地球核心的高热的来源。

大约 45.1 亿年前，熔融状态的地球经历了一次与火星大小的天体的灾难性碰撞。这次碰撞的后果是三大主要事件，它们决定了地球的未来演变以及未来的生命（图16.1）。这次碰撞加快了地球围绕太阳的旋转速度；使它的轴偏转竖直方向（相对于地球的公转平面）23.5°（因此有了不同的季节）；也让地球进入了它现在的轨道，并击出地球的一团物质，形成了围绕地球旋转的月球（同时稳定了地球的轨道）（图16.1）。这种说法与月球的估计年龄（根据阿波罗飞船宇航员带回的岩石）44.7 亿岁一致。这次早期碰撞看起来是场灾难，却稳定了地球的轨道，并使地球拥有了它作为现在这颗行星的条件。表 16.1 显示了地球形成的时间线。

表 16.1 地球早期形成的时间线，第一列显示的是形成后的时间

时间（年）	主要事件
0	出现了一团旋转的气体尘埃云
10 000	太阳形成，与云分离
100 000	由积聚形成了原行星
1 000 000	内层的 4 颗类地行星形成
1 000 000 000	最后的原行星被清除；最后的重大碰撞发生

来源： Wood 1979。

地球的年龄

今天，我们掌握了各种测量地球年龄的技术。一个直截了当的方法是研究矿物颗粒硅酸锆（zirconium silicate）或者锆石（zircons）（专题框 16.1）。尽管这些颗粒存在于年轻得多的沉积岩里，但以铀的同位素为基础的放射性年代测定表明，有些锆石是在大约44 亿年前形成固体的。进一步的研究表明，锆石形成的年代可以一直追溯到大陆开始形成的时刻，这说明地球的地壳是在大约 45 亿年前开始与其内部结构分离的（表 16.1）。

从月球带回地球的岩石表明，月球的年龄超过 44 亿岁。这些岩石要比地球上的岩石古老得多。人们发现，地球上最古老的岩石有 40 亿岁。然而，地球上一些早期的岩石或许曾经熔化过，或者发生过使人无法为其准确断定年代的变化。如果真的如同我们上一节讨论的那样，月球是在一次地球与火星大小相仿的天体的碰撞中从地球上分离出

去的，则它一定比地球年轻一些，而它们在岩石年龄上的差别只能说明，地球上发生过月球上从未有过的地质状况变化。这说明地球的年龄在 45 亿岁以上。

　　根据陨石的年龄，我们可以推算太阳系的年龄，后者是地球年龄的上限。研究者发现，一切陨石的年龄都是相同的，这证实了它们几乎都是在同一时刻诞生的假说。由于陨石是太阳系形成之初遗留下来的物质，它们的年龄就是地球年龄的上限。人们发现，陨石的年龄大约为 45.7 亿岁。

　　对于地球、月球和陨石上的同位素比较说明，地球和月球很可能是在第一批陨石形成后的 5 亿至 7 亿年形成的。这意味着地球的年龄大约是 45 亿岁。

地月系统

　　根据大碰撞假说，月球在与地球刚刚分离的时候，它们之间的距离要比现在近得多。地球上形成了地壳、水和海洋之后，情况仍然如此。这样近的距离之下，月球在地球的海洋上产生了潮汐力，每隔 12 小时便会引起一次大潮。潮汐摩擦减慢了地球的旋转速度，而地球的引力减慢了月球的旋转速度。由于地球的旋转速度减慢，一年（定义是地球围绕太阳公转一周的时间）中的天（定义为地球绕自己的轴自转一周的时间）数变多了。例如，在大约 4 亿年前的泥盆纪（Devonian period），一年有 400 天。自从行星形成以来，地月系统的旋转速度一直在减慢，而且这两个天体在以每年几厘米的速率渐行渐远。

地球各层的形成

　　100 多年前，地质学家们开始通过检测地震波（seismic wave；seismic 这个英文词来自希腊词 seismos，意为"地震"）来观察地球的内部。这时人们意识到，地球的内部可以划分为组成不同的同心球面层（图16.2）。英国物理学家亨利·卡文迪许（Henry Cavendish，1731—1810 年）在 1798 年发现，地球的平均密度经计算大约为 5.5 克 / 厘米³，明显超过了富铁岩石的密度（大约 3.5 克 / 厘米³）。深入地球内部后我们发现，岩石由于受到了上层部分的挤压而缩小体积，进一步增加了地球内部的密度。

通过积聚与合并产生的庞大能量使最初的物质融化，并在地球内部自由地运动。由于铁和镍的熔点低于二氧化硅（硅和氧的化合物，分子式为 SiO_2）的熔点，它们这时处于液态。这些重元素随后在引力作用下下沉，并由于地心的高压形成了地球的固体核，其周围由熔融（液态）的铁（图16.2）包围。一层二氧化硅富集的岩石包围着液体铁壳层，前者叫作地幔（mantle，德语）。比铁和镍轻的元素运动到地球表面并冷却，形成了固体的地壳。这一过程叫作分异作用（differentiation），是使地球形成地核、地幔和地壳三层的原因。地球各层的大小和主要成分列于表 16.2 中。

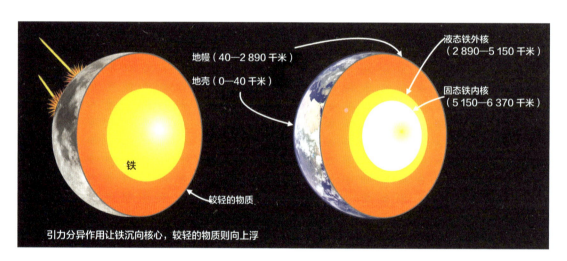

引力分异作用让铁沉向核心，较轻的物质则向上浮

图 16.2 地球的三层：地核、地幔和地壳。其中地核由内层铁核和外层熔融铁核组成

地球的固体内核主要含有铁和镍，半径为 1 220 千米，温度约为 5 000 开尔文（地球温度随半径向内增加）——高于铁和镍的熔化温度。那么固体内核是如何在这样的高温下形成的？这是因为铁镍合金是在高压下而不是低温下凝固的。当我们深入地幔内部考察时，其密度随深度而增加，这并非由于元素组成的变化，而是由于压力的增大使化学成分的体积减小了。海洋地壳（地球表面在海底）的厚度约为 7 千米，而大陆地壳（形成大陆的地壳）的厚度约为 40 千米。此外，海洋岩石含有铁，大陆岩石含有低熔点的硅

酸盐，因此海洋岩石比大陆岩石的密度大。与海洋地壳相比，大陆地壳的密度更低，厚度更高，因此它们的位置更高，漂浮在密度更高的地幔上。

总而言之，超过99%的地球质量是由8种元素构成的，而地球90%的质量由4种元素构成：铁、氧、硅和镁。地核中分布着高浓度的铁，而氧、硅和镁主要分布在地幔和地壳中。

表 16.2 地球各层的性质

层	深度（千米）	组成
地壳	0—40	氧（46%），钙（2%），镁（4%），硅（28%），铝（8%），铁（6%），其他（6%）
地幔	40—3 000	氧（44.5%），钙（2.5%），镁（22.8%），硅（21.5%），铝（2.4%），铁（6.3%）
外核	3 000—5 000	氧（5%），硫（5%），铁（85%），镍（5%）
内核	5 000—6 000	铁（94%），镍（6%）

来源： Jordan and Grotzinger 2012.

地球磁场的起源

实验表明，电流能够在它的邻域产生磁场，这一点广为人知。作为电流的良导体，外地核流动的熔融的铁是引发地磁场的主角。在地球的生命中，地磁场是怎样一直被维持着的？地核极度的高热又是怎样影响磁场的？如果有办法持续产生磁场，这些问题也就迎刃而解了。由于对流过程（较热的物质向上、较冷的物质向下的流动），位于外地核的熔融的铁一直在运动，由此产生了磁场。众所周知，如果导体在磁场中的运动存在着切割磁力线的分量，则会有电场产生。地核是地球磁场中运动的导体，它一直在产生电场，而电场又接着会产生磁场。

与条形磁铁一样，地磁场也有两极：北极和南极，看不见的磁力线连接着它们。所以我们可以用一个磁偶极子代表地磁场。它在地球表面的两点与地球相交，这两点叫作磁极。磁极与地理上的两极并不重合，大约相差1 500千米。出于这个原因，指南针上的指针并不指向地理上的两极，而是指向与地球的自转轴相差11°的磁极。

地磁场保护了地球，使之免遭来自太阳的带电粒子的茶毒，这些带电粒子就是太阳风。它们会对动植物产生危害，而且会干扰通信卫星。地磁场会让这些带电粒子发生偏转，使它们无法轰击地球表面。地磁场通常会使岩石磁化，特别是那些含铁的岩石，而地质学家们又利用这些岩石来研究磁场随时间变化的行为。

狂暴轰击

在行星形成之后，大批星子留在太阳系中，以小行星和彗星的形式存在。这些"残留物质"中的一部分在太阳系诞生的最初 1 亿年间撞上了行星。这一时期叫作狂暴轰击时期。地球在其生命历程中曾多次经历这样的事件，每一次都有 95% 的物种惨遭灭绝（专题框 16.2）。今天，月球表面狂暴轰击的痕迹仍然历历在目。与月球相比，地球的体积、质量和引力都更大，是更明显的轰击目标。然而，地球上这种轰击的痕迹已经被侵蚀或被火山活动抹去。对月球上的陨石坑以及地球上的锆石颗粒（其中含有地球上已知的最古老元素）的年龄的研究，可以让人们测量这种冲击的频率下降的时刻。这些计算表明，大约在 39 亿年前，冲击频率曾经有过一次显著提高（图 16.3）。人们称其为后期狂暴轰击。导致这一情况的原因可能是引力相互作用引起的行星轨道运动——直到它们在更稳定的轨道上就位，轰击才告结束。这一过程很有可能干扰了一些星子的轨道，使它们撞击行星。

专题框 16.2 狂暴轰击对地球上的生命的影响

碰撞发生的时候，天体会产生数量庞大的能量。例如，如果一颗直径 350 至 400 千米的小行星撞击地球，便可以产生足够的热，蒸发地球上所有海洋，将地球的表面温度提高到 2 000 摄氏度。这将具有毁灭效应，使地球上一切生命形式一朝覆亡。相对较小的冲击将蒸发深度达几百米的海洋表层。在这种情况下，处于相对安全的环境中（如在海洋深层或者在地球内部）的生命有希望存活。因此，某些形式的生命可以在大约 45 亿年前的早期地球存在，但可能会在狂暴轰击时期灭绝。生命有可能曾经多次出现，它们曾经消亡，又重新开始。

总结与悬而未决的问题

地球是由旋转气体云中的固体物质积聚形成的。这些物质最初通过静电力汇聚在一

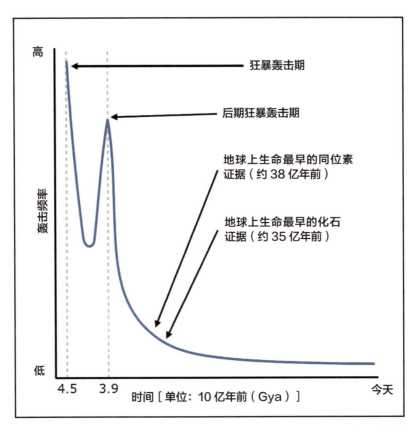

图 16.3 图中显示了轰击频率随时间的变化。从 45 亿年前到 39 亿年前，这段时间内曾经发生过明显的轰击。39 亿年前的峰值可能是太阳系中的行星进入它们现在的轨道造成的。此后的频率降低，是因为行星引力场的结合使陨石偏离了地球

起并生长，而一旦拥有了一定的体积和质量，它们便通过引力汇聚，形成了星子。通过围绕着新近形成的太阳的有序运动，它们相互吸引，形成了地球。地核的热来自星子的碰撞，它们的动能被转化成热能；放射性物质的衰变对此也有重要贡献。

　　地球的年龄是通过不同的独立方法准确测量的，包括通过铀同位素对锆石的年代测定，对于来自月球的岩石的检测提供了地球的年龄下限，而通过陨石对太阳系年龄的估计则提供了上限。这些估计聚焦于 45 亿年前。地球曾经与一颗火星大小的天体相撞，造成了月球从地球上分离。月球与地球刚刚分离时，它们之间的距离比现在近得多，但月球在几十亿年间以每年几厘米的速率远离我们而去，而且这一过程还在继续。

　　由于分异作用，地球内部形成了不同的三层。这是一个使较重的元素沉到地心，同时使较轻的元素移动到表面的过程。这些层包括固体铁镍合金组成的内核温度约为

5 000 摄氏度；这里的凝固是由于地心极大的压力造成的；还有由熔融的铁形成的外核，温度大约 3 000 摄氏度，液态铁通过对流在外核中运动。地幔是地球结构的主体，除了沉入地心的重元素和升到表面形成地壳的轻元素之外，其余的一切物质组成了地幔。它的主要组成部分是硅酸盐和镁。地幔中的对流过程将热量从地球的内层带到地表。最后，地壳是由运动到表面并在那里冷却的熔融物质形成的。这是地球的固体部分，在地球历史的初期由低熔点的硅酸盐形成。外核中熔融的铁的运动是形成地磁场的原因。这是因为铁是电流的良导体，而带有电流的物质会在它的邻域产生磁场。

地球在形成之后，经历了一个遭受太阳系内遗留物打击的狂暴轰击时期。从 45 亿年前到 39 亿年前，这种轰击非常猛烈；而太阳系中的行星在它们的稳定轨道上就位之后，轰击的频率便下降了，因为行星的大质量和强大引力使飞向地球的物质发生偏转。

关于我们的地球，仍然有一些令人激动的问题在等待我们的探索：地球是怎样从最初的混乱状态演变为今天这样有序的状态的？地球诞生后不久就与一个火星大小的天体发生撞击，这真的是导致地球后续演变的诸多事件的根源吗？在地球的铁核形成之前，太阳风对于地球和它的气候有什么影响？地球上的锆这种元素的来源是什么？最后，我们能够用有关地球的详细知识来研究系外行星吗？

回顾复习问题

1. 是什么提高了星子撞击早期地球的概率？
2. 挥发性物质的定义是什么？
3. 为什么比较轻的元素会从早期地球上逃逸？
4. 地核的热是从哪里来的？
5. 地球的年龄有多大？地球年龄的下限和上限是如何估计的？
6. 解释火星大小的天体碰撞地球造成的一直延续到今天的主要影响。
7. 地球的主要组成成分是什么？
8. 描述分异过程。
9. 描述地球的几个不同的层以及每一层的特点。为什么这些层位于它们所在的地方？
10. 地磁场是怎么产生的？

参考文献

Bennett, J., and S. Shostak. 2006. *Life in the Universe*. 2nd ed. Boston: Pearson/Addison-Wesley.

Marshak, S. 2012. *Earth: Portrait of a Planet*. 4th ed. New York: Norton.

Jordan T.H., and J. Grotzinger. 2012. *The Essential Earth*. 2nd ed. New York: Freeman.

Wood, J.A. 1979. *The Solar System*. Englewood Cliffs, NJ: Prentice Hall.

表格出处

- 表 16.1: John Armstead Wood, "Timeline for the Early Formation of the Earth," The Solar System. Copyright © 1979 by Pearson Education, Inc.
- 表 16.2: Thomas H. Jordan and John Grotzinger, "Properties of the Earth's Layers," The Essential Earth, 2nd Edition. Copyright © 2011 by W. H. Freeman & Company.

最微小的运动对于整个自然界非常重要。整个大洋都会受到一块卵石的影响。

——布莱斯·帕斯卡（BLAISE PASCAL）

在永恒的面前，山脉就像白云一样转瞬即逝。

——罗伯特·格林·英格索尔
（ROBERT GREEN INGERSOLL）

大陆、海洋和山脉的起源

THE ORIGIN OF CONTINENTS, OCEANS, AND MOUNTAINS

本章内容将涵盖：

· 大陆的形成与生长

· 构造板块理论

· 火山的起源

· 山脉和海洋的形成

· 岩石的起源和类型

· 地球风光的演变

行星形成的过程非常快。地球的形成只用了 1 000 万年，并在形成之后不久便拥有了坚硬的地壳。从那以后，地球演变的过程大幅减慢，经过几十亿年才形成了今日地球上的风光：大陆、海洋和山脉。然而，许多年来，一直没有一个公认的理论能够说明大陆的形成方式和全球分布方式，海洋和山脉位于它们现在所在地点的原因，以及它们是按照什么样的次序形成的。

大约在 1925 年，根据地球表面至少扩张到其最初面积的 2 倍这种假设，地质学家们提出，海洋盆地是在分裂的大陆之间出现裂缝的结果。早期的假说也认为，大陆是在它们今天所在的位置上生长的，是通过陆地的积聚孤立地形成的。随后，由于厚层沉积岩的汇聚，地壳发生扭曲，导致山脉隆起并最终在大陆和海洋的地壳边界上形成。

大陆形成的现代理论是由德国气象学家阿尔弗雷德·魏格纳（Alfred Wegener，1880—1930 年）提出的，他的假说是：大陆本是同一块陆地的各个部分，但这些部分在陆地开裂后发生漂移，形成了现在的陆地分布。魏格纳的理论使大约在 1910 年形成的大陆漂移概念进一步发展。通过魏格纳的工作，大陆大规模运动的概念也得到了发展。这一概念出现在 1859 年第一份全球地图出版之后，当时人们注意到大西洋两侧海岸线的地理特征极为相似，可以将南美洲与非洲海岸拼在一起。魏格纳假定曾经存在着一个他称之为泛大陆（Pangaea）的超级大陆，后来分裂成今天的各部分大陆，这些板块发生漂移，相互远离。

本章首先将解释大陆漂移论背后的概念，然后描述几项发现——正是它们使有关大陆、海洋和山脉起源的现代假说产生。本章还将介绍构造板块理论和不同类型的构造板块，岩石的起源和地球景观的演变。

初期的大陆与大陆漂移

根据对山脉、岩石类型与化石的观察，地质学家们绘制出陆地和海洋曾经的分布图。岩石也揭示了昔日的裂谷与俯冲现象。根据这些观察事实，地质学家们重建了大约于10亿年前形成的第一个超级大陆，人称罗迪尼亚（Rodinia）超级大陆。罗迪尼亚大约于7.5亿年前开始分解。它的碎片在大约5亿年前重新开始组装，形成了超级大陆泛大陆。大陆的持续运动改变了陆地和海洋在地球表面的分布，同样也影响了气候系统。这一运动背后的驱动力是下节将要讨论的构造板块运动（tectonic plate movement），它是岩石圈（lithosphere，即地球的最外层）之下的对流过程的结果，于是出现了魏格纳发展的大陆漂移概念。

泛大陆的分解开始于大约2亿年前，那时人称劳亚古大陆（Laurasia）的北部大陆开始与人称冈瓦纳大陆（Gondwana）的南部大陆分离。大约在同一时期，北美洲开始与欧洲分离，形成了北大西洋（North Atlantic Ocean），而冈瓦纳大陆沿着非洲东海岸分裂，分别形成了南美洲、非洲、印度和南极洲，创造了南大西洋（South Atlantic Ocean）。当前的陆地分布大约形成于6 600万年前，当时的澳大利亚离开了南极洲和印度，并入欧亚大陆（Eurasia）。所有这些都是通过一种叫作大陆漂移的过程发生的。然而，也有一些反对大陆漂移概念的论证，例如，这种概念要求地球的岩石圈能够漂移而不是僵硬的，而当时人们认为岩石圈是僵硬的。同样，人们当时也找不到大陆运动背后的驱动力，由于太阳和月球的潮汐力都不够强，无法让大陆漂移与分离。

1921年，以大西洋两岸的地质结构、岩石与化石年龄的相似性和气候数据为基础，南非地质学家A.L.杜托伊特（A.L. du Toit）提供了支持大陆漂移概念的无可辩驳的证据。在非洲和南美洲发现了类似的3亿年前的爬行动物中龙（Mesosaurus）化石，但在其他地区都没有发现，这说明当这些生物活着的时候，这两块大陆是连在一起的。中龙是一种淡水爬行动物，会游泳。如果中龙能够泅渡南美洲和非洲之间的海域，它们应该也可以游到其他地方去。但它们的化石在其他地方未见踪迹，这一事实表明，当这两片大陆漂移分离的时候，它们被分开了。此外还有其他的证据，如类似的大型植物的种子分布在全球各地（它们不可能在风力的裹挟下漂洋过海）；如今在马达加斯加（Madagascar）的虫子更接近于印度的虫子，而不像附近的非洲虫子；在非洲发现的化石更接近于印度的化石；以及 3 亿年前通过冰川沉积的岩石现在分布在南美洲、非洲、印度和澳大利亚……所有这些事实都意味着，这些陆地曾经都是同一片大陆上的一部分。现在的基本问题是：泛大陆是怎样分解的？这块陆地的不同部分是怎样开始运动的？

构造板块理论

20 世纪 60 年代发展起来的构造板块理论指出，地球外层的岩石圈是由 13 个刚性板块构成的，它们在地球表面上相互运动——平行滑动、相向而行或者相互远离。我们称这些板块为构造板块（tectonic plates）。构造板块沿着岩石圈之下刚性较差的软流圈（asthenosphere）运动，速度约为每年 1 至 15 厘米（图 17.1）。最大的板块是大西洋板块，包括大部分大西洋。北美板块从北美洲的大西洋沿岸延伸到大西洋中部，并在那里与欧亚板块和非洲板块相遇。

岩石圈的破裂是地幔对流产生的压力的结果，使由此形成的板块在地幔上方运动（图 17.1）。地质活动通常发生在板块边缘的交界处。这里就是地震发生、火山出现、山脉形成和断裂呈现的地带。

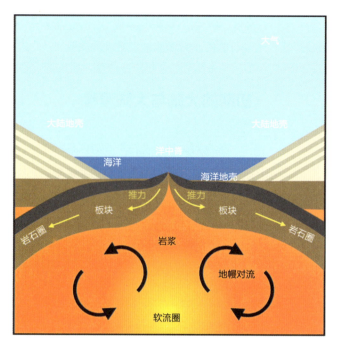

图 17.1 地幔中的对流（温度不同的物质的运动）。对流造成了使地球的岩石圈分裂的力，形成了板块构造

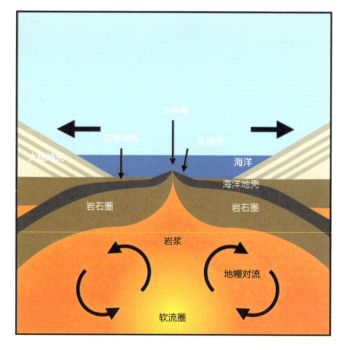

图 17.2 来自地球软流圈的岩浆形成了洋中脊。使海底分开的海洋地壳由此产生。分散的边界是两个大洋板块之间的海底脊或两个大陆板块之间的山脊、山谷形成的原因

海底扩张

能够让大陆运动的力是由地球的地幔对流造成的（图17.1）。这种力在地球的岩石圈上形成了裂缝，这些裂缝会让构造板块分开，通过一种叫作海底扩张（seafloor spreading）的过程形成新的海洋地壳。在这个过程中，岩浆（在地幔中熔融的高热岩石）冲出地球，冷却后变成固体（图17.2）。关于这一点的证据来自大西洋洋中脊（Mid-Atlantic Ridge）的发现，它是大西洋海床中的一处开放通道，周围环绕着新生成的玄武岩（带有精细颗粒的深颜色岩石），而不是古老的花岗岩。而且，在大西洋洋中脊周围所做的测绘显示，有一个很深的谷（或者裂缝）存在。距离洋中脊越远，那里的地壳就越古老，说明大西洋海床上的地壳被切开了，岩浆从地球的软流圈中漏了出来（图17.2）。地质学家们进一步发现，大西洋上的所有地震都是围绕着这一点发生的，发生在构造板块之间的断层上。这证实了这一断裂是两个板块之间的活跃边界。于是，海床扩张理论表明，大陆可以通过在洋中脊形成新的岩石圈而相互分离。大约三分之二的地球表面和所有的海洋地壳都是最近2亿年间通过海底扩张形成的。

现在的问题是，是否能够循环利用从地球表层下面涌出的物质，让它们回归地球表层以下。如果不能，则地球的表面将会因为更多岩石圈的形成而增加。这个问题已经通过考虑构造板块是在地球表面上运动的刚性板块得到了解决。人们还发现岩石形成和演变的过程——断层、压缩或剪切——全部发生在这些边界的附近。这些发现证实了构造板块理论。

岩浆中含有硅和氧，以及各种比率的铝、钙、钠、钾、铁和镁。从地下涌出的岩浆中包含挥发性物质，如水、二氧化碳、氮、氢和二氧化硫（SO_2）等，它们以气态的形式通过火山爆发来到地面。所以，它们含有水分子（这些水分子最终将进入大气层）以及岩石中的矿物质。岩浆能够来到地球表面，是因为它的密度低于周围的岩石，所以在深处覆盖着岩浆的岩石对其产生了压力，把岩浆向上挤出了地表层。

构造板块的类型

构造板块相互发生横向或纵向的移动，是形成地震、火山、山脊和山谷的原因。板块有三种类型，根据它们相互之间的运动方向来定义。在某些地方，板块之间相互远离，这就是分离板块，会造成海底扩张；在其他地方，板块也会相互靠近，即汇聚型板块，它们会形成山脉。海底扩张（利用从地下涌出的物质）会扩大地球的表面，而汇聚过程会减小地球的表面。平均而言，这两种过程带来的总体效果是保持地球的表面积不变。

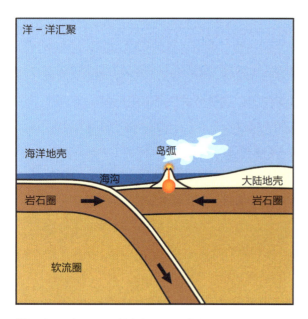

图 17.3a 图中显示了两块在海洋下面的海洋板块。在它们合并的地方，一条海沟在海洋下面形成，而火山活动产生了新的岛屿，并由于岩浆积蓄，火山形成而延伸到洋面以上。这种情况的例子是夏威夷群岛和夏威夷火山，它们是由两块海洋板块汇聚形成的

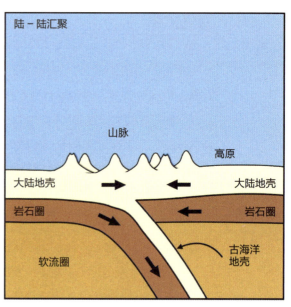

图 17.3c 两块大陆板块汇聚将抬高陆地，在一面形成高原（即位于上方的板块），在另一面形成山脉。在大陆中间相撞的板块不经常形成火山。这种大陆板块汇聚的例子有亚洲的喜马拉雅山脉（Himalayan mountain range）、乌拉尔山脉（Ural Mountains）和欧洲的阿尔卑斯山脉（Alps）

图 17.3b 图中显示了一块海洋地壳在一块大陆地壳下面的运动。这会生成海岸山脉，它们大多为火山。我们可以沿南美洲（秘鲁）和北美洲（阿拉斯加州）的太平洋沿岸找到这种情况的例子

我们下面讨论构造板块的运动。

　　分离型边界： 这是板块分开、新的岩石圈形成的地方（图 17.2）。当这种情况在海底发生时，从地球内部涌出的岩浆向外扩散，形成海洋地壳和地球的洋底。这也会在海洋底部形成山脉。冰岛这个岛屿就是通过板块的分离形成的大西洋洋中脊的一部分。

　　分离型边界也可以在大陆上出现，并产生以山谷、火山和地震为特征的大陆裂谷（continental rifts）。红海（Red Sea）和加利福尼亚湾（Gulf of California）就是大陆裂谷的例子，大陆在那里分离得很远，可以形成海床。在其他情况下，大陆裂谷开始出现，但没

有真正完成分离，比如东非的大裂谷（Great Rift Valley of East Africa）。

汇聚型边界：这种边界是在岩石圈板块相遇时形成的。这将导致下面总结的一些地质特征。

洋－洋板块汇聚型：在两块海洋板块的岩石圈汇聚时出现（图17.3a），会造成一种叫作俯冲（subduction）的过程，即一块板块向另一块板块的下面运动。俯冲板块沉向软流圈并进入地幔，产生狭窄的深海沟。只有海洋板块能够俯冲，因为它们比大陆板块更加致密。当冷岩石圈进一步进入地幔融合时，压力将会积蓄，正在下沉的板块上方会发生熔化，产生岩浆。岩浆将在海沟后面形成火山和岛屿链。我们可以在这里举出夏威夷群岛（Hawaiian Islands）和西太平洋水下的深海马里亚纳海沟（Mariana Trench）的例子，后者深达11千米。

洋－陆板块汇聚型：当大陆板块与海洋板块汇聚时出现（图17.3b）。由于大陆地壳比较轻，海洋板块将会下沉。结果大陆地壳因为受到汇聚造成的力的挤压而变形。这会抬高大陆地壳上的岩石，并形成与深海海沟平行的链状山脉。海洋俯冲板块携带的海水将使地幔熔化，形成火山。这将导致地球内部深处的强地震。这种情况的一个例子是南美洲的链状安第斯山脉。

陆－陆板块汇聚型：这是由两块大陆板块的汇聚造成的（图17.3c）。在这种情况下不会发生俯冲过程。两块板块最后都会浮在地幔上面，但其中一块会覆盖在另一块上方。欧亚板块与印度板块（都是大陆板块）的碰撞造成了地壳双重厚度，生成了世界上最高的山脉喜马拉雅山，以及西藏高原（Tibetan Plateau）。地壳的皱褶造成了强烈的地震，这就是陆－陆汇聚的结果。

转换型边界：这种边界是在板块之间相互滑移时出现，其中没有发生岩石圈形成或者被摧毁的现象（图17.4）。在这种情况下，板块相向而行，会引起地震。加利福尼亚的圣安地列斯断层（San Andreas Fault in California）就是太平洋板块在北美板块上滑移的结果。转换边界可以沿着洋中脊出现，那里的海底扩张被中断而不再连续，形成了阶梯模式。

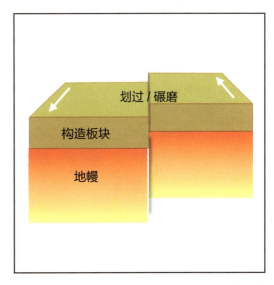

图17.4 两块构造板块相对、并排而行（转换型边界），会引起地震

岩石的起源

岩石的定义是由矿物或非矿物质结合而成的固体。岩石的类型是由两个因素决定的：矿物质组成（岩石中不同矿物质的分数）及其中矿物晶体和颗粒（纹理）的大小和形状。从地球内部流出的岩浆遇冷凝结，变成了火成岩（igneous rocks）。火成岩的类型取决于形成它的物质（岩浆）的组成及其所处的环境。地球内部的岩浆缓慢地冷却时，会形成微晶。这种情况下，在整块岩石固化为火成岩之前，一些晶体有足够的时间成长到直径几毫米的大小。当岩浆通过火山爆发释放时，它会在地球表面很快冷却。在这种情况下，形成单个晶体的时间不足，只有更小的晶体能够形成。这解释了火成岩拥有不同的形状和类型的原因（专题框 17.1）。

当已经存在的岩石破裂，其中的颗粒被风或者水搬运并在新的环境中沉积时，这些颗粒凝聚到一起形成了沉积岩。沉积岩的性质也取决于颗粒的组成和它们被压在一起时的环境。我们可以在陆地上或海底发现沉积岩。有时候，高温、高压改变了以前的岩石的性质。这种情况也可以通过岩石的挤压与拉伸发生，结果便形成了变质岩（metamorphic rocks）。形成变质岩的温度低于岩石的熔点（大约 700 摄氏度），但仍然高于使岩石

专题框 17.1 岩石的类型

在地质学中，岩石可以分为三个基本类型：

火成岩： 这类岩石来自冷凝并固化了的熔融岩石。

变质岩： 这类岩石是在足以改变它们的结构和化学组成，但尚不足以令其熔化的高压与高温下形成的。

沉积岩： 这类岩石主要形成在海底，是沉积物受到高压压缩形成的。

岩石可以从一类变为另一类。例如，火成岩可以在高温、高压下变成变质岩，而这两种岩石都可以通过侵蚀变成沉积岩。因此，岩石的类型不会为它的组成提供很多信息。相反，每块岩石都是由不同的晶体组成的混合物，每种不同的晶体都代表着一种矿物，具有特定的化学组成。以上类型说明某种岩石是怎样形成的，而其中的矿物组成揭示了它是由哪些物质构成的。因此，岩石又进一步分为子类。例如，火成岩的子类包括玄武岩，它是一种深颜色的致密岩石，由海底火山生成，富含铁和镁基硅酸盐；另一个子类是花岗岩，它的颜色比玄武岩浅，没有那么致密，经常出现在山脉中，主要成分是石英。

产生化学反应而发生变化的温度（大约 250 摄氏度）。从火成岩出发，可以生成所有其他类型的岩石，每一种都是在特定的构造活动条件下形成的（专题框 17.1）。

变化的大陆地貌、大洋和岩石

在构造板块理论的框架之内，导致大陆、山脉和海洋形成的过程都是相关的。海洋盆地的打开与关闭、山脉的出现和消失、大陆的面积和体量的演变，这些全都在一个大约持续了 2.5 亿年的周期内发生。人们称之为威尔逊旋回（Wilson cycle），以加拿大地质学家图佐·威尔逊（Tuzo Wilson，1908—1993 年）的名字命名，而且，威尔逊旋回还有后续阶段，如图 17.5 所示。

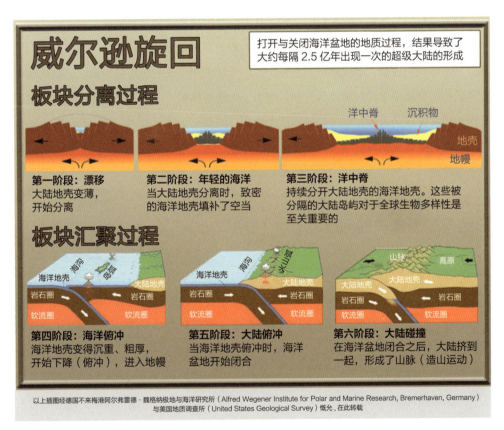

图 17.3 大陆的分裂、海洋盆地的打开，以及山脉的形成都可以通过威尔逊旋回解释，这一循环每 2.5 亿年发生一次

在一块大陆上的裂谷会导致地壳崩溃和新海底盆地打开，形成海洋地壳。这一过程是由于大陆地壳受到侵蚀与风化而变薄开始的。当大陆地壳分裂时，海洋盆地变大，在两块如今分开了的大陆之间形成一片海洋。海洋形成之后，以海洋地壳向大陆地壳下面俯冲为特征的汇聚开始，导致该地区火山群的形成。在俯冲发展时海洋变小，同时大陆地壳变厚。当大陆发生碰撞时，相交区域的地壳变厚，形成了山脉和新的超级大陆。超级大陆随后发生侵蚀，它的地壳因此变薄，循环重新开始（图 17.5）。

在威尔逊旋回期间也会生成不同类型的岩石，其中一种类型会转变成另一种，这个过程叫作岩石循环（rock cycle）。当循环通过大陆断裂而开始时，来自大陆的沉积物发生侵蚀，并积蓄在断裂盆地中，形成沉积岩。当海底扩张在新形成的海洋盆地上发生时，岩浆在洋中脊中上升，形成火成岩。海洋盆地的闭合导致山脉的形成和大陆的碰撞。形成变质岩所需的高温、高压由此产生。通过这一过程形成的山脉使空气中的湿度上升，变得凉爽。这会造成风化以及随后的侵蚀，它们会剥离高山表面层。与此同时，水流会把物质和沉积层从碰撞区域搬运到海洋里，它们会在那里作为沉积岩沉积。

最后，有两个导致大陆生长的过程。其中一个过程是低密度且富含二氧化硅的岩石从地幔运动到地壳。大陆地壳通常是由俯冲的岩石圈熔化形成的岩浆在俯冲区形成的。这些岩浆运动到表面，形成地球的地壳。另一个让大陆生长的过程是积聚。之前从地幔分离的物质在板块运动时聚集到一起，增加了大陆的体量。一旦大陆地壳形成，它们就会因为山峰形成的过程和断层而受到重大影响。当两个大陆碰撞时，它们会经历水平方向的压缩，使地壳的厚度增加。这将造成底层地壳的岩石熔化，产生的岩浆会上升，形成上层地壳。

总结与悬而未决的问题

大陆、海洋和山脉形成的现代假说于 20 世纪 60 年代开始成形，当时人们发展了大陆漂移的概念。利用大陆海岸线上的证据，以及世界各地的化石记录与地质年代确定方面的数据，地质学家们得出了结论：世界上的各大洲曾经都是一块叫作泛大陆的陆地的不同部分。泛大陆后来在大约 2 亿年前分解，并从那时起演变至今。当今的陆地分布大约于 6 500 万年前形成。

为了解释大陆漂移的过程，人们发展了构造板块理论。根据这一理论，地球的岩石圈分为 13 个固体板块，它们彼此相对运动。造成地球外层地壳分裂的是地幔对流（冷热物质由于温度不同发生的运动，较热的物质处于上层）产生的力。这是地球表面一切结构的形成原因。构造板块假说由于洋中脊的发现得到证实——来自地幔的物质在那里冷却，并在海底扩张，形成了固态海洋地壳。大西洋洋中脊出现在两个板块相交的地方。距离洋中脊最近的物质是年轻的玄武岩，随着地壳年龄的增加而离开洋中脊。

当两块构造板块彼此分离时会形成裂谷（分离型边界）。如果这种现象发生在两块海洋板块之间，热岩浆将涌出地表，形成海洋地壳，海洋地壳将不断生长，并在海底形成大洋中脊。如果是大陆板块，则将形成裂谷。当两块板块向一起靠拢（汇聚型边界）时，根据它们的类型（是两块海洋板块，还是一块海洋一块陆地，或者是两块陆地板块），最终会分别形成火山和岛弧，海沟和火山，或者是山脉。当海洋板块与大陆板块汇聚时，由于海洋板块更致密，它们会向大陆板块下面运动，进入岩石圈，在那里，有一部分物质会熔化并形成火山。

无论是大陆的分裂、海洋盆地的生成还是山脉的形成，都可以通过威尔逊旋回的板块运动来解释。这一循环也解释了不同类型岩石的起源和各种类型之间的转化情况。一旦大陆分裂为互相分开的陆地，它们便开始四处漂移。大陆漂移的概念得到了今天各种观察结果的支持，是世界上陆地和海洋分布的原因。大陆分裂并以分开的陆地的形式运动，这种状况造成了今天地球上的生态。不同陆地处于不同纬度上的位置，会使适于不同气候的生态得到发展。

我们可以从威尔逊旋回看出，许多事情的发生导致了今天世界的状况，它们之间是相互关联的。这些事情影响了需要维持生命的生态的发展，如稳定的温度、营养和生命需要的物质。因此，我们现在面对的悬而未决的问题包括：构造板块是怎样影响地球生命发展所必需的营养物质和物质的流通的？在我们的行星上，这些条件是如何在如此之长的时间内维持的？大陆现在的漂移将给未来的 5 000 万年带来什么？当研究其他行星上的生命时，我们应该注意构造板块运动中哪些可观察的效果？自从超级大陆罗迪尼亚时代以来的最近 10 亿年间，由构造板块活动引起的陆地运动对于地球上生命的发展与进化产生了重大影响，也形成了不同的气候和动植物生长需要的条件。由此形成的海洋哺育了地球上最初的生命。这些事件都是相互关联的。

回顾复习问题

1. 解释大陆漂移的过程和支持这种说法的观察事实。

2. 有哪些反对大陆漂移理论的论据？

3. 所有大陆都来自一片陆地。这种情况存在于多久之前？这片陆地的名字是什么？

4. 当前的陆地分布是在多久之前成形的?

5. 解释构造板块理论。

6. 一共有多少构造板块? 它们是怎样形成的?

7. 什么是海底扩张?

8. 大西洋洋中脊有何重要意义?

9. 解释构造板块的不同类型。

10. 夏威夷群岛是怎样形成的?

11. 什么是俯冲过程?

12. 哪种板块更厚, 是海洋板块还是大陆板块? 解释其原因。

13. 喜马拉雅山脉是怎样形成的?

14. 解释不同的岩石类型及其起源。

15. 什么是威尔逊旋回?

参考文献

Marshak, S. 2012. *Earth: Portrait of a Planet*. 4th ed. New York: Norton.

Jordan, T.H., and J. Grotzinger. 2012. *The Essential Earth*. 2nd ed. New York: Freeman.

插图出处

· 图 17.5: Copyright © Alfred Wegener Institute for Polar and Marine Research/United States Geological Survey (CC by 4.0.)

哦，地狱的威胁与天堂的希望！

至少一件事是必然的——

生命在飞翔；

只有一件事是必然的，而其他的一切

都是虚妄——

任何花朵都会消亡，

尽管它曾经怒放。

——《鲁拜集》，奥马·海亚姆

（RUBAIYAT OF OMAR KHAYYAM）

我突然想到，这颗漂亮的蓝色小豌豆就是地球。我翘起拇指，闭上一只眼睛。我的拇指遮住了行星地球。我不觉得自己像个巨人，我感到自己非常非常渺小。

——尼尔·阿姆斯特朗（NEIL ARMSTRONG）

演变中的地球：一段动态历史

THE EVOLVING EARTH: A DYNAMIC HISTORY

本章研究目标

本章内容将涵盖：

· 地球演变的不同阶段

· 海洋和大气层形成的时间线

· 第一批活体细胞的证据

· 生命在各个地质时期的发展

· 大规模灭绝事件

地球的地壳大约在 44 亿年前形成。从那时起，由于构造板块的运动、大陆的形成与漂移、海底的扩张、山脉的生成和许多其他我们在第 17 章中讨论过的过程，地球的表面经历了天翻地覆的变化。这些过程发生在诸如侵蚀、地震和生命这些次级效应开始重塑地球之前。理解地球的演变和造成这些演变的过程，对于研究动植物生命出现所需要的条件是至关重要的。然而问题是，我们只知道一颗像地球这样的行星，因此没有任何可以与我们的发现进行对照的事物，这与恒星和星系不同，对于它们，我们可以找到非常近似的类比。因此，观察早期地球是非常困难的。我们只能从化石和岩石中保留的过往记录中撷取信息。这种方法存在的问题是，来自早期地球的记录不完整，因为包含这些记录的物质可能遭到了侵蚀或者形态有所改变。

在地球的初期阶段，它的表面是熔融的，还没有形成固体地壳。当时的地球面临着来自陨星的狂暴轰击，它的大气层中不含氧气，大部分是氮气、甲烷、氨、二氧化碳和水蒸气。月球与我们之间的距离大约只相当于今天的一半，并对地球表面施加着相当大的潮汐作用。任何地质记录都无法在极早期地球的恶劣环境中幸存下来。所以，我们有关地球最初 5 亿年历史的了解非常有限。从 45 亿年前到 7 亿年前，地球历史的 80% 处于前寒武纪（Precambrian）或者说隐生宙（Cryptozoic，拉丁词，意为"隐居生活"）时期。我们只能从火成岩和变质岩中找到来自这一时期的信息。然而，许多历时如此长久的岩石发生了严重的形变，而且缺少标准化石作为对照。地球晚些时期的历史，包括早期大气和海水的形成，可以通过研究沉积岩得到揭示。同位素年代确定技术的发展显著地加深了我们对于地球事件编年史的理解。

本章将为读者呈现不同地质时期的地球历史（专题框 18.1），并研究每一个事件导致下一个事件的条件。我们将研究一系列使地球成为今天这颗行星的事件。本章以 10 亿年前（10^9 年前，简写为 GYA）和百万年前（10^6 年前，简写为 MYA）作为时间单位。

研究地球的早期历史

地球的早期历史只能通过从那时遗留至今的证据来间接地研究。为了进行这样的研究，地质学家们要寻找如下特征：

· 确认现已遭到侵蚀的早期造山地带（orogens），并寻找在形变（岩石层皱褶和断层）、变质岩和火成岩生成之后留下的岩石记录。

· 研究大陆的年龄和生长。通过使用年龄测定技术，地质学家们在不同地点测量了地壳的年龄、岩石的年龄和特征，以及它们受到造山运动影响的年代。这种研究揭示了使地壳在其中形成的构造板块环境。

· 对于保存在某些地点的沉积岩的研究，揭示了积聚在那里的沉积物的类型。例如，通过确认含有生物化石的岩石的环境，可以测量海平面的变化。

· 通过寻找在不同纬度上形成的化石和岩石，地质学家们试图发现能够在某种气候条件下生长的植物。例如，如果在两极附近发现了热带植物并断定了它们的年代，我们就可以知道，在某个特定时期，极地的气候和大气更加温暖。

专题框 18.1 地质时间段

地质学家们将地球的历史以不同的时间段划分。这些时间段并不相等，因为它们是根据地球的地质事件和生物历史来划分的。用于划分地质年代的事件包括：某些身体中含有坚硬部分的动物出现，或者某些动植物的灭绝等。以下是各种地质时代：

万古（Eons）：也叫作宙。这是最长的地质时间段，长度以亿年计。

代（Eras）：万古被分割为小一些的代。代的边界由地球历史中的重大事件决定。代的长度以亿年计。

纪（Periods）：代被分割为纪。纪的边界不像代那么清楚。纪的长度以千万年计。

世（Epochs）：世是纪下面的子划分，只用于比较近代的事件。这是因为早期的地质化石遭到了侵蚀，其中许多特征由于地球的长期过程而消失。世的长度以百万年计。

地球演变的时间线

根据最新估计，地球的年龄为45.7亿岁。宽泛地说，地球演变的时间线可以按照生命的历史分为两大域：一个是高级生命之前的时期，叫作前寒武纪万古，其中又可细分为冥古宙、太古宙和元古宙三个万古；另一个是显生宙万古，由古生代（古代生命）、中生代（中等生命）和新生代（新生命）三个代组成，分别对应于地球历史中生命的开始、进化与高级生命出现的时期（图18.1，专题框18.1）。我们将在以下各节讨论地球历史中的不同万古。

前寒武纪（45.7亿—5.42亿年前）

这一万古涵盖了地球年龄的80%，并可细分为三个不同的万古：冥古宙、太古宙和元古宙（图18.1）。前寒武纪跨越了我们的行星在复杂生命形式出现之前的历史。

冥古宙（45.7亿—38.5亿年前）

地质学家们没有发现在地球形成（通过星子与陨星的年龄测量得出大约为45.7亿年前）与最古老的岩石出现（大约40.5亿年前）或大陆地

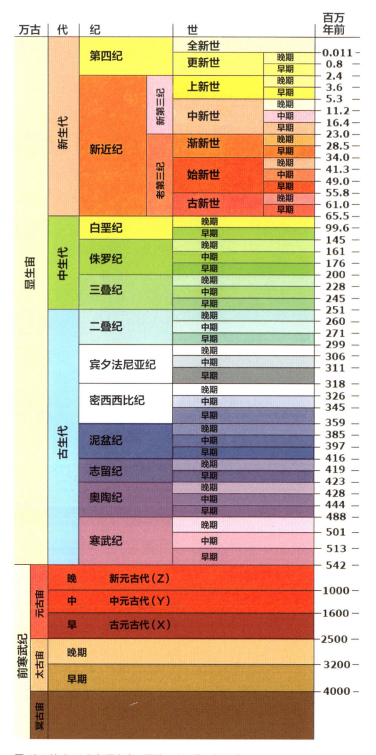

图18.1 地球45亿年历史中不同的万古、代、纪和世

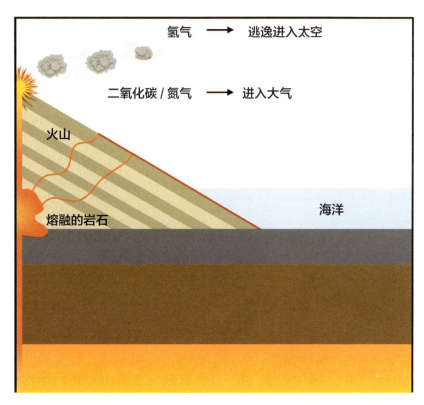

图18.2 图中显示了火山的脱气过程，它们释放了来自地球中心的物质和化学元素。这是大气形成和水蒸气积蓄的原因，这些水蒸气随后会凝结成雨水，填入海洋

壳形成（大约38.5亿年前）之间的任何地质记录。在地球形成和大陆地壳形成之间的时间间隔叫作冥古宙（Hadean，为拉丁词，意为"地下"）。在此期间，地球面对着星子的持续碰撞并逐渐成长。天体碰撞带来的动能被转化为热能，这股极大的热量与化学元素的放射性衰变产生的热能结合，使地球保持着熔融状态。大约45亿年前，铁元素由于引力沉入地核后，地球经历了分异过程。大约与此同时，一个大小相当于火星的天体撞击了地球，使地球围绕太阳旋转的速度加快，并从地球上击出了碎片。这些碎片后来冷凝形成了月球（第16章，图16.1），月球在距离地球大约20万千米处围绕地球旋转（与此相比，今天的地月距离为38.4万千米）。地球一直在发光，直到44亿年前，由于半衰期较短的放射性元素已经全部衰变完毕，放射性元素衰变产生的热能降低了。这时，地球的地壳形成并固体化。这个观点的证据来自一种叫作锆石的矿物质，人们在西澳大利亚发现了它。锆石最初在火成岩中形成，其年龄约为44亿岁。

在冥古宙中，来自地球地幔的物质通过脱气过程（outgassing process）得以释放（图18.2）。这是一个通过火山活动把来自地球中心的物质向外界环境释放的过程。脱气导这是地球从星子碰撞及其后的尘埃与气体积聚形成的时期。由地球外的天体的碰撞产生的热能熔化了岩石。在冷却之后，像铁这类较重的元素下沉到达地核，而较轻的元素，如硅，则运动到地球表面。在澳大利亚发现的 44 亿年寿命的锆石颗粒证实，地球的地壳是在这一时期内固化的。而且，在锆石颗粒中也发现了痕量的水。这些证据支持"稳定的陆地是在冥古宙首先形成的"这一假说。第一批海洋和大气也在同期通过脱气过程形成。

致了地球大气层的中气体聚集与海洋中的水生成。这些挥发性物质（即易于从固态或液态转变为气态的物质）包括水（H_2O）、甲烷（CH_4）、氨（NH_3）、氢气（H_2）、氮气（N_2）、二氧化碳（CO_2）和二氧化硫（SO_2）。从地幔中释放的水蒸气可能在地表外较凉爽的环境下变成了液态水，形成雨水填充入海洋（图 18.2）。所以，第一批海洋可能形成于大约 44 亿年前。在今天发现的锆石颗粒中有痕量的水存在，说明水的确在大约 44 亿年前存在。水（或许也包括海洋）在地球上存在的第一个证据来自冥古宙，年代大约为 38.5 亿年前，是在今天的格陵兰（Greenland）海洋沉积岩中发现的。海洋的形成需要冰冷而坚硬的固体地壳。在此期间，地壳也是狂暴轰击的目标，它将使任何已经存在的水蒸发，或者摧毁地球由脱气过程形成不久的大气。这种情况一直持续到 39 亿年前，那时狂暴轰击的强度下降，放射性物质产生的热也减少了（专题框 18.2）。

太古宙（38.5 亿—25 亿年前）

太古宙（Archean，希腊词，意为"开始"）开始于大约 38.5 亿年前，是冥古宙结束、地球的固体地壳形成的时候。大陆在太古宙中形成，重新塑造了地球表面。在这一万古之初，地球的温度过高，无法使固体地壳存在，但随着时间推移，地球熔融的表面慢慢固化成为地壳，陆地也逐步变成了大陆。通过在俯冲区域形成的较小的陆地，大陆和火山弧在 32 亿年前到 27 亿年前形成。到了太古宙结束的时刻，大约 80% 的大陆已经形成。地球上第一批岩石也在这一太古中形成（专题框 18.3）。

毫无疑问，太古宙中发生的最重要的事件，就是生命的第一种形式的发展。其证据来自保存着细菌或古核生物细胞化石的岩石，以及只有活体生物才能产生的生物标志物。活体生物的一个很方便的示踪物是与生物体结合的 ^{12}C。因此，人们用富碳沉积物中的 $^{12}C/^{13}C$ 比率来寻找生命的早期形式。地质学家们已经发现了含有活体生命痕迹的可追溯当温度降低时，地球地壳在太古宙中形成，其中包括五类岩石。所以，今天发现的任何这类岩石都为我们提供了太古宙的信息。这五种类型包括：

· **片麻岩（Gneiss）**：可以在太古宙变质岩的残余中找到。

· **绿岩（Greenstone）**：在参与撞击的地壳中的海洋地壳内形成。在早期大陆中形成的玄武岩属于这一类型。

· **花岗岩（Granite）**：在大陆火山弧的熔融地壳生成的岩浆中形成。

· **硬砂岩（Greywacke）**：来自火山地区和海底沉积的受到侵蚀的沙子与黏土的混合物。

· **燧石（Chert）**：由深海中沉积的二氧化硅形成。

到 38 亿年前的古老岩石，还发现了含有叠层石（stromatolites）的太古宙岩石，其年龄测定为 32 亿年前，而前者是由蓝细菌（cyanobacteria）产生的沉积物。地质学家们认为这种细菌是地球上存在的第一种生命形式。这些岩石是在热带环境的浅水中被发现的，从而说明最早的生命大约出现在 32 亿年前的太古宙，在温暖的海水深处，而且有证据表明，能够产生光合作用的生物第一次出现在大约 27 亿年前（第 21 章）。

到了太古宙结束的时刻，地球的地壳已经完全形成，第一批大陆已经就位，原始的生命已经在温暖的深水中出现了。板块构造在这一时期很活跃，大陆之间的碰撞使山脉开始形成。大气中的二氧化碳在海洋中溶解，降低了这种气体在大气中的比例。太古宙一直持续到 25 亿年前（专题框 18.4）。

有证据表明，原始大气和海洋出现在早期太古宙中。而且，人们在寿命为 35 亿岁的岩石中发现了以细菌和绿色藻类形式存在的最早的生命迹象。这一时期的大气毒性很大。火山活动使大气中充满了水和二氧化碳，但没有多少自由氧。太古宙中的自由氧的主体是由厌氧的蓝细菌（cyanobacteria，蓝绿色藻类）通过二氧化碳和水的光合作用生成的，其中释放出的氧气是反应的副产品。火山释放的脱气物质中的水蒸气凝结，形成了海洋。

元古宙（25亿—5.42亿年前）

元古宙（Proterozoic，希腊文意思是"早期生命"）持续了大约 20 亿年，随之而来的是寒武纪，那时发生了生物物种的井喷式爆发。元古宙中有两个主要事件：一是高速运动的构造板块向更为稳定、更大的结构过渡，其间持续组装了大陆；二是大气中氧气的富集。在这一时期，大约 90% 的大陆地壳形成。大陆不断碰撞与合并，最终在大约 10 亿年前形成了叫作罗迪尼亚的超级大陆。元古宙见证了地壳景观的迅速变化。人们假定在大约 7.5 亿年前，

图18.3 通过条带状含铁构造（BIF）产生的铁氧化物痕迹（红色区域）

今天的印度、澳大利亚和南极洲陆地从超级大陆上解体，四处漂流。

元古宙的另一个重大事件，是生命从没有细胞核的单细胞生物（原核细胞，即古核生物和细菌）向更复杂的有细胞核的细胞（真核细胞）持续进化。生命标志物和岩石中发现的化石证实了早在 21 亿年前，第一批真核细胞（eukaryotic cells）便在岩石中存在。于是，作为今天的多细胞复杂生物基础的真核细胞首次出现在太古宙中。我们有大量的化石证据证明这些细胞在大约 12 亿年前大量出现。到了太古宙即将结束的时候（大约 5.65 亿年前），更复杂的多细胞生物形式登上了舞台。人们发现，直到进入寒武纪很长一段时间，这些后来成为化石的生物仍旧存在，之后才走向灭绝。而且，具有运动能力的简单生物有史以来第一次发生进化，其中包括水母和蠕虫这些生物。

一旦原始形式的生命发生进化，便会影响大气的发展和组成。在生命出现之前，大气中的氧气很少。由于氧气对于蓝细菌藻有毒害作用，在太古宙中的某个时刻，这种细菌第一次把氧气作为废品释放到大气中。后来，随着从大气中摄取二氧化碳并释放氧气的光合作用生物的出现，氧气才大量出现在大气中。氧气首先被矿物质吸收，而当矿物质无法继续吸收它们时，氧气便进入了大气，导致大约 24 亿年前发生的大氧化灾变（great oxygenation event）。这一事件让更复杂的多细胞生物得到进化，对于生物及其进化具有极其重大的影响。大气中的氧气使臭氧（O_3）在大气中形成，它能够阻断来自太阳的有害紫外辐射，使生命挺进陆地成为可能。

氧合作用对于世界还有其他影响。在大氧化灾变发生之前，无论铁是怎样存在的，它都采取了可溶于海水的化合物的形式。一旦氧开始得到释放，便会与铁发生反应，生

成无法被水溶解的氧化铁，于是这种物质便像沉积物那样沉入海底。最终，它变成了岩石类型的沉积物，叫作条带状含铁构造（BIF），那是铁的氧化物矿物质层造成的后果。BIF 的痕迹会出现在矿物质中，它们是今天的铁的来源（图 18.3）。人们利用 BIF 估计大气中氧化作用发生的时间。这些研究表明，大气的氧化作用是在 18 亿年前完成的。除了生成臭氧，大气中氧气的增加会使多细胞生物更容易利用新陈代谢取得能量。

在元古宙结束时，地球的气候变冷了，陆地上和海洋中都是如此。海洋上的冰盖切断了海水中的氧气供应，造成了海洋生命的大灭绝。当二氧化碳由于火山活动而在大气中积蓄，又由于表层冰盖的存在而不能被海水吸收时，冰川期结束了。大气中增加的二氧化碳引起了温室效应（greenhouse effect），使地球变暖，融化了覆盖陆地与海洋的冰（专题框 18.5）。

专题框 18.5 元古宙的重大事件

元古宙最重要的事件之一是氧气在大气层中的积蓄。氧气的生成早在太古宙即已开始，但释放到大气中的数量微不足道，直到所有的硫和铁通过吸收氧气被氧化之后，情况才发生变化。在此之后，也就是大约 23 亿年前，氧气大量进入大气层。元古宙也见证了大陆的形成和重要的构造板块活动。当叠层石在这个时期大量出现时，元古宙中出现了第一种复杂细胞——真核细胞，以及生命的多细胞形式。

显生宙（5.42 亿年前至今）

显生宙（Phanerozoic，希腊文意思是"可见的生命"）是最新的万古，因此留下了许多可以用来找到有关这一时期详情的痕迹（图 18.1）。在这个时期，大陆发生改变，山脉升高了，生物的多样性出现了，所有这些都在今天的化石上留下了痕迹。这个万古可以分为三个代：古生代（Paleozoic，希腊文意思是"古代生命"）、中生代（Mesozoic，希腊文意思是"中间的生命"）和新生代（Cenozoic，希腊文意思是"最近的生命"）（专题框 18.6）。我们将分别描述每个时代。

古生代初期（5.42 亿—4.44 亿年前）：这个时期包括寒武纪和奥陶纪（图

18.1）。在古生代早期的寒武纪，罗迪尼亚大陆分裂为小的大陆，其中包括由北美洲和格陵兰组成的劳伦古大陆（Laurentia）和由南美洲、南极洲、印度和澳大利亚组成的冈瓦纳大陆（Gondwana）。此后海平面上升，出现了浅水水域，海洋生物可以在那里进化。在这一时期，海平面后来又由于沉积岩的积聚而下降。

来自这个时期的化石记录显示了生物的多样性。人们称寒武纪开始后出现的生物多样性为寒武纪大爆发（Cambrian explosion），这一过程历时 2 000 万年。寒武纪大爆发出现的原因可能是大陆的分裂，每一块陆地都发展出自己的生态环境。寒武纪的动物是贝壳状的，而这一时期结束时，三叶虫（trilobites，第 23 章）正生活在海底。

第一批脊椎动物（形式为无颌鱼）生活在古生代早期的奥陶纪。奥陶纪的大部分时间里不存在陆地生物，有关陆地植物或动物的最早证据是奥陶纪晚期的藻类。在大气层中形成了保护地球不受太阳紫外辐射伤害的臭氧层之后不久，生命开始从海洋向陆地迁徙。由于温度降低导致的冰川作用，奥陶纪结束时发生了一次大规模灭绝事件。

寒武纪与奥陶纪的海洋生物之间有着明显的不同，其中最明显的区别在于动植物的多样性。在寒武纪，动物群（fauna）结构简单，三叶虫和海绵覆盖着海底。这种情况在奥陶纪发生了重大变化：一些生物来到了距海底半米以上的地方。寒武纪只有 150 个动物家系，奥陶纪增加到了 400 个。寒武纪的动物群多样性低，结构简单。

古生代中期（4.44 亿—3.59 亿年前）：这个时期包括志留和泥盆纪。由于温室效应，冰川作用在志留纪结束。火山生成的二氧化碳气体无法被覆盖着冰层的海水吸收，被留置在大气中，造成气候变暖，从而融化了冰层，使海平面上升。造山运动在此期间仍在继续。

由于海上的冰盖融化，海洋生命再次出现，新物种代替了在奥陶纪末期大规模灭绝中消失的物种。植物有史以来第一次形成了树林，有种子和脉络的树木在陆地上生长。植物在进化中不断长大，到了泥盆纪的最后阶段，陆地上已经出现了茂密的森林。大约在这一时期，昆虫、蜘蛛和蝎子出现在陆地上，鲨鱼和硬骨鱼统治了海洋。在这一时期的后期，两栖动物走上了陆地。最早在陆地上行走的动物很可能是提塔利克鱼（Tiktaalik）。这种鱼大约生活在 3.75 亿年前，泥盆纪末期，湖泊浅水区的贫氧环境中。提塔利克鱼是鱼向两栖动物转变的第一个证据，它们进化出肺，并开始呼吸空气（图23.13）。它们很可能是今天的爬行动物、鸟类和哺乳动物的祖先（专题框 18.6）。

古生代晚期（3.59 亿—2.51 亿年前）：这个时期包括石炭纪（Carboniferous）

和二叠纪（Permian）。此时的气候变得凉爽，海洋水位也降低了。在石炭纪，海洋给大陆让位，生成了海滨区域与河流三角洲，那里沉积着沙子和有机物。这些陆地的一部分向赤道附近移动，并由于那里的热带气候形成了茂密的大型森林，树木被埋藏在地下千百万年后，最终变成了煤。这一时期的一个重大事件是大陆的不断碰撞，由此形成了一个叫作泛大陆的超级大陆。在此期间，一些当今地球的结构开始形成（今天的非洲与南欧碰撞，而中国与西伯利亚相连，专题框18.6）。

生物进化在古生代晚期仍在继续。在石炭纪末期，蟑螂一类的昆虫登上了舞台，而两栖动物和爬行动物也在二叠纪出现在陆地上。这里的一个重大事件是生物繁殖的一种新方式出现，即爬行动物在陆地上产卵，而不必在水中繁殖。这使动物可以在它们过去无法生活的区域存在。古生代晚期出现了一次大规模灭绝事件，很可能是由广泛的火山活动造成的，它们阻断了阳光，改变了海水的化学成分与性质，可能导致地球上高达95%的物种灭绝。

专题框 18.6 古生代的重大事件

古生代开始于5.42亿年前，大约于2.51亿年前结束。这一时期呈现出生物多样性，也叫作寒武纪大爆发，其原因是大陆分裂造成了陆地的分散分布，各块陆地发展出自己的生态。由于氧气在大气层大量存在，多细胞生物得到了发展。而且，臭氧层的形成使生物得以从海洋向陆地挺进。化石证据说明，在陆地上行走的第一批动物是一种鱼，它们在大约3.75亿年前生活在浅水区。这也是已知最早的一种生物从鱼向两栖动物的转变。它们进化出肺，是爬行动物、鸟类和哺乳动物的祖先。大陆板块在这个时期内碰撞、合并，生物多样性持续发展。爬行动物发展了新的繁殖方法，即在陆地上产卵，而不需要在水中繁殖。植物有史以来第一次在陆地上形成了种群。古生代见证了多次大规模灭绝，它们是由冰川和火山活动引起的大气层 CO_2 积聚造成的。

中生代（2.51亿—6 500万年前）

中生代早期与中期（2.51亿—1.45亿年前）：这个时期包括三叠纪（2.51亿—2.06亿年前）和侏罗纪（2.06亿—1.44亿年前）。在此期间的一次重大事件是由断裂现象造成的泛大陆超级大陆的分裂。因此，北美大陆与欧洲大陆和非洲大陆分开。随后，大西洋开始扩大，大西洋洋中脊形成。这个时期的气候相对温暖，到侏罗纪后期才变得凉爽了一些。中生代的另一个重大事件是由于俯冲形成了火山岛环。这些岛屿与由泛大陆分裂形成的现有大陆合并，使各大陆的总面积有所增加。

在二叠纪的大规模种族灭绝发生后，中生代早期出现了能在海洋中游泳的爬行动物、陆地上的第一批乌龟和能在空中飞翔的爬行动物。这些动物在这个时期发展了多样性。恐龙首先在三叠纪末期出现。到了侏罗纪末期，庞大的恐龙统治了地球。恐龙的体重超过100吨，是一种温血动物，腿长在身体下面，与爬行动物不同。始祖鸟（Archaeopteryx）是第一种带有羽毛的鸟类，它们在这个时期出现在天空中（图23.20）。哺乳动物最早的祖先出现在三叠纪晚期，它们是一些看上去像老鼠的生物（专题框18.7）。

中生代晚期（1.45亿—6 500万年前）：这个时期主要包括白垩纪（Cretaceous period）。泛大陆进一步分裂，非洲和南美大陆与南极洲分开，开始相互远离，增加了大西洋的面积。今天的澳大利亚也与南极洲分离，印度开始奔向亚洲"主大陆"。海洋扩张发生得很快，火山活动更加频繁。通过温室效应，火山活动释放的二氧化碳气体增加了大气层的温度，提高了海平面，在大陆上造成了严重的洪水。白垩纪时期出现了一种下颌很短的新型鱼类，它们与巨龟一起统治着海洋。陆地上的恐龙占领了各个生活区域。鸟类变得多样化，哺乳动物的大脑逐渐变大，但整个身体还是很小。

在大约6 500万年前的白垩纪末期，地球遭到了一个直径13千米的陨星的撞击，撞击地点在当今墨西哥的尤卡坦半岛（Yucatan Peninsula）。有关这一点的证据是中生代的白垩纪与新生代（Cenozoic）初期的第三纪（Tertiary period）之间地层成分的急剧变化。人们把这一界线叫作"KT"[1]（图18.4）。化石年代测定技术证实，这一变化是突然发生的，从而支持了发生突然灾变的理念。地质学家沃尔特·阿尔瓦雷茨（Walter Alvarez）发现，在白垩纪和第三纪的深海石灰岩层之间有一层黏土薄层（图18.4）。人们在石灰岩

图18.4 深颜色的条带表明岩石在白垩纪（下）与第三纪（上）之间的年代分界线。这条线是一层黏土，其中也含有煤

---

[1] "KT"界线的由来：这条线分隔了白垩纪和第三纪。其中，K为希腊文"kreta"（白垩）的首字母，T为"teritiary period"（第三纪）的首字母。——编者注

这个时期见证了泛大陆这片超级大陆分裂为多个较小的大陆的过程。非鸟类恐龙统治地球长达 1.6 亿年，并在侏罗纪达到巅峰。由恐龙进化而来的鸟类，也是第一次出现在侏罗纪。首批哺乳动物在这一时期出现，但它们身材纤小。这个时期随着 6 500 万年前发生的一次大规模灭绝事件结束。人们认为这一事件杀死了恐龙，也使大量动植物生命消失。

下面发现了白垩纪浮游生物（由在湖面上漂浮的细菌组成的微生物）的壳，还在黏土层的上面发现了没有浮游生物的第三纪石灰石岩层。这说明，在这两个时期之间的某个时间点上，所有的浮游生物突然消失了，在海洋外留下的物质只剩下了黏土。对黏土的进一步分析揭示，黏土中包括其他不同寻常的成分，如木灰和石英碎片（即遭到强大压力形成的石英颗粒）。人们还发现黏土中含有一种叫作铱的非常重的元素。由于铱在地球表面相当罕见，而在地外天体中大量存在，唯一能够解释这些发现的说法是，该地层是因撞击事件而产生的，而白垩纪—第三纪灭绝事件很可能是一个巨大的小行星撞击地球的结果。森林燃烧产生的灰烬和天体的冲击造成了这些石英的撞击颗粒。这一灾难性的碰撞发生于 6 500 万年前，导致了恐龙的灭绝和白垩纪末期动植物的大规模灭绝。碰撞造成的冲击力造成了海啸，使大片大陆沉到海水以下，碰撞产生的极大的热能点燃了森林，蒸发了海洋中的水，把碎片抛撒在大气层中。碎片在几个月内阻止了阳光的射入，使大气层温度降低。再加上与水相互反应的化学物质形成的酸雨的作用，光合作用遭到阻碍，食物链被打断，大规模灭绝出现（专题框 18.7）。

新生代（6 500 万年前至今）

这是距离当今最近的时期，因此，我们能够得到更多关于这一时期的详细信息。新生代可以细分为更小的时间区段（纪和世）（专题框 18.8）。

在这个时期，泛大陆进一步分裂与演变，形成了我们今天观察到的山岳和大陆分布。与此同时，澳大利亚与南极洲分离，格陵兰与北美洲分离，北海在英国和欧洲大陆之间形成。由于海底扩张，大西洋变得更大了，使北美洲从欧洲向西运动。印度和一些火山岛与亚洲碰撞，形成了喜马拉雅山和西藏高原。类似地，非洲和一些火山岛碰撞，形成了阿尔卑斯山，而汇聚型边界则在南美洲形成了安第斯山。

专题框 18.8 新生代——最近的地质年代

新生代分为两个时代：6 500 万年前到 1 800 万年前的第三纪和 1 800 万年前至今的第四纪（Quaternary）。

第三纪又进一步分为两个时代：**老第三纪**（Paleogene，希腊词，意为"老起源"），从 6 500 万年前到 2 400 万年前；**新第三纪**（Neogene，希腊词，意为"新起源"），从 2 400 万年前到 1 800 万年前。这种划分是新生代特有的。

老第三纪分为三个时代：**古新世**（Paleocene，希腊词，意为"较老的新世代"），从 6 600 万年前到 5 600 万年前；**始新世**（Eocene，希腊词，意为"新之黎明"），从 5 600 万年前到 3 400 万年前；**渐新世**（Oligocene，希腊词，意为"近期之新"），从 3 400 万年前到 2 300 万年前。

新第三纪分为两个时代：**中新世**（Miocene，希腊词，意为"不那么新"），从 2 300 万年前到 500 万年前；**上新世**（Pliocene，希腊词，意为"更新些"），从 500 万年前到 250 万年前。

第四纪分为两个时代：**更新世**（Pleistocene，希腊词，意为"最新的"），从 250 万年前到 1.1 万年前；**全新世**（Holocene，希腊词，意为"全新的"），从 1.1 万年前至今。

新生代的气候变冷，南极冰川在渐新世早期（3 300 万年前）形成。这一逐渐变冷的趋势一直持续到中新世后期（大约 1 100 万年前）。海洋冰封，水域后退，使一些陆地暴露于空气之中，从而形成了不同大陆之间通过"陆桥"的链接，如阿拉斯加与亚洲东部，为人类和动物的迁徙提供了通道。类似的通道也在澳大利亚与东南亚之间形成，使人类和动物得以迁徙到澳大利亚。气候在大约 1.1 万年前的全新世开始变暖，这一趋势一直延续到今天。

白垩纪末期的大规模灭绝事件发生后，世界逐渐稳定下来，植物复苏，森林成长。到了这一时代的中期，草开始在陆地上蔓延，新生代的热带温度使森林面积扩大。化石证据证实，今天我们能够看到的大多数哺乳动物都是在新生代出现的。特别是，有一批大型哺乳动物出现在这个时代，但在过去 1 万年间灭绝了。正是在新生代，我们的类猿灵长目远祖首次出现，并在 2 000 万年前的中新世变为多个物种。此后，在大约 400 万年前，类人灵长目首次出现；大约 240 万年前，人属（*Homo*）家庭成员首次出现，这些都发生在非洲。我们的祖先叫作智人（*Homo sapiens*），是在大约 50 万年前取得自己的身份的。现代人是在大约 20 万年前首次出现的。所有这些，都发生在地球历史上的更新世和全新世（专题框 18.8），那时的气候经历了急剧的变化（专题框 18.9）。

地球历史上的主要大灭绝

地球在自己的生命旅程中见证了几次毁灭性的大规模灭绝，每次都将许多动植物物种一扫而空。这样的大灭绝结束后，生命都会重新开始，并根据当时的环境与条件创造新的物种。这说明产生生命的条件是可以再生的。换言之，生命的起因不是在遥远过去的某个单一事件，生命也不是自发出现的。按照时间次序，我们已知的灭绝事件包括：

· **寒武纪初期（5.12 亿年前）**发生了已知最早的大规模灭绝，消灭了全部海洋物种的 50%。

· **奥陶纪末期（4.39 亿年前）**的灭绝导致 85% 海洋物种的消失，包括许多三叶虫。

· **泥盆纪后期（3.65 亿年前）**的灭绝导致 70% ~ 80% 的动植物物种消失，包括珊瑚和腕足类（Brachiopods）动物。

· **二叠纪—三叠纪（2.51 亿年前）**发生了地球上最大规模的灭绝事件，96% 的海洋物种与陆地物种灰飞烟灭。

· **三叠纪末期（1.99 亿年前）**的灭绝导致 76% 的海洋物种消失，其中包括海绵、腹足类动物（Gastropods）、头足类动物（Cephalopods）、昆虫和脊椎动物。

· **白垩纪末期（6 500 万年前）**的灭绝被认为是导致恐龙死亡的事件。陆地上与海洋中超过 80% 的物种惨遭不测。由于这是距今最近的一次灭绝事件，我们知道更多与之相关的细节。

造成灭绝的原因各异。它们中的许多并不是瞬间发生的，而是延续数百万年的逐步发展的结果。例如，奥陶纪末期的灭绝就是因为海平面的变化导致的，影响的只是海洋生命——当时的生命只能存在于海洋中。泥盆纪后期的灭绝发生在一段 2 000 万到 2 500 万年的时间内，是由全球气候变冷造成的，结果只影响了温暖区域的物种。二叠纪—三叠纪的灭绝是毁灭性最大的一次事件，是由两个相隔 1 000 万年的不同时间引起的。地球历时 2 000 万年才从这次灭绝的影响中恢复。这一事件改变了地球上生命的历史。这次灭绝的起因尚不完全清楚，但很可能是几个不同的事件共同造成的，其中包括：二氧化碳和甲烷在大气中突然释放，火山活动和小行星碰撞的发生。白垩纪末期的最后一次大灭绝，是由一颗直径至少 10 千米的陨星或彗星碰撞地球引起的。有关这一点的有力证据来自二叠纪—三叠纪之间的沉积岩中过量的铱，而我们知道，这种金属来自外星天体。人们发现，这次碰撞的地点是在墨西哥的尤卡坦半岛上的一个陨石坑，直径 180 千米，深 20 千米。

总结与悬而未决的问题

地球有着一段充满活力的历史，它的景观一直在变化。随着测定岩石年龄的同位素年代测定技术不断发展（精确度更高），人们对地球发展史的研究也在不断深化。一系列沉积岩沿水平方向排列，层层挤压，每一层都比它下面的更年轻、比它上面的更古老，它们确定了地球历史事件的发生次序。在每层岩石中发现的化石都会告诉我们，当时存在着什么样的生物。当没有岩石沉积或者已有的岩石遭到侵蚀，岩石的次序会出现不一致与缺失，这说明发生了偏离进化的事件，如大规模灭绝。这些事件是地质学家们将地质时间划分为万古、代、纪和世的依据。地质时间间隔并不相等，而是根据在这些时期内发生的重大事件来划分的。

由于地球在 45.7 亿年前形成后一段时间内的极高温度，地球历史的最初 6 亿年没有留下任何岩石记录。大陆地壳大约在 38.5 亿年前形成，那时出现了原始大气，其中氧气含量极低。最早的化石记录表明，在这一时期出现的生命的最初形式是细菌和古核生物。在太古宙形成的永久性固体地壳发生了碰撞与合并，形成了山脉带和海洋。大约在 25 亿年前，由蓝细菌等简单生物进行的光合作用增加了大气层的氧气含量。大约在 10 亿年前，大陆地壳合并，形成了罗迪尼亚超级大陆。之后，罗迪尼亚分裂，形成了小一些的大陆，它们相互碰撞，再次结合在一起，形成山脉，并在大约 5 亿年前形成了新的超级大陆，叫作泛大陆。在此期间，许多植物与昆虫出现在陆地上，有壳的无脊椎动物和无颌鱼出现在海洋中。大约 2 亿年前，泛大陆分裂成小一些的陆地，导致许多事物形成，其中包括大西洋。在 1.35 亿年间，恐龙统治了地球，这种状况一直延续到它们在 6 500

万年前的灭绝。大约在这一时间，大陆碰撞并最终以我们今天看到的陆地分布稳定了下来。第一批灵长目动物出现在大约 400 万年前，第一个人属家系出现在 240 万年前。智人在大约 50 万年前开始步入舞台。

这样的历史是地球独有的吗，还是其他行星也可以有类似的历史？在这方面有一些悬而未决的问题。是否可以利用我们对地球的观察得到的信息，来确定某些行星正处于几十亿年前地球所处的演变阶段？哪些特征能告诉我们其他行星的条件，以及那里是否存在着生命？我们能否在更为短暂的时间内进行观察，找到有关地球更早期历史的更多细节？我们现在还不清楚第一批海洋是什么时候出现的。以锆石颗粒为基础的数据，是地球上的水或者第一批海洋出现在 44 亿年前的第一项证据。然而，我们也可以对这些数据做出其他解释。

回顾复习问题

1. 地质学家们将地球的历史分为宽泛的两大域。这两大域是什么？其划分标准是什么？

2. 挥发性物质的定义是什么？举出这种物质的几个例子。

3. 水存在的证据说明它最早是什么时候出现的？人们是怎样发现这一点的？

4. 地球的地壳是怎样形成并且固化的？

5. 大陆是什么时候形成的？

6. 人们是怎样发现生命的最早期形式的？最早的生命处于何种状态？

7. 氧气是怎样第一次在大气中出现的？

8. 解释元古宙的主要事件。

9. 解释大氧化灾变。

10. 寒武纪大爆发背后可能的原因是什么？

11. 寒武纪与奥陶纪的海洋生命之间有什么区别？

12. 志留纪冰川活动结束的原因是什么？

13. 超级大陆泛大陆是在什么时期形成的？是怎样形成的？

14. 古生代的大规模灭绝事件的原因是什么？

15. 中生代初期与中期发生了什么重大地质事件？

16. 解释大陆桥是怎样在世界上不同的部分之间形成的。这些大陆桥带来了什么结果？

17. 第一批哺乳动物是什么时候出现的？

18. 地球历史上的大规模灭绝事件的起因是什么？

参考文献

Marshak, S. 2012. *Earth: Portrait of a Planet*. 4th ed. New York: Norton.

Prothero, D.R., and R.H. Dott. 2010. *Evolution of the Earth*. 8th ed. New York: McGraw-Hill.

插图出处

- 图 18.1：https://commons.wikimedia.org/wiki/File：Geologic_time_scale.jpg.
- 专题框 18.3：Stephen Marshak，"Rock Types in the Archean Eon," Earth：Portrait of a Planet，Fourth Edition. Copyright © 2012 by W. W. Norton & Company，Inc.
- 图 18.3：Copyright © Graeme Churchyard (CC by 2.0) at https:// en.wikipedia.org/wiki/ File：Banded_iron_formation_Dales_Gorge.jpg.
- 图 18.4：https://en.wikipedia.org/wiki/File：KT_boundary_054.jpg.

一个没有开头与结尾的故事：人们可以选择任意一个经历
过的时刻，从那里回顾或者展望。

　　　　　　　——*格雷厄姆·格林（GRAHAM GREENE）*

如果在一次长途旅行开始的时刻我们就知道所有的困难，
我们中的大多数人根本就不会起步。

　　　　　　　——*丹·拉瑟（DAN RATHER）*

19

生命条件的
出现

**EMERGENCE OF THE CONDITIONS
FOR LIFE**

本章研究目标

本章内容将涵盖：

· 地球大气的起源

· 大气中的氧气和臭氧的来源

· 为什么水对生命如此至关重要

· 海水的来源

· 海洋－陆地－大气层调节系统

· 温室效应

　　在地球的生命旅途程中，它曾多次经历灾难性事件，每次都造成了地球上70%到90%以上的物种的灭绝（第18章）。每次大规模灭绝事件都会让这颗行星在千百万年间成为生命的坟场，但生命此后又会再次焕发青春。这说明每次大规模灭绝事件发生后，地球上都会重新产生使生命存在的合适条件。换言之，地球在不断地重新调整自己，允许生命反复出现并且进化。为了支持与维持生命，许多因素都是不可或缺的。这些因素相互关联，产生了一个复杂的事件链。为了维持生命，所有这些因素都是必需的。大气的产生，大气中的氧气与臭氧比例，某种可以保留热能的气体，调节系统，还有水和生化物质的生成，这些都可以使生命出现与维持。

　　然而，为了研究维持生命需要的成分，我们首先要定义"生命"的含义。我们只知道一种生命，那就是行星地球的生命。所以，任何有关生命、它的成分和它的起源的知识，都取决于我们自己的经验和我们在其中生活的环境与条件。类似地，当我们在宇宙的其他地方寻找适合生命的条件时，我们寻找的生物特征与我们已知的支持生命存在的特征类似。考虑到这些边界条件，如果在其他行星上存在着另一种不同的生命，正在通过不同的成分与条件形成与维持，我们就无法检测它，因为我们寻找的是不同的生物特征。除了对于生命不可或缺的成分之外（无论是对于植物生命还是动物生命），我们也需要支持与维持它的条件和"正确的"环境，使生命不断进化与繁荣。

　　本章将讨论生命在地球上出现所需的条件。这些条件包括大气的起源，氧气在大气层中的积累，水在地球上的起源，臭氧层的形成，以及海洋－陆地－大气层调节系统和温室效应。

地球大气层的起源

地球大气层的形成远远在生命能够从海洋向陆地迁徙之前。一旦生命出现，它便影响了大气层。假定早期地球的原始大气与今天太阳系的行星上欠发展的大气类似，或者其中包含的气体与那些可能和早期类地行星相似的陨星相同，这样的考虑是合乎逻辑的。然而，除了地球之外，太阳系的其他行星中唯一保留了大气层的是木星，但它的大气组成与地球非常不同。类似地，人们发现，陨星保留的气体的组成也与地球大气非常不同。所以，不存在对于地球大气的直接类比，我们只好在不考虑其他太阳系行星的情况下寻求其他解释。

有关地球大气层的起源，当前领先的假说是脱气过程：气体通过火山活动，从地球内部转移到它的表面的过程。这一过程把水蒸气、二氧化碳、氮气和一氧化碳从地球内部转移了出去（图18.2），可以很好地解释大气中氮气、氦气、氩气和水蒸气的丰度，而一旦水蒸气遇到较冷的环境，就会凝结变成雨。

大气中的原始气体通过脱气过程出现在大气层中，大气气体是通过原始气体之间的化学反应生成的。当时的大气层与由甲烷（CH_4）和氨（NH_3）组成的木星大气层类似。在这一假说中，地球大气层的当前组成是通过如下步骤形成的：

1. 来自太阳的紫外辐射将水蒸气分解，产生氢气和氧气：$2H_2O$ + 紫外光能量 → $2H_2 + O_2$。因为氢原子的质量很小，用这种方式生成的氢气将逃逸进入太空，不会留在地球的大气中。

2. 在上述过程中形成的氧气分子将与已经存在的甲烷反应，形成二氧化碳和水蒸气：$CH_4 + 2O_2 → CO_2 + 2H_2O$。

3. 氧气也参与了与氨之间的反应，形成氮气和水：$4NH_3 + 3O_2 → 2N_2 + 6H_2O$。

大气中的氮气和二氧化碳是通过这些反应产生的。一旦所有的甲烷和氨都用尽了，氧气的积蓄就会加速，因为更多的水蒸气将被分解，与氧气反应的其他反应物已经没有了。这就解释了氧气、氮气、二氧化碳和水蒸气在大气层中的丰度。

大气层中臭氧的起源

地球大气中臭氧（O_3）的存在对于生命的发展极其重要，它能保护地球不受太阳发射的高能紫外辐射荼毒。臭氧通过来自太阳的紫外辐射（能量为 $h \cdot \nu_{uv}$，此处 h 为普朗克常量，ν_{uv} 是紫外辐射的频率）将氧分子（O_2）分解为自由氧原子，自由氧原子又接着与分子氧结合而形成，反应方程式如下：

$O_2 + h\nu_{uv} \rightarrow 2O$

$O + O_2 \rightarrow O_3$

臭氧不稳定，受到紫外光照射时会立即分解，形成氧分子（O_2）和氧原子（O）。通过这个过程，来自太阳的紫外辐射的能量（从生物学角度来说是有害的）被转变成热能。

$O_3 + h\nu_{uv}$（来自太阳）$\rightarrow O + O_2$

由此生成的氧原子将与已经存在的氧分子再次结合，生成臭氧。于是这个氧—臭氧循环便得以维持。当大气中的氧气水平达到临界值（它的当前丰度的大约10%）时，臭氧便开始形成。臭氧层所在的高度大约为地表以上15至30千米。

海水的起源

在脱气假说中，来自地球内部的水蒸气在被释放并遭遇较冷的温度时发生冷凝。于是水蒸气转变为液态水，填充了海洋。因此，海水积蓄的速率与大气中水蒸气的生成数量成正比。通过火山活动，额外的水也进入海洋，但速率较低。一些彗星也可能携带着水进入了地球。

海水的化学组成的来源与岩石有关。例如，海水中存在的盐来自岩石，是由奔流的河流从岩石上冲洗下来带进海里的。随着时间的推移，海水中的盐和其他化学物质的浓度增加达到了平衡状态，此时的海水不能继续溶解任何化学物质[1]。海洋生命化石与今天的活体生物类似，说明海水组成的改变速率在大约6亿年前减慢了。

对于锆石颗粒的研究表明，40多亿年前的地球上便已经有液态水存在，而海洋几乎同时存在。这便需要大气层的存在。从而意味着，当时向大气层中的脱气过程很可能已经完成了。人们也发现，锆石含有表明板块构造活动在大约40亿年前便存在的矿物质。这一活动会大量吸收大气中的二氧化碳，降低温室效应，导致地球的温度降低，于是形成了固体岩石和生命。

火星大小的天体与地球的相撞发生在44亿多年前（第16章），并导致岩石熔化。这些岩石的蒸汽最终冷凝，形成了由二氧化碳、氢气和水蒸气组成的大气。由于大气中二氧化碳的压强很高，因此，尽管地球历史极早期的温度高达230摄氏度，但还是形成

---

[1] 海水距离饱和状态还很远，这里应该只是一种"动态平衡"，化学物质依然会被河流带入海水，这一点是无法阻止的，但另一方面，海水中的化学物质有其他消耗途径（具体情况如何在此不做揣测），于是海水中的盐分和其他化学物质的浓度达到了平衡，此后的改变也不大。——译者注

了液态水的海洋。当地球因大气中不再有温室气体而冷下来时，二氧化碳溶解在水中，进一步降低了温室效应和温度。

大气层中氧气的起源

氧气占据着今天大气中全部气体的 21% 左右，是大气中含量第二高的气体，仅位居氮气之后。然而，氧气的百分比并不总是这样高；氧气在大气中的积累是一个逐渐的过程，历时几十亿年之久。早在超过 30 亿年前的太古宙，由于一种叫作蓝细菌的微生物的作用，氧气第一次被释放到大气中，这些微生物属于地球上最早出现的生物之一。它们是厌氧微生物，可以在无氧环境下很好地生存，并从硫酸盐中获取能量。这些微生物包括藻类、绿色植物和某些细菌，它们能通过光合作用（photosynthesis）产生氧气，汲取阳光的能量，将水和二氧化碳转变为碳水化合物和氧气。氧气被释放到大气中，碳水化合物（糖）则作为能源被生物储存。这个过程大约发生在 27 亿年前。由此产生的氧气参与了与铁的反应，后者溶解在海水中，生成铁的氧化物矿物质，随之沉入海底。这些矿物质以薄层沉积物的形式存在，叫作条带状含铁构造（BIF；第 18 章）。这一过程一直持续到所有溶解了的铁都被用尽，能够吸收氧的物质不再产生。从这时开始，氧被释放到大气层中，形成了氧气所占的百分比。

一旦分子氧的浓度在大气层中达到一定程度，臭氧就可以形成，并生成一层对抗来自太阳的高能紫外辐射的保护屏障。陆地上因此出现了动植物，发展了生命。植物通过光合作用消耗了大气层中的二氧化碳，氧气在大气中取而代之。当臭氧为一切陆地生命提供了保护之后，生物本身产生了大部分氧气，臭氧可以通过上面解释的反馈过程形成。

有证据表明，从贫氧大气向富氧大气的转变发生在 24 亿年前到 18 亿年前。这一点由人们观察到的 BIF 证实，这一过程只能发生在富氧大气条件下。人们也在来自 18 亿年前的沉积物的砂岩中观察到了形成良好的黄铁矿（硫化铁矿），这种情况只能发生在贫氧环境下，因为在富氧大气中的硫化铁会被氧化，形成铁锈，因此不可能有足够长的存在时间维持沉积物状态。在大氧化时期，氧的含量上升到大气层中气体的 3%，直到 6 亿年前一直维持在这一水平。接着，岩石和海水中一切能够吸收氧气的物质都吸收饱和了，现在所有释放出来的氧气都进入了大气层。这迅速提高了氧在大气中的百分比，使其在元古代末期达到了 12%。能够进行光合作用的生物数量的增加也促进了氧气百分比的急速上升，并在最近 5 亿年间维持了氧气在大气组成中的百分比。生命及其环境（大气与海洋）之间复杂的相互作用是大气具有稳定性的原因之一。

水的化学与性质

水是生命至关重要的成分之一。的确，在臭氧层形成并让陆地可以居住之前，水保护了原始生命，使之不受严酷的外界环境伤害。水为动植物储存了养料，通过塑造我们的环境与平衡其温度，在控制生态方面扮演了重要角色。在地球上的不同地点，水将化学物质和养料带进海洋。水是我们这颗星球上丰度最高的分子，也是人们在其他行星上寻找生命时首先搜索的分子。

每个水分子由一个氧原子和两个氢原子组成，氧原子与氢原子之间共享电子，形成共价键。水分子呈 V 形，氧原子位于字母 V 的尖端，两个氢原子分居两侧（图19.1）。氧带正电的原子核将负电子吸引到它周围。于是，氧原子带有的负电荷略高，而与它相连的氢原子带有的正电荷略高。因为这种结构，水分子是极性的，因此，水分子之间会表现出一种倾向：每个分子正电荷略高的一端靠近附近分子负电荷略高的一端（图19.1）。也就是说，在一个水分子中相对带有正电荷的氢原子，会与邻近分子中相对带有负电荷的氧原子之间形成氢键，相互吸引（有关化学键的详细讨论见第 20 章）。我们在这里讨论的是水的主要性质——是什么让它如此特殊，以及水分子为什么具有这样的性质。

内聚力： 将水分子连接在一起的氢键（图19.1）使水具有较强的表面张力。这种性质叫作内聚力，是水分子会紧密结合在一起流动的原因，也是水能够在地球的温度与压力下作为液态存在的原因。水的内聚力性质也让营养能够在动物的血管中转送，或者在植物体内的水中传送。

高热容量： 将水分子连接在一起的氢键使水具有吸收热量而本身温度升高不明显的性质。温度的定义是分子的平均速度。由热提供的能量将使氢键断裂（但它会立即重新形成），却没有提高分子的速度（也就是水的温度）。所以，

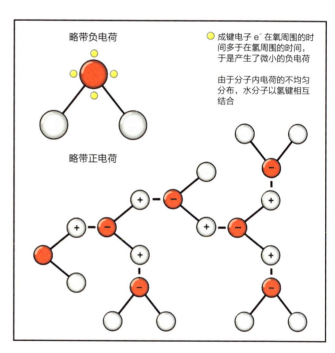

图19.1 水分子结构示意图。两个氢原子（灰色圆）与一个氧原子（红色圆）相连，H-O-H 夹角为 104.5°。因为氧的原子质量较高，氧原子核中带有的正电荷远远高于氢原子，电子的位置更接近氧原子，这让它略带负电（电负性）。水平与竖直的短实线代表水分子之间的氢键

当遇到一个外部热源时，水温的升高十分缓慢。这一点很重要，也是生物能够维持其内部能量的原因。

很好的溶剂：水的极性使它成为一种良好的溶剂，便于化学反应的进行。能够吸引水的分子是亲水的（hydrophilic），而不吸引水的分子是疏水的（hydrophobic）。由于这一性质，水可以把化学物从山上带到海里。

处于固态时的低密度：因为水分子的 V 形结构以及氢键，它在 4 摄氏度时的密度最大。温度低于 4 摄氏度时，水分子的振动占据优势，氢键变得更加开放，也就是说，水在结冰的时候膨胀，导致密度下降。换言之，通过氢键，V 形水分子与 4 个相邻的水分子结合，形成了晶格；与液态水相比，结合在其中的分子进一步远离。这就意味着冰的密度小于液态水，所以冰会浮在水面上。否则，冬天时冰将沉到海底，而经过许多年后，层层累积的冰将使整个海洋冻结，毁灭海洋生命，并极大地改变地球生态。与此相反，因为冰一直浮在水面上，使下面的水不与冷空气接触，因此将水温维持在冰点以上，拯救了海洋生命。

海洋—陆地—大气层调节系统

地壳、大气、海水和生物经历着复杂的化学交换，调节着全球环境。这些过程结合起来，将全球温度维持在一个使生命可以存在的恒定的范围之内（见专题框 19.1）。碳和它的化合物在这个过程中发挥了关键作用。大部分碳在火山活动中以二氧化碳的形式被释放到大气中，但它并没有永远在大气中积累，而是被一个叫作化学风化（chemical weathering）的过程去除了。在这个过程中，二氧化碳被地球表面的岩石吸收，或者被雨水冲刷掉。化学风化的一个特别重要的性质是它会受到温度的影响，温度越高，风化越快。这一相关性是调节大气温度的原因，我们将在下面加以解释。假定大气温度出于某种原因升高，造成风化速率加快，更有效地从大气中去除了二氧化碳（通过雨水、岩石或者海洋的吸收）。这便降低了二氧化碳在大气中的浓度，减弱了温室效应（见下节），因此降低了温度。现在，当温度接近冰点时，通过构造板块活动释放到大气中的二氧化碳浓度增加，因为这里已经没有水去除掉它了，这时的风化作用不那么有效。这种现象会持续下去，直到温度升到足够高——冰融化、液态水出现、风化重新开始的时候。这一碳循环（专题框 19.1）维持着一种平衡，阻止所有的碳进入大气或者岩石，从而调节并维持了地球的温度。

历经 1 亿到 2 亿年，碳才能在岩石、大气和海水之间完成一次循环。除了固定大气温度，碳循环还有其他可以观察到的效果。在大气与海洋表面相遇的地方，来自大气的

专题框 19.1 物质循环

　　来自太阳的能量与持续再利用的现有原子相结合，能够帮助生命系统维持生存、生长与繁殖。在这个过程中，无机物分子结合，形成生物需要的有机物质。复杂的有机化合物被转化为无机物质，它们又会被自然所用，再次生成有机化合物。例如，分解细菌可以把来自死去的动植物的有机物分解为无机物，其他生物可以使用这些无机物再次制造有机物。这种物质循环发生在生命系统需要的许多原子身上。下面我们总结最重要的循环过程。

　　碳循环：大部分碳存于岩石中，其他的一些存在于大气、海洋、植物和土壤中。人们称在这些存储地点之间的碳交换为碳循环。植物是向大气中投放碳（直接或者间接）的主要来源。它们将来自大气的二氧化碳和水结合在一起，加上来自阳光的能量，通过光合作用形成复杂的有机分子，如糖（$C_6H_{12}O_6$）。然后它们又让氧与糖结合，生成水、二氧化碳（CO_2）和它们生长需要的能量。动物吃植物，将这些复杂的有机化合物变成它们需要的较为简单的化合物，如氨基酸和糖，并在这一过程中释放二氧化碳。而且，当植物和动物死去时，它们会通过碳循环向大气释放二氧化碳。植物的存在与大气中的二氧化碳含量密切相关。大气中二氧化碳的含量具有季节性。冬天的几个月里植物很少，这时候二氧化碳在大气中的浓度增加，而在春夏两季，植物大量存在并增进了碳循环，这时二氧化碳的含量降低，因此固定了大气温度。

　　氮循环：氮对于氨基酸的合成是至关重要的。形成蛋白质与核酸需要氨基酸，而核酸负责生物活体的遗传物质并产生生物需要的能量（第 20 章）。氮分子（N_2）组成了地球大气的 79% 左右，然而，生物机能需要的却是氮原子（N）。有些细菌可以把氮分子转化为氮原子。这些细菌生活在土壤里或者以蓝细菌的形式存在，具有固氮功能，即有能力将氮分子转变为氮原子，植物和动物可以使用它们制造氨基酸和蛋白质（第 23 章）。一切动植物都通过食物摄取它们需要的氮。食物中的蛋白质在消化过程中分解为它们的氨基酸成分。这些氨基酸可以接着被重组为构造动植物身体的新蛋白质。分解细菌在死去的动植物身上发挥作用，并把氮以氨（NH_3）的形式释放。氨可以由新的动植物吸收并转化为它们需要的氮。综上所述，在氮循环中，来自大气的氮通过了生物体（其中许多是细菌），并最终进入大气，再次参与循环。

　　磷循环：与氮一样，磷也是制造与维持生命的一种基本元素。形成细胞或者遗传物质结构的生物分子中都含有磷（第 20 章）。磷原子的主要来源是岩石。磷是通过岩石的侵蚀释放并溶解在水中的，含磷的水被植物吸收，合成它们需要的分子。当一个生物死去时，分解细菌便回收了含磷化合物，使之返回土壤。它们接着溶解在水中，最后作为沉淀来到海底，成为沉积物或者进入岩石，为水生生物提供它们需要的磷。它们将通过生物过程供给生物的需要。动物对于磷的需要通过食用其他动植物得到满足。

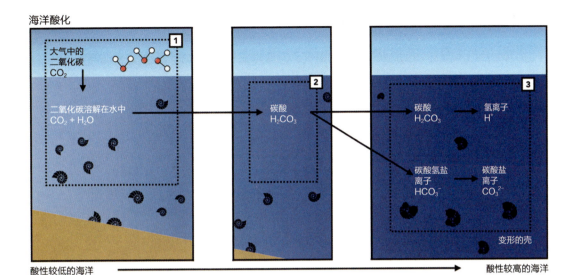

海洋酸化

图19.2 大气中的二氧化碳（CO_2）与海水（过程1）和氢相互作用，生成碳酸（H_2CO_3），使环境中的酸性更强（过程2）。氢与岩石风化生成的碳酸盐反应，生成碳酸氢盐离子（HCO_3^-，过程3）。碳酸氢盐离子与钙、镁、钠离子（它们都是由岩石生成、被雨水冲刷并被河流带入海洋的）反应。与钙的反应形成了碳酸盐离子和碳酸钙，它们是各种贝壳的主体

二氧化碳溶解在水里，释放出氢气，提高了海水的酸性（图19.2，过程1和过程2），从而形成了碳酸（图19.2，过程2）。然后，氢与岩石风化形成的碳酸盐反应，产生了碳酸氢盐离子（图19.2，过程3）。大气中的二氧化碳溶解在雨水里，会形成一种叫作碳酸的弱酸，这时就会有碳酸盐形成（图19.2，过程2）。碳酸盐又通过化学反应（化学风化过程）溶解了岩石。这一反应的产物是钙、镁、钾或者钠离子。这些物质接着被河流传送到海洋里，参与和碳酸氢盐离子的反应，主要形成贝壳类生物需要的碳酸钙。当这些生物死去时，它们形成了沉积物层，并在千百万年后变成了岩石。这就是岩石和石灰岩中碳的来源。

大气层的温室效应

二氧化碳、甲烷和卤化碳是吸收来自太阳的红外能量（热）并重新将它们向各个方向发射的气体。经过重新发射后，这些能量中的一部分来到地球，加热了地球表面，形成了温室效应。如果没有这些温室气体，地球的温度将会下降到 −18 摄氏度；如果这些温室气体过多，地球的温度将会达到 400 摄氏度。大气中温室气体的含量被维持在使地球宜居的范围之内。

大气中 50% 以上的温室气体是水蒸气，与之相比，二氧化碳占 20%。大气温度的上升会让海水蒸发，增加大气中的水蒸气。当地球变冷时，水蒸气凝结，变成雨水。而二氧化碳可以在更广的温度范围内留在大气中，因此它是能够加热大气并使水蒸气百分比保持恒定的主要气体。当二氧化碳的百分比下降时，地球变冷，一部分水蒸气作为雨水离开大气，水蒸气对保持温度的贡献降低。与之相反，提高二氧化碳的百分比将造成较高的温度，使较多的水蒸气留在大气中。因此，尽管二氧化碳在地球大气中的百分比低于水蒸气，它却控制着通过温室效应进行的加热。

总结与悬而未决的问题

45.7 亿年前，因碰撞而导致地球形成的星子随身携带着各种化学元素，这些元素沉入了地核。在地球形成之后，二氧化碳、氮气和甲烷这类化学物质借助火山活动造成的脱气过程逸出表面。除了最轻的氢元素可以逃逸进入空间之外，其他的元素被地球的引力羁留，形成了大气。氦与氮在大气层中的丰度符合这一假说所做的预言。

西澳大利亚发现的锆石颗粒中的证据表明，水可能在大约 40 亿年前第一次出现在地球上。水蒸气极有可能通过脱气过程从地球内部产生，然后在遇到冷些的气候时变为液态，这就是海洋中的水的来源。氧是在大气层中形成的，是水分子被来自太阳的高能紫外辐射分解的结果。氧是一种非常活跃的元素，它接着与大气中的甲烷和氨发生反应，生成二氧化碳、氮气和水。一旦所有的甲烷和氨都消耗一空，氧就不再因为化学反应而被消耗，于是会在大气中积蓄。大气中氧含量的提高造成了臭氧（ O_3 ）的生成，过程如下：来自太阳的紫外辐射分解了氧分子，随后一个氧原子与一个氧分子结合，形成一个臭氧分子。一旦臭氧层形成，它便像一面盾牌一样阻挡了来自太阳的紫外辐射，使陆地成为动植物的宜居地带。这时，处于原始形态的生命从海洋向陆地迁徙。这一事件发生的准确时间至今尚不清楚。氧气在大气中存在的第一个证据来自蓝细菌，它们在 30 亿年前将氧气作为废弃物排出。植物开始在陆地上生长后，它们便通过光合作用提高了氧在大气中的含量。大约 5 亿年前，大气中的氧含量达到了当前水平。

水的出现对于生命是不可或缺的。水分子通过氢键结合在一起，能够流动（即具有凝聚性），能够转移化学物质。水有很高的热容量，是能以气、液、固三态在地球的温度范围内存在的少数物质之一。它是一种优良溶剂，可以溶解并传送多种化学物质。固态水的密度低于液态水，这一点在保护生态方面扮演了重要角色。

地球、海洋和大气之间持续的相互作用维持了当前的生态，将大气温度平衡在活体生物可以繁荣生长的范围之内。在较高的温度下，当水处于液态时，CO_2 气体由于雨水或者岩石的吸收而被从大气中去除，这时大气温度因为温室气体的减少而降低，达到了使水结冰的程度，减缓了 CO_2 的移除速率。与此同时，火山活动也向大气提供 CO_2，提高了气温，使冰融化，因此提高了移除 CO_2 这一过程的效率。这个循环持续进行，是控制大气温度的主要因素。

在这里，一个悬而未决的问题是：在如此之长的时间内，地球的温度是如何保持在维持生命所需的狭窄范围内的？人们对此一直有些争论，其中有人认为，大气中 CO_2 的初始含量太低，无法加热地球。事实上，太阳的光照和热度在地球诞生后的 1 亿年内不是很强烈，这就使问题变得更加复杂了。一个可能的解释是，早期大气中丰度颇高的甲烷也扮演了温室气体的角色，或者早期地球的反照率远远低于今天，从而使温度提高。

回顾复习问题

1. 早期地球大气中存在着哪些化学元素？
2. 地球大气中的氮气（N_2）和二氧化碳（CO_2）是怎样产生的？
3. 解释使氧气的丰度在大气中固定的过程。
4. 为什么臭氧层对于地球上的生命至关重要？
5. 海水中的化学物质是从哪里来的？
6. 有哪些证据说明了大气从贫氧向富氧的转变？
7. 解释水的主要性质以及水为什么对于支持生命至关重要。
8. 什么是化学风化？
9. 简要解释大气温度是如何得到调节并维持在当前范围之内的。
10. 解释温室效应，以及它是如何在保持与控制生物圈方面扮演重要角色的。

参考文献

Bennett, J., and S. Shostak. 2005. *Life in the Universe*. 2nd ed. Boston: Pearson/Addison-Wesley.

Cranfield, D.E. 2014. *Oxygen: A Four Billion Year History*. Princeton, NJ: Princeton University Press.

Jordan, T.H., and J. Grotzinger. 2012. *The Essential Earth*. 2nd ed. New York: Freeman.

Prothero, D.R., and R.H. Dott. 2010. *Evolution of the Earth*. 8th ed: McGraw-Hill.

Tillery, B. W., Enger, E. D., and Ross, F. C. 2019. *Integrated Science*. 7th Edition: McGraw-Hill.

要从正确的事情开始，而不是从人们普遍接受的事情开始。

——弗朗茨·卡夫卡（FRANZ KAFKA）

20

生命的基本成分

THE BASIC INGREDIENTS OF LIFE

本章研究目标

本章内容将涵盖：

- 生命的定义

- 为什么碳是生命的重要组成部分？

- 遗传物质的本质

- 生命化学

- DNA 和 RNA 的结构与功能

- 蛋白质合成

- 遗传密码

- 能量生成过程

    上一章我们讨论了发展与维持生命所必需的条件。这些条件当然是在生命存在之后维持它所必须的，而生命出现时需要的环境，以及开始与维持生命所需的物质，一直是人们研究的最基本课题之一。大量非常微妙的事件需要在正确的环境下汇聚到一起，才能形成我们称之为"生命"的物质。想要知道生命的本质，我们必须更好地了解人类以及其他能够存在的生命形式。生命起源所必需的基本功能最终依赖于某些有机分子的化学与生物学性质。所以，通过将活体生物简化为它们的基本组成，我们可以研究决定了我们所知的生命的基本物质。然而，在研究之前，我们需要考虑以下问题：如何定义生命？不同的成分是怎样汇聚在一起启动了生命的？这些成分本身又从何而来？本章我们将探讨前两个问题，第三个问题将留待下一章解决，在我们研究有关生命起源的不同假说时探讨。

    负责生命的主要过程有着深植于自然定律中的根源，环境与进化也同样扮演着重要的角色。环顾左右，我们能看到丰富多彩的生物，其中包括数以千万计的物种。尽管品种如此繁多，生命的化学成分仅仅以几种分子为基础，这些分子是由不多的化学元素组成的。这些元素依照几条基本规则相互反应。自然界现有的多样化特色仅来自几种化学元素和几条规则，这种方式本身就是一个值得研究的迷人课题。

    我们走向解码生命征程的第一步，是找出一切"活物"共同拥有的成分。例如，对于组成人体内组织的物质和组成我们身前的桌子的物质，它们之间的差别何在？人体内的组织是由完全不同的成分构成的吗？或者它们只是以不同方式排布的同种物质，但与某些催化剂共生，后者帮助这些物质启动了我们的生命，而没有启动桌子的生命？在自然界中，化学是怎样过渡到生物学的？科学家们刚刚开始探索这些问题。

　　本章将研究那些使生命得以存在的主要成分。通过将活体生物解析为构成它们的成分，我们可以研究这些成分是如何汇聚在一起，共同创造了我们今天看到的生物的。接下来，我们会综合论述将分子联系到一起的化学，并讨论生命的生物化学。最后，我们将研究构成生命的基本物质之间复杂的相互作用：它们如何结合在一起形成了遗传物质，合成了蛋白质，并创造出活体系统发挥功能所需的能量。

什么是生命

　　如果用我们在这颗行星上观察到的几个特征来定义生命，就将错过那些可能存在却以完全不同的物质与原理为基础存在的生命。尽管地球生命具有如此令人吃惊的丰富类型，但它只为我们提供了一个单一的例子，而为了开发一项有关生命系统的普遍理论，我们需要不止一个例子。因此，用区区几个词来定义生命是苍白无力的，经常会造成误导。考虑到这一点，我很谨慎地用几个限制性条件来说明一个生物是活着的。我们将讨论一切生物的共同特性。我们可以用这些特性作为基础，从中发展出更普遍的生命理论。区分生物界与非生物界的主要观察事实包括：

- 细胞是一切生物的基本成分。
- 细胞从环境中吸收养料，并将之转化为发挥生物学功能所需的物质；这是它们产生能量的方式。
- 一切细胞，无论植物还是动物的细胞，都有类似的结构。
- 生物由普通的化合物组成，包括碳水化合物、脂肪酸、核酸和氨基酸。
- 蛋白质合成的过程和遗传密码的传递在一切生物体中完全相同。
- 生物体能够繁殖，并把自己的遗传信息传递给后代。
- 通过对内部环境进行自我调节，生物维持着使自己存活的条件。

　　这些观察到的特征证实了，地球上的一切生命形式都有一个共同的起源，当前的一切生物都是一种生命形式的结果。考虑到细胞、能量的生成过程，氨基酸与核酸惊人相似的化学性质，人们很难想象，地球上的生命会有多种起源。在本章余下的篇幅中，我将使用地球上现有的生物体的知识，从基本化学开始探索生命的故事，这对于构建生物系统的框架至关重要。

化学键

化学键负责将简单的原子结合为分子，并用分子组成对于生物系统诞生与运行至关重要的化合物。首先，让我们复习一下原子的结构，以及对于生物系统的存在与运行具有根本作用的各种化学键。

让我们回想一下：使原子结构可视化的简单方式是利用以物理学家尼尔斯·玻尔的名字命名的玻尔模型。在这个模型中，电子在不同的壳层中围绕原子核运动，这些壳层代表着不同的能级。

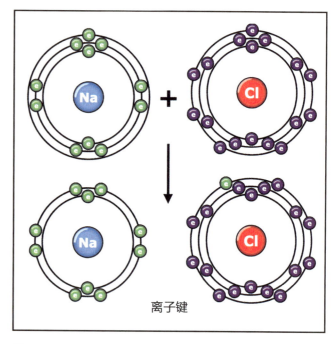

图20.1 水离子键。这些键是电子从一个原子向另一个原子转移的结果，使两个原子的价电子层都达到了完整。在这里，一个电子从钠（Na：绿色圆）的最外电子壳层转移到了氯（Cl：蓝色圆）的最外电子壳层，形成了氯化钠（食盐）。这让钠带正电荷（失去了一个电子：Na^+）而氯带负电荷（得到了一个电子：Cl^-）。当一批这样的分子和化合物结合在一起时，就形成了NaCl（Na^+和Cl^-相互吸引）

由于带有负电荷的电子受到带有正电荷的原子核的吸引，电子需要能量来抵抗吸引力。一旦得到了更多的能量，电子便可以跃迁到能量更高的壳层，而如果返回能量较低的壳层，电子则必须交还多余的能量。第一电子壳层最多只能容纳2个电子，此后增加的每一个壳层最多容纳8个电子。这就是化学的八隅规则（octet rule）。人们称原子的最外电子壳层为价电子层（valance shell），它决定了原子的化学性质与它参与反应的倾向。如果2个原子参与反应能让它们的最外电子壳层在反应后稳定（即达到该壳层能够容纳的电子数目的极限），它们之间将易于发生反应。当原子的电子壳层数大于1时，八隅规则成立。这个规则称一个原子的最外电子壳层在拥有8个电子时最稳定。所有惰性元素（即不与自然界任何其他元素相互作用的元素）的原子的最外电子壳层都有8个电子，唯一的例外是氦，氦原子的最外电子壳层只有2个电子。2个或者更多的原子通过化学键结合，形成新的分子。我们在专题框20.1中列举了负责不同反应的化学键，解释如下：

离子键

离子键的一个例子是氯化钠（食盐）的形成。钠的最外电子壳层（第三层）即价电子层中只有一个电子，而氯的价电子层（第二层）中共有 7 个电子（图 20.1）。所以，如果在钠原子的价电子层中的那个电子转移到氯的价电子层中，两个原子都会变得稳定。钠原子失去了一个电子，现在的最外电子壳层（第二层）填满了 8 个电子，而氯接受了一个电子，用 8 个电子填满了它的最外电子壳层。在这个过程中，钠得到了正电荷（因为它失去了一个电子，因此多出了一个质子），而氯带有的负电荷更多了，因为它的电子比质子多一个。

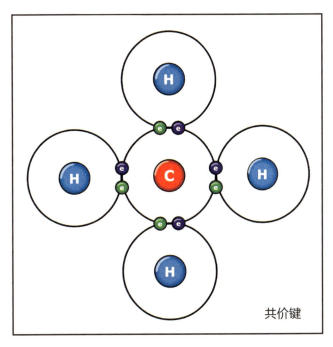

共价键

图 20.2 图中显示了一个碳原子（价电子层中有 4 个电子——紫色圆）和 4 个氢原子（每个原子的价电子层中只有一个电子）之间的共价键。碳原子与每个氢原子共享一个电子，这就使它自身和氢原子的最外电子壳层全都填满了，于是形成了甲烷（CH_4）

这种带电粒子叫作离子。由于分别带有正、负电荷的离子之间的强烈吸引，离子键合能相当高。当钠和氯以这种方式反应时，便形成了离子化合物氯化钠（图 20.1）。

共价键

两个电子共享电子，让双方的价电子层都得到允许的最大电子数，这时就产生了共价键（图 20.2）。例如，两个最外电子壳层只有一个电子的氢原子共享各自的电子，填满了它们的最外电子壳层，从而形成了一个氢分子——H_2（H—H 指氢原子之间共享一对电子）。受最外层电子壳层的结构影响，有些原子可以与其他原子共享两个或者更多的电子对，来填满它们的价电子层。一个例子是氧原子，它的最外电子壳层中含有 6 个电子。2 个氧原子共享 2 对电子，这就可以将它们的最外电子壳层中含有的电子数提高到 8，从而形成了氧分子——O_2（O═O 指它们共享两对电子）。同样，价电子层有 4 个电子的碳原子可以与 4 个氢原子共享 4 对电子（每个电子对都由碳原子和其中一个氢原子各自贡献一个电子组成），这就使它的价电子层中的电子数目增加到了 8，而每一个氢原子的第一电子壳层中的电子数增加到了 2（允许的最大数值），形成了甲烷（CH₄；图 20.2）。

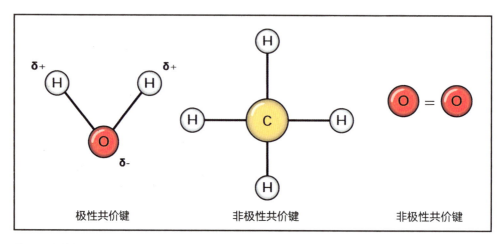

图 20.3 极性与非极性共价键的例子。当成键原子之间并非位于对立方向时（这里的例子是左图中的水分子），它们各自的电负性并不等于零。当键合对称时，电负性相互抵消（这里的例子是分别位于中图和右图中的甲烷和分子氧）。实线表示两个原子之间的共价键，每条线是一条键，代表着两个原子共享一对电子①

　　如果两个原子对于电子的享用是等同的，这时就会形成非极性共价键（图 20.3）。如果一个原子吸引电子对的能力强于另一个原子（即电负性更高），它带有的负电荷就更多（图 20.3）。一个原子吸引电子的能力取决于原子核中的质子数。质子的数目越大，

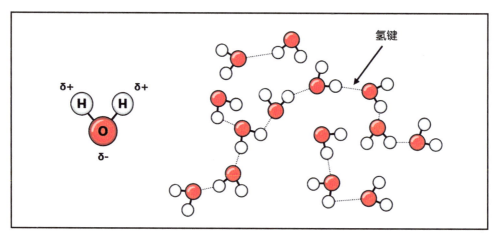

图 20.4 在氢原子（灰色圆）和氧原子（红色圆）之间的氢键（虚线）。由于电负性的存在，水分子之间形成了氢键，这使水具有了凝聚性质

· **两个原子**之间的化学键是电子在它们之间的共享或者转移。化学键把原子维系在一起，形成新的物质。

· **离子键**是当电子在两个原子的价电子层之间转移时形成的，它能填满这两个原子的价电子层。

· **共价键**是两个原子之间共享电子的结果。

· **极性共价键**是两个原子之间不等同地共享电子的结果。在这种情况下，共享电子受到原子质量较大的原子的吸引力较大，使它略带负电荷；这一性质叫作电负性。

· **氢键**是由已经与电负性很大的原子形成共价键的氢原子与另一个电负性很大的原子之间的作用力。

对电子的吸引力就越强，电负性就越高。在电子对不是等同共享的情况下，形成的就是极性共价键。我们可以用水作为分子内原子的电负性不同的一个例子。在对称结构中，不同原子之间的电负性相互抵消，使整个分子成为非极性的，如氧分子 O_2（O=O）。然而，在水分子（H_2O）中两个 O—H 键之间形成夹角的情况下（图20.3），分子不是对称的，因此极性键未能相互抵消，于是水分子是极性的。分子的极性决定了它们将如何与其他分子相互作用。另一种极性分子是胺类（其中带有—NH_2）。

氢键

氢键是由带有少量正电荷的氢原子与带有少量负电荷的邻域原子之间的吸引产生的。例如，在水分子中，由于分子的极性和氢氧之间的非对称共价键，氢带有少量正电荷，氧带有少量负电荷。因此，氢离子受到邻近氧离子的吸引，形成了氢键（图20.4）。氢键很脆弱，容易断裂。这是这种键的一个重要性质，它在生命分子的形成过程中扮演着重要角色。我们将在本章稍后看到，胺基的这一性质对于形成某些最重要的分子的观察到的结构非常重要。

碳：生命的元素

宇宙中丰度最高的元素是氢与氦。在地球的固体地壳中，丰度最高的元素是硅、氧、

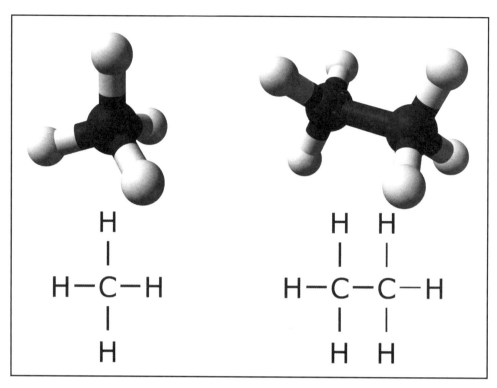

图 20.5 图中显示了甲烷（CH_4）和乙烷（C_2H_6）的三维结构（上）和形成它们的化学共价键（每个键都由连接元素符号的单线代表）。通过 3D 结构，我们可以清楚地看出共价键在旋转与形成不同结构方面的能力

铝和钙。然而，对于生命最为重要，共同组成了典型细胞 94% 的质量（除了水）的 4 种元素是：碳（47%）、氧（30%）、氢（9%）和氮（8%）。使细胞结构和对生命至关重要的化合物形成的主要元素是碳。碳构成了地球上的生命的基础，主要原因是：碳能够通过化学键与许多不同的元素发生反应，这使它变成了能够建造复杂分子的最灵活的元素。由于氢原子的价电子层中只有一个电子，它只能与一种元素形成化学键，而氧可以与两种元素成键。碳可以同时与四种元素成键[①]，因此碳的用途很广，能够组成大量不同的分子与化合物（参阅专题框 20.2）。

碳原子具有可以同时形成四个共价键的能力（图 20.2），这些键的空间取向（图 20.5），以及它们可以自由旋转的事实，都对碳基分子的多样化和它们形成复杂长链的能力有所贡献。碳具有多种性能，能够形成数以百万计的分子，这些分子是有机化学的基础。出于不同的空间安排，同样的原子能够形成结构不同的不同分子。人们称具有同样分子式但空间结构不同的分子为同分异构体（isomers）。

---

① 氧原子的内层电子数为 2，外层电子数为 6；碳原子的内层原子数为 2，外层电子数为 4。

是否有任何其他元素和碳一样具有多种用途，能够形成多种化学键？如果我们在其他行星上发现了生命，它们也会是以碳为基础的吗？另外一种带有四个价电子（因此可以同时与多种其他元素连接）且在自然界的含量丰富的化学元素是硅（Si），它在元素周期表中的位置刚好在碳的下面。硅或许能够取代碳，成为生命的化学基础。然而，下面这些严峻的问题质疑了这种假说：

· 与碳相比，硅形成的键要弱得多，因此硅基复杂分子比碳基分子更为脆弱。硅基化合物无法在水中长期存在，而这正违背了对于与生命至关重要的化合物的要求。

· 人们只在和氧形成共价键的分子中发现过硅。例如，人们在地球的固体地壳中发现它形成了二氧化硅（SiO_2）。在太阳系的其他行星（如火星）和小行星上，含硅分子的情况也与此相同。这就限制了硅基化合物的数量。

· 与碳不同，硅无法形成双键，只能形成单键，这限制了硅能够参与的反应的数量以及它能够形成的分子结构的数量（地球上只有大约 1 000 种硅基矿物；与此相比，碳基化合物多达数百万种）。

· 碳的活动性更强，因为人们发现了气体碳基化合物，如二氧化碳。但人们至今还没有发现气体状态的硅基化合物，被发现的二氧化硅仅仅以固态出现，如石英。

· 硅在地球上的丰度是碳的 1 000 倍。尽管如此，地球上却只有碳基生命。如果硅基生命真的可能存在，它应该已经在地球上出现过了。

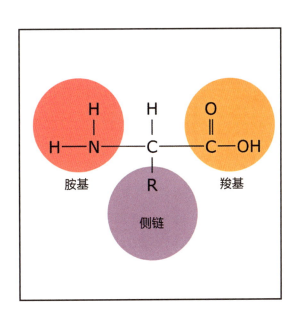

图 20.6 氨基酸的通式：它由一个通过共价键与一个胺基（—NH$_2$）连接的中心碳原子、一个羧基（—COOH）、一个氢原子（H）和一个侧链（R）组成

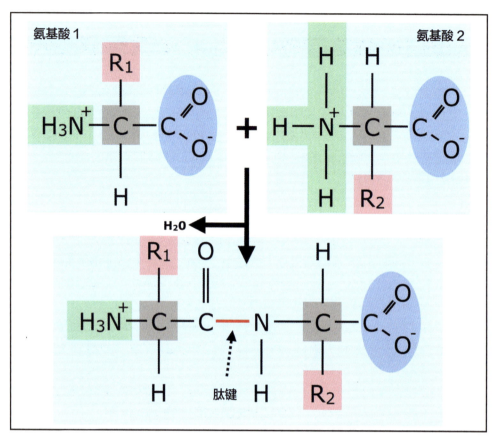

图20.7 两个氨基酸通过一个肽键（红线）连接，释放一个水分子。一个通过肽键相连的氨基酸长链形成了蛋白质。请注意，氮和碳是能够形成肽键的原因

生命分子

碳有能力创造具有不同结构与功能的数以百万计的各种分子，其中一些分子是我们所知的生命的基础。这些分子相对比较大而且复杂，叫作聚合物（polymer），是由许多相同的比较简单的分子结合而成的，这些比较简单的分子叫作单体（monomer）。由此生成了大量分子，其多样化程度毫无限制。在最基本的层面上，这些分子控制着细胞的结构（在细胞内形成令细胞与其环境分开的细胞壁）和功能（存储与转移遗传物质，存储与利用能量，这两点我将在第22章中解释）。

构成生命主要分子成分的分子可以分为四大类：碳水化合物、脂类、蛋白质和核酸。

碳水化合物是食物和能量的来源。除了为细胞提供能量，它们也负责支撑细胞结构。例如，一种叫作纤维素（cellulose）的碳水化合物是木制的主要建筑材料。

脂类也可以以脂肪的形式存储能量，是组成膜（细胞的结构）的主要成分。脂类的这个功能在生命起源方面扮演了重要角色。膜包围了其他有机物分子，从而使它们相互接近，促进了形成复杂化合物所必需的化学反应。

蛋白质具有广泛的职责（见专题框 20.5）。它们出现在一切生物体中，执行不同的功能。蛋白质是细胞的结构构件，而且是加速化学反应的催化剂，具有催化功能的蛋白质叫作酶（enzymes）。蛋白质是由叫作氨基酸的较小分子通过共价键连接在长链上构成的大分子。换言之，它们是氨基酸的聚合物。为了研究蛋白质的结构和功能，我们需要先研究氨基酸。

每一个氨基酸都有一个中心碳原子，叫作 α（阿尔法）碳原子，它通过共价键与四个原子团连接：一个羧基（—COOH），一个胺基（—NO$_2$），一个氢原子（—H）和一个 R 原子团（即侧链，它因氨基酸的不同而不同）。氨基酸的类型是由这个侧链的组成决定的。氨基酸的一般结构见图 20.6。氨基酸相互连接，组成了蛋白质。一个氨基酸中的羧基中的碳原子通过共价键与下一个氨基酸中的胺基中的氮原子相连（图 20.7）。不

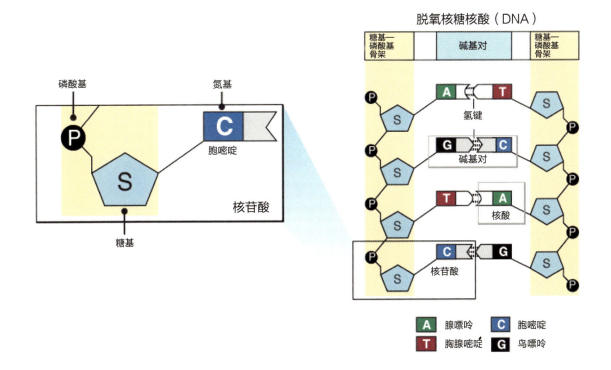

图 20.8 核苷酸是 RNA 与 DNA 的小单元，图中所示是它的一般结构（左）。核苷酸是由构成 DNA 和 RNA 骨架的糖基（sugar group）与磷酸基（phosphorus group），以及构成碱基（base）的氮基（nitrogen group）〔本例中为胞嘧啶（cytosine）〕组成的

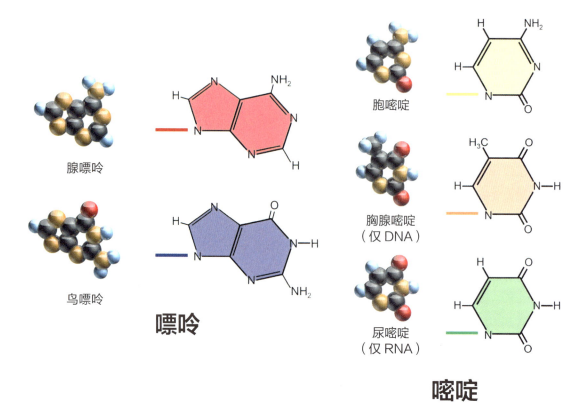

图 20.9 嘌呤（purine）和嘧啶（pyrimidine）的化学结构。嘌呤包括腺嘌呤和鸟嘌呤，是由两个环组成的；而嘧啶包括胞嘧啶、胸腺嘧啶和尿嘧啶核酸（uracil nucleic acid），只有一个环

同的氨基酸之间的键叫作肽键（peptide bond）（图 20.7）。当碳与氮由肽键连接时，碳所在的氨基酸必须释放一个氧原子，氮所在的氨基酸必须释放两个氢原子，这三个被释放的原子结合形成一个水分子（图 20.7）。所以，一个肽键涉及一个水分子的缺失。人们在生物体中总共发现了 20 种氨基酸。所有的生物，无论植物还是动物，都以这些氨基酸的不同组合生成蛋白质。生成蛋白质的过程涉及许多不同分子间的一些肽键，统称多肽键（polypeptide bonds），它们负责组成蛋白质。氨基酸在组成蛋白质的多肽链中的排列次序决定了它将如何折叠成为某种三维结构，而这种结构决定了这种蛋白质的功能。一切生物体都使用同样的一套氨基酸，这一事实证实了它们全都起源于一个共同的祖先。

核酸是由一系列叫作核苷酸的分子组成的（见下文），其中包含遗传信息的密码，是生命的基本遗传物质。有一种核酸叫脱氧核糖核酸（deoxyribonucleic acid，DNA），是负责向后代传送遗传信息的物质。DNA 中包含着一种生物体中合成的一切蛋白质的氨基酸序列信息。DNA 的改变会改变一个生物的遗传特性，让新物种出现。还有一种核酸是核糖核酸（ribonucleic acid，RNA），负责蛋白质合成和遗传物质向蛋白质合成的场所的传送。我将在后面的章节中再次讨论这个问题。

　　DNA 与 RNA 分子由两部分组成：骨架和碱基（图 20.8）。骨架与基以共价键相连，而基则由通过氢键联系在一起的核苷酸组成（图 20.8）。骨架的化学结构分为两部分：一个碳糖基〔核糖（ribose）或者脱氧核糖（deoxyribose）〕，以及至少一个磷酸基（图 20.8，左）。在 RNA 中，糖基是核糖〔一个羟基（—OH）与碳原子相连〕，而在 DNA 中是脱氧核糖（一个氢原子与碳原子相连）。在 DNA 中，氧原子从糖基分子（核糖）上脱落，因而得到了脱氧核糖之名。RNA 的糖基分子核糖带有羟基。碱基是在包括氮原子的环上建立的（图 20.9）。它们叫作核苷酸，并分为两类。只带有一个环的叫作嘧啶碱基（primidine bases），其中分为胸腺嘧啶（T）、胞嘧啶（C）和尿嘧啶（U）。带有两个环的碱基叫作嘌呤碱基（purine bases），其中分为腺嘌呤（A）和鸟嘌呤（G）。图 20.9 显示了这些碱基的化学式。DNA 中含有碱基 A、T、G、C，而 RNA 中含有碱基 A、U、G、C。在 RNA 中，胸腺嘧啶由尿嘧啶分子取代。核苷酸的次序决定了在 DNA 和 RNA 分子中的信息，这与决定了蛋白质类型的氨基酸序列类似。

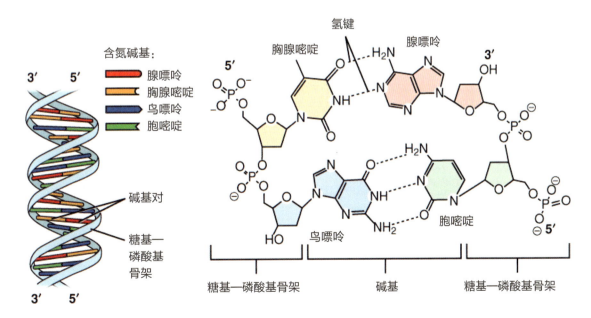

图 20.10 RNA 和 DNA 的骨架是通过连接一个磷酸基和一个糖基（核糖）组成的。这就是糖基—磷酸基骨架。碱基是由核苷酸之间的氢键组成的

脱氧核糖核酸（DNA）和核糖核酸（RNA）的结构

正如我们在上一节所述，DNA 与 RNA 由两个主要部分组成：骨架和碱基，其中核苷酸是碱基单元（图 20.8）。糖基—磷酸基骨架是当一个分子中的一个磷酸基通过共价键与另一个分子中的一个糖基结合时形成的。碱基中的核苷酸是通过氢键相互连接的（图 20.10）。在 DNA 中，腺嘌呤总是与胸腺嘧啶配对（通过 O—H_2N 和 NH—N 之间的两个氢键，图 20.10），而鸟嘌呤总是与胞嘧啶配对（通过 O—H_2N，NH—N 和 NH_2—O 之间的三个氢键，图 20.10），组成双股螺旋，这就是著名的 DNA 结构表达式（图 20.11）。在 RNA 中，腺嘌呤和尿嘧啶配对，而鸟嘌呤和胞嘧啶配对。

让我们回想一下：两个分子之间的氢键是由它们之间的电荷分布不均匀造成的，其中一个分子携带的正电荷略多，而另一个携带的负电荷略多。氢键是 DNA 中（A—T、T—A、C—G 和 G—C）和 RNA 中（A—U、U—A、C—G 和 G—C）核苷酸得以连接的原因。核苷酸的化学结构说明，在胺基中（—NH_2）的 N—H 键上也有电荷分布不均匀的问题。电子被—NH 和—NH_2 中的中心氮原子吸引，远离氢原子，从而使其中的氢原子略带正电。现在考虑羧基（—C≡O），其中的氧原子吸引电子，在这一过程中变得略带负电荷。在胺基中略带正电荷的氢原子接着与羧基中略带负电荷的氧原子结合，形成了一个氢键（图 20.10）。这就是两对 T—A 和 G—C 结合形成 DNA 中的碱基和 RNA 中的 A—U 对结合的原因。在这些键中，来自一个碱基的氧和氮（略带负电荷）可以与来自另一个碱基的氢原子（略带正电荷）共同形成氢键（图 20.10）。这些氢键非常弱，只需很少的能量就可以使之断裂。对核酸在生物体中扮演的角色来说，核酸中的氢键断裂至关重要，也是 DNA 与 RNA 能够复制的原因（图 20.12）。一旦氢键断裂，DNA 便可以通过它的碱基寻找配对重建氢键。所以，DNA 具有生命的基本性质——它具有复制的能力。

为什么只有特定的核苷酸对结合，才会形成 RNA 与 DNA 结构：A—T 和 C—G 形成了 DNA，A—U 和 C—G 形成了 RNA？考虑到腺嘌呤和胞嘧啶在腺嘌呤的胺基和胞嘧啶的羧基之间形成一个氢键，这两个分子之间不会形成其他的键，使得这对分子非常不稳定。这就是腺嘌呤和胞嘧啶不能结合在一起的原因，如果它们结合在一起，连接是不稳定的，很快就会破裂。

RNA 形成自折叠结构，其中部分 RNA 为单链，并部分与自身结合，形成双链区。双链中的折叠发生的长度非常短，从而使 RNA 中已有的碱基可以配对，因此具有稳定性。另一方面，单链区中含有活跃的羟基，可以与蛋白质结合，形成 RNA-蛋白质复合体，它们在 DNA 与蛋白质合成这类过程中扮演着关键角色（见专题框 20.3）。与 DNA 不同，在 DNA 与 RNA 之间有三个显著差别：

1. 它们的糖基有所不同（糖基与磷酸基一起搭建了它们的骨架）。DNA 的戊糖基中不含氧原子，而在 RNA 的核糖基中有一个氧原子存在（图 B20.3）。

2. 脱氧核糖是 DNA 中的糖基，它们有四种存在形式：腺嘌呤（A）、胞嘧啶（C）、鸟嘌呤（G）和胸腺嘧啶（T）。RNA 也含有四种碱基，但与 DNA 的差别在于，它的核苷酸中包括尿嘧啶（U），而不包括胸腺嘧啶。胸腺嘧啶有一个与其中心碳原子相连的甲基（—CH_3），而尿嘧啶没有甲基。除此之外，两种化合物有相同的化学组成和结构（图 B20.3）。

3. DNA 分子具有双链结构，而 RNA 是由单链组成的（图 B20.3）。

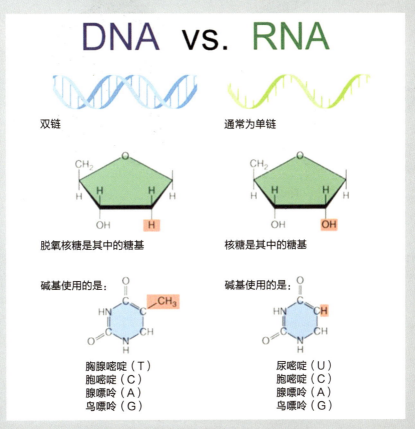

图 B20.3 DNA 与 RNA 的对比。RNA 有一个与它的中心碳原子相连的羟基（—OH）。而在 DNA 中，取代羟基的是一个氢原子（—H）。氧原子的缺失造成了脱氧核糖分子。同样，DNA 中的腺嘌呤核苷酸在 RNA 中由尿嘧啶取代。这两种核苷酸之间的差别是：胸腺嘧啶中有一个甲基（—CH_3），而在尿嘧啶中，相应位置是一个氢原子（—H）

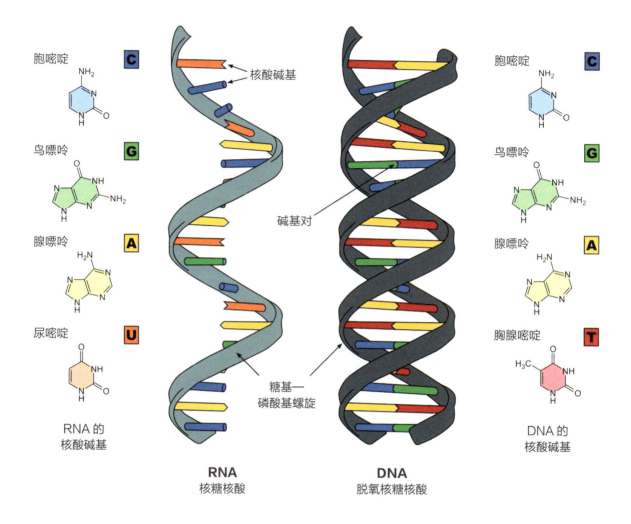

胞嘧啶　C

鸟嘌呤　G

腺嘌呤　A

尿嘧啶　U

RNA 的
核酸碱基

核酸碱基

碱基对

糖基—
磷酸基螺旋

RNA
核糖核酸

DNA
脱氧核糖核酸

胞嘧啶　C

鸟嘌呤　G

腺嘌呤　A

胸腺嘧啶　T

DNA 的
核酸碱基

图 20.11 RNA 具有单链，含有的碱基是 C、G、A、U，其中 C—G 和 A—U 配对。DNA 分子具有双链，含有的碱基是 C、G、A、T，其中 C—G 和 A—T 配对

RNA 结构中不含双螺旋长链，而是在三维区域中堆积的短链的一个集合。这样的"折叠"结构是 RNA 具有催化性的原因，其作用方式类似于酶。这一点已经由对催化肽键的酶的结构的研究证实，其中证明，它们的活性中心完全是由 RNA 组成的。

综上所述：核糖 – 磷酸化合物形成了 RNA 和 DNA 的"骨架"结构。电荷分布的方式造成了人们观察到的几何形式，使聚合物完全形成了一个螺旋，其中的"基本"单元（核苷酸）面向内部的轴（图 20.11）。这种螺旋形状就叫作螺旋结构（helix）。

DNA 和 RNA 的功能

由 DNA 携带的遗传信息储存在它的基上，而不是在它的结构上。这种信息包含在沿着 DNA 分子出现的核苷酸的次序上。它们可以以核苷酸序列无限制的组合中的任意一种次序出现，从而使 DNA 能够非常有效地携带遗传信息。例如，以 TCATG 次序排列的核苷酸的信息与以 AGTGC 次序排列的核苷酸携带的信息不同。DNA 以两种方式传递信息（遗传密码）：

1.DNA 能够以已有的链为模板，复制并准确地抄录自身。这一过程叫作 DNA 复制（图 20.12）。

2.通过一个叫作转录(transcription)的过程，一种 DNA 的次序可以被抄录到 RNA 上。可以接着利用在 RNA 上的核苷酸来确定在一个多肽链上的氨基酸序列。这个过程叫作翻译（translation）。转录与翻译的结合过程叫作基因表达（gene expression）。

碱基配对机理在 DNA 复制和转录中扮演了重要角色。所以，当一个 DNA 分裂（图 20.12）时，碱基寻找对象并与之配对。让我们回想一下，DNA 的碱基对是 A—T 和 G—C，RNA 的碱基对是 A—U 和 G—C。同样，DNA 复制牵涉到整个 DNA 分子。一个 DNA 的复制过程必须完整并准确地完成，让每个最后形成的生物都与其母体具有同一套 DNA。我们称一个生物体中的一套完整的 DNA 为基因组（genome）。转录到 RNA 上的 DNA 次序叫作基因（genes）。每一个单个的 DNA

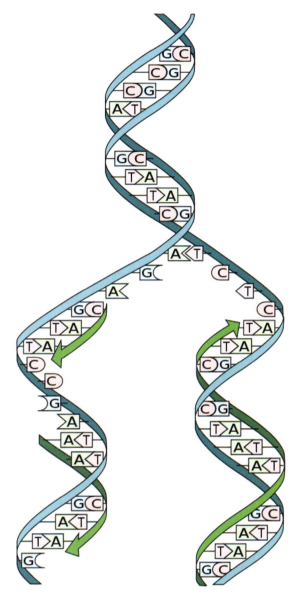

图 20.12 一个酶可以打断一个母 DNA 分子中的两条核苷酸链之间的键，生成两条母链。另一个酶让新的核苷酸与这两条母链中的核苷酸配对。这便导致两个子 DNA 分子的生成，每个都带有一条新链（绿色）。人们称这一过程为 DNA 复制

分子构成了一个染色体（chromosome）。

人们普遍相信，在 DNA 与蛋白质存在之前的早期生命中，RNA 独自承担了信息储存和催化这两项功能，使生命对于核酸的依赖达到了极高的程度。

RNA 转录是当一个 DNA 区域展开，而且其中一链用于一个 RNA 转录合成的模板时发生的。这里的次序与模板对应，而且遵从碱配对的例外，只是转录中包括尿嘧啶(U)，而模板上（它是 DNA 的复制）包含的是胸腺嘧啶（T）。通过 DNA 模板产生的 RNA 转录中包含转录的基因的遗传信息。这是引导核糖体（ribosome，细胞内蛋白质合成的地点）产生对应于基因的蛋白质所需要的信息。

从 DNA 向蛋白质转移信息（遗传密码）的过程（基因表达）需要三类 RNA，才能发挥作用（专题框 20.4），简略描述如下：

信使核糖核酸（mRNA）： 当一个基因（核苷酸的一个次序）得到了表达时，基因中的 DNA 的两链之一受到转录，生成了一个 RNA 链。DNA 的另一链是非编码的（noncoding）。转录形成的 RNA 接着从 DNA 上抄录遗传密码（次序），生成了信使核糖核酸(mRNA)，因为它把来自DNA的信息带到了合成蛋白质的地点。在真核细胞中，mRNA 从细胞核前往细胞质（cytoplasm），并在那里把信息翻译成一个多肽。核糖体是蛋白质合成在细胞内发生的地方（第 22 章）；mRNA 的密码次序决定了在核糖体内合成的蛋白质中氨基酸（蛋白质的组成部分）的排列次序。对于 mRNA 携带的遗传密码的翻译需要酶和化学能源，以及另外两种 RNA：核糖体核糖核酸（ribosomal RNA）和转移核糖核酸（transfer RNA）。

转移核糖核酸（tRNA）： 它是在 mRNA 与核酸（蛋白质）之间的媒介。tRNA 可以与一个特定的氨基酸结合，同时也可以阅读与识别 mRNA 的核苷酸的特定次序。这些核苷酸是以三个字母的次序〔叫作密码子（codons），见下节〕排列的。tRNA 将核酸的三字母的单词转变为氨基酸的单字母单词，进而转移给蛋白质。细胞的细胞质中存在着氨基酸的供应，这是从食物或者其他化学物质中得到的。tRNA 从细胞质中携带氨基酸，并利用碱基配对，让它们与合适的密码子配对，形成多肽链中的一段。这是由与密码子互补的一套反密码子（anti-codons）完成的。为了完成这项任务，tRNA 分子首先选取

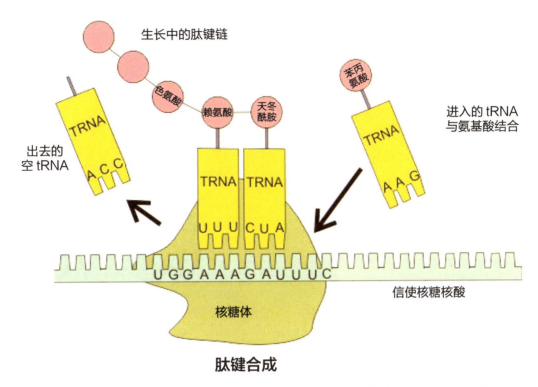

生长中的肽键链

色氨酸

赖氨酸

天冬酰胺

苯丙氨酸

进入的 tRNA
与氨基酸结合

出去的
空 tRNA

TRNA

A C C

TRNA

TRNA

U U U C U A

TRNA

A A G

U G G A A A G A U U U C

信使核糖核酸

核糖体

肽键合成

图 20.13 一个核糖体中包含一个 mRNA 分子（它为多肽 – 蛋白质提供遗传密码）和两个 tRNA 分子。一个 tRNA 用于生成多肽链，另一个用于带来一个新的氨基酸。红色圆是不同的氨基酸。氨基酸（红色圆）的次序形成了用这种方式合成的蛋白质

一个氨基酸，然后找到一个与 mRNA 中合适的密码子结合的碱基对（图 20.13）。

核糖体核糖核酸（rRNA）：核糖体是细胞生产蛋白质的工厂，由蛋白质和几种 rRNA 组成。rRNA 催化了氨基酸之间的肽键的形成，生成了多肽链，进而生成蛋白质。为了做到这一点，它们协调了 mRNA 和 tRNA 的功能。一个核糖体有两个子单元：一个是 mRNA 的结合地点，另一个是 tRNA 的结合地点。在每个 RNA 碱基上，一个反密码子都与 mRNA 上的一个密码子配对。核糖体的子单元让 tRNA 和 mRNA 相互保持近距离（图 20.13）。核糖体中一直有一个 mRNA 分子和两个 tRNA 分子。一个 tRNA 分子携带着生长中的多肽键分子，另一个则携带着下一个即将被加到链上的单个氨基酸（图 20.13）。

蛋白质合成

合成蛋白质是细胞最重要的任务（专题框 20.5）。我在上一节中讨论了基因表达的

整个过程，其中包括许多精妙的细节。这里，我把不同的步骤放到一起，建立整个过程，分解不同的步骤，并考察它们为什么要按照这种方式发生，最终导致蛋白质的形成。蛋白质的合成分两步：第一步是转录，在这一过程中，DNA 中的信息被编码放入 mRNA，随后 mRNA 离开细胞核，进入细胞质；第二步是翻译，在此期间，mRNA 与 tRNA 和核糖体一起工作，合成蛋白质（图 20.14）。

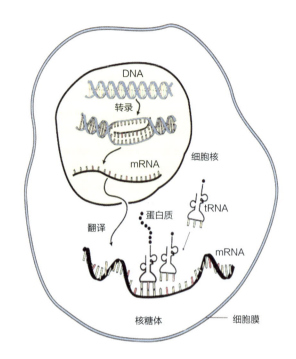

图 20.14 蛋白质合成过程中的不同步骤：①复制真核细胞中的 DNA；②通过转录生成 mRNA，随后 mRNA 离开细胞核，进入细胞质；③核糖体阅读 mRNA 并与 tRNA 配对，后者携带核酸以合成蛋白质；④ tRNA 将核酸装配为蛋白质

DNA 的两链通过复制过程分离，蛋白质合成过程开始（图 20.12）。两链之一将被用来作为编码 RNA 的模板本身（将 DNA 中的遗传物质传递给 RNA），其中的编码对应于模板本身的核苷酸次序。这项任务是按照碱基配对规则进行的，只有 RNA 含有尿嘧啶（U），而模板含有胸腺嘧啶（T）（图 20.11——这就是转录）。负责这一任务的酶是核糖核酸聚合酶（RNA polymerase），它是通过对生长中的转录物末端连续加入核苷酸完成的。只有 DNA 的模板链会被转录。转录是当核糖核酸聚合酶遇到了一个叫作启动子（promoter）的次序时开始的，启动子由几百个碱基对组成，酶和相互结合的蛋白质键在 DNA 模板上。当酶与另一个叫作终止子（terminator）的次序相遇时，转录结束。

核糖核酸聚合酶带有分裂 DNA 链的恰当结构信息，允许通过配对形成一个 RNA-DNA 双链，通过增加新的核苷酸增加了转录物的长度，释放完成了的转录物，并再次存储原来的 DNA 双螺旋。这一 RNA-DNA 相互作用将形成一个 mRNA，它含有被转录的基因的遗传信息。mRNA 将这些遗传信息带到了蛋白质合成的地点。这就是生产蛋白质的核糖体需要的信息（见第 22 章），其中包括由这个基因引导的各种特点（图 20.14）。

对于真核细胞，转录过程发生在细胞核里。一旦转录完成，mRNA 便通过孔隙离开细胞核，进入细胞质，并在那里与核糖体结合，合成蛋白质。在原核细胞中，转录和翻译过程都是耦合的，在同一个地方发生，这是因为原核细胞没有细胞核。

转录之后的步骤是存储与抄录遗传密码中的信息。遗传密码是从基因（DNA）传递

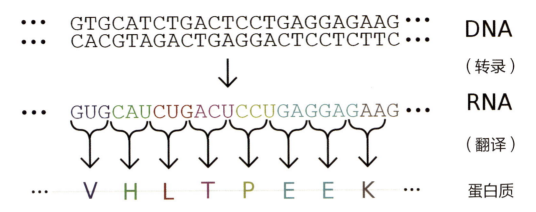

图 20.15 导致在核糖体内合成蛋白质的转录与翻译过程。核苷酸是以三个为一组阅读的，叫作密码子。核苷酸的次序说明了蛋白质被赋予的功能。注意在 DNA 中被转录到 RNA 上的核苷酸（在 DNA 中的 T 被 RNA 中的 U 代替）

给 mRNA 和制造蛋白质的核糖体的。在一个 mRNA 分子中的遗传信息是一串连续的、不重叠的三个字母的单词（见下节）。这些字母是在 mRNA 中相邻的三个核苷酸碱基，它们携带遗传密码，叫作密码子（图 20.15）。三个单词确定一个特定的氨基酸，氨基酸是蛋白质的基本结构单元。遗传密码将密码子与它们的特定氨基酸相连（图 20.15）。

遗传密码转移到 mRNA 之后的下一步是翻译，其中包含在 mRNA 密码子中的信息将与特定的氨基酸连接，蛋白质将以这些氨基酸为基础制造（图 20.13）。这个过程是在核糖体中发生的，当 mRNA 移入核糖体，tRNA 却携带着特定的氨基酸从细胞质来到了核糖体中（图 20.14）。每个 tRNA 都会在一种特定的酶的帮助下，以共价键与一个特定氨基酸联系。在 tRNA 的多肽链上，有一种叫作反密码子的三联体碱基，它们与

专题框 20.5 什么是蛋白质？

细胞中大部分的工作都是由蛋白质执行的，而且在结构、功能和调整身体的组织和器官方面也需要蛋白质。它们是由数以千计的氨基酸的链组成的，这些氨基酸相互附着，组成了一条长链。蛋白质有多种类型，功能因其三维形态而各不相同。例如：胶原（Collagen）支持细胞的结构、强化骨骼；酶能催化反应〔例如淀粉酶（amylase）〕；激素（hormones）是细胞之间的化学信使〔如胰岛素（insulin）〕；抗体（Antibodies）通过对抗外来病原体帮助阻止感染。

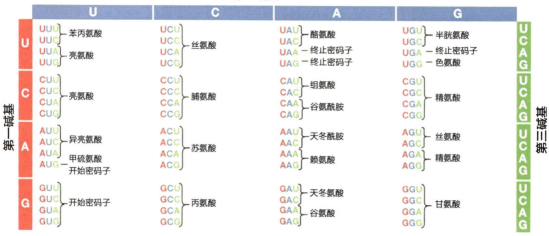

第二碱基

第一碱基	U	C	A	G	第三碱基
U	UUU UUC — 苯丙氨酸 UUA UUG — 亮氨酸	UCU UCC UCA UCG — 丝氨酸	UAU UAC — 酪氨酸 UAA — 终止密码子 UAG — 终止密码子	UGU UGC — 半胱氨酸 UGA — 终止密码子 UGG — 色氨酸	U C A G
C	CUU CUC CUA CUG — 亮氨酸	CCU CCC CCA CCG — 脯氨酸	CAU CAC — 组氨酸 CAA CAG — 谷氨酰胺	CGU CGC CGA CGG — 精氨酸	U C A G
A	AUU AUC — 异亮氨酸 AUA — 甲硫氨酸 AUG — 开始密码子	ACU ACC ACA ACG — 苏氨酸	AAU AAC — 天冬酰胺 AAA AAG — 赖氨酸	AGU AGC — 丝氨酸 AGA AGG — 精氨酸	U C A G
G	GUU GUC GUA GUG — 开始密码子	GCU GCC GCA GCG — 丙氨酸	GAU GAC — 天冬氨酸 GAA GAG — 谷氨酸	GGU GGC GGA GGG — 甘氨酸	U C A G

表 20.1 氨基酸和生成它们的核苷酸组合（密码子）清单。这些氨基酸的组合（表现为三个字母的密码）会产生特定的蛋白质

由 tRNA 携带的特定氨基酸相连的 mRNA 密码子互补（图 20.13）。例如，精氨酸的 mRNA 密码子是 CGG，而它的反密码子是 GCC。tRNA 可以与 mRNA 和核糖体相互作用。核糖体的结构得到最佳化，是指能够让 mRNA 和 tRNA 一直处于正确的位置上，允许氨基酸的多肽分子按照从 DNA 传递给 mRNA 的遗传指令进行组装。tRNA 按照核糖体每次的阅读结果组装这些蛋白质（图 20.13）。蛋白质的组装一直持续到核糖体遇到了"终止"密码子，后者是代表着一个氨基酸的三种核苷酸的组合（表 20.1）。

　　最后，tRNA 携带氨基酸离开核糖体，并把它们组装为蛋白质（图 20.14）。任何一个细胞中都有数以千计的核糖体，它们全都参与着蛋白质的合成。为了保证通过这种过程制造的蛋白质确实是由 mRNA 指定的，必须满足两个条件：① tRNA 必须正确地阅读 mRMA 密码子；② tRNA 必须传递对应于每个 mRMA 密码子的氨基酸。20 种氨基酸中的每一种都有一个对应的 tRNA 分子。

遗传密码

　　遗传密码使用 4 种碱基（A、U、G、C）的不同组合，生成 20 种氨基酸（蛋白质的基本结构单元）。单个字母的密码只能产生 4 种组合（密码子），而 2 个字母的密码只能产生 4 × 4 = 16 种确定的组合。这便不足以生成全部 20 种氨基酸。以 3 个字母的密码子为基础的 3 字母密码能够生成 4 × 4 × 4 = 64 种密码子，远远多于表达氨基酸所必需的数字。所以，3 个字母的密码可以满足这一点，见表 20.1 中罗列的所有遗传密码。有好多 3 个字母的组合是重复的，会产生同样的氨基酸。例如 CGU、CGC、CGA和 CGG 全都代表同一种氨基酸——精氨酸。所以，3 字母密码中有许多简并，并不是说这 64 个密码都代表着不同的氨基酸。所有的物种都使用同样的遗传密码。密码子 AUG是开启密码子甲硫氨酸的密码，即翻译的启动信号。密码子 UAA、UAG 和 UGA 是终止密码子。当遭遇到一个终止密码子时，翻译终止，多肽链被释放，由 tRNA 组装。

密码子中字母次序的改变是怎样影响最后产生的氨基酸的？密码子的第一个碱基的变化会产生化学性质类似的氨基酸。例如，想象一套带有 CUX 密码的亮氨酸密码子（表20.1），其中 X 代表 U、C、A、G 核苷酸中的一个。在这种情况下，第三个核苷酸的突变（核苷酸的变化）并没有影响密码子的类型（沉默突变，silent mutation）。然而，第一个核苷酸的突变（AUX，其中 X 代表 U、C、A、G 中的一个）把它变成了异亮氨酸或者甲硫氨酸，它们都与亮氨酸类似，即中等大小的疏水性（不喜水的）核酸。同样，只有中间的核苷酸能够固定最终氨基酸的性质。具有 XUX 形式的的密码子都是疏水性氨基酸（苯丙氨酸、亮氨酸、异亮氨酸、甲硫氨酸和缬氨酸）。然而，如果我们把中间的核苷酸改为 A，例如某种 XAX 密码子，形成的所有氨基酸就都变成了亲水性的。所以，密码子的第二个位置标示出了核酸是否疏水，第一个位置确定疏水性氨基酸的类型。

为什么 DNA 是遗传物质的载体

RNA 带有一个非常活跃的羟基。它可以与 RNA "骨架" 上的磷酸基连接，将其分裂为两个部分。它也可以参与聚合反应，并与氢原子和其他反应物成键；所以，RNA分子不稳定，易于分裂。另一方面，DNA 中没有这个羟基，这使它稳定得多。DNA 的相对稳定性是使它成为更好的遗传信息携带者的重要原因。而且，DNA 的核苷酸碱基能够更容易地修复损坏的遗传物质。RNA 中含有尿嘧啶（U），而 DNA 中有一个这种碱基的甲基化形式（R—CH_3），叫作胸腺嘧啶（T）（专题框 20.3）。在 RNA 中，胞嘧啶（C）在与水相互作用时会自发转变为尿嘧啶；这个过程叫作水解（hydrolysis），即化合物通过与水反应分解。这时，甲基（—CH_3）在胸腺嘧啶中的存在说明有尿嘧啶，它是在 DNA 中自发生成的，重新存储了胞嘧啶，因此修复了 DNA。这一过程完全是因为胸腺嘧啶的存在才会发生，它使 DNA 变成了这样一位忠诚的遗传密码卫士。

能量生成过程

细胞可以自己执行这么多不同的复杂任务，其原因是它们能够生产自己需要的能量。细胞利用腺苷三磷酸（adenosine triphosphate，ATP）分子来储存和释放能量。ATP 分子中含有腺苷（adenosine），它是由附着在三个磷酸基上的碱基腺嘌呤和 5- 碳糖核糖组成的（图 20.16，上）。它与组成了 DNA 和 RNA 的骨架的分子有类似的结构（图 20.8）。这说明糖基（核糖）+ 磷酸基 + 核苷酸是生命不可或缺的元素。

在 ATP 中的能量存在于与磷酸基相连的化学键内，当这些键断裂时得到释放。每当细胞从 ATP 中提取了能

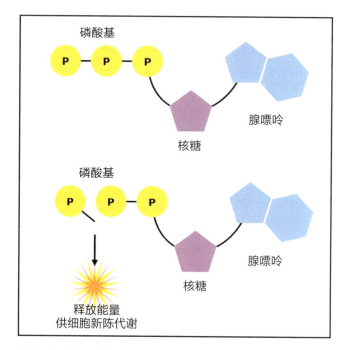

图 20.16 通过将腺苷三磷酸（ATP）转化为腺苷二磷酸（ADP）产生能量的细胞

量，它都会通过失去一个磷酸基，将能量转化为腺苷二磷酸（adenosine diphosphate，ADP）（图 20.16，下）。然后，ADP 又可以通过与一个磷酸基再次成键，被转化为 ATP 分子。因此，ATP 循环在细胞内部持续发生。

一切生物（植物、动物、真菌和微生物）都通过一个叫作细胞呼吸（cellular respiration）的过程释放能量。这是一套复杂的化学反应，它能将储存在有机物分子（如葡萄糖）中的化学势能转变为一种细胞可以用于执行它们的任务的化学形式。这种能源就是 ATP，它是一切细胞的通用能量。对于动物，负责产生能量（细胞呼吸）的细胞器是线粒体（mitochondria）——一种棒状的细胞器，由两层膜组成：一层外膜，还有一层高度折叠的内膜（图 22.1）。这个过程消耗氧气，释放二氧化碳。在植物中，负责产生能量的细胞器是叶绿体（chloroplast）。叶绿体能够捕捉日光，通过光合作用合成糖，同时释放作为副产品的氧气。叶绿体也包括内外两层膜，膜内有一种能够接收阳光的分子，叫作叶绿素（chlorophyll）。叶绿素使让植物带有绿色，并能从日光中汲取能量。通过使用来自日光与二氧化碳中的能量，它们生产碳水化合物，释放氧气。线粒体和叶绿体具有它们自己的基因组，它们的工作与其他细胞器的工作相互独立。线粒体与叶绿体中的 DNA 与某些细菌的 DNA 有类似之处。这意味着，这两种细胞器起源于某些被

真核细胞捕获的细菌，而它们随着时间进化，得到了它们当前的功能（我们将在第 22 章讨论这一点）。

细胞呼吸可以在氧气存在的情况下进行（有氧呼吸，aerobic respiration），也可以在氧气不存在的情况下进行（无氧呼吸，anaerobic respiration）。我们在这里简单描述一下有氧呼吸的过程，它是现代动植物生产能量的基础。这种呼吸分四步进行，描述如下（亦可参考图 20.17）。

第一步：通过一个叫作糖酵解（glycolysis）的过程，将葡萄糖部分分解，生成丙酮酸（pyruvate）和少量 ATP。这一过程发生在细胞质中。

第二步：丙酮酸被转变为另一种叫乙酰辅酶 A（acetyl-coenzyme A，acetyl-CoA）的分子，同时释放二氧化碳。这一过程发生在线粒体内。

第三步：乙酰辅酶 A 在三羧酸循环〔citric acid cycle，亦称克雷布斯循环（Krebs cycle）〕中被分解，产生少量 ATP 和更多的二氧化碳。

在第一到第三步中，化学能被转化为 ATP 和电子载体，它们都是能量存储分子。电子载体是能够存储和转移以高能或者受激电子的形式存在的能量的分子。

第四步：通过一系列反应，电子载体把它们的高能电子沿着一系列与膜结合的蛋白质贡献给最终的电子受体。然后，通过氧化磷酸化（oxidative phosphorylation）过程，这些电子的能量被用于产生大量 ATP。通过从一个电子载体向电子转移链进行的电子转移产生的能量，导致了从 ADP 和无机磷酸盐向 ATP 的合成。在有氧呼吸中，氧是最终的电子受体。这个过程消耗了氧，产生了水。负责电子转移的元素是与线粒体内膜结合的蛋白质。

在图 20.17 所示的步骤中，存储在葡萄糖、碳水化合物或者脂类中的能量被转化为 ATP 中的能量，后者将大量能量存储在它的磷酸键上（图 20.16）。ATP 是细胞能够用于执行功能的通用能量。能量的生成是一个氧化还原过程（见下一章），其中电子由 NADH 从一个反应带至另一个反应。NADH 是烟酰胺腺嘌呤二核苷酸（Nicotinamide Adenine Dinucleotide，NAD^+）的一个（接受电子的）还原形式，它是通过如下反应生成的：$NAD^+ + 2H \rightarrow NADH + H^+$（图 20.17）。

总结与悬而未决的问题

本章综述了对于生命至关重要的成分、它们的结构和功能，以及它们为了完成自己的任务所遵守的化学与生物学定律。我们从一个活体生物开始，把它分解为各个部分，研究不同的成分是怎样如同独立实体一样工作的。本章的目标是为有关生命起源假说的探讨提供必要的背景材料，而生命起源假说将在下一章中解释。

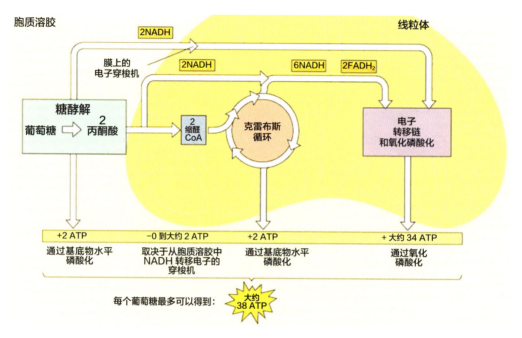

图 20.17 细胞呼吸是 ATP 产生的一个来源，本图表现了它的分步过程。以葡萄糖（$C_6H_{12}O_6$）为出发反应物，最后释放了氧气（O_2），CO_2 和大量 ATP。电子是由 NADH 携带的，黄素腺嘌呤二核苷酸（Flavin Adenine Dinucleotide-$FADH_2$）是在克雷布斯循环中产生的氧化还原化合物，它也携带电子

　　碳原子具有特殊架构和结构，是生命需要的最基本的元素。碳原子能够同时与 4 个不同的元素进行反应，通过多肽键构建非常复杂的分子。而且，在考虑到取向的时候，复合碳分子的三维形状能够生成新的结构（分子），它们有与原来不同的性质（同分异构体）。这使碳得以与其他元素（氢、氮、氧和磷）一起参与数目不限的反应，生成对于生命至关重要的有机分子。这个过程产生了所有生物都共同拥有的化合物，一切形式的生命都需要这些化合物来支持与维持。这些化合物包括 4 种：碳水化合物（供给能源）、脂类（用于能量储能）、蛋白质（完成多种任务，从构建结构到酶的工作——见专题框 20.5）和核酸（为遗传信息和基本遗传物质编码）。

　　DNA 和 RNA 是两种最基本的分子。对于它们的研究揭示了它们对于我们所知的生命如此重要的原因。DNA 分子可以复制（可以通过复制过程生成自己的一个转录物），并负责将遗传物质（通过 RNA）向蛋白质合成的场所转移。换言之，DNA 指示蛋白质

执行它们的任务。DNA 由两部分组成：骨架和碱基。骨架由与氮碱基（核苷酸）相连的碳糖（核糖）和磷酸基组成。氮碱基包括 4 种核苷酸：腺嘌呤、胞嘧啶、胸腺嘧啶和鸟嘌呤。由于这些核苷酸的化学组成，胞嘧啶总是与鸟嘌呤配对，胸腺嘧啶总是与腺嘌呤配对。这些键是 DNA 可以复制并且带有我们熟悉的双链螺旋的原因。通过复制过程，DNA 可以产生自己的转录物。同样，DNA 也可以作为一个模板，通过一种叫作转录的过程，将核苷酸的次序复制到 RNA。这些信息随后被转移到蛋白质合成的场所，通过氨基酸之间的多肽键生成蛋白质。RNA 和 DNA 分子之间的一个重大差别是它们的骨架，RNA 的骨架有一个带有羟基（—OH）的糖基，而 DNA 分子是脱氧的（不含氧，只含有氢）。羟基（—OH）非常活泼，会使 RNA 立即与其他分子发生反应。因此 DNA 更为稳定，这就是 DNA 是遗传信息的主要携带者的原因。DNA 与 RNA 之间的其他差别在于它们的碱基。DNA 的胸腺嘧啶在 RNA 中由尿嘧啶取代；另外，DNA 是双链，而 RNA 是单链。

自然界中总共有 20 种氨基酸，它们构成了遗传密码。核苷酸三个一组，组成氨基酸。氨基酸随之构建了千百万种组合，形成了蛋白质。改变核苷酸的次序会影响由此形成的氨基酸的性质，造成一些变化，例如氨基酸的亲水或者疏水性。氨基酸的次序是由来自 DNA 的指令决定的，由此产生了它们制造的蛋白质。

所有这些反应都需要能量才能发生。细胞通过一种叫作腺苷三磷酸（ATP）的分子生成自己的能量，ATP 由磷酸基、核糖和腺嘌呤组成。通过失去一个磷酸基，可以释放储存在 ATP 中的键里面的能量，形成腺苷二磷酸（ADP）。失去的磷酸基接着与 ADP 结合，生成 ATP，它可以再次断裂、释放能量。最初的能源是碳水化合物和脂类。

对于生命至关重要的许多化合物分子有类似的结构，是由同样的材料构成的。例如，组成 DNA 和 RNA 的骨架的分子，与能在细胞内产生能量的分子具有类似的组成成分和结构，后者是由一个氮基、一个碳糖基和一个或多个磷酸基组成的。于是便有了这样一个问题：是否有这样的可能，即在几十亿年前，正是那些以不同结构结合的同一批化学元素播下了第一批生命的种子？这些化合物是否有另一套变异，它们或许可以导致人们尚未发现的不同的生命形式？

考虑到我们拥有的核苷酸，我们可以生产许多种氨基酸，但为什么实际上只有 20 种氨基酸？这很可能是通过自然选择确定的一种优化。氨基酸的性质取决于构成它们的核苷酸的次序，这些组合中有许多会生成同种氨基酸。所以，过多的氨基酸数目导致其中许多是重复的。自然界中有这些氨基酸的组合，每一种都有自己的性质，所以大自然可以生成能够维持生命并使其发挥功能的蛋白质。

最后，我们有关生命的定义是建立在一种而且是我们知道的唯一一种生命的基础上的，那就是地球上的生命。所以，如果有其他的生命形式存在，以这种定义为基础的任何搜寻都会错失那些生命形式。是否有这样的可能，即我们已经在地球上解码的一种假说，会在宇宙中其他一些地方导致某种原始生命，它们根据自己所在的环境和拥有的成分进行了改动？这是一个艰难的问题，因为我们没有数据，但当研究支持生命所需的分子的生物化学时，这是一个需要牢记在心的问题。

回顾复习问题

1. 一切生物体主要的共同特征是什么？
2. 解释有关生命的单一定义会有误导作用的原因。
3. 为什么碳可以轻而易举地与其他元素发生化学反应？
4. 简单解释化学键的概念。
5. 为什么碳在形成地球上的生命的基础时是独一无二的？
6. 描述一个氨基酸分子的不同部分。
7. 描述蛋白质合成的过程。
8. 脱氧核糖核酸（DNA）与核糖核酸（RNA）有何不同？哪一种更为稳定？为什么？
9. 简单解释 DNA 与 RNA 的结构。
10. 什么是核苷酸？
11. 构建 DNA 的双螺旋的碱基时形成的是什么键？
12. DNA 是怎样把信息传送到蛋白质合成的场所的？
13. 什么是基因？
14. 解释酶在 DNA 复制中的角色。
15. 解释 ATP 分子是怎样生产细胞需要的能量的。

参考文献

Bennett, J., and S. Shostak. 2007. *Life in the Universe*. 2nd ed. Boston: Pearson.

Cleland, C.E., and C.F. Chyba. 2002. "Defining Life." *Origins of Life and Evolution of the Biosphere* 32 (4):387 – 93.

Morris, J., D. Hartl, A. Knoll, and R. Lue. 2013. *How Life Works*. New York: Freeman.

Sadava, D., D. Hillis, C. Heller, and M. Berenbaum. 2014. *Life: The Science of Biology*. 10th ed. Sunderland, MA: Sinauer.

插图出处

· 图 20.5a: https://commons.wikimedia.org/wiki/File:Methane-CRC-MW-3D-balls.png.

· 图 20.5b: https://commons.wikimedia.org/wiki/File:Ethane-A-3D-balls.png.

· 图 20.8: https://unlockinglifescode.org/media/details/441.

· 图 20.9a: Copyright © Bruce Blaus (CC by 3.0) at https://en.wikipedia.org/wiki/File:Blausen_0323_DNA_Purines.png.

· 图 20.9b: Copyright © BruceBlaus (CC by 3.0) at https://en.wikipedia.org/wiki/File:Blausen_0324_DNA_Pyrimidines.png.

· 图 20.10: Copyright © OpenStax College (CC BY-SA 3.0) at https://commons.wikimedia.org/wiki/File:DNA_Nucleotides.jpg.

· 图 B20.3: Copyright © Sponk (CC BY-SA 3.0) at https://commons.wikimedia.org/wiki/File:Difference_DNA_RNA-EN.svg.

· 图 20.11: Copyright © Sponk (CC BY-SA 3.0) at https://commons.wikimedia.org/wiki/File:Difference_DNA_RNA-EN.svg.

· 图 20.12: Copyright © Madprime (CC BY-SA 3.0) at https://en.wikipedia.org/wiki/File:DNA_replication_split.svg.

· 图 20.13: Copyright © Boumphreyfr (CC BY-SA 3.0) at https://commons.wikimedia.org/wiki/File:Peptide_syn.png.

· 图 20.14: Adapted from https://commons.wikimedia.org/wiki/File:MRNA-interaction.png?uselang=da.

· 图 20.15: Copyright © Madprime (CC BY-SA 3.0) at https://en.wikipedia.org/wiki/File:Genetic_code.svg.

· 图 20.17: Copyright © by Pearson Education, Inc.

一个以我们当前一切知识武装起来的诚实的人，只能大略地叙述自己的看法，认为在某种程度上，生命的起源发生在一个几乎可以说是奇迹般的时刻，必须有那么多条件同时得到满足，才能启动生命。

生命的起源

THE ORIGIN OF LIFE

本章研究目标

本章内容将涵盖：

- 研究生命起源的早期实验
- 有关生命起源的不同假说
- 蛋白质合成的起源
- DNA 的起源与进化
- 能量生成过程的起源
- 遗传密码的起源
- 手性的起源

在前面各章讨论过的所有理论和假说中，或许有些以后会被证明是正确的，还有一些是错误的。这些理论都会经历人们对于自然现象观察的检验。然而有一个无可争辩的事实是：我们在这里，生活在地球这颗行星上，我们仍旧活着。地球上的生命有不同的形式，从简单的原核生物到真核生物，再到复杂的多细胞生物（植物、动物），一直到像我们人类这样有思想、能够索解宇宙奥秘的造物。生命经过了几十亿年的进化，从原始形式开始，达到了我们今天这种智慧存在。通过对自然现象的观察，我们得到了知识，并通过运用客观思维和理性分析，探索着我们自己的起源。通过深入地挖掘这些观察结果，我们现在正处在一个探讨人类一直在询问的基本问题的阶段：什么是生命的起源？显而易见，探索地球上生命起源的方式是研究化石。一块特定年龄的化石将说明生命在那个时刻的存在。尽管地质记录揭示了地球生命史的很大一部分，但进化论将研究生命从开始直到现在的演变。然而，这些演变不会告诉我们，生命在最初时刻是如何启动的。问题是，最初时刻的地质记录已经变得稀少而且不准确。这些记录未能成功地在地球形成后最初几亿年间的严酷条件下存活。这导致我们无法知道最初的生命是何时开始的了。

叠层石（stromatolites，希腊词，意为"石床"）是层状结构的沉积岩石，其中夹杂着各种微生物的遗体，为我们提供了大约 35 亿年前第一批生命存在的证据。在靠近叠层石顶部的地方，人们可以找到某种微生物，它们能够在暴露于日光下时通过光合作用生成能量；较底层的微生物则利用有机化合物为自己生产能量。叠层石与近代的、形成层状结构的沉积岩颇为类似，这一点支持了叠层石可能是早期生命的第一批化石遗物的观点。

找出原始生命出现年代的一种方法是，在微体化石中寻找有机碳的痕迹。这将为第一批细胞的出现界定时间。然而，这是一个非常精细的过程，因为在地球的历史中，其他地质事件可能污染这些微体化石，影响其最初的特征。尽管如此，这些研究将地球上第一批化石的年龄限制在35亿岁。如果这些记录是正确的，则在大约35亿年前，生命必定在地球上广泛分布，甚至达到了能够留下化石记录的程度。这就意味着生命很可能在此之前很久便存在了，或许在38亿年或者40亿年前。考虑到解读地质年代的不确定性与复杂性，对于第一批化石的年龄确定存在一些问题。可以确定的一点是，地球上的生命不是持续不断地从头开始的，换言之，每一种生命都不是自发生成的，而是在已有生命的基础上进化而来的。我们在上一章中使用了已知的物理与化学定律，发现了生命所需的成分的起源。在考虑了一个满足生命需要的条件、拥有生命所需的成分的世界之后，下一个问题就是：所有这些成分是怎样汇聚到一起，启动了我们所知的生命的？

本章将进一步把我们的知识边界伸展到地球诞生之初，找出生命是如何以其最原始的形式出现的。本章将研究最简单的有机分子的起源，将呈现有关生命起源的相互竞争的不同假说。接着，我们将研究启动并维持生命所需要的不同成分的起源。

生命小分子的起源

眺望我们遥远的过去，人们可以清楚地看到，地球上的一切生命形式都是从已经存在的一种生命开始的。生命并非自发产生的，或者说，生命并非起源于无生命物质。1668年，意大利物理学家弗朗西斯科·雷迪（Francesco Redi，1626—1697年）做了一个实验来验证这一假说。他使用了三个装着肉的玻璃罐，并用如下方法设置实验（图21.1）：

- 第一个玻璃罐是密封的。
- 第二个玻璃罐暴露于空气中，但苍蝇无法直接进入。
- 第三个玻璃罐是打开的，可以同时接触空气和苍蝇。

雷迪在第三个玻璃罐中看到了蝇蛆（随后变成苍蝇），但在另外两个玻璃罐里都没有看到。这说明，只有当周围已经有苍蝇时才会有蛆。这个简单的实验证实了生命是不能从无生命物质（这里就是肉）中自发产生的。换言之，一切活物都来自已经存在的生命。

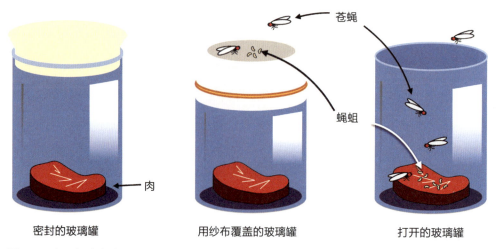

密封的玻璃罐　　　　　　用纱布覆盖的玻璃罐　　　　　　打开的玻璃罐

图 21.1 一个用肉和蝇蛆虫做的实验证实，第一个生命不是自发产生的。换言之，生命的创造必须从活物开始

简单有机分子的起源

　　利用观察结果，我们在上一章发现了所有活着的生物共有的特征。我们现在研究负责生命的有机分子的起源，特别是有机化合物是怎样从无机物质形成的。通过分解产生第一批活物的过程，我们可以十分合理地假定，生命是通过化学反应开始的。很难想象，这种事情能够正发生在今天的富氧大气中。这是因为氧是一种非常活泼的元素，它能够与其他元素发生反应，在有机分子结合、形成造成地球上生命的复杂分子之前便令其分解。这就意味着早期地球很可能没有氧气，只有无机化合物存在。现在的问题是：是否可以用无机物创造有机化合物？

　　1953 年，斯坦利·米勒（Stanley Miller）和哈罗德·尤里（Harold Urey）做了一个著名的实验，后人称之为米勒 – 尤里实验。他们用一个玻璃烧瓶装满了人们认为是早期地球大气中的主要气体：甲烷和氨（图 21.2），并在另一个烧瓶里盛满了水，用来模拟海洋。盛满水的烧瓶经过加热产生了水蒸气，随后与甲烷和氨气混合，便产生了与早期地球大气类似的条件。接着他们在混

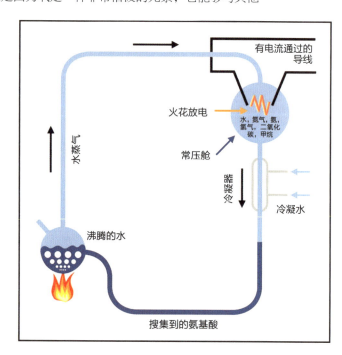

图 21.2 米勒 – 尤里（Miller-Urey）实验证明，早期地球大气中存在的初始无机分子可用于制造简单的有机分子

合气体中引入电火花，为化学反应的启动提供能量。然后，他们将气体冷却，并冷凝产生的"雨水"，"雨水"循环进入盛着水的烧瓶（图 21.2）。在实验持续了一个星期后，他们分析了最后的产物，并在其中发现了痕量的氨基酸和有机分子。根据米勒－尤里实验得出的结论是，有机分子很可能是在强能源存在的情况下由无机物质形成的。

然而，这一实验的结果会受到早期地球大气中氢含量的影响。如果没有氢，有机物质是不可能形成的。在不存在氢的情况下，二氧化碳中的氧将大大减少米勒－尤里实验中预言的有机物质的数量。最新的研究发现了种种迹象，说明早期地球大气中的氢含量高达 30%。

生命的阶段

为了让生命的不同成分汇聚并启动与维持生命体，需要经过如下 4 个阶段：

第一阶段：氨基酸和核苷酸单体等一类有机物小分子合成。

第二阶段：这些简单分子结合形成更复杂的聚合物和核酸链，产生蛋白质。

第三阶段：产生能够自我复制的分子，使基因从母细胞向子细胞的转移成为可能。

第四阶段：把这些分子堆积到由膜包围的封闭结构内，使结构内的环境与外界不同，从而形成原始细胞。

然而，"正确的"元素最初是如何产生的，这是另外一个故事，我们将在本章稍后的部分讨论。

启动生命所需的化学反应

地球上的生命是由许多化学反应产生的。化学反应会在达到一个平衡状态，反应物的原子和分子、产物的原子和分子之间取得平衡。如果平衡出于某种原因受到了干扰，例如在过程中加入更多反应物，则会出现不平衡状态。这将改变反应速率，最后让反应再次达到平衡（反应总是走向平衡的）。处于不平衡的反应向平衡移动，释放化学能，它们将被生命利用，支持新陈代谢。

对于启动地球生命而言至关重要的化学反应叫作氧化还原反应（redox reactions）。这些反应涉及反应物原子与分子之间的电荷转移（由于发生了电子的移动）。例如，水的产生过程就是一个氧化还原反应：首先，一个氢分子被转化为两个氢原子核（带有正电荷的质子）和两个电子（带有负电荷）：$H_2 \rightarrow 2H^+ + 2e^-$；其次，两个质子和两个电子与一个氧原子结合，产生了水分子（$\frac{1}{2}O_2 + 2H^+ + 2e^- \rightarrow H_2O$）。氧在这里接受了一个电子，负电荷增加，叫作被还原（reduced），而氢的正电荷增加，或者说被氧化了（oxidized，因为它现在与氧结合；redox 这个词就是氧化还原，是由 reduced 中的 red 与 oxidized 中的 ox 联合组成的）。氧化还原反应牵涉来自一个电子给体（被氧化）的一个或多个电子向一个电子受体（被还原）的转移。这种电子转移产生了能随之驱动与生命攸关的生物化学反应的能量。

与动物的呼吸有关的过程涉及糖（如葡萄糖，$C_6H_{12}O_6$）与氧之间的反应，生成二氧化碳和水，并释放能量：

$$C_6H_{12}O_6 + 6\,O_2 \rightarrow 6\,CO_2 + 6\,H_2O + 能量$$

在这个反应中，葡萄糖给予电子，而氧接受电子，所以这是一个氧化还原反应。一个这样的氧化还原反应链能够生成维持生命所需的能量。在光合作用这一过程中，反应链在叶绿素吸收日光时开始，造成了细胞内的不平衡，接着进行反应，产生了细胞在整个氧化还原反应中使用的能量。

有机大分子和第一批生命体的起源

任何有关生物体起源的假说都必须能够回答下面的三个问题：对于生命至关重要的第一批有机物分子是怎样出现的？这些分子是怎样并以何种次序结合，形成了生命的主要元素的？产生第一批复杂大分子所需要的能量是从哪里来的？

即使生命需要的一切氨基酸都在地球上存在，但考虑到生命的复杂性，它们靠自行组织，一步到位地组合成功的概率极低。即使对于最简单的生物体，做到这一点的概率也很小。我可以在这里指出一些其中牵涉的复杂性。我们知道，DNA 是负责转移遗传信息的媒介，它具有的复制能力使它能够发挥这一功能。为了能够组装、复制 DNA 并执行它的这一功能，蛋白质需要发挥催化剂的作用，加速有机反应。另一方面，我们也知道，没有来自 DNA 的指令，蛋白质无法形成、发挥作用并执行它们的使命。因此，现在的问题是：是先有 DNA，还是先有蛋白质？假定早期生命遵循今天的生命遵循的原理，则一定需要一个像 DNA 这样具有自身复制能力的媒介。然而，考虑到 DNA 的形状和结构，它实在太复杂，无法在生命历史的早期做到复制自身。另一方面，如果没有 DNA，我们就不会知道有任何能让蛋白质合成的机理。

我们现在还不知道生命的早期成分是怎样汇聚在一起的。下面我们讨论几种试图解释第一批生物体起源的相互竞争的理论。

一、新陈代谢优先

新陈代谢优先假说认为，最初的生命来自简单单体（一种能与其他分子产生化学键的单元，能够形成叫作聚合物的更复杂的分子）有机分子的一个自我维持的化学反应网络。当这个反应网络演变得更加复杂时，遗传分子被整合，导致新陈代谢生命的发展。根据德国化学家贡特·瓦希特舒瑟（Günter Wächtershäuser）在20世纪80年代提出的这个假说，人们发现第一批新陈代谢反应发生在深深的大洋海底，是在热液喷口周围的硫化铁与硫化镍矿物质表面上开始的，这些矿物质就是反应的催化剂，从已有的无机物质（如喷口中存在的一氧化碳或者通过火山活动产生并通过洋中脊沿海底上升的二氧化碳）生成碳。从这些化合物释放碳的过程需要氢。氢的来源是喷口中的硫化氢（H_2S）或者海水。

利用硫化氢的还原能力（即释放电子的能力），硫化铁和硫化镍催化了二氧化碳的还原反应，生成了有机物小分子，加速了无机分子向有机分子的转化。这个反应的基本底物是在礁石表面的硫化铁。硫化铁向一氧化碳提供电子，把它们转化为乙酸，开始让氨基酸形成长链，这种长链最终导致蛋白质的形成。这些反应需要的能量来自氧化还原过程（见上节），因为当来自热液喷口的热水与较冷的海水混合时引起了化学不平衡（见专题框21.1）。

在生物体中流行的新陈代谢路径是三羧酸循环（克雷布斯循环）。好氧微生物利用克雷布斯循环氧化醋酸根 $C_2H_3O_2^-$（来自含有碳水化合物、脂肪和蛋白质的食物），生成合成氨基酸需要的化合物和细胞发挥功能需要的产能分子ATP（图20.17）。二氧化碳是这一循环中产生的废物。根据瓦希特舒瑟的论证，通过这一过程的逆向反应，可以从二氧化碳生成有机分子合成所需的碳，醋酸根是反应的副产品。这一过程的催化剂是一种叫作陨硫铁的硫化矿物（FeS）。

新陈代谢优先假说认为，热液喷口中存在的氢与二氧化碳和硫化铁-镍催化剂的结合，产生了一些化学物质，它们会聚集在一起形成反应，产生克雷布斯循环的逆向过程。这里的问题是，克雷布斯循环会生成产能分子ATP（见图20.17），然而，要让这一反应逆向进行则需要能源，可能需要ATP这类有机分子。但在当时，任何复杂的有机分子都还不存在，因此无法产生ATP（见专题框21.1）。这是这一假说面临的挑战之一。ATP的生成将导致一个能够形成有机化合物的自我维持的循环，但必须提供最初需要的能量。

综上所述，类似生物化学的还原反应似乎可以在存在着硫化物矿物质的情况下发生。硫化铁的表面会限制来自每个反应的产物的分散情况，并支持一个复杂的、自我维持的新陈代谢反应序列，导致新的、更复杂的催化剂和新陈代谢路径形成。因为新陈代谢优先假说依赖于硫化铁，人们也称其为硫化铁世界假说。热液喷口是这些反应发生的地方。这些喷口位于海洋深处，在那里，矿物质富集的水受到地热能加热，从海底的开口中喷出。

新陈代谢优先假说还有一些难解之处。例如，它并没有清楚地说明，一套非常不同的化学反应怎样才能形成一个能够自发地自我组织的新陈代谢网络。而且，没有基因的网络会抗拒进化，因为这需要多个突变同时发生，而在这一框架下很难解释清楚这种情况。所以，在不存在进化和自然选择的情况下，很难解释这一过程是如何导致可持续的生命的。

专题框 21.1 如何提供形成第一批有机化合物所需的能量？

大气中的二氧化碳溶解在海水中，产生了碳酸（H_2CO_3）（图 19.2）。碳酸失去一个质子（以氢原子为形式），产生碳酸氢根离子（HCO_3^-），它又接着被转化为碳酸根离子（CO_3^{2-}）和氢离子（H^+）。这提高了海水中的质子浓度，使这一环境更加酸化。另一方面，从喷口喷射而出的流体是碱性的，其中的质子浓度很低。海水与来自喷口的流体之间质子浓度的不同，在没有 ATP 分子存在的情况下产生了所需的能量，能够推动克雷布斯循环逆向进行，实施了导致第一批有机化合物形成的第一批化学反应。

二、基因优先

这一假说认为，第一批生物体是基因。它们是小分子，其中含有信息，可以复制，本身具有催化功能。它们能够为自身的形成和复制起催化作用，这一事实说明这些分子可以进化（如果发生了变化也可以传给后代）。这是基因优先假说相对于新陈代谢优先假说的重大优势。

如本章稍早时所述，存在于世界上的全部氨基酸聚集并自发地形成生命分子的概率极低。基本结构单元的丰度过低；在没有催化剂加速过程的情况下，氨基酸聚集组装的速度实在太慢，不可能形成生命分子。几种无机矿物很可能促进了这些复杂的有机分子的组装。一种叫作黏土的矿物可能在基因的组装和生命的起源中扮演了这一角色。已知最古老的陆源物质是锆石颗粒，它说明了黏土在 44 亿年前的地球上大量存在，这意味着，在我们认为生命开始的那个时刻，黏土是普遍存在的物质。从结构上说，黏土矿物质是由多层分子组成的，其他分子可以附着在这些分子层上（见专题框 21.2）。因此，当有机分子与黏土结合时，它们一直处于相当接近的位置上，使彼此可以相互反应，形成了一个分子长链。不同的黏土层中有不同的化学元素和化合物。在黏土层之间的这种多样化可以使它们具有类似基因的功能。 例如，在一层黏土中的带电离子可以发挥模板的作用，并催化下一层黏土的形成。任何复制上的错误（基因突变），即氧化铝和二氧化硅在抄录过程中的堆积，都将反映到以后各层当中。如果这些错误增加了复制过程的可靠性，它们将通过加速复制与生产满足我们有关生命定义的新化合物而形成选择性优势。同样，黏土层中的离子也起着加速有机反应和形成 RNA 聚合物的催化作用。根据这种假说，在地球的海洋中的黏土可能是产生第一批能够复制自身（从而实现了生物体系的定义条件之一）的有机分子的原因。这就是所谓的黏土世界假说。

然而，黏土世界假说也有些问题。人们还没有在今天已知的生物体中发现以黏土为

专题框 21.2 黏土可能是第一批生物体形成的催化剂吗？

黏土是由多层矿物质组成的，其中包括带电荷的氧化铝和二氧化硅，它们交替堆积在不同的层中，其中带有钠和钙。黏土的总分子式是 $(Na,Ca)_{1/3} (Al,Mg)_2 (SiO_4O_{10}) (OH)_2$ nH_2O，代表一个层状结构。带正电荷的钠和钙可以在氧化铝和二氧化硅层表面的一些带负电荷的位置上相互置换。所以，在矿物中，尽管钠离子加钙离子的总数不变，但钠与钙之间的比率是不同的。类似地，尽管铝和镁的总数守恒，它们在氧化铝层中的比率也是变化的。这导致了不计其数的分子生成，每个都有不同的钠钙比和铝镁比。这就形成了黏土的层状结构，中间由水层（nH_2O）分开。由于这些带电离子层存在，黏土的这种层与层之间的变异性与基因类似。黏土中每一层带电离子现在都可以作为模板，催化与它互补的新层的形成。有时候，在抄录过程中会出现不规则现象，导致（基因）突变并且影响新层。如果突变提高了抄录过程的效率，这就会像在生物分子中那样形成选择性优势。黏土中的离子也可以像催化剂那样加速有机反应，从而有助于 RNA 形成。所以，我们可以将黏土视为一种使无机分子聚集的催化剂，并让它们在千百万年后形成一种原始生命。

基础的新陈代谢。而且，也没有实验室中的已知化学物质曾经产生过任何分子。有一种可能是，黏土不是好的催化剂，一旦进化过程中创造出更有效的有机催化剂，黏土催化剂就被弃置不用了。

三、RNA 世界假说

在这里，我再次提出我在引入本节时提出的问题。一切细胞都有 DNA，它们传给了后代的细胞。这些细胞使用 DNA 中的信息合成蛋白质。这些蛋白质中有些是酶，它们

能够合成新的 DNA，当这个过程持续时，这些新的 DNA 也能传给后代的细胞。所以，蛋白质合成依赖于 DNA，而 DNA 本身又是通过蛋白质以酶的功能造就的。问题就是：这个循环从哪里开始？

生物学家们提出了一种可能性，即认为 RNA 或许在此扮演了重要角色。人们已经发现，在有些病毒（例如在能够引起艾滋病的 HIV 这类逆转录酶病毒）中，RNA 可以携带遗传物质。科罗拉多大学（University of Colorado）的托马斯·切赫（Thomas Cech）于 1981 年发现，RNA 具有类似酶的催化能力。人们称能够起到酶的作用（类似蛋白质酶那样催化化学反应）的 RNA 分子为核糖核酸酶（ribonucleic acid enzymes），简称核酶（ribozymes）。

由于 RNA 具有这些性质，能够像 DNA 那样将信息储存在核酸的次序中，并且像酶那样促进化学反应，所以 RNA 可能是第一种能够为遗传信息编码并能够催化它自己的产物与抄录的分子。因此，地球上的第一批生物体可能既利用 RNA 作为遗传物质，又利用它的催化活性，包括遗传物质的抄录。人们称这一概念为 RNA 世界假说。

与其他聚合物一样，RNA 是由比较简单的前体形成的。通过一种叫作模板定向聚合的过程，这些前体在另一种聚合物的基础上形成特定的聚合物序列。根据 RNA 世界假说，第一批生物活体包括三个部分：一个具有 RNA 聚合活性的核酶（即通过结合较小、较简单的分子形成的一个复杂的 RNA 分子），一个可以定向引导聚合的模板 RNA，还有一个实体容器（膜）。需要两个 RNA 分子（而不是仅仅一个）才能启动这一过程，并且让核酶催化反应。这是因为核酶需要折叠成为复杂的结构，才能执行它们的功能。所以，考虑到这种复杂的形状，任何能够自我复制的分子都不大可能成为复制自己的模板。要让一个 RNA 分子成为合成一种新的 RNA 分子的模板，这个分子就必须展开，暴露于将在它上面聚合的单体（比较简单的分子）面前。根据这种假说，两个核酶的形成至关重要。一个容器也是需要的，这样才能把遗传物质和由它编码的分子放到一起。没有这个容器，各种物质将会飘散，不会相互作用。

综上所述，RNA 世界假说认为，在一个脂质膜中，我们最早的祖先通过两个 RNA 分子（一个自我复制的核酶）开始了生命。核苷酸单体接着"泄漏"进入了膜，聚合成为新的核酶副本。这个过程继续，产生了更多的 RNA 分子，增加了脂质膜中的分子量。像一个原始细胞的这层膜接着在被困在其中的核酶的重力压力下分裂。脂质膜随之进化成为细胞，周围带有更有效的脂质。简单分子（单体）从以蛋白质为基础的孔隙穿过脂质膜的扩散过程变得更有效而且更有选择性，即只允许细胞需要的小分子通过。所以，RNA 世界假说自然导致的推论是：第一批复制分子就是第一批细胞。

问题是，如果 RNA 在信息储存和转移的起源上扮演着如此重要的角色，那为什么后来细胞使用 DNA 来存储信息，用蛋白质来执行细胞过程呢？正如我们在上一章中讨论的那样，这主要是因为 RNA 有一个非常活跃的羟基（—OH），它非常容易与其他分子反应，因此不如 DNA 稳定。而且，单链 RNA 比双链 DNA 更容易断裂，更经常发生基因突变。考虑到这些，RNA 的角色改由 DNA 承担，从而使更大、更稳定的基因组的合成成为可能。

RNA 世界假说有两个严重的不足：第一，通过 RNA 单体的随机聚合，自发生成一个能够复制自身的序列的概率极低。在需要两个 RNA 分子来开始这一过程的情况下，这种条件就更难达到了。第二，在 RNA（糖）中的核糖、氨基酸和有机化合物都是有手性的。这意味着它们不能叠加在它们的镜像上（见本章稍后有关手性的讨论）。例如，人们发现，蛋白质总是由左手性氨基酸组成的，这叫作同手性。左手性和右手性的氨基酸的混合物无法折叠成这些复杂分子需要执行它们的功能的三维结构。而问题是，早期地球的化学产生的是同样数量的左手性和右手性分子。所以，要让化学中的随机过程产生单一手性的分子的可能性是极其微小的。

维持生命需要的基本成分的起源

我们在第 20 章中讨论了对于支持与维持生命至关重要的基本成分。一旦这些成分全部到位，而且也有了信息的携带单元和必需的能源，生命诞生的过程就开始了。随后它就能够自我维持，适应环境并且进化。我们将在本章继续讨论相关问题，研究有关生命起源的不同假说和这些不同的成分是怎样汇聚在一起、创造了今天在我们周围的这些生命的。然而，至今我们仍然不知道这些基本成分是怎样出现的。此后各节，我们将继续第 20 章的讨论，并通过研究 DNA 的起源、遗传密码的起源、蛋白质合成的起源、能量生成过程的起源和手性的起源，将这一讨论推进到更深刻的层次。

DNA 的起源

一切细胞中都有双链 DNA。所以，研究 DNA 的起源对于我们理解早期生命的进化至关重要。而且，人们相信，DNA 的出现早于这个行星上最早的生命，这就让这种研究变得更加重要了。DNA 有可能在一个 RNA/ 蛋白质的世界中起源于 RNA。有证据表明，DNA 是 RNA 的一个经过修正的形式，只是将 RNA（—OH）上的核糖还原成了 DNA 中的脱氧核糖，并通过甲基化过程（methylation process）在碱基尿嘧啶（U）上加上了一个甲基原子团（R—CH$_3$），使之变成了胸腺嘧啶；这个证据是支持上述假说的（图 20.11，专题框 20.3）。在这里，令问题复杂化的是，DNA 合成需要以蛋白质作为催化剂，而蛋白质在没有 DNA 指定核苷酸的次序和指令的情况下是无法合成的。

合成 DNA 的第一步，是 U—DNA（含有尿嘧啶的 DNA）的生成。这是通过将脱氧尿苷三磷酸(deoxyuridine Triphosphate, dUTP)转化为脱氧尿苷单磷酸(deoxyuridine Monophosphate，dUMP）的一个化学反应实现的：dUTP[①] + H$_2$O → dUMP + 二磷酸，该反应以酶 dUTP 二磷酸为催化剂。这种酶有两项功能：一是去掉脱氧核苷酸上的 dUTP，减少这种碱基与 DNA 结合的可能性，这也就降低了 DNA 中含有尿嘧啶的可能性；二是产生脱氧胸苷三磷酸（deoxythymidine triphosphate，dTTP），它是在蛋白质合成中使用的 4 种核苷酸三磷酸分子（它们由一个含氮碱基、一个核糖或者脱氧核糖和与糖基成键的磷酸基组成）之一。上述过程展示了 RNA 中的尿嘧啶是如何被 DNA 中的胸腺嘧啶取代的。dTTP 分子是在细胞中通过酶的胸苷酸合成（thymidylate synthases）以及随后的磷酸化作用将 dUMP 变为 dTMP（和 dTTP）产生的。以上解释了 DNA 在 RNA 基础上的产生过程。

有一些已知的病毒（在细胞内部繁殖的非细胞颗粒），它们的遗传物质是 RNA 而不是 DNA。通过其核苷酸次序，RNA（而不是 DNA）可以执行信息携带者的任务，并被表达为蛋白质。像人类免疫缺陷病毒（human immunodeficiency virus，HIV）这样的病毒便具有这种性质。在感染了一个寄主细胞后，这样的病毒便抄录了它的基因组的 DNA，与寄主的基因组结合。这种病毒依赖于寄主的转录机制来制造更多的 RNA。这种 RNA 可以被翻译生成蛋白质，或者作为基因组与病毒结合。从 RNA 向 DNA 的合成叫作逆转录（reverse transcription），这样的病毒叫作逆转录酶病毒（retroviruses）。

还有一种可能性，即 DNA 最初的责任是存储磷酸基，而遗传方面的责任是后来进化得来的。细胞中需要磷酸基，不仅要产生像核糖体这样负责遗传物质的系统，而且也需要用它们来制造分子 ATP（细胞的能量发动机）、脂质膜分子和许多其他事物。

如前文所述，由于 DNA 的分子结构决定了其更稳定、更容易被修复，所以 DNA 取代 RNA，成为遗传物质。这就为大型基因组的形成开辟了道路，它是现代细胞进化的先决条件。一旦第一批 DNA 分子制造成功，达尔文的自然选择便控制了大局，带有 DNA 基因组的细胞群落最终淘汰了带有 RNA 基因组的细胞。

---

① 核苷酸通常用三个字母简写，其中第一个字母说明其含氮碱基（例如 A 代表腺嘌呤，G 代表鸟嘌呤），第二个字母说明磷酸基的数目（单，二，三），而第三个字母是 P，代表磷酸。

遗传密码的起源

RNA 形成之后的一个重要步骤是碱基单元的次序（核苷酸在 DNA 上需要遵循的次序）需要为不同的氨基酸编码（遗传密码），用以合成蛋白质。这个次序是经过数百万年的进化得到的优化。为了解码遗传密码的起源，科学家寻找负责蛋白质合成的化学分子在组成、形状和结构上的异同点。通过时间的回溯，他们限制了寻找的目标，锁定了一批在极早期便已经存在的分子。这些分子的遗传密码具有很高的普遍性，这便意味着，当生命露出了第一丝痕迹的时刻，一切所需的成分（RNA，以及需要执行催化任务的酶）已经全部就位。

负责遗传密码传递的分子是 tRNA。尽管这些分子具有范围广泛的性质，它们的次序却非常相似。利用这种观察结果，人们得出了结论，认为 tRNA 都是从很小的一套分子进化而来的。有 20 种不同的 tRNA 酶（每种对应着一种氨基酸），它们都具有共同的特点和相似的化学结构，这说明它们全都来自蛋白质合成最初期的两种起源 RNA。这一年代要追溯到"最后的共同祖先"（LUCA）的时代之前，因为人们知道，酶在那时候要多得多。这说明，分子的组成成分在 LUCA 之前便已经存在。所以，tRNA 和酶的次序多样化向我们揭示了，蛋白质合成的历史早于 LUCA。

我们在第 20 章中讨论了 A、U、G、C 分子，氨基酸就是以它们为基础、以三个字母为一组形成的密码子，例如 AUG。这是一切生命形式的遗传信息的基础。我们也在讨论中说到：大多数信息是由密码子的前两个字母决定的，它们确定了由它们产生的氨基酸的性质。 因此，现在的问题是：为什么我们需要三个字母而不是两个字母来建立遗传密码呢？这很有可能是来自选择的压力，所以形成了数目较多的氨基酸，可以在合成蛋白时有更多的组合。这一过程是经过千百万年的进化之后的优化结果。另一个问题是：为什么氨基酸的数目到了 20 便戛然而止？这个数目有可能是优化的，可以允许氨基酸拥有足够多的种类和组合；任何更大的数字都将在遗传物质向蛋白质传播时增大出错的可能性，而这是受到自然选择禁止的。

蛋白质合成的起源

第一种蛋白质合成过程很可能是 RNA 分子与氨基酸的结合。为了有效地实施这一过程，需要使用一种催化剂（经常是某种蛋白质）。然而，蛋白质在它第一次合成时还不存在。所以，RNA 作为催化剂的角色对于启动这个过程至关重要。

我们已经知道，RNA 是从氨基酸那里得到自身的功能的。所有的 RNA 分子都有两个共同成分，即一个磷酸基单元和一个核糖原子团，还有一个功能团（是 A、U、G、C 的某个组合），其成分视特定的 RNA 而异。这个磷酸基 – 核糖基单元形成了 RNA 结构的"骨架"，而核酸则形成了碱基（图 20.11）。因为 RNA 分子的化学组成，它们可以向自身加入更多的氨基酸增强功能。第一个 RNA– 氨基酸分子的形成提供了选择优势，使更多的 RNA 得到了有效的功能。这样的 RNA– 氨基酸系统可能是第一个 tRNA 的基础。

RNA– 氨基酸分子是蛋白质合成的主要成分，合成发生在核酶中，那里制造了氨基酸聚合物（蛋白质），但请注意：当第一次蛋白质合成发生时，还不存在细胞或者核糖体。因为这些聚合物在形成细胞结构中扮演的角色，当时出现了相当大的选择压力，要求形成这样的复杂分子；利用 tRNA 与氨基酸的结合，核酶进化，生成了复杂的多肽分子。

蛋白质合成需要的另一个至关重要的成分是聚合物的次序。我们知道，这些次序是由 mRNA 生成的，mRNA 在利用氨基酸生成有序多肽时起模板作用。核糖体利用这些模板，通过让它的原始 tRNA 与另一个 RNA 成键，定向引导蛋白质合成，形成了第一个 mRNA。这种 mRNA 的次序决定了与最后形成的聚合物（蛋白质）结合形成的氨基酸的次序。通过让能够维持蛋白质合成并可以在其中应用的次序获得选择优势，自然选择在这里发挥了重要作用。结果出现了与 mRNA 具有同样次序的蛋白质。一旦第一批蛋白质制造成功，它们便成了以不同的次序更有效地生成蛋白质的反应的催化剂。

细胞内能量生成的起源

ATP 分子是怎样合成的？碳水化合物、脂类和蛋白质这类有机分子是良好的能源。在动物细胞中生成的糖和在植物细胞中生成的碳水化合物是细胞呼吸过程和 ATP 合成的启动分子。

那么，什么是在葡萄糖、碳水化合物或者脂类中的能源呢？它们含有能量，因为这些分子能够参与一项氧化还原过程（redox）（专题框 21.3）。氧化是失去电子，还原是得到电子。电子的得失总是在同一个氧化还原反应中发生的。电子从一个分子转移到另一个分子中，于是一个分子失去电子，而另一个分子得到了电子。电子转移过程被用来从葡萄糖这类分子中汲取能量，或者在光合作用中被用来从日光中汲取能量。所以，电子在氧化还原反应中的运动是携带与转移能量的主要原因（图 20.17）。

然而，所有这些情况都是在有机化合物形成之后发生的。下面一个问题就是：如何满足产生第一批有机分子时的能量需要？我们可以通过氧化还原过程，从一个不平衡的系统中汲取能量。从海底的热液喷口中喷射而出的热物质与较冷的海水发生了热能交换。这也在海洋中造成了质子浓度的不同（专题框 21.1）。这些过程共同作用，启动了一个氧化还原过程，产生了开始让第一批有机物质最终生成的化学过程所需的能量。

为了从环境中获得所需的能量，生物可以采取两种不同的方式：利用化合物或者日光。我们称那些从化合物中获取能量的生物为化能营养型（chemotrophs）生物，动物属于这一域，它们摄取葡萄糖等有机分子，然后用氧将之分解，产生二氧化碳、水和能量。我们称那些通过日光自行生产能量的生物为光能营养型（phototrophs）生物，植物属于这一域，它们利用来自太阳的能量，将二氧化碳和水转化为糖和氧气。糖随之被用于合成 ATP——细胞的通用能量。

生物也可以用它们的碳来源来分类。有些生物将二氧化碳（碳的一种无机形式）转化为葡萄糖（碳的一种有机形式），我们称这些生物为自养生物（autotrophs）或者自我喂食者。还有一些生物直接从其他生物合成的有机分子那里获得碳，我们称这些生物为异养生物（heterotrophs）或者异己喂食者。有些生物就不属于自养生物，也不属于异养生物，我们称它们为化能自养生物（chemoautotrophs）或者光能异养生物（photoheterotrophs）。

手性的起源

手性是离子和分子的几何性质。如果一个离子或者分子无法与自己的镜像重叠，我们就称它具有手性，这就像是我们右手的手套并不适合左手。手性是一个重要概念，因为形成生命所需的化学物质（氨基酸和糖基）是带有手性的，即它们无法与自己的镜像重叠。蛋白质都是由左手性氨基酸构成的，而核酸（DNA 和 RNA）都是由右手性糖基构成的。蛋白质是由左手性氨基酸构成的，它们自然也是左手性的。右手性氨基酸能够组成右手性蛋白质，但它们在自然界中非常罕见。具有相同的手性〔叫作同手性（homochirality），即全都是左手性或者全都是右手性〕是形成生命分子至关重要的条件。这里有两个明显的问题：

1. 为什么同手性必须存在？因为混杂手性的单体没法折叠，所以无法执行它们的功能。这为需要折叠它们的蛋白质和 RNA 变成活跃状态的生物提供了选择优势。我们在无生物界发现的氨基酸是左、右手性混杂的。

2. 是否有牵涉到左右手性的选择优势？答案极可能是没有，因为任何分子和它们的镜像在化学上都是等同的。由手性随机变化的单体组成的聚合物无法发挥功能。结论是：同手性是生物体的一个至关重要的性质。

同手性的起源尚不清楚。很可能是一种选择压力导致了手性的出现。例如，左手性蛋白质只与左手性物质结合。但为什么选了"一只手"，而没有选它的镜像呢？看上去这完全是一种随机的选择。例如，如果碳基生命在宇宙其他什么地方存在，它们的手性很可能会与地球生命的手性有所不同。同样可能的是，如果第一批氨基酸是在彗星上形成的，则圆偏振的星际辐射会有选择性地摧毁一种手性的氨基酸，从而使地球上的生命变成同手性的。手性在酶与它们的载体之间的联系上也很重要。酶经常能够区分它的载体的手性。酶在与它手性相同的载体上附着得更好，在手性相反的载体上附着得较差。

总结与悬而未决的问题

两个简单的经典实验的结果为我们提供了研究生命起源的重要启示。第一，人们发现，生物只能来自已经存在的生命。第二，以无机化合物为基础，在早期地球的普遍条件下是可以生成生命需要的有机物质的。对于产生生命所需的能量，一类叫作氧化还原反应的特定化学反应是至关重要的。这类反应牵涉电荷在反应原子之间的交换和过程中能量的产生。一个例子是糖（葡萄糖）与氧的燃烧，生成二氧化碳、水和能量。这类反应对于启动与维持生命是十分重要的。所以，研究生命起源的任何尝试都必须让这类反应发生。

造成生命起源的综合过程相当复杂。即使有了所有的氨基酸和生命需要的成分，我们还是需要极为精细的调整，才能从已知的化学走向生物学直至生命。目前存在着一些相互竞争的生命起源假说。新陈代谢优先假说认为，生命起源于海底热液喷口附近岩石表面上发生的一套化学反应。一氧化碳、氨和硫化氢这些喷口中的物质与硫化铁、硫化镍这些矿物质反应，生成有机物质和新陈代谢路径。能够催化这一过程的主要化合物是硫化铁。基因优先假说将基因视为第一批生物体。这一假说认为，有一种催化剂能够使这些有机物质聚集在一起，这种催化剂很可能是矿物质黏土。在相邻的地方经历了千百万年后，它们相互作用，生成了有机物长链分子。黏土矿物质非常古老，具有结构和成分，能够组装复杂的有机物分子。RNA 世界假说认为 RNA 是生命的起点。蛋白质合成需要 DNA 提供必要的指令，而有些蛋白质需要作为酶催化 DNA 的合成。问题是，这一循环在何处开始？因为 RNA 比 DNA 简单，但却与后者有许多共同的性质，而且它可以起到酶的作用，因此 RNA 有可能是负责遗传信息的第一批分子。

为了研究生命的起源，我们需要研究那些与生命形成有关的主要成分的来源。这些成分包括第一批有机分子、初始能源和传递信息的遗传物质。因为 RNA 的形状简单（单链）而且具有执行多种任务的能力，所以很有可能 RNA 是第一种分子。RNA 是多面手，能够自身复制，也能充当催化剂。细胞内的能量来源是氧化还原反应。最后，形成生命的骨架的化学物质都是具有手性的，它们无法与自己的镜像重叠。蛋白质是左手性氨基酸组成的，而核酸（DNA 和 RNA）则含有右手性糖基。自然界中的右手性蛋白质或者左手性氨基酸不稳定。酶与同手性的分子反应。

尽管我们已经取得了重大进展，但我们还不知道第一批生命是在什么时候出现的，又是如何出现的。为说明生命起源提出的每一种假说都有其优缺点。它们都需要科学数据的支持，无论是自然数据还是实验室数据。我们也注意到，如果生命存在于宇宙的其他地方，它们未必一定遵照在地球上我们所知的生命发展的途径。因此，我们需要寻找生命标志物，然后在其他世界中搜寻它们。毫无疑问，我们需要进行大量的工作，才能真正了解生命的起源。

回顾复习问题

1. 以当前来自化石记录的估计，生命是什么时候开始出现的？

2. 证明生命不是自发产生的历史性实验是什么？

3. 米勒 – 尤里实验有何重要意义？

4. 解释氧化还原反应以及它们对于产生生命至关重要的原因。举出氧化还原反应的一个例子。

5. 解释生命起源的新陈代谢优先假说的缺点。

6. 生命起源的黏土世界假说的基础是什么？黏土的哪些性质使之成为一种优良催化剂？

7. 什么是 RNA 世界假说？解释 RNA 在这一假说中的角色。

8. 什么是 DNA 的起源？

9. 自养生物和异养生物的定义是什么？

10. 为什么同手性是与生命有关的任何分子至关重要的性质？

参考文献

Bennett, J., and S. Shostak. 2005. *Life in the Universe*. 2nd ed. Boston: Pearson/Addison-Wesley.

Plaxo, K.W., and M. Gross. 2006. *Astrobiology: A Brief Introduction*. Baltimore: Johns Hopkins University Press.

细胞的起源

22

THE ORIGIN OF CELLS

本章研究目标

本章内容将涵盖：

- 细胞的结构和功能

- 原始细胞（Protocells）及其起源

- 细胞器的起源

- 真核细胞起源的内共生学说（endosymbiotic theory）

- 多细胞生物的起源

- 原核细胞与真核细胞的进化和多样化

- 第一批生物体

- 多样化的起源

- 神经系统的起源

- 一切生命的共同起源

    细胞是生命的最小单元和最基本元素。理解这些最基本的单元，对于研究生命的起源与发展至关重要。在水或者空气的弥散环境下，对于生命的基础要求，如新陈代谢、能量生成、蛋白质合成的化学过程是不可能发生的。如果化学反应物和酶自由地漂浮在它们各自的环境中，要让它们聚集到一起，碰撞并发生反应，这简直就是不可思议的。需要一个封闭的空间，把这些不同的成分带到一起，增加空间内所有分子的浓度，允许它们结合并开始那些最终将导致复杂的生命分子的反应。细胞创造了这样的保护性环境，用膜把这些分子与周围环境分隔开来。在一个成人体内有大约 60 万亿个细胞，全都以同样的方式工作。每个细胞中大约含有 1 万个不同的分子。细胞利用这些分子，执行它们的功能。

    细胞能分裂为其他细胞。子细胞是从它们的母细胞中产生的，并一步步无限回溯到第一个细胞。但第一个细胞是怎样形成的？这个细胞是在什么条件下形成的？细胞的不同组成部分（细胞器）是怎样形成并通过遗传取得其功能的？不同的细胞器是怎样像一个活细胞那样协调它们的任务而形成一个统一整体的？考虑到细胞的精细结构，任何导致第一批细胞形成的过程一定都是非常复杂的，是几十亿年自然选择与进化的结果。第一批细胞的故事是生命开始的故事。为了更好地理解生命的起源和进化，我们需要知道这些故事。

首先，我们将在本章给出细胞的基本结构和功能。我们也将讨论有关细胞的起源、功能和不同细胞器的假说。接着，我们将探讨多细胞系统的起源，随后是对于细胞进化的研究。我们将讨论多样化的起源、生命的域和一切生命的共同起源。

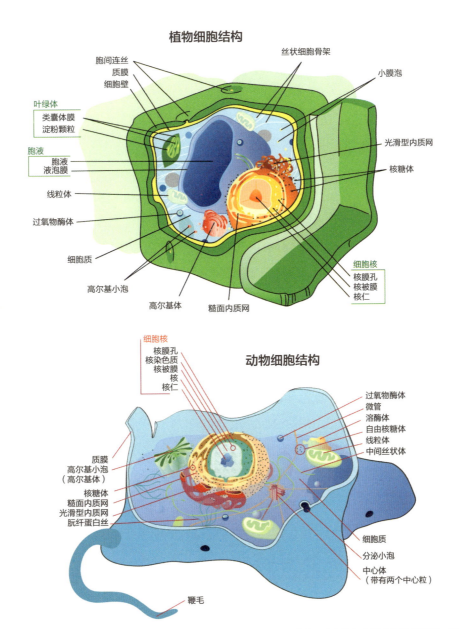

图 22.1 图中显示了动物与植物细胞中不同的细胞器。这两种细胞的结构和内部的细胞器之间非常相似，说明它们很可能有共同的起源

研究细胞的出发点是细胞理论，其要点为：

1. 一切生物体都是由细胞组成的。
2. 细胞是生命的基本结构。
3. 细胞通过已有细胞的分裂产生（不存在细胞的自发产生）。
4. 细胞可以在生物体外（in vitro）或者生物体内（in vivo）生成更多的细胞。

细胞的结构与功能

细胞是高度复杂、组织严密的单元，其中包括许多内部结构（图 22.1）。它们是合成蛋白质、存储遗传物质的场所，也是生成能量的地方（专题框 22.1）。动物和植物细胞含有许多共同的成分，每一种成分都承担一项特定的任务。对应于器官，我们称细胞的这些专门化的部分为细胞器。细胞通过细胞壁或者膜与外界环境分隔。一个细胞的主要细胞器及其主要功能包括：

膜：一些薄层，由磷脂（phospholipid）分子和蛋白质组成，将内部的细胞器与外界分开（图 22.1）。膜的形状通过这些分子与外界环境的相互作用来维持。磷脂是极性分子，一端可溶于水（甘油，glycerol），另一端不溶于水（脂肪酸，fatty acid）。细胞膜的蛋白质成分在膜的表面上，或者在膜内部。

细胞核：最大的细胞器，也是生物的遗传物质（DNA）的所在地。它周围环绕着一层将细胞核中的物质与细胞其他部分分开的核膜（图 22.1）。

线粒体：能够产生细胞需要的能量，但只存在于动物细胞内。每个细胞中的线粒体数目取决于细胞组织的类型和与之相关的生物。

叶绿体：存在于植物和动物的细胞中，能够执行利用阳光制造能量的任务（图 22.1）。

细胞质：填充在细胞中的流体，决定了细胞的形状。细胞器悬浮在细胞质中，其中也存储着 DNA 和化学物质。

内质网：蛋白质合成的地方，包围着细胞核（图 22.1）

核糖体：蛋白质合成的地方，也是由 mRNA 决定产生何种蛋白质的地方。

为什么细胞这样小

为了让细胞能够有效地发挥功能，它们的体积必须很小。细胞的大小受到了它的表面积和体积之间比率的限制。任何物体的表面积与体积之间的比率都会随着体积的增大而减小。这是因为，尽管物体的体积增大时表面积也会增加，但增加幅度没有那么大。出于以下两个原因，这层关系对于细胞这类生物系统极为重要：

1. 细胞的体积是它能够在单位时间内进行的新陈代谢活动的数量标志。
2. 细胞的表面积说明能够进入细胞的物质或者细胞可以排出的废料的速率。

如果一个细胞变得更大，它的新陈代谢活动以及由此产生的废物就会超过它的表面积的增加。由于表面积太小，它无法有效地去除废料。所以，在这种条件下，细胞无法存活。同样，物质也必须能够从一个地方运动到特定的细胞内的另一个地方去。在小细胞内更容易做到这一点。考虑到这些要求，为了执行细胞的功能并生存下去，它们需要比较大的表面积/体积比。因此，细胞的大小经过进化与自然选择达到了优化，让它们能够最有效地发挥功能。

细胞膜的起源

细胞是通过细胞膜相互分开，并与外界环境分开的。细胞膜也决定了哪些物质应该进入细胞或者从细胞中排出。脂质是细胞膜的主要成分。为了理解细胞的秘密，我们需要知道脂类的生物化学特征，以及它们是如何形成细胞的封闭结构的。

组成细胞膜的脂类是各种磷脂（图22.2）。这些磷脂分为两部分：亲水分子（喜水）和疏水分子（恐水）。磷酸"头"集团是亲水的极性部分，与水相互作用；而它的两个长长的脂肪酸"尾巴"是疏水的非极性部分，不与水相互作用。同时带有亲水与疏水区域的分子是两亲性的（amphipathic）。

一旦在水中就位，脂类分子便让它们的"头"组合在外面与水相互作用，而疏水的非极性尾巴则缩在内部，避开水。于是脂肪酸形成了一个内部与外界区域分开的结构。如果一些水被包裹在这个结构内疏水脂肪酸所在的地方，就会出现一种不稳定的局面（因为脂肪酸的疏水部分不与水相互作用）。为了稳定这个结构，脂肪酸形成了第二层膜，叫作脂双层（lipid bilayer）。这是一个双层结构，当受到在脂双层的每一面的极性水分

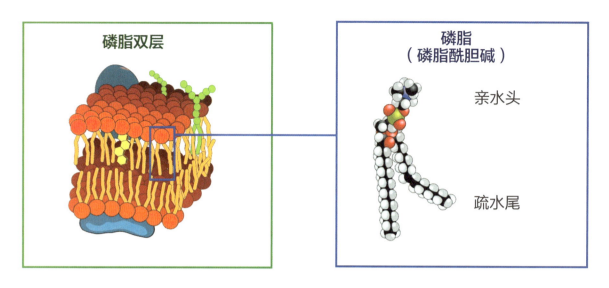

图 22.2 图中显示了一个带有亲水（hydrophilic）端和疏水（hydrophobic）端的磷脂分子（右）。磷脂分子形成了一个定向的磷脂双层，使疏水端远离水环境（左）

子吸引时，脂肪酸的极性头同时对外与对内（图 22.2，左图）。非极性的尾巴向结构的内部伸展，那里没有水。这叫作脂质体（liposomes，图 22.3）。这些被类似细胞的脂双层膜环绕着的结构就是原始细胞。

　　DNA 与 RNA 大分子无法通过这些脂双层，但较小的分子如糖基和核苷酸可以通过。这一点很重要，因为核苷酸能够透过原始细胞膜并与其内部的核酸相互作用，形成多核苷酸链。这种复制在蛋白质(酶)不存在的情况下出现，可能是走向新细胞形成的第一步。

　　要形成现代细胞（生命的最小单元），这些原始细胞还有很长的一段路要走。它们还无法进行一个细胞需要做的全部新陈代谢活动。然而，这个简单的脂双层模型具有一个真正细胞的一些基本功能：（1）它能够形成相互隔绝的内部与外部环境；（2）它具有细胞所需的组织协调体系，氨基酸在其中相互作用；（3）它可以复制自身。

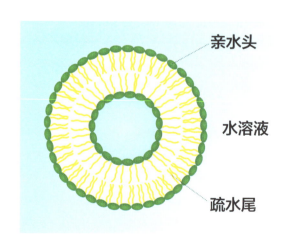

图 22.3 一个脂质体的结构，其中疏水尾定向远离水环境

第一批细胞

要使能够自我复制的分子进行化学反应和新陈代谢，应该将它们限制在被一层膜封闭的空间之内。这些膜分隔了细胞的不同部分，也分隔了细胞内部与外界的环境，从而使细胞内部的化学物质具有比外界更高的浓度，允许那些对于生命的繁荣至关重要的生物化学反应进行。所以，自我复制的分子和让新陈代谢发挥功能所需的化学物质在封闭的膜内共存，这是产生第一批细胞进而产生生命的第一步。

那么第一批细胞是怎样形成的？很可能是一个磷脂和水的混合物建立了一个类似细胞的自发循环圈。能够自我复制的物质（如 RNA）可能会穿透圈的表面，向里面的结构引入遗传物质，这便形成了第一个细胞。在这里，一个至关重要的事实是，遗传物质和化学物质的分隔需要进行新陈代谢。最早的细胞以细菌的形式存在，大约出现在 35 亿年前。

细胞类型

细胞分为两类：原核细胞和真核细胞。没有细胞核也没有内部的分隔区的细胞叫作原核细胞（图 22.4，右）。它们以单细胞细菌的形式存在。第一批可以确认表现出原核细胞化学指纹的化石存在于 38 亿岁前的沉积岩石中，而据估计，人们在西澳大利亚发

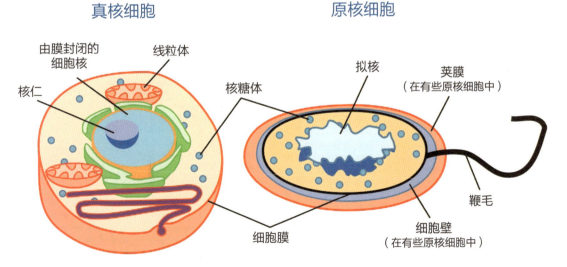

图 22.4 图中显示了原核细胞和真核细胞的结构和不同的膜

现的最古老的原核细胞化石的年龄为34.6亿岁。存在于原核细胞中的特征是一切生物的共同祖先具有的（因为这是地球上的第一批生物），没有任何膜包围着它们的DNA。拥有细胞核且内部成分被细胞膜包围着的细胞是真核细胞（图22.4，左）。细胞膜分隔了细胞的两个主要部分，即细胞核和细胞质；它们也同样分隔了细胞（无论是原核细胞还是真核细胞）和它们周围的环境。真核细胞以简单的单细胞生物形式出现，或者以比原核细胞复杂得多的复杂多细胞形式出现。它们是在原核细胞之后很久才发展出来的，大约在距今12亿年前。

原核细胞分为宽泛的两大域：细菌和古核生物。细菌细胞的结构非常简单，它们的DNA漂浮在细胞质中，它们的mRNA总是很快通过核糖体被翻译为蛋白质。与细菌类似，古核生物也没有以细胞膜为边界的细胞核。它们的细胞膜是脂类生成的，与细菌的脂肪酸膜和真核细胞的膜不同。与真核细胞类似，古核生物中的DNA转录是通过RNA聚合物执行的，这和细菌细胞不同。

细菌和古核生物细胞在大约35亿年前分开，这正是人们断定第一批原核细胞出现的年代。这两个域之间的差别在于它们的细胞壁。细菌的细胞壁包括一个胺基糖聚合物，这种聚合物会在细胞周围形成一种结构。而在古核生物的细胞壁上没有这种物质存在。在它们分化之后不久，这些细菌中的一些开始在不生成氧的光合作用路径上利用光能。在这些最重要的细菌中，有两种对于环境和生命有着重大影响，它们是蓝细菌和变形菌（proteobacteria）（专题框22.4）。

蓝细菌是原核细胞生物，它们与植物类似，通过光合作用生存（图22.5）。它们的生命大约在34亿年前从海洋中开始，因为当时地球上还没有陆地或者大陆，大气层也还没有发展出自己的保护性臭氧护盾。因此，水提供了对抗来自太阳的强烈紫外辐射的防护层。蓝细菌吸收二氧化碳，并向大气中加入氧气，对氧气在大气层中的积蓄做出了贡献。氧含量的增加导致了防护来自太阳的紫外辐射的臭氧护盾的形成，从而使生物体可以从海洋向陆地迁徙。

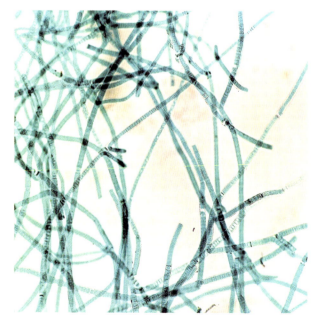

图22.5 生活在38亿年前的蓝细菌

在许多年间，由于细胞的生长和沉积层的堆积，蓝细菌形成了圆顶状的结构，叫作叠层石。现在，人们在西澳大利亚海岸线的浅水区发现了叠层石，我们可以在它们的外层上看到蓝细菌的踪影。古核生物生活在深海热液喷口的极端环境下，那里的温度超过100摄氏度。最近，在土壤、湖泊和海洋等不那么极端的环境中，人们也发现了蓝细菌。

有证据表明，真核细胞中包含古核生物的基因。这为我们提供了有关真核细胞形成的线索。从一个原核细胞开始，让外膜的一部分向内折叠（一个叫作"内陷"的过程），从而造成细胞的尺寸增加和内折。最终，当内折从细胞外膜分离时，细胞内出现了结构，形成了细胞核。这时，原核细胞的DNA进入了细胞核。在某个时间点上，一种应该属于变形菌门的好氧生物与最初的细胞共生，并被移入细胞，形成了线粒体。于是这种细胞在富氧环境下迅速发展，形成了第一种以线粒体为主要能量来源的真核动物细胞。有时候，"被折叠"的原核细胞会以共生方式吞噬在生物化学角度上与叶绿体类似的蓝细菌（见下节）。这就是人们也曾在真核动物细胞中发现叶绿体的原因。所以，原核细胞的生命之树是由两个分支组成的：细菌和另一个独立的分支，它们分别通向古核生物与真核生物。

真核细胞大约在25亿年前与原核细胞（即古核生物）分开，这时共生细菌与真核细胞的一个祖先合并，形成了线粒体。大约15亿年前，细菌和真核细胞通过共生过程合并，形成了叶绿体（更为详细的情况将在下节讨论）。真核细胞的多样化几乎在它们分化为植物、动物和真菌界的同时开始。带有真核细胞的任何其他生物都属于一个叫作原生生物（protists）的域。它们都是微生物，而且尽管属于同一家族，却有着广泛各异的性质。真核细胞的独特性质意味着，它们都来自单一的真核细胞祖先，却分化为不同的原生生物，还有植物、动物和真菌。相比于和细菌的关系，真核细胞与古核生物的关系更密切（因为它们的基因更类似），但它们的叶绿体和线粒体与细菌的类似（专题框22.2）。

专题框 22.2 植物与动物细胞起源的不同

如果一个原核细胞吞噬了一个变形菌，它将进化而具有线粒体，结果变成一个动物细胞。如果一个蓝细菌被吞噬，它将进化而具有叶绿体，结果变成一个植物细胞（亦可参阅专题框22.4）。

细胞中的叶绿体和线粒体的起源

我们曾在本章前半部分研究了将细胞与其环境分隔的细胞膜形成的机理。然而，细胞中还有其他细胞器，每种都有不同的功能，它们各自的任务互补，形成了今天的生物细胞。为了理解细胞本身的起源，我们需要有关这些细胞器和它们的起源的知识。细胞能够行使其功能的第一项要求是要有为它们供能的细胞器。人们在动物和植物细胞中分别发现的独立细胞器是线粒体和叶绿体；但到了今天，线粒体已经存在于动物与植物二者的细胞中。

细胞中的叶绿体与蓝细菌非常相像，后者是一种来自原核细胞家族的光合作用细菌，据称是地球上生活着的第一批生物体之一（我们将在本章稍后解释这一点）。叶绿体和蓝细菌的光合作用过程非常相似（专题框22.2）。它们都通过光合系统取得能量，用同样的反应将二氧化碳还原为有机物质，并释放氧气。人们也发现了一些能让藻类寄生在自己的组织中的生物，这说明在某个时间点上，这种生物曾吞噬了另一个简单系统。结合这些观察结果，人们开发了内共生学说（endosymbiotic theory）。这一理论假定，线粒体和叶绿体是细菌和藻类内吞（即通过吞噬，将分子转移到细胞中）之后经过长期进化的结果。换言之，它们并不是被细胞吞噬，而是通过在膜中的内陷形成了共生关系（图22.6）。内吞作用是一种物质进入一个细胞但没有透过其细胞膜的现象。细胞中的膜内陷，在细胞内留下了外来物体（图22.6）。支持这一假说的更多的证据来自下面的观察：藻类中的叶绿体被两层膜与细胞质隔开。这只有在蓝细菌被一个真核细胞共生性吞噬的情况下才可能实现。内膜是蓝细菌的外膜，而外膜是吞噬细胞的外膜（图22.6）。另外一个重大发现是有关叶绿体以圆形染色体的形式组织自己的DNA的证据，这与细菌的情况相似，但与其他真核细胞的情况不同。根据以上观察得到的结论是：叶绿体在细胞中起光合作用，它起源于被已经存在的真核细胞吞噬的蓝细菌。

线粒体的性质与叶绿体类似。它们的生物化学性质与自由生活的细菌接近，它们的DNA与另一种形式的细菌——变形菌类似，而且起源于胞内共生菌。尽管绝大多数真核细胞含有线粒体，但在一些无氧环境下发现的真核细胞中没有线粒体（专题框22.2）。今天，在检查过的每一种线粒体细胞中，人们都在它们的细胞核基因组中发现了线粒体基因的残余，说明这些细胞在某个时间点上有过线粒体，但后来失去了。没有线粒体的真核细胞含有其他小的细胞器，叫作氢化酶体（hydrogenosomes），它们为细胞生成能量。因此，氢化酶体是有所改变的线粒体，是为适应贫氧环境调整形成的。

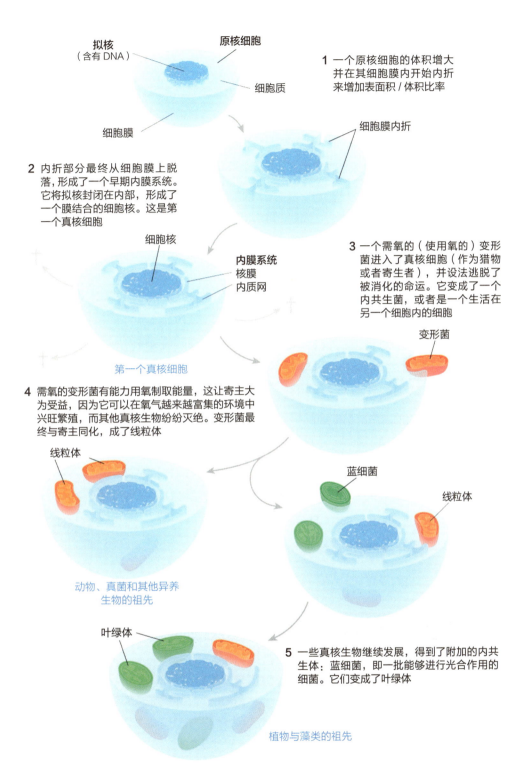

拟核
（含有 DNA）

原核细胞

细胞质

1 一个原核细胞的体积增大并在其细胞膜内开始内折来增加表面积 / 体积比率

细胞膜

细胞膜内折

2 内折部分最终从细胞膜上脱落，形成了一个早期内膜系统。它将拟核封闭在内部，形成了一个膜结合的细胞核。这是第一个真核细胞

细胞核

内膜系统
核膜
内质网

3 一个需氧的（使用氧的）变形菌进入了真核细胞（作为猎物或者寄生者），并设法逃脱了被消化的命运。它变成了一个内共生菌，或者是一个生活在另一个细胞内的细胞

变形菌

第一个真核细胞

4 需氧的变形菌有能力用氧制取能量，这让寄主大为受益，因为它可以在氧气越来越富集的环境中兴旺繁殖，而其他真核生物纷纷灭绝。变形菌最终与寄主同化，成了线粒体

线粒体

蓝细菌

线粒体

动物、真菌和其他异养生物的祖先

叶绿体

5 一些真核生物继续发展，得到了附加的内共生体：蓝细菌，即一批能够进行光合作用的细菌。它们变成了叶绿体

植物与藻类的祖先

图 22.6 真核细胞起源的内共生过程。图中显示了线粒体和叶绿体分别在动物和植物细胞中的形成。图片解释了通过原核细胞本身折叠造成的真核细胞中不同结构的起源。这一现象最终形成了真核细胞的细胞核

多细胞生物的起源

迄今我们讨论了单个细胞的起源、结构和功能。然而，人类、动物和植物是由数以万亿计的细胞组成的，它们相互交流，共同工作，生成了我们周围复杂的多细胞系统。第一批微生物出现之后，这些生物在 30 多亿年前走上了世界舞台，随之而来的是漫长的进化历史。只有真核细胞具有进化为多细胞生物的能力，而要做到这一点，它们需要满足以下共同特点：

·　**细胞之间的黏附**：细胞必须能够黏在一起，而且有能够发展相互关系的性质，从而使生物具有发挥功能的能力。通过蛋白质在细胞之间形成的分子键是它们能够做到这一点的原因。

·　**细胞之间的沟通**：细胞是通过分子信号相互沟通的。信号分子是蛋白质，这种蛋白质能够通过与一个接收分子（另一种蛋白质）成键，而与另一个细胞合成在一起。这便产生了一个分子开关，它能激活或者压制在接收细胞的细胞核中的基因表达。一切细胞都拥有对来自环境的信号做出反应的接收器。复杂的多细胞生物开发了细胞路径，允许分子在细胞之间运动。

·　**调节基因的网络**：根据细胞接收的分子信号让哪种基因关闭或者激活，细胞具有不同的功能。每个信号都会改变蛋白质的产出，调节基因。在一个三维多细胞系统中，外部和内部的细胞暴露于不同的环境中。从多细胞系统的边界之外到系统内部，氧气和营养的浓度发生变化，造成了细胞在多细胞生物中的分异。这些在氧气或者营养方面的条件使内部细胞饥饿，导致某些基因得到了表达或者受到了压制。细胞反应对这种信号差别的基因控制增加，导致多细胞生物内的基因调节。

专题框 22.3 基因组的解包

一个生物的基因组是它的整套 DNA。对真核生物来说，这种信息存在于细胞核中。

染色体是一个或者多个独特的 DNA 片段，组成了一个生物的整个基因组。它们的长度各有不同，可以由数以百万计的碱基对组成。人类有 23 对独特的染色体。它们由两套转录物组成，一套来自母亲，另一套来自父亲，总共 46 个染色体。

基因是大约 3 000 个碱基长的 DNA 特定次序。它们包含着产生所有蛋白质或者某一部分蛋白质所必需的信息。

对于在植物和动物中的细胞黏附、沟通和基因控制的研究表明，多细胞系统是独立进化的。换言之，植物与动物的共同祖先不是多细胞系统。

多细胞复杂系统的生长需要富氧环境，因此活跃的大型动物只能生活在这样的环境中。由于大气中氧的浓度很高，氧气可以通过扩散进入大型生物的内部细胞，使它们能够产生能量，发挥功能。因为这一点，在氧浓度只有表面 10% 的海底，只有小型动物能够生存。大气中的氧气在 5 亿多年前才达到了今天的水平。有趣的是，人们发现的第一个多细胞生物的化石说明，化石中遗体的生前主人正是生活在那个时候。

利用细胞监测进化

负责蛋白质合成的细胞器是核糖体核糖核酸（rRNA），它是细胞内核糖体的主要成分。尽管信息 RNA（mRNA）携带着制造特定蛋白质的指令，但 rRNA 具有催化功能，即在两个氨基酸之间建立化学键；rRNA 的催化功能有力地支持了生命起源的 RNA 世界假说（第 21 章）。为 rRNA 编码的基因以一种独特的方式随着时间进化，因而为人们追踪进化历史或者研究不同物种提供了绝佳的标记。rRNA 的这一性质被广泛应用于对各种生物的进化研究。

通过对 rRNA 的研究，生物学家们发现了有关原核细胞生物进化的强有力证据。通过比较来自不同生物的 rRNA 基因，他们发现了整个历史进程中不同生物之间的进化联系。出于如下原因，rRNA 对于生物体的研究十分重要：

专题框 22.4 蓝细菌和变形菌的性质

原核细胞域中最广为人知的两种生物是：蓝细菌和变形菌。

蓝细菌： 由于它们的色素，人们有时候称之为蓝绿细菌。蓝细菌是能够进行光合作用的细菌。这种反应需要水、氮、氧、矿物元素、光和二氧化碳才能维持。它们利用叶绿素进行光合作用，释放氧气。这些细菌造成了地球大气中的氧富集。同样，能够进行光合作用的真核生物中的叶绿体也是通过对蓝藻细胞的内共生得到的。

变形菌： 这是最大的细菌门。遗传与形态证据表明，真核细胞的线粒体是对变形菌进行内共生过程得到的。根瘤菌（rhizobium）存在于变形菌中，它们对全球氮循环与硫循环有推动作用。

- rRNA 存在于一切生物的共同祖先中，因此它是从最开始就存在的。

- 所有生物中都有 rRNA，所以可以通过生命之树加以比较。

- rRNA 进化得比较慢，于是可以用来分析来自关系很远的物种的基因次序。

多样化的起源

为什么今天的自然界中有多种多样的物种？为什么我们周围的各种生物都以大家族的形式，而不是以单一物种的形式而存在？

在能够自我复制的 RNA 以及后来的 DNA 出现在地球上之后，它们经历了自然选择与随后千百万年的进化。那些能够更快、更有效地复制自身的 RNA，在种群中占据了优势地位。然而，在自然选择与进化发生之前，有些基因经历了一个叫作突变的过程。据说这就是我们今天观察到的生物多样化的主要原因，而突变本身来自基因在抄录过程中的谬误，结果在新基因中造成了一些变异。这些变异中最成功的生物适应了周围的环境，存活下来，并且生长、繁殖、进化。在多年的自然选择与进化之后，这些简单生物转变成了今天的活细胞。

当一个基因受损或者被改动时将会发生突变，结果是这种基因携带的信息有所更改。这是基因序列上的随机变化，是由 DNA 复制过程中的错误或者损坏了 DNA 的环境因素造成的。这种突变的结果是对 DNA 的组成也就是遗传密码的永久性改变。

让我们回想一下，根据三个核苷酸的次序可以形成一种氨基酸（第 20 章）。它们通过多肽键结合在一起，产生蛋白质。这就是遗传信息从 DNA 转录到 mRNA 上的方式。作为一个例子，让我们考虑图 22.7 中的核苷酸的序列。次序 CAG 生成了谷氨酰胺（Gln）这种氨基酸。如果由于上述原因，这些核苷酸中有一个随机地变成了另一种，比如从 C 变成了 T，新次序 TAG 就会在 mRNA 中转化为 UAG（请记住，DNA 中的胸腺嘧啶将被 mRNA 中的尿嘧啶取代）。这是终止密码子，它让序列到此为止。结果，蛋白质的合成在这时因为基因突变而终止，造成了不完整的氨基酸序列与功能失调的蛋白质（图 22.7，上）。图 22.7 中另一个核苷酸的次序是 CAT，可以产生叫作组氨酸（His）的氨基酸。如果核苷酸次序中的 A 被变为 C，则 CAT 就变成了 CCT 密码子，将会形成一种不同的氨基酸——脯氨酸（Pro）。这一次序的改变形成了一种经过基因突变的不同的蛋白质。在某些情况下，基因突变是有害的，或者是无法使物种生存的。在另一些情况下，它们可以成功地通过自然选择过程和达尔文进化，让新的物种生成，因此形成了生物的多样化。

畸形突变

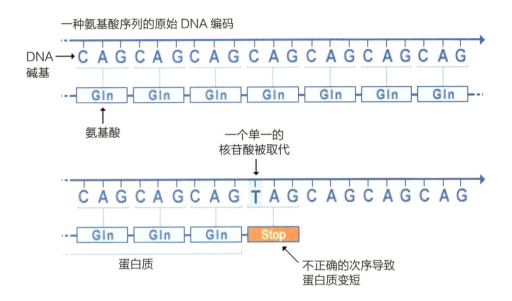

一种氨基酸序列的原始 DNA 编码

DNA → 碱基

C A G C A G C A G C A G C A G C A G C A G

Gln — Gln — Gln — Gln — Gln — Gln — Gln

↑
氨基酸

一个单一的
核苷酸被取代
↓

C A G C A G C A G T A G C A G C A G C A G

Gln — Gln — Gln — Stop

蛋白质

← 不正确的次序导致
蛋白质变短

缺失突变

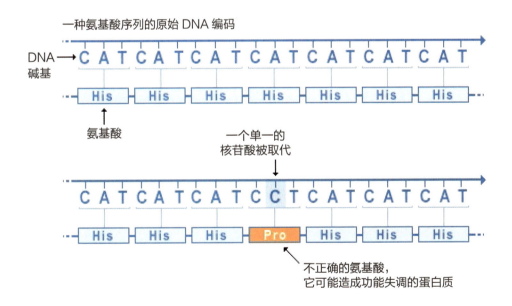

一种氨基酸序列的原始 DNA 编码

DNA → 碱基

C A T C A T C A T C A T C A T C A T C A T

His — His — His — His — His — His — His

↑
氨基酸

一个单一的
核苷酸被取代
↓

C A T C A T C A T C C T C A T C A T C A T

His — His — His — Pro — His — His — His

← 不正确的氨基酸，
它可能造成功能失调的蛋白质

图 22.7 当一个核苷酸变为另一个核苷酸时发生的基因突变，造成了氨基酸序列的变化。这会导致不成熟的蛋白质合成，或者导致新的氨基酸序列的产生。如果新的核苷酸能够适应环境条件，它将进化产生新物种

生命系统发育树

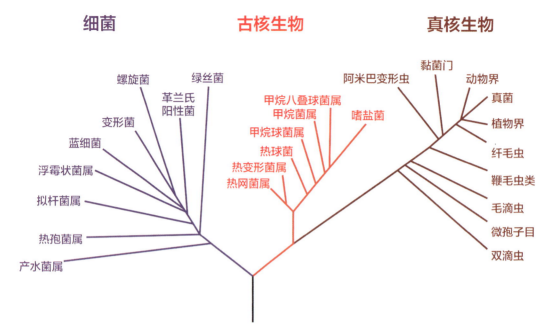

图 22.8 生命的三大域：古核生物、细菌和真核生物。这些域中的每一个都可以进一步细分为不同的界

专题框 22.5 第一个生物

第一批可以确认的化石是原核细胞生物的化石，人们在年代大约为 38 亿年前的沉积岩中发现了它们的化学指纹。人们在西澳大利亚发现了最古老的原核细胞生物的化石。这些原核细胞生物生活在 34.6 亿年前，与蓝细菌类似。蓝细菌是原核细胞生物，通过光合作用生存，与植物类似。它们生活在海洋中，因为那时还没有陆地或者大陆，而且大气层中还没有形成臭氧保护层。所以，水提供了对抗来自太阳的强烈紫外辐射的一层保护，使蓝细菌得以大量繁衍。我们今天还可以在西澳大利亚海岸线浅水域的叠层石外表面上找到蓝细菌。

蓝细菌可以利用大气中的二氧化碳并向大气层中输入氧气，有助于氧气在大气层中的积累。到了大约 20 亿年前，氧气的存在让大部分环境不适于厌氧（即生长不需要氧气的生物）的原核细胞生物生存。结果，能够进行光合作用的蓝细菌和好氧（即生长需要氧气的生物）细菌进化，形成了新的新陈代谢路径。氧气浓度的增加导致对抗来自太阳的紫外辐射的臭氧防护盾形成，使生物可以从海洋向陆地迁徙。

生命的三大域

通过研究核酸的次序，我们现在可以按照类似的内部组成来为不同的生物分类，而不去考虑外在的形态，因为它们经常会造成误导。1977年，卡尔·乌斯（Carl Woese，1923—2012年）假定，两个物种之间的基因次序越相近，它们之间的关系就越密切。为了观察今天在地球上生存的所有生物，我们需要一种存在于所有物种中的分子（专题框22.5），然后我们就可以看一看，这种分子在不同生物中的变化程度。如上讨论，核糖体核糖核酸（rRNA）满足这一要求。rRNA的任务是向蛋白质中翻译基因；它在地球上所有的生物中都有同样的功能，很可能是因为这是从所有生物的一个共同祖先那里产生的。rRNA的遗传结构在千百万年的基因突变和进化过程中发生改变。研究这些变化可以让我们重建多元化的过程。乌斯研究了多种细菌（细菌是不含细胞核的生物）的rRNA次序，比较了它们之间的异同点。根据这一研究和其他独立研究，人们将生物体分为三大域：细菌、古核生物和真核生物（图22.8）。

细菌是三大域中最古老的一个，它们利用有机分子作为能源，发展了不同的新陈代谢活动，人们称这些生物为异养生物。异养生物无法通过无机物质生产碳来制造自己的食物，但能够通过食用其他植物和动物得到碳。有些异养生物选择厌氧呼吸，有些选择好氧呼吸。同样，类似蓝细菌的一些细菌也可以进行光合作用，从阳光和环境中的二氧化碳中取得能量，释放氧气，而其他的细菌则使用化能合成方式，从无机化学物质中取得能量。

古核生物也有各种新陈代谢活动的形式。一些古核生物利用无机化学反应生成它们需要制造有机物质的能量，这个过程叫作化能自养（chemoautotrophic）。这些反应产生的副产品是甲烷（CH_4）或者硫化氢（H_2S）。人们经常可以在极端环境下发现这些古核生物，如热喷泉、含盐分极高或者酸性极强的环境。

真核生物包括动物、植物、真菌和原生动物（protozoa）。原生动物包括任何不属于其他域的生物。真核细胞比原核细胞生物更复杂。叶绿体和线粒体的结构类似于细菌，它们都存在于真核细胞中。

一切生命的共同起源

一切生物都利用同样的元素来支持它们的结构和功能：氢、氧、碳和氮。这些是宇宙中丰度最高的元素，自然也存在于我们地球的大气层和海洋中。我们在上一章说明了：

负责生命的化学元素是通过 20 种氨基酸组成的复杂有机分子形成的。这些氨基酸有同样的组成，不同的只是一个侧链，这个侧链让它们具有不同的性质（图 20.6）。这些存在于一切生命形式中的同样的化合物是生命的基本结构单元。

下一步是让氨基酸组成生命的结构单元——蛋白质。在一切生物中，蛋白质决定了生物的性质，也是地球上一切生物的共同特点。为了能够发挥功能并合成蛋白质，细胞需要能量。对于一切生物，细胞的能量供给来自对此负责的腺苷三磷酸（ATP）分子，这也是生物的一个共同性质。有关生产蛋白质的指令来自分子的 DNA，即通过人称碱基对的分子相连的双链分子。当一个细胞复制时，DNA 分裂为两条链。它们随之相互以化学方式吸引缺失的一半，形成母 DNA 的准确的抄件。在这一过程结束时，两个等同的 DNA 分子产生，它们具有与母 DNA 完全相同的性质。

生物的另一个共同特点，是它们处理复杂分子产生能量支持其新陈代谢的方式。为了生成碳水化合物并转变为能量，植物利用叶绿素，进行光合作用生成碳水化合物，而后再实现能量转换。叶绿素在结构上与血红蛋白（hemoglobin）中的血红素类似，血红蛋白在动物的血液中传送氧。叶绿素围绕着镁原子形成，而血红蛋白围绕着铁原子形成。这一讨论证实，地球上的一切生命都开始于类似但复杂的化学分子（专题框 22.5），而且生命具有同一个起源，无论是植物生命还是动物生命（专题框 22.6）。

专题框 22.6 最后的共同祖先（LUCA）

一切生物今天共同具有的性质是从最后的共同祖先（LUCA）那里继承得来的。LUCA 中的遗传信息存储在 DNA 中，DNA 中带有像酶那样工作的蛋白质。传递者与接收者使用同样的氨基酸，它们存在于我们今天的生物化学中；它们使用 RNA 在基因中转换信息，生产能够行使功能的蛋白质。今天地球上生物的一些特性是千百万年进化的结果，LUCA 不具备这些特性。

神经系统的起源

对于神经系统的起源和进化的研究是一个复杂的问题。神经系统的基本元素是神经元（neurons），它们是具有不同形状、类型和功能的专门化细胞。我们的大脑中有一千亿到一万亿个神经元，它们的数目多于银河系中的恒星，或者可观察宇宙中的星系。

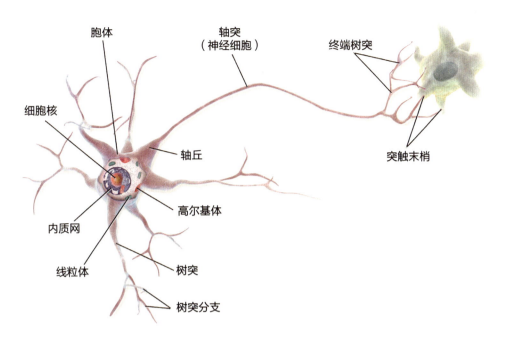

图 22.9 神经元的结构和不同部分。根据这幅图我们可以知道，两个神经元之间是如何通过它们的突触终端释放化学物质而发生相互作用的；这些化学物质在两个神经元之间扩散

神经元有两个分支，分别是轴突（axons）和树突（dendrites）（图 22.9）。每个神经元只有一个轴突，但有多个树突。树突就像树的分支，它们在与细胞相连的那一点上比较粗，但在向外伸展时变细。与此不同，轴突比较细，而且长得多，但整体粗细不变。向神经细胞的输入是通过树突完成的，而轴突携带神经细胞的输出（图 22.9）。神经元之间的接触点叫作突触（synapses）。神经元在突触上释放化学物质，后者扩散到突触与之接触的相邻神经元上。这些化学物质可以激励、抑制或者调控受到接触的神经元。突触末梢的一个特点是带有突触小泡（synaptic vesicle）。它们是存储在突触上释放化学物质的小泡。当小泡中的化学物质被释放到两个细胞间的空间中时，它们与在被接触的细胞的膜内存在的分子（蛋白质）相互作用。当受到突触中化学物质激发时，分子激发了细胞（图 22.9）。

考虑到上述有关神经细胞（神经元）结构的总结，对于神经系统起源的研究从对神经元的起源上开始是比较理想的。神经元拥有与一般细胞相同的许多性质，因此神经元必定通过某种方式取得了一些特性，而正是这些特性使它们不同于其他细胞。一切神经元共同拥有的一个特性是它们可以相互沟通，或者与非神经细胞沟通。因此，细胞间沟通的发展是进化中的一个转折点，使细胞可以传递、交换与结合信息。我们已经在本章早些时候讨论过，这确实是多细胞系统的共同特征之一。

有关神经系统的起源与此后的进化，还有一些悬而未决的问题，其中包括：神经元的起源是什么？有神经系统的动物第一次出现是在什么时候？第一个中央神经系统是什么时候形成的？神经元怎样取得了它们的功能？尽管化石证据很罕见，但它们提供了有关早期神经系统进化的有用信息。研究这些问题的一个方法是研究后生动物（Metazoans）的起源。后生动物是一些多细胞动物群体，它们的细胞分异为不同的功能，形成了组织和器官。在后生动物中，有些细胞后来变成了神经元。后生动物估计起源于 7.5 亿到 8 亿年前，在时间上与导致大气中氧气含量从 0.1% 增加到 3% 的地球化学事件重合。第一份有关后生动物的化石证据来自 6 亿年前。人们也发现，在大约 5.42 亿年前，后生动物的形状和形态变得更为复杂与多样化。这表明存在一段 1.5 亿年的早期后生动物进化的"缺失期"。早期神经系统的进化可能就发生在这个时期。有趣的是，这段时间正是一些重大的气候和地质事件（包括冰川活动）发生的时候。

哺乳动物的神经系统是经过了几百万年的低等脊椎动物进化之后出现的。今天的神经元素是历经进化过程保留下来的。例如，成功地与其他神经元连接并建立了信息传送网络的神经元是进化过程的幸存者。考察哺乳动物胚胎中的神经系统的早期发展，或许会提供一些线索，使我们理解早期神经系统的起源和进化（专题框 22.7）。实际上，人类神经系统的起源与形成皮肤和接近身体表面的感觉结构〔外胚层（ectoderm）〕，即形成胚胎的细胞的外层细胞有关。在这个位置上，它们能够接收来自环境的刺激。在后来的发展阶段中，神经部分与变成了皮肤的部分分开，这时感觉神经元分散，并开始专门行使自己的职责。

最早的神经元很可能同时具有接收器（接收环境的刺激）和运动神经单元（产生肌肉或者腺体反应）的功能。这样的神经元原始形式仍然存在于今天的海绵中。在经过数百万年的进化之后，这些原始神经元分开，成为专门的细胞——接收器神经元和效应器（运动）神经元。当神经系统形成时，情况便发展得更加复杂了。根据这个进化假说，原始神经系统由身体表面的神经元组成，它们最终在表面（皮肤）进化为神经系统，通过感觉神经与外界相互作用。对于脊椎动物实体的化石研究表明，这些动物的大脑和脑神经都建立在类似的结构上，表现出两侧对称（神经结构在身体的两侧左右对称）。这或许说明了神经系统的共同起源。在后生动物中存在着负责突触联系的蛋白质，这说明突触传递所必需的过程是在突触出现之前开始并发展的（专题框 22.7）。

对于水母或者海葵这类原始生物，它们的神经系统是由接收感官信息的神经元组成的。有发展了的神经系统的生物表现出两侧对称（一半身体是另一半的镜像）和节段化

（身体是由有组织的片段组成的）。如蛤仔、蜗牛和章鱼这类进化时期更接近近代的物种有神经元簇，它们类似作为指挥中心的原始大脑。尽管不同动物的神经系统各不相同，但它们都是以同样的原理为基础建立的。类似的基因确定了神经系统的各个片段。

对后生动物早期分支的研究将是理解神经元进化的重要步骤。例如，对于两侧对称与非两侧对称（包括人类在内，具有两侧对称的动物叫作两侧对称动物）的后生动物的不同特性的比较，为我们提供了重大线索。类神经元细胞在非两侧对称后生动物中存在，这可以作为支持一切神经元拥有共同起源的观点的一项论据。沿着后生动物的生命之树向下，研究它们与两侧对称动物的各种类型的神经元的类似也很重要。

专题框 22.7 早期神经系统

第一批神经元是在大约 7 亿年前形成的，第一个大脑形成于 2.5 亿年前。一个类人大脑在大约 600 万年前进化，而现代人的大脑大约在 20 万年前出现，这是智人出现在地平线上的时刻。

南方古猿（Australopithecus）在 400 万年前第一次显示出人类的特征，它们的大脑尺寸类似于猿类。最古老的人属（现代人是属于它的一个谱系）化石的生前主人生活在 200 万年前，叫作能人（Homo habilis）。从南方古猿到能人再到智人，早期生物的头骨尺寸一直在增大。有趣的是，人类身材的变大与气候的变化相关。人们提出了其他导致大脑尺寸增大的因素，包括营养（吃水果的动物的大脑比吃草的动物大）、解剖结构的变化和成熟速率放慢，这会给大脑更长的进化时间。

总结与悬而未决的问题

最近 20 年，人们在理解细胞的性质与功能方面取得了长足的进步。例如，我们在试图回答一些基本问题时已经有了很大进展，如：细胞核是怎样形成的？细胞中的其他细胞器是怎样形成的？所有这些细胞器是怎样在一起和谐地工作，维持一个细胞的活力的？多细胞形态是在什么时候发展的？生物学家们已经发现了许多这类问题的详细答案。

细胞膜是由磷脂构成的，它由两部分组成：亲水的"头"和疏水的"尾巴"。置身于含水环境中时，它们倾向于让头在外面与水相互作用，而把尾巴藏在内部，躲开水。然后，脂肪酸将外部与内部区域分开。如果水以某种方式进入了结构，脂肪酸则可形成第二个结构，即一个脂双层。由脂双层包围着的结构形成了原始细胞。糖分子和核苷酸足够小，能够渗透进入细胞并与内部的核酸结合。在第一个细胞形成的这个阶段，完全没有蛋白质存在，这个过程的出现不需要蛋白质发挥酶的作用。

线粒体和叶绿体（细胞的能量生成部分）是通过细菌和藻类的内吞作用形成的。这是物质进入一个细胞但没有穿透细胞膜时，两种不同物种可以在一起生存并发挥功能的现象。这时候，细胞内的膜会把外来物质保留在细胞内。线粒体和叶绿体都有自己的DNA，说明它们起源于原核细胞。这两种细胞器都利用它们的DNA生成发挥功能所需的蛋白质（第20章）。而且，双层膜包围着线粒体和叶绿体，证实它们是通过内陷过程产生的。内共生学说解释了一个大细胞和被摄取的细菌可以如何变得相互依存，还有一点是：经过千百万年的进化后，线粒体和叶绿体已经不再能够脱离细胞单独生活，而是变成了细胞中具有专门功能的不可分割的部分。真核细胞的细胞核也是通过内共生过程形成的。

内共生模型得到了一些发现的支持。今天的线粒体和叶绿体仍然与原核细胞相似，它们都含有少量DNA、RNA和核糖体。细胞器把它们的DNA转录并翻译为多肽，贡献出一些它们自己的酶。最后，它们复制自己的DNA，并在细胞内繁殖。

原核细胞生物分裂为细菌与古核生物，其差别在于它们的细胞壁。两种重要的原核细胞分别是变形菌和蓝细菌。对于原核细胞进化的研究是通过它们的核糖体RNA进行的。真核生物分裂为性质大为不同的植物、动物、真菌和原生动物。真核生物来自一个共同的祖先。

大约5亿年前，当大气中的氧气浓度达到今天的水平、氧气可以渗透进入大细胞内部时，多细胞生物出现了。它们只能由真核细胞产生，彼此独立地进化。所以，多细胞生物没有一个共同的多细胞生物祖先。从单一细胞生物向多细胞生物的过渡是一个复杂的过程。不同细胞汇聚在一起，形成了多细胞系统，它们之间的生物化学反应的细节至今还不清楚。

我们面临的最突出的挑战之一是研究神经系统的起源及其早期进化。一个合乎逻辑的方法是研究细胞刚刚开始分异并执行不同功能时的多细胞动物，以及当细胞分化为不同组织时的生物。人们估计，这些事件大约发生在7.5亿到8亿年前。这些生物的化石证据表明，它们的形状在大约5.42亿年前发生了变化。早期神经系统一定是在多细胞系统的不同部分（包括神经系统）开始承担自己特有功能时出现的。存活下来并得到进化的神经系统，是那些成功地与其他系统连接并建立了信息传递网络的系统。人类神经系统的早期发展很可能包括结合在一起的接收器和运动单元。经过千百万年的进化和自然选择，它们相互分离，形成了专门化单元。据估计，第一个大脑形成于大约 2.5 亿年前，第一个类人大脑形成于大约 600 万年前，而现代人类大脑的形成不迟于 20 万年前。

尽管我们在理解原核细胞和真核细胞方面取得了重大进步，但还有一些需要进一步探讨的问题。化石记录和线粒体在真核细胞中的普遍存在说明，它们的出现远在原核细胞之后。以下证据支持这种观点：蓝细菌本身就是原核细胞，它们在超过 30 亿年前的早期地球历史上便已经现身；事实上，线粒体本身是以另一种叫作变形菌的细菌为基础形成的。尽管大量证据表明一切真核生物来自一个共同祖先，而且共生关系在真核细胞的形成上扮演了关键角色，但我们在真核细胞起源方面还有一些不清楚的地方。我们还不清楚，在得到线粒体之前，原核细胞经历了什么样的进化过程。在这种进化过程中，环境有多重要？是否还有其他细菌也参与了塑造真核细胞细胞核的过程？在线粒体和它的寄主之间的新陈代谢反应是什么？真核细胞的细胞核与其他细胞器是如何进化的？多细胞系统中的细胞是怎样分异并取得各自的功能的？早期神经系统是怎样发展的？这些是人们在今后需要尝试解答的悬而未决的问题。

回顾复习问题

1. 为什么细胞的尺寸这么小？
2. 细胞膜的主要成分有哪些？解释这些成分的性质。
3. 脂质体是什么？
4. 在动植物细胞中，能量生成细胞器的起源是什么？
5. 解释内共生学说。
6. 发展多细胞生物所需要的特性是什么？
7. 真核生物有哪四界？
8. 为什么需要氧来发展多细胞生物？
9. 解释核糖体核糖核酸（rRNA）的性质和它们在研究细胞进化方面的重要性。
10. 蓝细菌和变形菌有什么特性？
11. 哪些物理过程可能导致第一批神经元的形成？
12. 描述从第一批神经元到第一个神经系统，再到第一个大脑形成的时间次序。

参考文献

Hillis, D.M., D. Sadava, H.C. Heller, and M. Price. 2012. *Principles of Life*. New York: Freeman.

Morris, J., D. Hartl, A. Knoll, and R. Lue. 2013. *How Life Works*. New York: Freeman.

Sadava, D., D. Hillis, C. Heller, and M. Berenbaum. 2012. *Life: The Science of Biology*. 10th ed. Sunderland, MA: Sinauer.

插图出处

一个故事应该有开始、发展和结尾，但未必需要按照这个
顺序讲述。

——让－吕克·戈达尔（*JEAN-LUC GODARD*）

我很喜欢这样想：动物、人类、植物，鱼、树、星辰和月
亮都是相互有联系的。

——*格洛丽亚·范德比尔特*（*GLORIA VANDERBILT*）

23

地球生命的
早期演变

THE EARLY EVOLUTION OF LIFE
ON EARTH

本章研究目标

本章内容将涵盖：

· 地球上第一批生物的进化

· 生命的寒武纪爆发和辐射

· 第一批海洋动物

· 第一批植物

· 从海洋向陆地的迁徙

· 第一批无脊椎动物和脊椎动物

· 我们在海洋中的第一批祖先

· 生物在海洋中和陆地上的进化

· 第一批鸟类

· 恐龙的年龄

生命开始于深深的海底。海洋为生物提供了一层护盾，对抗来自太阳的强烈而有害的紫外辐射，同时也提供了早期生命繁荣需要的极端环境，还有海水所能提供的营养。第一批生物影响了环境，并通过这一点让环境适于哺育各种类型的植物和动物。从最早的时候起，生物就对生命的发展与进化有着重大影响。通过基因突变和自然选择，不同的物种得到了发展。那些能够适应自己所处环境的物种存活并且进化，繁衍出后代。这个过程历经几十亿年之久，至今仍在继续。一旦地球的大气形成，并且通过蓝细菌产生的氧气在大气层中积蓄，臭氧层便形成了，它为对抗来自太阳的紫外辐射提供了一层护盾。这层护盾使以植物和动物为形式的生命在大约 4.88 亿年前从海洋向陆地迁徙。在此之前数百万年，也就是大约 5.3 亿年前，大部分出现在今天的植物和动物的祖先物种都在一次叫作寒武纪大爆发的时刻形成。我们将在本章讨论导致这次大爆发的一些因素。

我们的行星地球见证了几次在它的历史上发生的灾难性大规模物种灭绝。在每一次事件中，当时存在的物种都遭到了毁灭性的打击，最高有 95% 的物种灰飞烟灭。通过令人吃惊的韧劲，生命又重新出现，并且一直持续到现在。这说明，只要有着适合生命存在的条件和生命所需的有机物质，就会产生某种形式的生命，无论是通过原来存在的生命产生，还是通过无机化合物创造有机物质产生。

　　地球上的生命的历史是通过化石（fossils）揭示的。有关化石研究的科学叫作古生物学（paleontology）。化石可以以坚固的形式（如壳和骨骼）存在，也可以以软性形式（如足迹和爬行的痕迹）存在。化石最普遍的形式是沉积岩。这是在整个地球历史中包含着被侵蚀的岩石的矿物质沉积的结果。这些沉积物是由水带来的，最终深深地在海底堆积。历经千百万年后，它们形成了大小、性质与本质各异的物质层，即沉积物。沉积物后来变成了地层，即带有已知性质的沉积岩层。对于地层的研究揭示了地球的历史。因为这些地层是层层叠加的，可以一直追溯到几十亿年前，所以它们提供了地球生命史的次序。实际上，每一层地层都要比它上面的那一层更古老，比它下面的那一层更年轻。

　　本章将呈上一份对于前寒武纪和寒武纪大爆发之后各个地质年代的生命进化的研究，其中的主要指导来自化石研究。通过利用估计化石年代的方法，本章将联系不同时期的信息，阐明自从地球上出现生命以来的生物进化。[①]

进化与自然选择

　　人们将进化定义为一个种群与遗传相关的特性随时间发生的变化，将种群定义为同一物种的一批能够相互交配并因此在遗传学上等同的生物。基因（DNA）决定了一个种群的特性。种群内基因的混合可以改变。所以进化只能在种群内发生。进化可以通过四种不同的机理出现：

　　基因突变是一个个体的 DNA 碱基对次序的变化，造成了它传递给后代的基因结构的变化。如果突变发生在一个个体能够产生配子的细胞上，则会发生进化。基因突变会造成一个生物的核苷酸次序的永久性改变（图 22.7）。

　　遗传漂变（Genetic drift）是在一个种群中基因变异的频率变化，由生物的随机抽样造成。后代的基因是母种群基因的子集。

　　迁徙是在一个种群中的基因变异的频率的变化，由个体进入或者离开种群造成。

　　自然选择是鼓励有益的基因传递给下一代并禁制有害的基因传递的过程。这是选择哪些基因将会被传递给下一代的过程，因此驱动了进化。

　　基因的新变异只会通过种群内的突变产生，因此，基因突变创造了使自然选择可以起作用的变异。自然选择的理论是查理·达尔文和阿尔弗雷德·华莱士（Alfred

----

① 本章用 MYA 代表"百万年前"，用 GYA 代表"10 亿年前"。

Wallace）首创的，并由达尔文发表在他出版于 1859 年的著作《物种起源》中。今天，我们有大量证据支持进化和自然选择的概念。

前寒武纪时期（45.7 亿—5.42 亿年前）

前寒武纪时期涵盖了始于 45.7 亿年前的地球历史的 87% 以上。这一时期开始于大约 35 亿年前，人们确认了原始生命的最早迹象；结束于大约 5.5 亿年前的生命大爆发，这次爆发使物种开始多样化，人们称其为寒武纪大爆发。第一批细胞很可能是原核细胞，大约于 35 亿年前形成。它们生活在极端环境下，如盐湖或者无氧水域。最古老的原核细胞出现在澳大利亚西南部，形成年代为 34.6 亿年前，它们的结构与今天的蓝细菌类似，后者是能像植物一样进行光合作用（向大气中释放氧气）的原核细胞。在前寒武纪时期（大约 25 亿年前），通过基因突变，利用光合作用产生氧气的路径得到了进化，改变了已有的路径。蓝细菌和其他能够进行光合作用的细菌在含水环境中生长，而且变得很密集。它们捕捉矿物质和沉积物，并在漫长的一段时间之后形成了大圆顶状结构的外层，我们称这些结构为叠层石。蓝细菌生活在浅水水域周围，我们今天可以在西澳大利亚海滨看到（图 23.1）。蓝细菌向大气中释放的氧气使大约 20 亿年前的厌氧（讨厌氧气的）细胞的生活非常困难。在这一阶段，由于能够进行光合作用的蓝细菌和好氧（喜欢氧气的）细胞的联合作用，一种生命新陈代谢的新路径出现了。这是好氧细胞生命发展的第一阶段。

图 23.1 图中显示了西澳大利亚鲨鱼湾（Shark Bay, Western Australia）浅水水域中的叠层石。它们是已知最古老的化石，出现在大约 30 亿年前。它们是蓝细菌通过光合作用创造的，据信蓝细菌属于最早生活在地球上的一种细胞

大气中的氧气积蓄还在继续，并在大约 5 亿年前达到了今天的水平。氧气富集的大气对于生命的发展具有如下几项重大影响：

· 氧分子分解并重新结合，形成臭氧（第 19 章）。臭氧随后在大气上层积聚，阻挡了有害的太阳紫外辐射，使之无法到达地球。没有这层臭氧保护层，生命将无法移动到陆地上。而紫外辐射无法穿透水，因此，没有臭氧层不会影响海洋生命的发展和进化。

· 氧气与自组建的复杂有机化合物发生反应。

· 氧气的富集为在好氧条件下易于生长的生物提供了更合适的条件，而让那些无法适应这种条件的物种走向了灭绝。

· 多细胞生物需要利用氧来产生它们需要的能量并有效地发挥功能。所以，生物的生长和它们的食物生产过程的效率直接依赖于它们的氧气摄入量。

除了向大气中释放氧气，继续提高其浓度之外，蓝细菌还对生态做出了其他重要贡献，它们让来自二氧化碳的碳变成其他有机化合物，同时也把空气中的氮（N_2）转

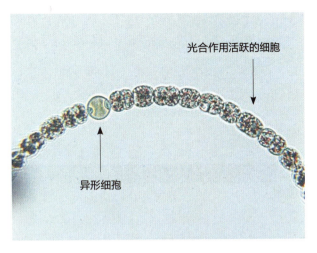

图23.2 蓝细菌中能够进行光合作用的原核细胞的链珠状结构。异形细胞（Heterocytes）是看上去中空的光合成不活跃细胞，带有能够阻挡大气中的气体进入细胞的细胞壁。它们专门负责储存能够固定大气中的氮（固氮）的酶，这些酶能够提供养分氨（NH_3）——植物可以利用的氮的形式

化为氨（NH_3）。蓝细菌具有丝状结构（图22.5），而且结构中带有一些含有固氮细胞的链，叫作异形细胞（图23.2）。这些细胞含有特殊的酶，后者能把空气中的氮分子（N_2）转化为氮原子 N。植物也需要氮，但它们无法利用氮气（N_2），因为它们没有能够把将它们分解为氮原子的酶。然而，植物可以吸收泥土里由蓝细菌制造的、溶解了的氨。植物和动物需要氮原子来生长，并制造蛋白质与核酸。

氧气在大气中大量充斥之后，真核细胞开始发展，因为它们需要氧气发挥功能。真核细胞出现的第一份证据可以追溯到 27 亿年前，是在岩石中发现的脂类。这些脂类细胞在有氧存在的新陈代谢中获取能量。线粒体在真核细胞中的起源是自由生活的细菌，它们合成了 ATP（我们曾在第 22 章做过有关讨论），而叶绿体和蓝细菌一样，是有光合作用能力的自由生活的原核细胞。到了 8.5 亿年前，单细胞真核生物的种类数目达到顶峰。在随后的年代里，这些生物的总量和种类数都在下降，到了 6.75 亿年前达到低点。这次下降主要是由于气候转冷、大气中二氧化碳的浓度下降，以及氧气的浓度升高，它们影响了微藻类的光合作用过程。这种下降为多细胞生命的出场搭设了舞台。

真核细胞的形成是多细胞生物生成的第一步。多细胞生物活动的证据最早来自年代为 14 亿年前的化石。真核细胞也是第一批经历了有性繁殖的细胞（专题框 23.1）。在进化的这个阶段，有些细胞专门化，成为雄性生殖细胞（配子细胞），有些成为雌性生殖细胞（Somatic cells，体细胞）。由于多细胞生物的出现以及大气中氧气浓度的升高，

生物的身体发生了进化：它们的尺寸变得更大，而且进化执行不同功能的专门化部位。这是在大约 6.3 亿年前出现的无脊椎动物（没有脊柱的动物）走向进化的一个步骤。人们在澳大利亚的伊迪卡拉山（Ediacara Hills of Australia）发现了这种动物的第一块化石。这些进化为寒武纪大爆发做好了准备。

寒武纪爆发（5.42 亿—5 亿年前）

6 亿年前的化石记录仅仅显示了叠层石和微化石的证据，如疑源类（acritarchs）这种单细胞真核生物。人们在澳大利亚南部的伊迪卡拉山发现了有关 5.5 亿年前的"水母"的证据，它们是曾经大量存在于世界上的软体生物。根据化石的大小来判断，水母很可能是多细胞生物。它们没有任何呼吸器官，因此需要增加表面积来进行营养交换。通过增加表面积，它们增加了从环境中吸收更多养料的机会。水母在寒武纪初期消失，被带有甲壳的生物取代，后者据信是今天还可以看到的贝壳类无脊椎动物的祖先。人们在沉积岩中发现了大量掘穴化石和爬行痕迹化石，说明当时存在着具有挖掘能力的动物：它们是像蠕虫那样的动物，有可以通过液压变硬的身体。与此

图 23.3 三叶虫的一个例子（动物界）。它们属于地球上第一批节肢动物之一，在海洋中生活了 2.7 亿年

同时，海洋动物也变得更丰富了，出现了带有坚硬骨骼的大型无脊椎动物。寒武纪后期的标志是三叶虫（trilobites，意思是"三叶片"）的第一次出现，它们是这一时期独一无二的特征。三叶虫是第一批海洋节肢动物的一种，是在寒武纪初期通过生命辐射出现的，并在海洋中生活了2.7亿年，它们在大约2.5亿年前的一次大规模灭绝（二叠纪灭绝）中消失。

大约5.42亿年前发生了一次生命大爆发，不同的物种出现，生命大量存在。这一事件发生在古生代，并被命名为寒武纪大爆发。今天的大部分植物和动物都可以追溯到这个时期。当时的动物发展了骨骼，我们今天还可以通过化石发现它们的残骸。导致不同物种出现的基因突变过程大量发生在这个时期。基因突变的原因是DNA排序期间出现的谬误，生成的物种后来适应了环境，而且随着时间的推移，变成了新的物种。寒武纪持续了大约4 000万年。

寒武纪大爆发发生的原因尚不清楚，但很可能是由多个同时发生的独立事件造成的。其中一些事件是：

- 氧气在大气中的浓度达到了临界水平，可以允许更大、能量更加密集型的生命形式发展与繁荣。

- 真核生物在其DNA中发展了更为复杂的遗传变异，加强了种群中的多样化。一旦生物的基因和分子结构变得更复杂，基因的更多变异便成为可能。

- 地球上比较寒冷的气候在寒武纪告一段落。很可能是比较寒冷的气候启动了遗传多样化的过程，从而使生物可以适应与生存。一旦气候和缓，多样化就发生了。

- 来自锶同位素的证据表明，深海中的钙和磷等营养物质曾经发生过迅速增长。同样，在寒武纪初期，钙的丰度迅速增加也说明营养的丰富来源出现，这就会使生物发生爆炸性的生长。构造板块的活动或许也让这些营养物质转移至海洋环境，并在以后用于甲壳生物的生长。

海洋生命的进化

正如我们在第21章中讨论的那样，原始生命出现的一个可能地点是围绕着深海热泉周围的环境。这些地方受到了水的保护，不至于遭受宇宙线冲击和来自太阳的紫外辐射的影响，而这两者都会让生命在陆地上的发展遭遇严重的麻烦。因此，假定生命进化的最初几个阶段发生在深海之中是很有道理的。

在寒武纪大爆发之后的奥陶纪（4.88亿—4.43亿年前），海洋生命的多样化发生了重大变化。我们知道的寒武纪动物家系只有大约 150 个，而到了 4.43 亿年前，这个数字增加到了 400。导致这种多样化出现的一个原因是更多的生态选择，其结果是产生了更复杂的食物链。在此期间，有些动物第一次成长到离开海底的程度。人们发现，来自奥陶纪的最常见化石是腕足动物（brachiopods），它们带有碳酸钙的甲壳（图 23.4a）。这些动物用甲壳过滤海水，汲取食物。在此期间，腕足动物之后的下一个大量存在的生物是苔藓动物（bryozoans）（图 23.4b）。它们是珊瑚类动物，大多生活在温水水域，也靠过滤海水取食为生。它们组成了一个种类繁多的种群。

第一批珊瑚礁出现在大约 4.5 亿年前，最早例子是由苔藓动物组成的（图 23.5）。有些珊瑚也是由层孔海绵类（stromatoporoids）组成的，它们本身是由蓝细菌组成的，或者是由藻类和植物组成的 "向日葵珊瑚"。珊瑚通过捕捉小鱼和浮游生物为食，但大多数能量来自光合作用。奥陶纪发生的一个重大变化是出现了影响这个种群数量的捕食者。在捕食者中，我们可能提到鹦鹉螺类动物（nautiloids）的名字（图 23.6），它们与鱿鱼和章鱼的血缘关系很近。另一种出现在奥陶纪的生物是软体动物（molluscs），

图 23.4a 腕足动物（brachiopods）一例。它们是海洋动物，上下表面都有壳层。上下壳层由铰链相连，进食时张开，闭合时保护自己

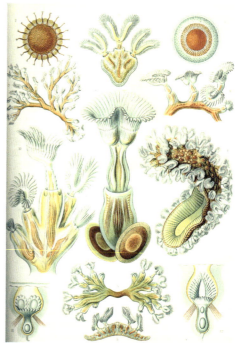

图 23.4b 苔藓动物（bryozoans）是个种类五花八门的种群，是分布在温暖水域中的海洋动物。它们通过过滤海水汲取养料

它们是无脊椎动物，是一个有许多品种的家系，当时 25% 的海洋生命都属于这一家系。它们后来慢慢进化为今天的蜗牛（图 23.7）。

脊椎动物最早的祖先可以追溯到大约 4.8 亿年前的奥陶纪，那就是所谓的无颌鱼（jawless fish），它们有软骨组成的骨骼（图 23.8）。无颌鱼从海底的泥浆或者水中汲取食物。人们是在海里发现无颌鱼的化石的，说明脊椎动物的生命始于海洋。这类动物是世界上包括人类在内的一切脊椎动物的早期祖先。

图 23.5 这是珊瑚的一个例子，它们栖息在热带水域中。它们建造了珊瑚礁，它们分泌的碳酸钙是这些"礁石"的骨架。个体的头是无性生殖的产物，但它们也存在有性繁殖。相同物种的珊瑚在出现满月前后的几夜里同时释放配子

奥陶纪是生命向四面八方大辐射的时期，在此期间，海洋生命的多样化、数量和复杂程度都增加了。这是因为，海洋水位在寒武纪向奥陶纪过渡的时期上升，淹没了一切陆地，为海洋生命的发展提供了合适的环境，并通过不同的环境条件使它们变得多样化。而且，大气中的氧含量在寒武纪提高，接近了今天的水平。只有高水平的氧含量（当前的 16%）才能让动物骨骼中的方解石发展到能够支持脊椎动物的程度，这一水平在奥陶纪达到了。因此，生命得以向各处辐射，最终形成了第一批脊椎动物。大约在 4.43 亿年

图 23.6 来自奥陶纪的鹦鹉螺类软体动物的化石

前，世界上的海洋变冷，导致了一次重大的灭绝事件，其中只有能够适应寒冷条件的生物生存下来，而当时的无颌鱼未能幸免于难，结果只剩下两个物种传留至今。

海水在大约 4.43 亿年前变冷，导致只剩下一小群能够适应冷环境的动物幸存。所以，海洋生命的种类数目在随后的年代中大为缩减，这种情况一直持续到 4.43 亿— 4.16 亿年前的志留纪。一些奥陶纪的动物（如腕足类）得到了更厚的甲壳和更结实的身体。在此期间的捕食者是鹦鹉螺类动物，但一种新的、被称为海蝎子（sea scorpions）的动物也加入了它们的行列。海水在志留纪变暖，使环境更适于浮游生物生长，它们在这个时期逐渐繁荣（图 23.9）。浮游生物是一个种类繁多的生物集合，它们漂浮在水面上，不会游泳。浮游生物是海洋动物的食物来源，它们自身则通过吸收并处理日光的光合作用获得养料，因此它们经常浮在水面上接收阳光。浮游生物可分为两大类：一种是类似植物的浮游植物（phytoplankton），包括类似硅藻类蓝细菌的生物；另一种是类似动物的浮游动物（zooplankton），包括原生动物子集（subgroup protozoans）。通过光合作用的过程，它们将氧分子（O_2）释放到水中。浮游植物对地球生态有着重大贡献，在水和大气的氧气中，50%到 80% 是由浮游植物贡献的，其余的来

图 23.7 软体动物一例。大约 80% 的软体动物都是节肢动物，包括蜗牛和蛞蝓。它们是当时最大的海洋生物，也是一个品种繁多的种群，其中有大约 8 万个物种。腹足类动物最早出现在寒武纪（5.41 亿—4.85 亿年前）

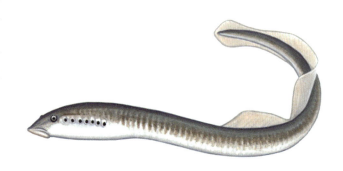

图 23.8 奥陶纪时期的无颌鱼一例。这些物种绝大部分已经灭绝，只有两种无颌鱼依然存在：八目鳗和七鳃鳗（hagfish and lamprey）

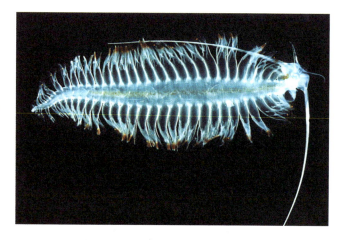

图 23.9 海洋浮游生物一例：浮蚕属（tomopteris）。这些动物漂浮在水面上，通过光合作用产生能量，也从水中汲取养料

自植物。所以，浮游植物是自从前寒武纪时期以来保持 CO_2/O_2 平衡的大功臣。

志留纪的主要创新发生在脊椎动物身上。到了这一时期，无颌鱼已经出现了大约 1 亿年了。无颌鱼在志留纪发展了头部的头盔和身体上的护甲，它们的嘴巴像一条缝，没有下颌（图 23.8）。同样是在此期间，有下颚的鱼出现了。有下颚的鱼第一次出现在志留纪，叫作棘鱼（acanthodians）。它们的嘴巴咬合有力，有沿着身体分布的鳍（图 23.10）。

图 23.10 来自 4 亿年前（处于泥盆纪）的棘鱼化石。这是第一种带有上下颚的鱼，据信它们的颚是从它们的无颌鱼祖先的基础上进化而来的。这种鱼在 2.5 亿年前灭绝

大颚鱼的多样化在泥盆纪（4.16 亿—3.59 亿年前）加速出现。第一批带有软骨骨骼、鱼鳍和平坦头骨的鲨鱼出现在这个时期。泥盆纪期间有两种特别重要的鱼类

图 23.11 生活在 4.1 亿年前的志留纪的一条肉鳍鱼，很可能是已知最早的硬骨鱼。它具有条鳍鱼和肉鳍鱼的两重特色

得到了发展：一种是条鳍鱼（ray-finned fish），它们的鱼鳍得到了骨质脊柱的支持。条鳍鱼也是今天生活着的 99% 的鱼类的祖先；另一种是肉鳍鱼（lobe-finned fish）（图 23.11）。它们的鳍得到骨骼的支持，这最终让它们可以在陆地上行走。肉鳍鱼更加多样化，发展了肺——可以让它们离开水呼吸，并最终形成了两栖动物（amphibians）和其他陆地脊椎动物。在大约 3.59 亿年前的这个时刻，海洋生命做好了测试陆地这一新的栖息地点的准备。

从海洋向陆地的迁徙

大约 5 亿年前，在寒武纪即将结束之际，生命开始从海洋向陆地迁徙。这一过程循序渐进，植物和动物有着不同的历史。我们很容易想象单细胞简单生物从海洋向陆地迁徙的场面。它们可以在任何能够接触液态水的地方繁茂生长，也能够生活在地下，躲开

图 23.12 已经灭绝的节肢动物和现代节肢动物

来自太阳的紫外辐射。对于多细胞生物，从海洋移居陆地更具挑战性，因为这会使它们无法像过去一样从水里直接吸收水分和矿物质养料了，所以它们需要某种方法从周围的环境中获取。在多细胞生物从海洋向陆地进军的时机问题上，保护它们不受来自太阳紫外辐射荼毒的臭氧层的形成和大气层中氧气的积累，是至关重要的两个因素。

现有的化石证据表明，植物是在大约 4.75 亿年前首先发展了在陆地上生活能力的生物。第一批移居陆地的植物是那种没有引导水的组织的植物（叫作非维管植物，nonvascular）和藻类。它们的身体高度被限制在几厘米之内，因为只有这样的高度才能让水到达植物的每个部分。藻类属于在陆地的潮湿地区安居的第一批植物。为了能够生活在陆地上并且面对干燥的环境，它们发展了厚厚的细胞壁。这一事件发生在大约 4.43 亿年前的奥陶纪。包含导水组织（叫作脉管，vascular）的植物出现的最早证据可以追溯到志留纪（大约 4 亿年前）。它们在随后的石炭纪的温暖气候中长成了大型植物。这些植物中有寻找阳光生成能量的部分，也有从土壤里获取水和养料的部分。在大约 4.3 亿年前，陆地上覆盖着一种不生种子的维管植物，叫作光蕨（cooksonia）。当石炭纪时期植物的尺寸增大时，这种植物也变得更加多样化。种子植物存在的最早证据可以追溯到 3.85 亿年前的泥盆纪，它们的种类在随后的石炭纪增加。超级大陆在 2.99 亿—2.51 亿年前的二叠纪形成，导致更为干燥的气候出现，大小类似于树木的大型无种子维管植物因此而灭绝。这个时期的干燥气候有利于耐旱植物生长，它们是今天的松树和云杉的祖先。

在植物成功登陆的 7 500 万年后，第一批动物成功登上陆地。陆地植物为第一批登陆的动物——节肢动物（arthropods）创造了生活条件，后者在温暖的石炭纪走上陆地（图 23.12）。它们是没有脊柱的无脊椎动物，身上带有保护性的外骨骼（exoskeleton），其中有昆虫、蜘蛛、多足类动物和甲壳类

新翼鱼（Eusthenopteron）

提塔利克鱼（Tiktaalik）

棘螈（Acanthostega）

图 23.13 肉鳍鱼向陆生四足动物的进化历经 2 000 万年。这一事件发生在大约 4.5 亿年前

动物。节肢动物最早的化石证据来自 5.41 亿年前（寒武纪早期）。来自 4.19 亿年前的化石和 4.5 亿年前的陆地爬行痕迹证实，节肢动物的确是最早征服陆地的动物。在陆地上，与节肢动物连在一起的外骨骼会保护它们，对抗极度干燥，对抗引力，是它们不必依赖水的浮力运动的手段（图 23.12）。我们不知道节肢动物的上一个共同祖先是谁。然而，已知最早的节肢动物的身体很可能包括一些非专门化的附件，它们具有腿的功能，并且能从泥土里挖取养料（这种定义听起来像蠕虫）。最早的昆虫化石的年代远在 4.07 亿至 3.95 亿年前，它们是一些带有翅膀的昆虫。这些昆虫会飞，所以能够逃脱敌人的伤害，并且飞到其他地区寻找食物，这让它们成了数量最多、品种也最多的生物。

图 23.14 两栖动物的一些例子，它们是在大约 4.5 亿年前第一批从海洋来到陆地的动物

陆地脊椎动物的祖先是肉鳍鱼（图 23.11），它们在大约 4.19 亿年前首次尝试陆地生活。这些动物有着如同桨叶一样的鳍，有些像轮子的鳍是肉质的，很容易被改变成无水情况下的四肢（图 23.13）。就这样，肉鳍鱼成了陆地上第一批两栖动物（amphibians）的祖先（图 23.14），然而它们对陆地上的生活并不是很适应，不得不回到海里繁殖。两栖动物向陆地生活的过渡是骨骼变化和生物变化的结合。它们的骨骼必须变得能够在没有水的情况下支持自己的体重。于是，椎骨进化了，变强了，能够分散体重了；头部

与身体分离，脖颈进化，使它们能够更好地活动头部；骨骼能够移动，与四肢匹配；关节能够转动，使它们能够用四条腿爬行（图 23.13）。通过这种方式，第一批四足动物开始在陆地上行走。

作为完全的水生动物，像新翼鱼这类肉肢脊椎动物是怎样过渡为像棘螈这样在陆地上行走的四足动物的呢（图 23.13）？2006 年，科学家们展示了一块泥盆纪肉肢脊椎动物（叫作提塔利克鱼）的化石证据，这种鱼具有一种中间特性，它们身体的一些部分既有鱼鳍的特性，也有陆地四足动物四肢的特性（图 23.13）。看起来，鳍能让一条大鱼向前运动，四肢也能让一个陆生脊椎动物行走，而提塔利克鱼似乎是在水里发展起来的。这些鳍帮助鱼抓住浅水域的动物，让它们能够把头浮出水面。脊椎动物用四肢在陆地上运动，这是在它们的水生祖先的多肌肉鳍的基础上发展而来的。四足动物属于第一批从海洋向陆地迁徙的脊椎动物。这一进化过程发生在一段 1 500 万年的时期内，从 3.8 亿到 3.65 亿年前。

四足动物分为两个不同的陆地脊椎动物集团：继续留在潮湿环境内的两栖动物，以及适应了更干燥的生活环境的羊膜动物（amniotes）。两栖动物需要潮湿的环境，因为它们会很快地通过皮肤失去水分。羊膜动物可以利用多种环境，它们发展了带着毛发或者羽毛的厚厚的皮肤，从而降低了水分通过皮肤的流失。羊膜动物在石炭纪分裂为两个重要集团：爬行动物（reptiles）和另一个随后进化为哺乳动物（mammals）的谱系。

这一过渡期间的一个重大变化是，生物适应了空气和向它们的身体提供氧气的方式。它们初期可以通过薄薄的皮肤呼吸。心脏后来分成了三个心室，使血液流入身体和肺，于是肺发挥着越来越重要的作用。有些研究人员认为，通过这一过程，鳃变成了肺。然而，独立的研究表明肺是从鱼的消化系统中形成的。根据这种假说，当第一批四足动物（图 23.13）离开水的时候，它们的呼吸是通过吞咽空气并从肠子里汲取氧气进行的。有些肠子进化成特殊的口袋，这就形成了吸收空气的更有效方式。另一种可能是，鱼身体中负责控制它们在水中的浮力的鱼鳔被变成了肺。为了适应干燥的陆地生活，这些动物还需要发生其他的内部变化。例如，对于内耳的改变能够改善对于空气中传来的声音的检测，眼睑可以保护眼睛，使其不至于过分干燥。生活在海里并在海水中遨游的身体发生变化，变得能够在陆地上运动与呼吸，这是我们观察到的最令人吃惊的进化变化（图 23.13）。这些进化变化历时 3 000 万年，使海洋动物逐渐适应了陆地生活。在大约 3.6 亿年前，四足动物终于可以像它们今天的后代一样，在陆地上自由地漫步与呼吸了。温暖的石炭纪气候使两栖动物繁荣发展，出现了各种不同的形状与大小。与此同时，那些适应了海洋条件的植物和动物使生命在海洋中继续发展与进化。

陆地生命的进化，海洋生命的持续进化

生命从海洋向陆地的迁徙是一个逐渐发展的过程，发生在 5 亿到 3.55 亿年前，大约开始于寒武纪晚期，并一直持续到泥盆纪晚期。我们尚未完全了解动物从海洋向大陆运动的确切原因。一种可能是，海洋正在干涸，它们只好"走"上陆地，寻找新的栖息地。另一种可能是，它们需要逃避在海洋中大量存在的捕食者，而在陆地上则相对安全。在这 1.45 亿年间，这些植物和动物的结构与生物学特性都发生了重大的进化，使它们适应了陆地上的生活。从 3.55 亿年前到 2.51 亿年前的 1 亿多年包括石炭纪和二叠纪，地球在此期间发生了重大变化。尽管之前的世界主要由海洋构成，但构造板块的变化将大批陆地提升到海平面之上，使陆地的面积有所增加，因此出现了从海洋环境向陆地环境的转变。在古生代结束的时候（大约 2.51 亿年前），地球上到处都是各种各样的植物（森林和沼泽植物）和动物（爬行动物和巨型昆虫）。泛大陆这片超级大陆的形成有助于陆地生命的存在。连在一起的大陆是一块足够大的土地，能够供养各种非海洋生物。

到了石炭纪晚期，昆虫主宰了世界。到了大约 3 亿年前的二叠纪初期，那些翅膀无法沿着背部折叠的原始昆虫种群变成了翅膀可以折叠的昆虫。在这个家系中，常见的例子有蟑螂、甲壳虫和蚱蜢。在石炭纪，两栖动物是最大的动物，生着扁平的脑袋、长长的口鼻，眼睛在脑袋顶上，它们变成了陆地上的捕食者（图 23.14）。

在此期间（3 亿年前）的一个重要事件是出现了在干燥的陆地上产卵的动物——羊膜（amnions）动物。这是陆地上繁殖的开始。羊膜动物是四足脊椎动物，包括爬行动物、鸟类和哺乳动物；它们也被分为蜥形类（sauropsids）（爬行动物和鸟类）、下孔类（synapsids）（哺乳动物）和它们的祖先。第一批羊膜动物看上去像小蜥蜴，是在大约 3.12 亿年前的石炭纪从两栖动物进化而来的。从这个时间点开始，蜥形类和下孔类在全世界分布，主宰了陆地，下孔类最后成了我们的祖先（第 24 章）。

在二叠纪（2.99 亿—2.51 亿年前）结束的时候发生了一次严重的大规模灭绝，造成 90%—95% 的海洋生命和超过 75% 的陆地生命灭绝。当生命在几百万年后的三叠纪再次出现时，整个陆地景观面目全非。二叠纪灭绝的起因可能是大气层变冷，也有证据表明在陆地上，高纬度地区气温大幅降低，而赤道地区气候干燥。如此明显的温度梯度造成了大约 2.51 亿年前二叠纪后期气候的不稳定。在这个时期，影响地区气候的另一个因素是几块大陆合并形成了单一陆地——泛大陆。它切断了大洋之间的水循环，又一次影响了气候。

在熄灭了陆地和海洋的生命之火的这次重大灭绝之后，爬行动物主宰了海洋和陆地。

从二叠纪起，海底的大量生物——海百合、苔藓动物和腕足类动物——全都消失了，把它们的位置让给了软体动物，后者迅速进化，充斥着海洋。软体动物包括腹足类动物（蜗牛和蛞蝓）、双壳类动物（Bivalves）（蛤仔）和头足类动物（鱿鱼），它们都生活在海里。像鱿鱼、墨鱼和章鱼这类头足类动物属于神经系统最先进的无脊椎动物。蛤仔和腹足类动物开发出能在海洋里逃脱贝壳类捕食者（海洋爬行动物或者吃软体动物的鱼）追捕的能力，因此在三叠纪、侏罗纪和白垩纪（2.51亿—1.45亿年前）持续生存下来。它们开发了打洞和快速游泳的能力，因此能够躲避或者逃离捕食者。许多海洋生物还生出了脊柱或者加厚了甲壳，以此避免捕食者踩碎它们或者剖开它们的壳。然而，在侏罗纪和白垩纪，出现了拥有能够剖开甲壳的牙齿（鱼和鲨鱼）和爪子（螃蟹和龙虾）的海洋动物种群。类似地，菊石（ammonites）也开发了上下颚，具有能够咬碎被捕食者甲壳的能力。在此期间，大量捕食者的存在迫使海洋生物开发了躲避与逃离捕食者的技巧，包括更快的运动速度、多刺与带盔甲的壳层和打洞的能力。在2.51亿—1.45亿年前的中生代，海洋生命经历了重大的多样化过程，出现了一系列生物，从能打洞的软体动物到能弄碎贝壳的动物、鱼和海洋爬行动物。

海底的植物生命也变得多样化，其中包括将养料和日光转化为生物组织从而能够喂养更复杂的生物的浮游生物。在海洋植物中，在侏罗纪和白垩纪出现了带有硅酸盐富集的甲壳的微型硅藻。白垩纪发生了规模极大的生命辐射，使养育软体动物和鱼的养料多

图23.15 我们可以在庞大的剑射鱼化石中看到另一条鱼，这说明剑射鱼是非常活跃的捕食者

样化；于是，食物链上层的捕食者的食物也增加了。

　　海洋生命的进化还在继续。大约在2.51亿年前的中生代初期，硬骨鱼发生了一次规模宏大的生命辐射。硬骨鱼与今天的鲟鱼（是现在用于生产鱼子酱的鱼）有着密切的关系。到了侏罗纪后期（1.45亿年前），一切活着的硬骨鱼的祖先——现代真骨鱼（teleost fish）正式出现。它们有能够活动的上下颚，这让它们能够以多种生物为食。在真骨鱼家系中有现在已经灭绝的巨型剑射鱼（xiphactinus），这是一种生活在白垩纪、身长4米的捕食者（图23.15）。

　　在侏罗纪也出现了海洋爬行动物大规模、多样化的辐射。这些动物生有短腿和短脖颈，以食鱼为生。其中一个例子是楯齿龙（Placodonts），它们用自己有力的牙齿吃软体动物（图23.16）。到了侏罗纪，

图 23.16 短腿、短脖颈的楯齿龙。它们用自己的腿作为在海中游泳的脚蹼。这些特点（脖颈和腿的开发）表现了从海洋动物向陆地动物的过渡

图 23.17 蛇颈龙（Plesiosaurs）的脖子很长，从而使它们可以捕鱼

楯齿龙进化成为蛇颈龙，它们有长长的脖子，能够捕鱼（图 23.17）。蛇颈龙在中生代后期灭绝。最后，在海洋爬行动物中，与现在仍然存活的动物有亲戚关系的是巨型海龟和沧龙（mosasaurs，它和蜥蜴是亲戚）。海龟身长 4 米，而沧龙是适应了海洋生活的陆地蜥蜴，带有变得更加平坦的尾巴——使其能够在水下游泳，它们的脚也变成了脚蹼。出现在三叠纪的海洋动物是今天主宰了海洋的动物们的祖先。

陆地植物的进化

　　种子植物在二叠纪生长，那时的裸子植物（Gymnosperms，种子不在子房或者果实中的维管植物）也以种子蕨类植物的形式大量存在（专题框 23.2）。在三叠纪和侏罗纪，有两组植物特别突出：第一组是看上去与椰子树非常相似的苏铁科植物（cycads），但

专题框 23.2 地球植物的历史

　　植物生命在水环境中出现。第一批已知植物是多细胞光合作用真核植物，叫作藻类（algae）。首批陆地植物从 4.75 亿年前开始出现。它们没有根，没有叶子，也没有花朵。它们为早期陆地动物提供了食物。

　　植物是生活在陆地上的第一批多细胞生物。最早的植物是无维管植物，也就是说，它们没有向自己的组成部分传输水和养料的管道。植物后来发展了从土壤传送水的管道，这时便出现了维管植物。因为早期的陆地植物没有向自己身体各部分输送水和养料的组织，它们的身高不会超过几厘米。维管植物组织的进化让陆地植物可以向主干输水，它们因此可以更有效地接收来自土壤的养料，这使它们能够长得比无维管植物高。蕨类植物是最重要的维管植物，是 3.6 亿到 3 亿年前的石炭纪时期的一种主要植物。

　　在维管植物之后，植物进化的下一步是种子的出现。这是自然界一个令人叹为观止的创新——一棵胚胎中的植物能够为自己提供水和养料。种子为下一代植物提供了养料。有两组能够产生种子的植物：裸子植物（包括松树、冷杉和红衫）和被子植物（angiosperms，所有其他开花的植物）。在大约 1.6 亿年前的中生代，裸子植物在森林中占统治地位。它们是最早的能产生种子的植物。裸子植物的这个性质使它们成为中生代占据优势的植物。在有种子的植物登场之后，开花植物接踵而至。在大约 1 亿年前的白垩纪，植物用花吸引昆虫和鸟类为它们传播种子。开花植物在种子植物出现后大约 3 500 万年出场，导致植物数目的急剧增加，因为一朵花中有植物的繁殖系统。

它们是裸子植物，人们今天也能在热带地区找到它们。苏铁科植物分雄树与雌树，花粉由雄树释放，并由风带给雌树；另一组是银杏（ginkgo）。人们发现的最古老的银杏树化石来自 2.7 亿年前。在中生代早期（2.51 亿年前），大型树木覆盖着陆地，苏铁科植物和蕨类植物也同时存在。然而，这一时期的植被生长高度较低，大部分叶子上长着刺，而且有毒。所以，它们不适于当时称霸世界的大型恐龙食用。草要等到新生代中期才会出现，于是，在没有草的情况下，可以迅速生长、为恐龙提供食物的只剩下了蕨类植物。如果陆地上的植物没有发生重要的进化，未能让大型动物有迅速生长、营养充足的植物来食用，陆地生命的持续将是不可能的（专题框 23.2）。下一节讨论了恐龙的出现，之后我们将回头继续讨论这个问题。

恐龙的出现

侏罗纪中期出现了两组不同的爬行动物：第一组包括所有的蜥蜴、蛇和蛇颈龙；第二组是在 2.51 亿年前到 6 500 万年前的中生代统治了世界的初龙（archosaurs）。初龙包括鳄鱼、恐龙和飞行爬行动物。对于最早的已知恐龙和它们的近亲家族的其他动物化石的解剖研究揭示，恐龙的共同起源可以追溯到一种名叫派克鳄（euparkeria）的爬行动物。派克鳄是一种捕食者，前肢远小于后肢，并利用一条长尾巴帮助平衡两腿承重的身体（图 23.18），它们生活在 2.45 亿年前，跻身恐龙家系的第一批成员之列，与恐龙、鳄鱼和鸟类有共同的祖先。一切恐龙的骨骼结构都具有界定特性，使它们有别于自己的近亲。这些特性包括它们的前腿形成并与身体连接的位置（对于恐龙，它们的腿刚好在身体下面，为身体提供了支持，并让它们能够轻松迅速地运动）。

第一批恐龙出现在大约 2 亿年前的三叠纪后期，在最后的下孔类和两栖动物灭绝后统治世界 1.6 亿年。它们的化石在世界的每一个角落里都有所发现，说明它们并非集中生活在某个特定的生活环境中。最大的恐龙是原蜥蜴（prosauropods），它们的躯干长达 9 米。到了侏罗纪，蜥脚类恐龙的长度达到了 23 米，重达 2.7 万千克（图 23.19）。

恐龙怎么会统治地球如此之久？这是由于一些不同的事实。庞

图 23.18 一位艺术家笔下的派克鳄。它们被认为是恐龙家系的第一批成员，生活在大约 2.45 亿年前

大的泛大陆分解使恐龙可以在不同条件下的更多的栖息地中生活。同样，气候的变化、恐龙本身对新环境的适应性及其身体特性的进化也有助于它们存活。其他种类的恐龙得以发展，使新的后代成长，包括现代鸟类。

对于化石记录和 DNA 的研究表明，鸟类很可能是恐龙的后代，而且是来自兽脚亚目的恐龙。鸟类最早出现在大约 1 亿年前的白垩纪。人们曾发现大量带有羽毛的恐龙，这一事实支持了鸟类是羽毛类恐龙的后代这一观点。在白垩纪初期，羽毛主要用于将它们的身体与外界隔绝。同样，在许多其他特征和身体结构上，兽脚类与鸟类毫无二致。人们发现的最早的鸟类是始祖鸟（archaeopteryx，图 23.20）。始祖鸟的遗体化石表明，它们仍然有与兽脚类相似的牙齿和骨骼。在消灭了恐龙的那次白垩纪灭绝发生的前后，鸟类的品种有所增加，它们在南美洲幸存，然后通过陆地迁徙，来到了地球的其他部分，在旅行途中，鸟类的品种越来越多。

白垩纪后期的天空中遍布着昆虫、鸟类和飞行爬行动物。翼龙（pterosaurs）是一种飞行爬行

图 23.19 一头重建的蜥脚类恐龙。它们是已知体形最大的恐龙成员

图 23.20 图为始祖鸟，它们是今天的鸟类的祖先。翅膀和羽毛清晰可见

动物，它们的骨骼表现出与恐龙类似的特点。6 500万年前，翼龙的尺寸达到了巅峰，其中最大的无齿翼龙（pteranodon）的翼展达到7.5米。最大的飞行爬行动物，或者说有史以来在这颗行星的天空中出现的最大的飞行动物，是翼展达到11米的风神翼龙（quetzalcoatlus），相当于一架小型飞机的尺寸。

恐龙在6 500万年前后彻底消失了。有关这一惊天命案的原因众说纷纭，从气候变化到植被的变化影响了食物供给，再到哺乳动物偷吃恐龙的卵从而阻止了它们的繁殖，恐龙对空中飘浮的花粉过敏等，不一而足。人们不可能用科学方法测试这些可能性。恐龙灭绝假说中最容易让人接受的是大约6 500万年前，一个星际天体与地球相撞导致恐龙灭绝，而且这一假说得到了科学证据的有力支持。我们已经在第17章中讨论了这个问题。

专题框23.3 测量过去的温度的一种方法

植物叶子的大小与气候之间存在着某种关系。带有又大又厚、边缘光滑的叶子的植物一般生长在热带温暖的气候中。在较为寒冷的气候中生长的植物叶子较小、较薄，边缘粗糙，而且每年冬天都会脱落。一般来说，在四季有差别的气候中生长的植物通常生长时间不够，无法长出又大又厚的叶子。所以，通过监测植物化石的形状和特性，我们可以勾画那些植物生长时的气候图。

植被以及恐龙食物供给的变化

要为这群庞大的恐龙提供食物，庞大的植被必不可少。草在白垩纪才出现，恐龙在这个时期之前是以其他植物为食的。真正维持了它们的生存和生长的是一种新型植物的出现：开花植物，也就是被子植物。与依赖风把花粉带给种子的裸子植物相比，被子植物依靠花朵来吸引昆虫与鸟类。它们让一颗花粉颗粒在子房授精（产生更多的颗粒），让另一颗花粉颗粒促进营养物质（水果和坚果）的生长，以此来实现双重授精。与裸子植物相比，这种方式能够更有效地生成营养植物。第一批被子植物大约出现在1亿年前的白垩纪中期，它们的生命周期是18个月，因此能够生长得更快。随着时间的推移，被子植物的高效繁殖使其能够分化成不同的物种，其中包括悬铃木、玉兰、棕榈、橡树和核桃树。

开花植物的受精、进化和多样化依赖于昆虫的进化。各擅胜场的不同被子植物以花朵与果实来吸引不同的昆虫，并需要它们带着花粉寻找同类植物，这造成了在有限制的基因池中迅速的基因突变和更有效的基因散布。与被子植物关系最密切的昆虫是蛾子和蜜蜂，它们的进化历史可以一直追溯到白垩纪后期。

气候对生命进化的影响

导致恐龙灭绝的事件影响了地球的气候，因而也影响了陆地和海洋生命。在这段时间内，大陆形状与构型的变化也影响了海洋的循环流动和气候。温室气体（CO_2）在 6 500 万—5 500 万年前的古新世的增加也提高了大气层的温度。气候在 5 500 万—3 300 万年前的始新世变得更温暖了，热带植物（棕榈树和苏铁科植物）和动物（短吻鳄鱼和乌龟）曾出现在当时的北极地区。

在大约 3 500 万年前始新世接近结束时，气候转而变冷，全球平均温度下降了 10摄氏度以上。这在地球上造成了很大的温度梯度，并形成了极地冰川。两极地区冰川的积蓄一直延续到渐新世（3 400 万—2300 万年前），严重影响了陆地和海洋生命。人们把这次全球变冷的原因归咎于洋流的变化。例如，澳大利亚与南极洲的分离让冷水围绕南极形成环流，将南极水域与较温暖的赤道水域分离。除了洋流之外，CO_2 浓度也可能有所下降，从而造成了温室效应的减少，使大气层温度下降。气候变冷持续到中新世（2 300 万—500 万年前），导致南极冰山的形成，海平面降低。在今天的陆地中，有许多部分就是在那时候浮出水面的。有关北极冰盖的第一份证据出现在大约 300 万年前的新生代，当时冰川开始流向北方陆地。

气候的变化对于生命及其进化具有直接影响。海平面的变化出现在250 万年前到1.1万年前的更新世，是冰川形成与消失的结果。这种变化影响了海里的珊瑚礁，很可能也影响了水里的食物链。在陆地上，在今天不适宜居住的干燥地区，人们发现了早在 3 万年前存在的植物的化石。气候的每一次变化都会导致一些植物和动物群的灭绝，以及动物向最适宜它们生存的气候地区迁徙。

地球生命简史

生命在地球这颗行星上出现以来，经历了一个复杂的历史。生命诞生于海洋，后来迁往陆地。生命最初以植物的形式存在，然后有了动物，它们同时在陆地上和海洋中生存与进化。它们相互影响着各自的生命与进化，也影响着环境和栖息地。下面我们总结一下导致地球生命进化的主要步骤。

单细胞生命：早期原始细胞大约出现在 38 亿到 40 亿年前。这些原核细胞被认为是地球上的第一批生物，例如有光合作用能力的蓝细菌。

光合作用：这是将光能转化为化学能并为生物活动供能的过程。化学能存储在由二氧化碳和水合成的碳水化合物分子中。利用水作为光合作用中的电子来源的能力起源于蓝细菌，出现在大约 24 亿年前。对于太古宙沉积岩的研究表明，生命远在 35 亿年前便已经存在。但现在我们还不清楚，与氧有关的光合作用是在什么时候进化的。蓝细菌是第一种利用光合作用生产它们需要的能量的生物，它们一直到元古宙（25 亿到 5.43 亿年前）都统治着世界，是使大气中氧浓度上升和固氮的原因，也是使大气中出现细胞需要的化合物的主要功臣。

真核生物：它们是带有专门分工的细胞器并含有细胞遗传物质的细胞。真核植物细胞含有叶绿体，既能进行无性繁殖，也能进行有性繁殖（通过性细胞，即配子）。

多细胞生物：这些生物是由一个以上的细胞组成的，包括所有的陆地植物和动物，是与氧气在大气中浓度上升差不多同期形成的。

前寒武纪时期：这一时期涵盖了地球寿命的 87%（45.7 亿年前—5.42 亿年前）。在此期间，蓝细菌建立了大气层中的氧气含量，固定了氮含量，导致多细胞生物形成。

寒武纪大爆发：这一事件大约发生在 5.42 亿年前，延续了 4 500 万年。在此期间，大批生物出现，现代植物与动物的祖先也登上了舞台。已知的动物物种从前寒武纪的大约 150 个，增加到了寒武纪大爆发期间的将近 400 个。

海洋植物与动物：带有壳层的无脊椎海洋动物、珊瑚、浮游生物、鹦鹉螺类动物和软体动物属于生活在大约 4.5 亿年前的奥陶纪的第一批动物。无颌鱼是第一批脊椎动物，生活在 4.43 亿年前。藻类是第一批海洋植物。

向陆地的迁徙：在大约 4.75 亿年前，植物是向陆地迁徙的第一批生物。非维管植物是第一批迁徙到陆地上的，接着是藻类，然后是维管植物。最早的无种子维管陆地植物是光蕨类（约 4.3 亿年前），出现在河流与溪流附近。这种植物的多样化在石炭纪增加了。种子植物最早的化石证据可以追溯到 3.85 亿年前。

在植物迁徙之后，大约 7 500 万年前，第一批动物挺进陆地。节肢动物是第一批登陆干燥陆地栖息地的无脊椎动物（大约 5.41 亿年前），它们被发现的大部分化石可以追溯到 4.5 亿年前到 4.2 亿年前。陆地脊椎动物的祖先是肉鳍鱼。在 3.8 亿年前，它们的鳍进化成了肢体；在 3.65 亿年前，它们发展了更厚的皮肤和呼吸系统，可以在干燥的陆地上发挥功能。肉鳍鱼形成了两栖动物家系。

陆地上的进化: 植物和动物在二叠纪(3亿—2.5亿年前)适应了陆地干燥的条件,裸子植物在陆地上到处可见。在三叠纪和侏罗纪(2.5亿—1.5亿年前),苏铁科植物和银杏大量存在。被子植物也扮演了重要的角色,它们繁茂地繁衍,增加了植物的多样性。

四足动物进化并分裂为两系: 两栖动物和羊膜动物。羊膜动物适应了陆地并继续在陆地上生活,最终分化为两组:爬行动物和最终成为哺乳动物的另一支。

恐龙: 它们在2.35亿年前到6 500万年前统治了地球,形成了一个多样化的种群,其中包括一些陆地上最大的动物。它们被归入爬行动物一类,是现代鸟类的祖先。恐龙在大约6 500万年前由于我们不知道的事件灭绝,其最终命运很可能是一颗星际天体与地球发生的碰撞导致的。

总结与悬而未决的问题

对于地球上生命进化的研究是一个复杂的、多维度的非线性问题。我们可以把不同的生命形式划分为两个宽泛的域:在海洋里生活的植物和动物生命,在陆地上生活的植物和动物生命,每种生命都由非常不同的形式组成,但又都是互相联系的。例如,植物和动物都需要某种营养源,但无论它们生活在海洋里还是陆地上,它们需要的营养源都是不同的。为了提供这样的营养源,它们需要持续的食物供给。这种食物供给会直接受到任何时候的海平面、大气、气候和温度,以及曾经多次大肆残害生命的灾难性事件的影响。在对生命进化的研究中,我们必须考虑到所有这些参数的影响。

大量证据表明,生命是首先在海洋中开始的。主要原因是,在大气层中,当时还不存在保护地球不受来自太阳的有害紫外辐射荼毒的臭氧层。而在海里,这样的保护可以由水提供。大约在20亿年前,由于吸收 CO_2 气体的蓝细菌能够通过光合作用向大气中释放氧气,氧气在大气中积蓄。这导致在浅水水域出现了由蓝细菌生成的叠层石,说明以真核细胞形式出现了第一批需氧生物的证据来自28亿年前。

氧富集的大气与真核细胞的形成,这二者的结合是导致大约14亿年前多细胞生物出现的第一步。在此期间的一个重大发展是专门从事不同任务的特殊成分的出现,导致无脊椎动物于大约6.3亿年前在海洋中诞生与进化,以及意义重大的生命辐射——这一事件持续了4 000万年之久,人们称之为寒武纪大爆发。在此期间,一些海洋生物生长,并有史以来第一次露出水面。

大约4.8亿年前,由于大气中氧气浓度的增加,导致脊椎动物骨骼发展需要的方解石产生，从而形成了适于脊椎动物发展的条件。脊椎动物的第一个祖先是生活在大约 4.8 亿年前的无颌鱼。第一批带有上下颚的鱼出现在 4.16 亿年前，它们可分为两类：一类是今天一切硬骨鱼的祖先条鳍鱼；另一类则是受到骨骼支持，最终令其有能力在陆地上（作为两栖动物）行走的肉鳍鱼。

生命从海洋向陆地的逐步迁徙开始于 5 亿年前。植物首先开发了在陆地上生活的能力。第一批在陆地上生长的植物很矮小，因为它们没有输送水的组织，只能通过降低高度的方法让水到达全身。它们也开发了能够在干燥环境下生活的特性。在大约 4 亿年前，植物取得了在体内传输水的能力，因此变得高大了。

第一批来到陆地的无脊椎动物是节肢动物，它们是在植物开始迁徙后大约 7 500 万年移民成功的，这一点得到了可以追溯到 4.19 亿年前的化石证据的证实。节肢动物在陆地上生活时面临着严峻的考验，包括干燥的环境、本身的活动能力、在引力下支撑自己体重的能力，以及开发在水外呼吸的系统。第一批生活在陆地上的脊椎动物是两栖动物，很可能是肉鳍鱼的后代。直到 3.6 亿年前，它们才终于能够在干燥的陆地上自由行走。生命的迅速爆发及其多样化也导致在大约 3 亿年前生活在陆地上的各类昆虫出现。几乎在同一时间，出现了第一批在干燥的陆地上产卵的动物，开启了陆地生殖的新篇章。

当海里的进化还在继续时，陆地上的植物也在进化，出现了种子可以自由分散的维管植物，植物繁殖的速率不断加快。这为地球上曾经存在的一些最大的动物提供了食物，这些动物就是从大约 2.35 亿年前到 6 500 万年前统治地球约 1.6 亿年的恐龙。恐龙的起源可以一直追溯到 2.45 亿年前的爬行动物，而第一批恐龙出现在大约 2.35 亿年前，最大长度达 23 米，重 2.7 万千克。对于化石的 DNA 和骨骼特点的研究显示了恐龙与鸟的类似之处。尽管恐龙可能是今天的鸟类的祖先，但它们已在 6 500 万年前星际天体与地球的碰撞中彻底灭绝。

有关地球上植物与动物生命进化的研究，我们还有一些未曾回答的问题。已发现的不同化石之间的时间间隔（时间分辨率）不足以让我们详细地研究事件的进化链，因此无法发现不同物种共同起源所在的年代。我们经常需要加入内插值，而这样可能会在确定进化次序时引起谬误。在研究史前的生命与进化时，许多不同的参数会影响结果，其中包括自然因素（温度改变、大气中气体比率的变化、臭氧层的形成等）、食物供给（动物需要吃植物，海洋生物需要养料）、大规模灭绝（由温度变化和气候变冷或者与星际天体之间的碰撞引起）、捕食者（捕猎其他动物作为食物的动物），以及影响不同生命形式繁荣的一般环境条件。这些都会影响海洋和陆地，同样也会影响植物或者动物生命，因此效果是非线性的。研究地球生命的进化时，最重要的是要考虑影响生命的不同因素之间的关系。这是令人神往的研究领域。

回顾复习问题

1. 为什么科学家们相信第一批地球生命始于海洋？

2. 什么是叠层石？它们是怎样形成的？

3. 多细胞生命活动的最早证据来自多少年前？

4. 详细解释疑源类和三叶虫的特征。它们生活在什么年代？

5. 解释导致寒武纪大爆发的原因。这次大爆发历时多久？

6. 什么是脊椎动物的已知最早祖先？它们生活在什么时候？

7. 什么生物是保持 CO_2/O_2 平衡的原因？它们是怎样做到的？

8. 解释在泥盆纪发展的两种鱼的特点。

9. 海洋生物的身体需要做哪些改变才能适应陆地生活？

10. 动物什么时候开始在陆地上产卵？哪种动物最先在陆地上繁殖？

11. 为了逃脱捕食者的追逐，海洋动物需要什么特性或者技巧？

12. 大约 2.51 亿年前的中生代海洋动物的主要特点是什么？

13. 什么是裸子植物？

14. 解释在三叠纪和侏罗纪繁茂生长的两组植物。

15. 什么动物是恐龙的共同起源？这种动物的骨骼有什么特点？

16. 恐龙在地球上生活了 1.6 亿年。是什么条件使它们可以生存这么久？

17. 恐龙被认为是今天的鸟类的祖先。对此有何证据？

18. 被子植物与裸子植物之间的差别是什么？

19. 科学家们如何通过检测树叶估计过去的温度？

20. 解释生命从第一批细胞向恐龙发展的不同步骤。

参考文献

Hillis, D.M., D. Sadava, H.C. Heller, and M.V. Price. 2014. *Principles of Life*. New York: Freeman.

Prothero, D.R., and R.H. Dott. 2004. *Evolution of the Earth*. 8th ed. New York: McGraw-Hill.

插图出处

· 图 23.1：Copyright © Paul Harrison (CC BY–SA 3.0) at https:// en.wikipedia.org/wiki/ File：Stromatolites_in_Sharkbay.jpg.

· 图 23.2 根据以下作品改画：Copyright © Bdcarl (CC BY–SA 3.0) at https://en.wikipedia. org/wiki/File：Anabaena_circinalis.jpg.

· 图 23.3：Copyright © Vassil (CC BY–SA 3.0) at https:// en.wikipedia.org/wiki/ File：Trilobite_Ordovicien_8127.jpg.

· 图 23.4a：Copyright © Didier Descouens (CC BY–SA 4.0) at https://en.wikipedia.org/wiki/ File：Liospiriferina_rostrata_Noir.jpg.

· 图 23.4b：https://en.wikipedia.org/wiki/File：Haeckel_Bryozoa.jpg .

· 图 23.5：Copyright © Toby Hudson (CC BY–SA 3.0) at https:// en.wikipedia.org/wiki/ File：Coral_Outcrop_Flynn_Reef.jpg.

· 图 23.6：Copyright © Dlloyd (CC BY–SA 3.0) at https:// en.wikipedia.org/wiki/ File：Nautiloid_trilacinoceras.jpg.

· 图 23.7：https://en.wikipedia.org/wiki/File：Cypraea_chinensis_with_partially_ extended_mantle.jpg.

· 图 23.8：Copyright © Zsoldos Márton (CC BY–SA 3.0) at https:// en.wikipedia.org/wiki/ File：Eudontomyzon_mariae_Dunai_ ingola.jpg.

· 图 23.9：Copyright © Uwe Kils (CC BY–SA 3.0) at https:// en.wikipedia.org/wiki/ File：Tomopteriskils.jpg.

· 图 23.10：Copyright © FunkMonk (CC BY–SA 3.0) at https:// en.wikipedia.org/wiki/ File：Diplacanthus.jpg.

· 图 23.11：Copyright © ArthurWeasley (CC BY–SA 3.0) at https:// en.wikipedia.org/wiki/ File：Guiyu_BW.jpg.

· 图 23.12：Copyright © Pter Halsz/Nobu Tamura/Guy Haimovitch/Wpopp/Marshal Hedin/ John Kratz (CC BY–SA 3.0) at https://en.wikipedia.org/wiki/File：Arthropoda.jpg.

· 图 23.13a：Copyright © Nobu Tamura (CC BY–SA 3.0) at https:// en.wikipedia.org/wiki/

File：Eusthenopteron_BW.jpg.

· 图 23.13b：Copyright © Nobu Tamura (CC BY–SA 3.0) at https：// commons.wikimedia.org/ wiki/File：Tiktaalik_BW.jpg.

· 图 23.13c：Copyright © Nobu Tamura (CC BY–SA 3.0) at https：// en.wikipedia.org/wiki/ File：Acanthostega_BW.jpg.

· 图 23.14：Copyright © Froggydarb (CC BY–SA 3.0) at https：// en.wikipedia.org/wiki/ File：Amphibians.png.

· 图 23.14a：Copyright © Froggydarb (CC BY–SA 3.0) at https：// commons.wikimedia.org/ wiki/File：Litoria_phyllochroa.jpg.

· 图 23.14b：Copyright © Ryan Somma (CC BY–SA 3.0) at https：// commons.wikimedia.org/ wiki/File：Seymouria1.jpg.

· 图 23.14c：Copyright © Patrick Coin (CC BY–SA 2.5) at https：// commons.wikimedia.org/ wiki/File：Notophthalmus_viridescensPCCA20040816–3983A.jpg.

· 图 23.14d：Copyright © Franco Andreone (CC BY–SA 2.5) at https://commons.wikimedia. org/wiki/File：Dermophis_mexicanus.jpg.

· 图 23.15：Copyright © Spacini (CC BY–SA 3.0) at https：// en.wikipedia.org/wiki/ File：Xiphactinus_audax_Sternberg_ Museum.jpg.

· 图 23.16：Copyright © Ghedoghedo (CC BY–SA 3.0) at https：// en.wikipedia.org/wiki/ File：Placodus_gigas_2.jpg.

· 图 23.17：Copyright © Kumiko (CC BY–SA 2.0) at https：// en.wikipedia.org/wiki/ File：Plesiosaurus_in_Japan.jpg.

· 图 23.18：Copyright © Nobu Tamura (CC by 2.5) at https：//commons.wikimedia.org/wiki/ File：Euparkeria_BW.jpg.

· 图 23.19：Copyright © Tadek Kurpaski (CC by 2.0) at https：// en.wikipedia.org/wiki/ File：Louisae.jpg.

· 图 23.20：Copyright © H. Raab (CC BY–SA 3.0) at https：// en.wikipedia.org/wiki/ File：Archaeopteryx_lithographica_(Berlin_ specimen).jpg.

我们可以让卫星、行星、恒星、宇宙，甚至整个宇宙体系遵照定律运行，但我们希望能用特别的方式，立即创造出最小的昆虫。

——查理·达尔文

任何美丽、动人、可爱的事物，只有那些知道如何观察的人才能看见。

——鲁米

24

哺乳动物和灵长目的起源

THE ORIGIN OF MAMMALS AND PRIMATES

本章研究目标

本章内容将涵盖：

- 灵长目的起源与进化

- 双足行走方式的起源

- 人属

- 人属大脑的进化

- 智人的起源与现代人类

- 迁徙，走出非洲

- 现代人类的起源

- 物种形成与多样化的起源

- 意识的起源

在 6 500 万年前那场让恐龙灭绝的事件的余波中，一道新的风景线展开了。哺乳动物（mammals）的定义为带有体毛或者皮毛并给自己的幼崽喂奶，直接生育活崽，具有更发达的大脑（新皮质）和三只中耳的动物；它们很快便走上舞台，统治了世界。这是一个生物域，它最终以人类居于顶端，而由于这个原因，对哺乳动物进化的研究直接与我们的今天相连。在恐龙统治地球的大多数时间里，哺乳动物都躲在地下（也因此没有成为恐龙的腹中餐），接着经历了一次生命的爆发性辐射。哺乳动物适应了新的生活条件，品种不断增加。我们今天看到了由此产生的效果。

在研究地球生命的历史并且接近现代的时候，我们发现了表明生命如何进化的更详细的化石证据。因此，从 6 500 万年前至今的新生代，是一个有着关于哺乳动物的起源与进化的大量信息的时期。发生在古新世（6 500 万—5 500 万年前）和始新世（5 500 万—3 400 万年前）的生命辐射持续了大约 1 500 万年，而且是多样化最为剧烈的一次。哺乳动物进化的过程在此之前就已经开始了，而到了始新世结束的时候，生物的形态、形状和特点都发生了显著的变化。进化过程是逐步的，受到了许多因素的影响，例如气候、大陆运动、捕食者的存在、迁徙和自然界是否存在所需的养料等。哺乳动物是最早开始涉猎复杂的任务并学习社区共同生活的动物。

哺乳动物最重要的子类型是灵长目（primates），包括人属。在灵长目之内，进化和自然选择的过程导致它们的身体和大脑的尺寸发生了显著的变化，从而使它们可以做出决策，改变生活条件。这是它们在最近几百年间得以生存，找到喂养自己的新方式，形成群体和文化，保护自己和群体，最终利用这颗行星能够让它们拥有的一切来改善自己的生活条件的重要因素。哺乳动物是我们的远房祖先。这是生命史上重要的一页。

本章将给出一份有关哺乳动物和灵长目动物的起源和它们向当前进化的研究。我们接着将讨论它们的发展、多样化与适应已有生活条件的地点和这样做的条件。本章将探讨从哺乳动物向灵长目的过渡，它们的大脑尺寸的进化和意识的起源。最后将研究我们的祖先在整个世界上的迁徙。

哺乳动物的出现

我们在上一章讨论了陆地动物分化成的两个不同的集团：两栖动物和羊膜动物。羊膜动物本身又分化成两个宽泛的集团：下孔类和爬行类。爬行类是最终通往乌龟、蜥蜴、恐龙和鸟类的谱系。下孔类是一个前哺乳动物集团，经过 3 亿年的进化之后发展到了哺乳动物谱系。它们在二叠纪和三叠纪统治了世界，但在大约 2.52 亿年前发生的二叠纪－三叠纪大灭绝中被消灭了，只剩下哺乳动物这一支存活至今。

早期哺乳动物只有老鼠那么大，是最后一批下孔类（哺乳动物，或者是与哺乳动物的亲缘关系比与其他动物更密切的动物）的后代。化石证据表明，最早的哺乳动物出现在大约 2 亿年前，是从一组三叠纪的下孔类动物进化而来的小型夜间动物（nocturnal）。在恐龙统治地球的大约 1.6 亿年间，哺乳动物躲藏在地下，隐藏在灌木丛中。当恐龙在 6 500 万年前消失的时候，它们走出来，取代了恐龙。哺乳动物的品种增加，而且很快统治了栖息地，它们靠食用捕捉到的昆虫为生，这一点可以从尚存的化石看出，它们的牙齿的形状可以作为证据。相对于它们的身体，它们的大脑比较大，而且部分用于执行更复杂的任务。通过进化，哺乳动物不产卵，直接生产活崽。

哺乳动物最初是羊膜动物（即在陆地产卵或者由母亲保留受精卵的动物），它们与鸟类和爬行动物的不同之处在于它们发达的大脑（大脑的新皮质部分是哺乳动物特有的）。哺乳动物有毛发，可以通过毛发保持体温恒定，与其他动物界的成员相比，它们非常活跃。这种活跃可能是因为它们恒定的体温，以及有效的呼吸系统——哺乳动物的鼻孔和口腔是分开的，可以一边吃东西一边呼吸。哺乳动物也开发了四室心脏，分开了充氧血和脱氧血。雌性哺乳动物有乳腺，能为新生幼崽提供乳汁。哺乳动物的骨骼显示，它们的四肢位于身体下方而不是侧面，这让它们的身体能够灵活地运动与调整方向。哺乳动物的牙齿也与动物界的其他成员不同，它们具有执行不同任务的专门设计，能够使哺乳动物享用各种食物。

到了大约 1 亿年前的白垩纪中期，哺乳动物进化为两组（至今都还存在）：有袋类哺乳动物（marsupials）和有胎盘类哺乳动物（placentals）。有袋类哺乳动物的后代诞生时是未成熟的胚胎，胎儿被放置于母亲的育儿袋中完成发育。这一组动物包括负鼠、袋鼠、沙袋鼠、袋狸和树袋熊。有胎盘类哺乳动物的胚胎被母亲携带在子宫里，直至胚胎得到了良好发育并做好了降生的准备。在古新世，有胎盘类哺乳动物经历了一个多样化过程，分裂成多个品种——包括今天我们看到的几乎一切陆地动物的祖先。这两个域的哺乳动物很可能有不同的起源和进化历史。

哺乳动物的主体是有胎盘类哺乳动物。最近的基因组研究已经揭示，有胎盘类哺乳动物曾有一次早期分化，时间上与中生代（2.5 亿—6 500 万年前）的大陆分裂时间重合。当各块大陆在中生代末稳定下来时，各种哺乳动物各自独立地在不同的区域和栖息地扩散。例如，当南美洲和北美洲在大约 300 万年前连接到一起时，曾经在两块分开的大陆上各自独立进化的动物开始在大陆之间运动。哺乳动物的数量和体积迅速增大的主要原因是恐龙的灭绝。庞大的食草动物（以植物为食物的哺乳动物）在草原上觅食，而吃嫩叶的动物则靠吃灌木丛和树叶为生。

一些胎盘动物最后转移到了它们最初的栖息地——水环境。鲸和海豚等完全的水生哺乳动物是从它们的偶蹄目（even-toed-hoofed，是身体的重量等同地由第三趾与第四趾承担的动物）祖先进化而来的。海狮和海豹也返回了大海，它们的四肢转化为脚蹼。有胎盘类哺乳动物最重要的子群是灵长目，是包括人类在内的集团。在陆地上，大陆的运动和它们相互之间的连接影响了哺乳动物的最终栖息地。例如，到了白垩纪后期，当有袋类哺乳动物和有胎盘类哺乳动物都在美洲时，它们开始分别进化。然而，出于某种原因，在澳大利亚，有袋类动物的数量多于胎盘动物。结果，有袋类动物在澳大利亚独立地进化，最终形成了不存在于美洲的独特动物，尽管这两类动物的祖先在千百万年前曾在美洲肩并肩地生活。尽管它们的外观看上去与它们在北半球的对应物种类似，但两者之间存在着明显的不同。化石记录表明，有袋类动物很可能起源于美洲，但在白垩纪，当美洲与澳大利亚这两块大陆仍然相连的时候，它们经由南极迁徙到了澳大利亚。类似地，新西兰没有有袋类动物，表明这座岛屿在有袋类动物到达之前已经与澳大利亚分开了。

哺乳动物在自己的种群中分化发展，进化为灵长目。使灵长目区别于其他哺乳动物的一些主要特点如下：

- 相对的拇指，使它们能够轻而易举地抓牢树枝
- 带有粗糙五趾的脚使它们能够在树上栖息
- 判断距离所必需的立体视觉能力，这对林栖动物尤为重要

灵长目的起源

通过广泛的进化，有胎盘类哺乳动物的一支变成了灵长目（专题框 24.1）。化石证据表明，早在 5 500 万年前，灵长目起源于北美和欧洲，当时这两片大陆还是连接的。早期灵长目看上去是哺乳动物，体积还没有猫大，生有四足，腿适应了爬树（图 24.1）。根据最古老的灵长目的遗体化石可知，气候在它们生活的那段时间前后比较温暖湿润，导致第一批灵长目产生了适应性辐射。人们发现的来自这些早期灵长目的化石说明，它们的口鼻部减少，大脑增大，具有立体视觉能力。人类学家相信，早期灵长目分裂为两支：一支是今天的狐猴（lemurs）和懒猴（lorises）的祖先原猴类（prosimians），另一支发展成为类人猿（anthropoids），其中包括猿类和猴类。我们将在下一节讨论这个问题。

灵长目的进化

如上所述，根据 5 500 万年前（古新世）最早的灵长目化石来看，它们看上去像地鼠和松鼠（图 24.1），有着相对的脚趾，脚趾上长着的与其说是爪子，倒不如说是趾甲——它们的脚善于抓紧树干，这是从哺乳动物分出的这一支的典型特征（专题框 24.1），这一特征能够使它们更容易抓住物体。灵长目在始新世（5 500 万—3 300 万年前）进化为两个不同的群：原猴类和类人猿。

原猴类包括狐猴、眼镜猴和懒猴，它们今天生活在非洲和热带亚洲。类人猿包括猴类和猿类等，它们在白垩纪末期的大规模灭绝之后开始在非洲变得多样化（图 24.1）。

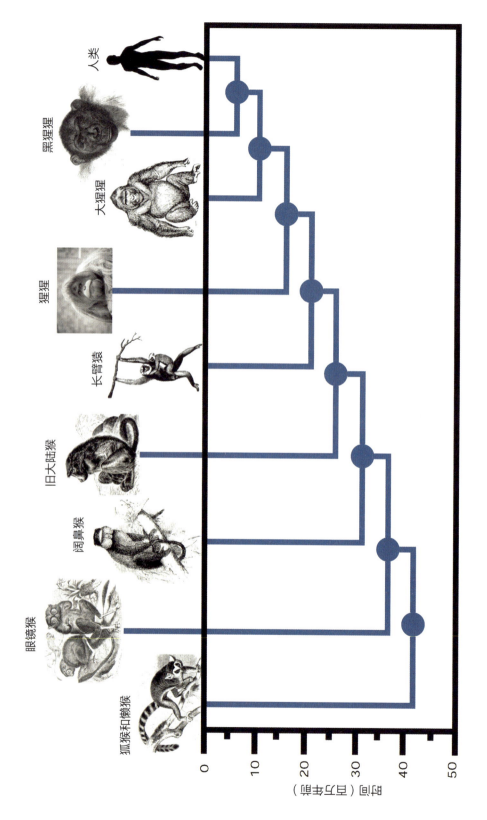

图 24.1 从 5 500 万年前开始的灵长目的进化树。这幅图表显示，灵长目分化为原猴类（狐猴和懒猴）与类人猿（猴类、猿类和人类）

人类

黑猩猩

大猩猩

猩猩

长臂猿

旧大陆猴

阔鼻猴

眼镜猴

狐猴和懒猴

时间（百万年）

0
10
20
30
40
50

阔鼻猴是从旧大陆猴和猿类进化而来的，在非洲和美洲还连在一起的时候，它们从非洲迁徙到南美洲，这就解释了今天在南美洲发现的阔鼻猴的起源。有关猿类的最早的化石证据是在埃及发现的，来自渐新世（3 400 万—2 300 万年前）。在大约 3 500 万年前的某个时候，包括现代猿类的一支与旧大陆猴分开了（图 24.1），变成了一个不同的种群，最终在 2 200 万至 550 万年前分散在范围广阔的地区

图 24.2 来自 1 400 万年前的原康修尔猿化石。原康修尔猿是在猴子与猿类之间的过渡（来自法国国家自然史博物馆，巴黎）

内，如欧洲、亚洲和非洲。这些猿类遗留下来的化石表现的特点说明，它们与人科动物（hominids）关系密切。长臂猿（gibbons）和猩猩（orang-utans）是这些猿类的后代，它们同这些猿类分别在 1 200 万年前到 1 800 万年前之间和 1 200 万年前分离。

　　一个特别重要的属是 2 100 万到 1400 万年前生活在非洲的原康修尔猿(proconsul)。原康修尔猿的化石显示了类猴与类猿的特征（图 24.2），与现代猿类和人类类似，它们没有尾巴，但表现出与猴子类似的肢体比例。原康修尔猿的胳膊和手像猴子，但肩膀和肘像猿类。它们是在猴子与猿类之间的过渡（图 24.2）。

　　灵长目是在气候温和的时候出现的，这种气候使热带森林覆盖了地球的大部分表面。灵长目从林栖哺乳动物进化而来，能够适应森林中的生活。人们在灵长目化石上发现了一些特点，支持它们是林栖动物这一事实。能够在树上生活的能力为灵长目开拓了一个重要的食物来源，如树叶、果实、花朵和鸟蛋，同时也让它们能够逃脱捕食者的追逐。自然选择将某些逃亡能力赋予了生物，比如在树枝之间跳跃时能够准确地判断树枝

专题框 24.2 大脑尺寸的进化

　　化石记录表明，大脑的尺寸从黑猩猩中最古老的原始人的 350 立方厘米（最小）进化到现代人类智人的 1 450 立方厘米（最大）。

之间的纵深的能力。这些能力使它们得以生存，并将自己的特征传递给后代。在灵长目生命历史上的某个时刻，它们变成了白天活动的昼行动物（diurnal animals）。

已有的化石证据表明，猿类与人类这两支在大约700万年前分化。这些研究揭示了人类这一支的第一个可以辨认的祖先（图24.1）。在中非和东非发现的一切化石都显示，第一批人科动物是在那里出现并进化的。人们用颅容量（对于大脑大小的测量）来研究人科动物与人类的密切程度（专题框24.2）。

分子证据证实，在大约600万年前，大猩猩和黑猩猩先后从最终出现人类的谱系中离开（图24.1）。人类与黑猩猩这两个家系之间的密切关系得到了对其DNA的研究的支持，该研究显示了98%的类似程度。属于人类谱系的最早化石是在西部非洲的乍得发现的，是乍得萨赫勒人的化石，因它的发现地点——撒哈拉南部沙漠中的萨赫勒（Sahel）得名。乍得萨赫勒人出现在距今700万年前，既有类似黑猩猩的特征，如眉骨高、大脑较小，也有类似人类的特征，如面部扁平、脸庞较大（图24.3）。乍得萨赫勒人的一个重要特征是：脊髓离开脑壳的地方刚好在头盖骨下方，说明他们具有直立的身躯。这块化石提供了猿类与人类分道扬镳的最早证据和发生的时间，也是最早的人科动物化石（专题框

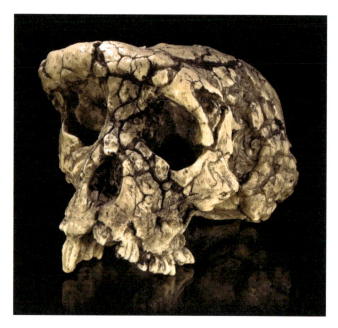

图24.3 一个乍得萨赫勒人（Sahelanthropus tchadensis）的头盖骨化石。这块化石来自700万年前，与人类和黑猩猩这两支分化的时间十分接近。人们是在西部非洲发现这块化石的

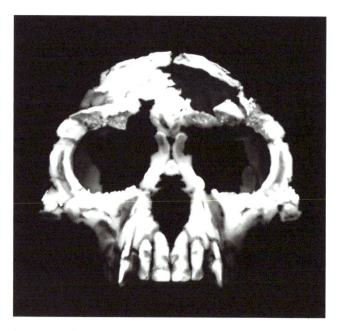

图24.4 一个生活在440万年前的拉米达猿人（Ardipithecus ramidus）的头盖骨。人们认为这是表现类黑猩猩的双足运动特征的最早的化石之一

对于生物的过往历史和它们之间相互关系的研究叫作进化树。从一个共同祖先向下的线叫作家系。人们已经用新的遗传学与生物学分析将灵长目分为原猴类（包括狐猴、眼镜猴和懒猴）和类人猿（包括猴类、猿类和人类）。这些家系内部也分为各个子系。人科动物包括猿类（大猩猩和猩猩）、黑猩猩和人类。人科只包括大猩猩、黑猩猩和人类。古人类包括人属（genus Homo）的所有成员和它们的近亲。

24.3）。人们在同一地区还发现了一些其他人科动物的化石。

在乍得萨赫勒人之后，下一个略微年轻些的化石，是人们在肯尼亚的图根山（Tugen Hills of Kenya）发现的，距今588万到572万年之间，叫作图根原人（Orrorin tugenensis）。图根原人的肢体解剖特征表明他们具有两足动物的身姿和大而尖锐的牙齿，但胳膊和手指骨骼表明他们是林栖动物，很可能是今天的黑猩猩的祖先。

在埃塞俄比亚（Ethiopia）发现的两块化石分别被命名为拉米达猿人或地猿始祖种（Ardipithecus ramidus），以及拉米达猿人卡达巴或地猿始祖种卡达巴（Ardipithecus ramidus kaddaba），它们分别来自440万年前和580万年前，都同时具有猿类特征和人类特征（图24.4）。地猿始祖的大趾头是相对的，更像猿类而不像人类。然而，它们的脚有刚性结构，并未表现出足以抓住树枝或者在树上行动的灵活性，而是更适合双足行走。这些观察结果证实，地猿始祖可以同时适应树上和地上

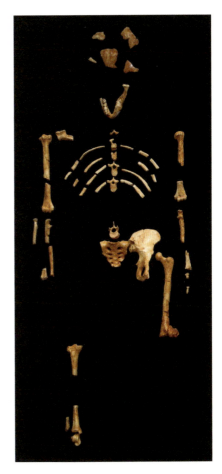

图 24.5 一具几乎完整的南方古猿阿法种（Australopithecus afarensis，也称露西）的骨骼。这具化石来自350万年前的一只雌性古猿，发现于埃塞俄比亚

的生活，它们的双足行走能力最终传给了人科动物。现代人类的祖先早在 500 万年前便已经是"直立"的双足步行者了。

我们的祖先属的第一个成员——南猿亚科（即南方古猿）的化石最早来自非洲，距今有 390 万到 420 万年的历史。这是人属家系的开始（专题框 24.3）。一些南方古猿身材矮小纤细，叫作南方古猿纤细种（gracile）；另一些结实有力，叫作南方古猿粗壮种（robustus）。这一属最年轻的化石是在肯尼亚的图尔卡纳湖（lake Turkana in Kenya）附近发现的，叫作南方古猿湖畔种（Australopithecus anamensi）。最完整的化石骨骼来自 350 万年前，是一个年轻女性的化石，属于纤细南猿，发现于埃塞俄比亚。人们称这个物种为南方古猿阿法种（Australopithecus afarensis），并取名露西（来自一首名为《露西在缀满钻石的天空中》（"Lucy in the Sky with Diamonds"）的歌曲（图 24.5）。南方古猿阿法种的大脑尺寸为 500—600 立方厘米，手和脚都清楚地显示了双足行走的特征。

人们在南非和东非的几个地点发现了两个不同的人科动物群，说明他们也与人属有关。300 万到 150 万年前的南方古猿纤细种（Australopithecus gracile）有较小的颊齿、位于中央的脊柱开口（因此是步行者）、尺寸为 450 立方厘米的颅骨。190 万年前的南方古猿粗壮种（Australopithecus robustus）有较大的牙齿和下颚，颅骨尺寸为 530 立方厘米。南方古猿粗壮种中最粗壮之一是 220 万至 120 万年前的南方古猿鲍氏种（Australopithecus boisei）。不同类群的早期人科动物在大约 200 万年前并肩生活，并进化为人属；人类也是这个属的一部分。

直立行走的起源

第一批人科物种最早获得的特征之一是用两条腿走路的能力（这个能力有可能是因其必要性而获得的）。人科物种的化石证据表明，直立行走的能力出现在他们大脑尺寸增长或者脸和牙齿发生改变之前。人科物种的直立行走可以追溯到大约 420 万年前，而与此相比，大脑的扩容开始于大约 250 万到 200 万年前。

为了找到直立行走的起源，首先需要探讨我们的祖先是怎样运动的。一个很有说服力的证据表明：我们的共同祖先是像猿类一样的关节行走者[①]，然后他们进化发展为两个不同的家系，其中一系继续以关节行走，进化成猿类；另一系则可以用两条腿走路，

---

① 指行走时主要依靠两条后肢，前肢握拳撑地，关节触地支持身体重量的行走方式。——译者注

然后进化成人科物种。在研究直立行走的起源时，环境因素也很重要。由于气候变迁，森林开始消失，结果出现了更多的草地和热带稀树草原。当早期人科物种从树上走下来，在平原上生活的时候，他们必须警惕捕食中的猛兽并自己打猎，因为采取直立姿势的人科物种可以看得更远，这就增加了他们的视野深度。因为有了这些特性，直立行走的能力让早期人科物种得以生存。而且，通过用双腿直立行走，早期人科物种解放了自己的双手，这使他们能够携带工具或者幼崽，提高了生存率和种群的生长率。

直立行走的起源也与更有效的运动和更长距离的旅行有关，同样也是执行任务时能够节省能量的方式。当森林缩小、草原增大时，早期人科物种必须在寻找食物时走得更远，同时警惕捕食中的猛兽。因此，直立行走这一进化的原因在于自然选择。看起来，使人科物种直立行走的并非某个单一原因，而是不同的需要的共同结果。

人属的崛起

除了南方古猿，还有另一批大致同时代的人科物种存在，他们与我们之间的亲属关系甚至更为密切。人们在东非发现了他们的化石，并把他们叫作人属（专题框 24.4）。20 世纪 60 年代，人们在埃塞俄比亚的哈达尔地区（Hadar area in Ethiopia）发现，最早的人属出现在 200 万年前。这些人属动物的大脑明显大于南方古猿，于是得到了一个新的分类名——能人（Homo habilis），意思是"能工巧匠"。这个名字来自如下事实：与他们的化石一起被发现的还有用于狩猎的工具。这些能人化石包括在坦桑尼亚（Tanzania）的奥杜瓦伊（Olduvai）和附近的图尔卡纳湖（lake Turkana）发现的早期人属化石。存在有力的证据表明，在图尔卡纳湖东北部发现的距今 144 万年前的最古老的人属曾在完全相同的地区与另一个人属物种共同生活了几百年。

专题框 24.4 确定人属的身份

人属具有几个让他们与南方古猿大为不同的特点，包括：①大脑的尺寸更大，早期人属动物（如能人）的颅骨比南方古猿的大 75%，达到了 775 立方厘米，而南方古猿的颅骨只有 442 立方厘米；②早期人属动物有着更小、更像人的颊齿；③他们的颅骨形状和解剖结构与其他古人类不同。

人们在东非发现了一种完全不同的化石，并将其归类为直立人，其年代断定为 170 万年前（图 24.6）。这些化石显示，直立人有粗壮的身材，身体的尺寸与过去的物种相比有所增加，体重约为 100 磅，身高超过 5 英尺[①]，他们的脑容积（与大脑尺寸成正比）为 700 到 1 250 立方厘米（与此对比，早期人属物种的脑容积为 500 立方厘米）（专题框 24.4）。由于大脑与身体的尺寸增加，他们显示了不同的头部形状和眼睛上方的高眉骨。这些特点说明，与他们的祖先相比，直立人与现代人的关系更为密切，而且这是原始人类向着更靠近现代人类的方向进化的一个重要的适应性转移的结果（图 24.6）。人们越来越清楚地认识到，有些类型的早期人属在大约 200 万到 180 万年前在东非进化成直立人。这是第一批同时也在非洲以外被发现的化石——例如遥远的亚洲东部和中国。与在欧洲和亚洲发现的化石相比，非洲的直立人化石具有非常不同的特点。与在亚洲的种群相比，欧洲种群看上去与原有的非洲种群更为类似。因此，研究人员将亚洲的种群分类为直立人，而把在非洲的种群分类为匠人（Homo ergaster）。直立人是在将近 200 万年前在非洲进化的，来自一个更早出现的物种——匠人。到了 180 万年前，直立人扩展到印度尼西亚这样遥远的地方，而到了 50 万年前，他们则到了中国北方和欧洲。直立人作为一个已知物种在中国和非洲生活，直至 25 万年前。他们是第一个能够制造工具而且表现出对学习和文化有兴趣的物种。

从直立人向第一批前现代人的转变发生在 78

图 24.6 一个直立人（Homo erectus）的头盖骨化石，来自 78 万年前，他们很可能是前现代人的祖先

图 24.7 一位尼安德特（Neanderthal）男子的还原形象

① 1 磅为 453.59 克，1 英尺为 0.304 8 米。——译者注

万年前。为了研究现代人类的起源，科学家们一直在寻找表现出与现代人拥有类似特点的化石遗体。经过确认的最早的前现代人类与直立人有某些共同的基本特点，包括大脸庞、低前额和突出的眉骨。前现代人类有更大的大脑、更圆的脑壳和更竖直的鼻子。前现代人类出现在大约 85 万年前，延续到大约 20 万年前，被分类为海德堡人组（Homo heidelbergensis group，根据 1907 年在德国发现的一块化石命名），这是在直立人和智人（Homo sapiens）之间的一个包含人类物种的过渡物种。在非洲，海德堡人进化为现代智人；而在欧洲，海德堡人进化为尼安德特人〔以德国的尼安德特山谷（Neanderthal Valley）命名〕。

尼安德特人在欧洲和亚洲西部生活了大约 10 万年。他们的大脑尺寸很大（1 520 立方厘米），甚至超过了现代人——智人（1 400 立方厘米；图 24.7）。他们发展了狩猎工具、语言和文化。生活在 4.4 万年前到 3.8 万年前的三位女性尼安德特人的 DNA 序列揭示出她们的基因组中有 99.84% 的部分与现代人相同。遗传差异方面的研究也显示，尼安德特人和现代人是在 44 万前到 27 万年前从一个共同祖先分裂而成的两支。这些年代与尼安德特人的地理分布说明了一个事实：海德堡人是他们的共同祖先。在尼安德特人和现代人之间也有杂交，其中 1% 到 4% 的非洲现代人的祖先来自尼安德特人。

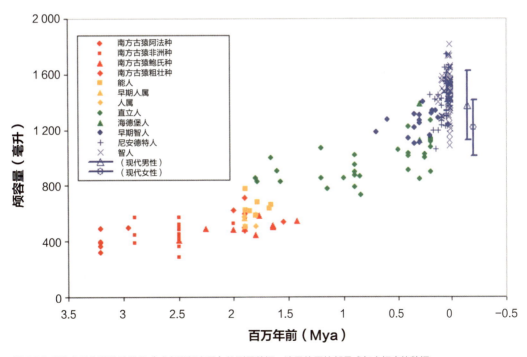

图 24.8 所有人科物种的头盖骨（或者说颅容量）的测量数据。这里使用的都是成年人标本的数据

人类大脑的进化

根据化石和考古学家们发现的头盖骨的大小，我们很清楚地知道，从250万年前（即第一份人属证据所处的年代）到20万年前（达到现代人大脑的大小），人属物种的大脑尺寸增加了3倍（图24.8）。从素食的南方古猿310到530毫升的颅容量开始，增加到已知最早的东非肉食类能人的颅容量——580到752毫升，一直到通过狩猎获取食物的直立人的颅容量——775到1225毫升（图24.8）。

与身体其他部分的组织相比，作为大脑组成的神经组织需要更多的能量来发挥功能。大脑的尺寸越大，它们需要的能量就越多。例如，现代人高达25%的能量是由大脑消耗的，而这需要特殊的饮食搭配才能产生足够的大脑能量。植物可以提供其中的一部分能量，但提供这种能量最有效的食物是肉类。人属物种的大脑尺寸是与身体消耗作为养料的肉类的能力同时并进的，这就是其中的原因。而且，直至250万年前的考古证据表明，文化能力（如制造工具）与大脑尺寸的增加之间存在着直接关系。

意识的起源

意识是我们的神经元对感官输入做出反应的程度。它是由神经回路产生的，神经回路越复杂，与之相连的意识的程度就越高。与可以和大脑的特定区域相联系的感情和情绪不同，意识取决于许多区域的协同工作。这就是我们需要研究回路联系来解释意识的原因。意识是感官直觉、记忆、学习和语言的结合。我们还需要做很多工作，才能理解意识现象及其起源，然而，现在已经清楚的是，意识是一个过程，不是一件单一的事情。同样，这也不是一个单一的过程，而是几个过程的结合，比如那些与视觉、触碰、思考、情感和语言有关系的过程。

使神经系统获得学习与记忆能力的是神经元轴突上的突触。这些突触是神经通过生物化学开关（神经递质）交换电信号的节点（图22.9）。在单细胞生物中，少数蛋白质形成了负责简单行为的古代突触。在单细胞生物向无脊椎动物和脊椎动物进化的过程中，蛋白质的数目增加，从而使具有更高意识水平的动物（如鸟类和哺乳动物）拥有更复杂的行为。到了大约30亿年前，多细胞生物出现，突触中蛋白质的数目和复杂程度都开始增加——下一次迅速增加是在大约5亿年前，脊椎动物出现的时候。

在产生蛋白质的这个进化过程中出现了一些蛋白质，它们让大脑的不同部分（如大脑皮质、小脑和脊髓）专业化，负责特定的任务。大突触的存在及其随后的进化和复杂程度的增加，或许是大型大脑在灵长目、哺乳动物和脊椎动物中出现的原因。

现代人类的起源

现代人类的起源可以在如下两个问题的背景下研究：

1. 第一个现代人类是在哪里，怎样出现的？
2. 向现代人类的过渡是怎样发生的？

在试图回答上述问题之前，我们需要澄清在这种前因后果下的"现代人类"的含义。人类学家是以与较早的人科物种间不同的几个解剖特征来定义现代人的。"现代人类"被定义为有较高的竖直前额、圆形头盖骨、较小的牙齿和眉骨的人科物种。具有这些特征的化石被视为属于现代人类——智人。在早期智人和现代智人之间还有明显的差别，我们可以从中追踪到他们的进化。最早的智人大约在 35 万年前出现在非洲、亚洲和欧洲。有来自化石遗体的证据说明，早期智人和直立人有几个共同特点，包括大眉骨、小牙齿和较小的大脑尺寸，以及较低的文化复杂度。这证实了早期智人是从直立人进化而来的。早期智人直到 20 万年前一直生活在非洲，在亚洲和欧洲一直生活到 13 万年前。大约在这个时期出现的人科物种表现出大脑尺寸持续增加、牙齿尺寸减小和越来越纤小的身材等特征。在西亚（中东）和欧洲发现的智人化石的形状与形态，与来自非洲的智人明显不同，这说明他们适应了较冷地区的条件后出现了区域性差异。这些新的特点定义了尼安德特人的特征，其中包括突出的脸、长且低的头盖骨、大的门齿、较宽身材和较短的四肢。人们最早在以色列的卡巴拉、阿穆达和塔布恩（Amud, Kabara, and Tabun in Israel）发现了尼安德特人的证据，年代可以分别追溯到 5.5 万到 4 万年前（阿穆达）和 6 万年前（卡巴拉）。人们最近估计，在塔布恩发现的头盖骨可追溯到 17 万年前。在欧洲发现的尼安德特人生活在 13 万到 3.2 万年前。

早期尼安德特人是怎样进化成现代人的？人们在东非埃塞俄比亚的中部阿瓦什河谷（Awash Valley）发现了与现代人类相似的最早的智人的头盖骨，它们的年代是 16 万到 15.4 万年前，其中显示了比较大的头盖骨、竖直的前额和低眉骨。这些发现说明现代人首先出现在非洲，然后迁徙到欧洲和亚洲。人们在罗马尼亚的"骨头洞穴"（Pestera Cu Oase in Romania）中发现了最早来到欧洲的现代智人，年代为 3.5 万年前，而与现代人相像的类似遗体是在捷克共和国（Czech Republic）被发现的，年代为 3.5 万到 2.6

万年前。在欧洲其他部分发现的化石也证实了关于年代的推测。有证据表明，现代智人最初的文化活动发生在非洲。

尼安德特人后来怎么样了呢？他们被来到欧洲的第一批智人消灭了吗？有一个叫作克罗马农人（Cro-Magnon）的种群，是以该种群的第一批标本被发现的法国地名来命名的。尼安德特人与克罗马农人杂交了吗？如果是这样，欧洲的现代人是尼安德特人的后代吗？我们可以通过线粒体 DNA（mtDNA；专题框 24.5）的研究得到有关尼安德特人的命运和现代人的起源的可靠线索。在比较了尼安德特人的遗体化石和早期、现代人的线粒体 DNA 后，人们没有发现其中的相似性，这说明两者之间并没有出现基因流动。在这种情况下，尼安德特人消失了，并不存在他们与早期、现代人之间杂交的证据。然而，更晚些时候，经过了详细的 DNA 分析，遗传学家构建了尼安德特人的详细基因组，发现欧亚混血人与尼安德特人共享了 1%—4% 的细胞核 DNA，而在尼安德特人与非洲人之间没有相同的 DNA。这一分析有力地说明当智人迁出非洲之后，这两个种群之间没有基因流动，而在尼安德特人和欧亚混血人之间却有少量杂交。

寻找我们的祖母

利用分子生物学技术，生物学家们研究了线粒体 DNA（mtDNA）在全世界多个地点的不同种群中的变化（专题框 24.5）。mtDNA 是单独通过母系继承的，因此不会受到重组（父母的 DNA 的混合）的影响，而只会因基因突变而改变。mtDNA 从母亲传给女儿，沿着族系传递，受到基因突变的影响。存在时间最长的种群的 mtDNA 将经历最多的变化（基因突变），因此多样化最强。通过观察不同种群之间 mtDNA 的不同，人们在现代非洲人中发现的 mtDNA 变异得最多，这意味着他们存在的时间最长。换言之，我们全都起源于非洲。

通过研究 mtDNA 出现基因突变的频率，生物学家们可以估计现代人类的共同祖先诞生以来经过的时间。将这种技术运用于来自非洲的数据，人类学家们发现，所有人类的共同起源可以追溯到 20 万年前的非洲。考虑到这是以我们的母系祖先携带的 mtDNA 为基础的，所以这个起源必定是当前人类的 N 代祖母。当然，这个起源并不是单一的个人。mtDNA 的传递只会通过我们的母系发生，这就限制了它沿着家族谱系的分布，例如，如果一个家庭只有男性成员，则传递到此为止。同样，如果家庭中女性成员的寿命不够长，在能够传递基因之前就死光了，从祖先向后代的传递也会终止。

专题框 24.5 线粒体 DNA（mtDNA）

我们有可能利用分子生物学确定人类与猿类之间分裂的年代，以及人属进化的年代。在每个细胞的细胞核内都存在着 DNA 的次序，它为我们体内的一切蛋白质做了编码。细胞核中有两套 DNA 抄本，它们作为染色体被包装在一起，也就是说，每个细胞中存在着 23 个染色体。细胞的其他部分也含有 DNA，例如线粒体。每个细胞中都有许多线粒体，每个线粒体中都有许多 DNA（mtDNA）；线粒体有它们自己的基因组，因为它们是第一批复杂细胞的进化遗迹，即被一个单细胞生物吞噬的一个细菌。所以，mtDNA 的数目远远多于细胞核 DNA，更容易被提取与检查。然而，mtDNA 最重要的性质在于，它只能由我们的母系祖先通过她们的卵子产生（精子不携带 mtDNA）。这里隐含的意思是，mtDNA 不会受到基因重组（即父亲和母亲的 DNA 混合形成的新 DNA）的影响。所以，与会受到基因重组和突变二者影响的细胞核 DNA 不同，mtDNA 只会受到基因突变的影响。这是因为 mtDNA 只存在于一个抄本中，也就是说它们不会重组。人们利用 mtDNA 的这个性质来研究进化的时间线。所以，通过研究来自世界上不同地区的人们的 mtDNA 的不同次序，我们就可以弄清楚他们是否有共同的祖先。

在 mtDNA 中有着最大不同的种群是存在最长久的种群。这是因为他们一起生活了足够长的时间，使基因突变发生得更频繁，所以有更多的 mtDNA 变化从母亲那里传递给女儿，以此类推。这让他们的现代后代有更多的 mtDNA 变异。

通过在世界范围内对不同的人进行 mtDNA 分析，人们发现，非洲人身上的 mtDNA 多样性最强。这说明非洲人是世界上最古老的人类种群，由此推论，我们的物种起源于非洲。

早期从非洲向外的迁徙

在直立人之前（包括直立人）的一切早期人属化石都是在非洲发现的。那些被分类为直立人且年代为 170 万年的化石，是人们在肯尼亚的东图尔卡纳（East Turkana，Kenya）以及其他东非地点发现的。最早的直立人化石来自发现了南方古猿和更早些的人属化石的同一地区。现在已经证实，一个类似直立人的物种种群在大约 180 万年前生活在欧洲西南部，在大约 160 万年前生活在印度尼西亚（Indonesia）。以这些发现为基础，人们提出了一个假说，认为直立人在东非起源、然后迅速地向其他大陆迁徙，这是合乎逻辑的（图 24.9）。的确，与在非洲发现的化石年代相比，所有非洲以外地点发现的直立人的年代都较晚。那些离开了非洲的旅行者都拥有与人属类似的特征。同样，因

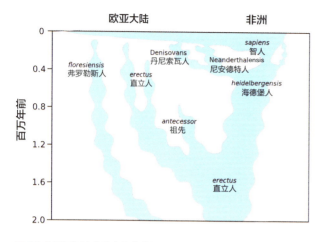

图 24.9 显示每个物种占优势的地点和时间的人类进化树

为他们曾经生活在东非，距离中东比较近，他们很可能通过一条路线进入欧洲和亚洲东部。根据化石证据，并比较他们在不同地理位置的特点，人们发现直立人从东非向东南亚的旅行大约历时 20 万年（图 24.9）。

从 50 万年前到 2.8 万年前，尼安德特人这个物种在欧洲和亚洲广泛分布。尼安德特人身材矮小、强壮，大脑尺寸很大。早期现代人（智人）在大约 7 万年前到 6 万年前向非洲外扩张，而在大约 3.5 万年前，智人与尼安德特人一起生活在欧洲和亚洲西部（图 24.9）。尼安德特人在大约 2.8 万年前消失，很可能是被早期人类消灭的。正如上一节曾描述的那样，对于尼安德特人和我们之间的基因类似性的研究表明，二者之间存在着某种程度的杂交。尤其是对于有欧洲祖先的现代人，他们的基因组中有 1% 到 4% 的基因有可能来自尼安德特人祖先。

对于现代人类，有几种解释他们如何走出非洲的模型。非洲替代模型认为，智人是作为一个新物种在非洲起源的，他们在大约 20 万年前与海德堡人分手。这个种群的一些成员随后在大约 10 万年前离开非洲，并在整个旧世界分散（图 24.9）。这个假说认为，一切非洲之外的人类都灭绝了，因此他们不可能是现代人类的祖先。与此竞争的另一个假说是同化模型——认为现代人类最初在非洲发展，接着通过基因流动分散到了非洲以外的其他种群。非非洲种群的基因随后被同化，进入了现代人类种群的基因而没有被替代。在非洲替代模型中，现代人类的祖先在大约 20 万年前生活在非洲，而在同化模型中，并非整个种群都生活在非洲。

物种形成和多样化

一组能够相互交配并生育后代的生物叫作物种。生物家系的多样化和这些家系之间的生殖隔离叫作物种形成。这是在自然界中观察到的多样化的核心。一个家系是一个种群随着时间推移的一个祖先—后代系列。每一个物种都是由一个物种形成开始的，其中一个家系分裂为两个,最后以灭绝告终,或者出现另一次物种形成事件。在后一种情况下,原来的物种会产生两个后代物种。

物种形成可能会由于地理隔离而发生,这时一个种群被物理障碍分隔。人们称之为异地物种形成(allopatric speciation)。分隔物种的物理障碍可以是水域或者山脉,对于水生物来说也可能是干燥的陆地。最初受到这样的障碍隔离的种群应该很大,在分裂后有时会(但并不总是)通过基因突变、遗传漂变和适应发生不同的进化,生成不同的姊妹物种,它们分别自行交配,产生了一个与它的起源种群不同的种群。异地物种形成也会在一个种群的成员越过障碍建立新的孤立种群时发生。

没有物理障碍的物种形成叫作同地物种形成(sympatric speciation)。当某种形式的破坏性选择出现的时候会发生这种物种形成,如具有不同特性的个体更愿意选择某个栖息地交配时发生。例如,一种同地物种形成是在个体中的一套染色体复制造成的结果——因为染色体在一个个体中复制,或者两个不同物种的染色体结合。

多样化也会通过基因突变发生,这是在 DNA 中的一种变化(第 23 章)。基因突变异类繁多,但最经常出现的是点突变(point mutation),即一个 DNA 碱基被另一个置换。为了得到进化结果,点突变必须发生在性细胞上,因为突变必须从一代传给下一代。对于任何给定的特性,突变的发生率很低,不会在一个小的种群中看到。当与自然选择结合时,突变会有显著的效果。产生一种新基因的唯一方式是突变。

我们现在知道,长期生活在一个单一地点并在那里交配的人们将会有最高的遗传多样性。这是因为这批人有足够的时间发生许多突变,产生今天观察到的遗传多样性。人们在非洲观察到的这种遗传多样性高于任何其他地方。在此基础上结合 DNA 排序,确证了现代人(即智人)的起源可以追溯到 20 万年前的非洲,很可能来自海德堡人。

总结与悬而未决的问题

为了使自己免受恐龙的残害,哺乳动物在地下生活了 1.6 亿年。在恐龙消失后,它们经历了一次重大的生命辐射,不久便迅速地实现多样化。哺乳动物的进化受到了地理分隔和气候的直接影响。当大陆连在一起的时候,哺乳动物可以自由自在地在各块陆地之间游荡,而当气候在北美洲和欧洲变冷时,它们运动到了更为温暖的区域——非洲。这解释了哺乳动物为什么会在世界上不同的地方分布和起源。

一个哺乳动物家系在大约 5 500 万年后进化灵长目。早期灵长目动物具有哺乳动物的特征,也具有一些灵长目的特征(相对的脚趾和能抓牢树干的脚)。灵长目可以分为两个群体：原猴类（狐猴和懒猴）和类人猿（眼镜猴、旧大陆猴和阔鼻猴）。最终发展为猿类的这一支在大约 3 500 万年前与旧大陆猴分裂。从猴向猿的过渡发生在 2 100 万到 1 400 万年之间，这一点可以清楚地在原始人的化石中看到，因为它们表现出猴和猿的联合特征。

我们自己的祖先在大约 600 万年前与猿类分手。人们把最早的灵长目古人类归类为南方古猿属。南方古猿是双足动物，其大脑的尺寸类似猿类，具有立体视觉。南方古猿的一个物种在 250 万到 200 万年前之间的某个时间点上进化成为人属。具有与现代人非常近似的解剖特征的最古老的物种是直立人，他们最早在大约 200 万年前出现在非洲。直立人是双足动物，大脑的尺寸大于以前的物种。直立人是第一个走出非洲并进入欧洲和亚洲的古人类。他们学会了使用火、狩猎和制造工具。

在直立人和智人之间的过渡物种是海德堡人，他们大约出现在 80 万年前，占据了非洲、亚洲和欧洲的一些部分。他们的大脑很大，几乎与现代人类相当，能够制造石器工具和狩猎。他们在大约 20 万年前，海德堡人在非洲进化为智人，而在大约 15 万年前，他们在欧洲进化为尼安德特人。

从 22.5 万到 2.8 万年前，尼安德特人生活在欧洲和西亚。这个种群具有海德堡人和智人之间的特征。有证据表明，尼安德特人组成了社区，发展了文化。人们最早在非洲发现了智人的化石，他们在大约 20 万年前生活在那里，并在随后的 10 万年间分散到了世界各地。现代人在大约 6 万年前到达了地理上的澳大利亚，在 2 万到 1.5 万年前到达了新世界。有证据表明，智人与尼安德特人之间有杂交，因为他们有一些共同的基因。

随着农业的发明和新的狩猎方式产生，现代人种群迅速成长，一直进化到今天。前现代人和现代人的大脑尺寸增大，从而使他们能够发明新的狩猎方法。于是他们可以吃到更多的肉，这些肉为他们提供了大脑发挥功能所需的能量。

人们假定海德堡人是尼安德特人和智人的祖先。人科动物的大脑尺寸在最近 300 万年间增加了 2 倍。然而，我们对于海德堡人所知甚少。有关他们的身材特征的化石证据十分稀少。我们需要更多的化石样品和研究，才能确认海德堡人在人属进化方面扮演的角色。人们现在广泛接受的说法是，第一批人类生命始于非洲。我们遥远的先祖从那里迁徙，征服了世界。然而我们却不清楚所有这一切都从非洲开始的原因。是气候扮演了重要角色，使早期前现代人类逃离寒冷，在非洲寻找温暖的家园吗？有关早期人属的替代问题，存在着两种相互竞争的假说。非洲替代模型认为，现代人类的祖先在大约 20 万年前生活在非洲；同化模型则认为，并非所有种群都生活在非洲。其他悬而未决的问题有：如何解释智人化石的不同？早期人属的关键进化趋势是什么？随着以 mtDNA 和数据分析为基础的新技术的出现，我们现在可以研究 mtDNA 在不同地理位置上的变异。这项研究或许也可以沿着时间坐标进行，以确定最大的多样性在哪里存在，以及发生 mtDNA 变化的时间。

回顾复习问题

1. 第一批哺乳动物是什么时候出现的？它们与哪种动物的关系最密切？

2. 描述哺乳动物的两个域。

3. 哺乳动物在世界上广泛分布的主要原因是什么？

4. 解释哺乳动物和灵长目之间的不同。

5. 第一批灵长目看上去像什么？它们有哪些主要特点？

6. 解释灵长目的分类和不同类型的灵长目出现的时间线。

7. 什么是原康修尔猿？它们有何重要性？

8. 在树上生活的能力如何拯救了第一批灵长目？

9. 猿类与人类家系是在什么时候分裂的？什么动物最先离开这一家系，最后导致了人类出现？

10. 属于人类家系的最早化石是什么？它可以追溯到哪个年代？那些化石的哪些特征说明人类具有直立的身体？

11. 解释双足行走能力的起源。人属双足运动的最早证据可以追溯到哪个年代？

12. 来自人属动物的第一批化石是在哪里发现的？这些人属动物的名字是什么？生活在多少年前？

13. "非洲以外"的第一批人属动物化石是在哪里发现的？

14. 如何定义尼安德特人？他们与现代人类有怎样的关系？

15. 人类的大脑尺寸在过去 250 万年来有所增加，这是发现人属动物的第一份证据。大脑的尺寸会在将来永远增加下去吗？解释其原因。

16. 物种形成的定义是什么？

17. 解释人属最早生活在非洲的证据。

18. 讨论并比较两种早期人类迁徙走出非洲的流行模型。

19. 为什么 mtDNA 有助于研究基因组变异？

20. 解释自然界中的多样化发生的不同方式。

参考文献

De Miguel, C., and M. Henneberg. 2001. "Variations in Hominids Brain Size: How Much Is Due to Method?" *Homo* 52 (1): 3 – 58.

Haviland, W.A., D. Walrath, H.E.L. Prins, and B. McBride. 2014. *Evolution and Prehistory: The Human Challenge*. 10th ed. Belmont, CA: Wadsworth.

Jurmain, R., L. Kilgore, W. Trevathan, and R.L. Ciochon. 2013. *Introduction to Physical Anthropology*. Boston: Cengage Learning. L

Larsen, C.L. 2011. *Our Origins: Discovering Physical Anthropology*. 2nd ed. New York: Norton.

Park, M.A. 2013. *Biological Anthropology*. 7th ed. New York: McGraw-Hill.

Relethford, J.H. 2013. *The Human Species: An Introduction to Biological Anthropology*. 9th ed. New York: McGraw-Hill.

插图出处

· 图 24.1a：https://commons.wikimedia.org/wiki/ File：Lemur_catta_–_Brehms.png.

· 图 24.1b：https://commons.wikimedia.org/wiki/File：Koboldmaki–drawing.jpg.

· 图 24.1c：https://commons.wikimedia.org/wiki/ File：An_introduction_to_the_study_ of_mammals_living_and_ extinct_(1891)_(20544138118).jpg.

· 图 24.1d：https://www.flickr.com/photos/ internetarchivebookimages/20585753528.

· 图 24.1e：Copyright © Matt Biddulph (CC BY–SA 2.0) at https:// www.flickr.com/photos/ mbiddulph/4353478083.

· 图 24.1f：https://pixabay.com/en/ ape–wild–sitting–mammal–hairy–47790/.

· 图 24.1g：https://commons.wikimedia.org/wiki/ File：Schimpanse–drawing.jpg.

· 图 24.1h：https://pixabay.com/en/ boy–human–male–man–people–person–2025115/.

· 图 24.2：Copyright © FunkMonk (CC BY–SA 3.0) at https:// en.wikipedia.org/wiki/ File：Proconsul_nyanzae_skeleton.jpg.

· 图 24.3：Copyright © Didier Descouens (CC BY–SA 4.0) at https://en.wikipedia.org/wiki/ File：Sahelanthropus_tchadensis_–_TM_266–01–060–1.jpg.

· 图 24.4：Copyright © T. Michael Keesey (CC by 2.0) at https:// en.wikipedia.org/wiki/ File：Ardi.jpg.

· 图 24.5：Copyright © 120 (CC BY–SA 3.0) at https://en.wikipedia. org/wiki/File：Lucy_ blackbg.jpg.

· 图 24.6：https://en.wikipedia.org/wiki/File:Homo_ Georgicus_IMG_2921.jpg.

· 图 24.7: Copyright © Tim Evanson (CC BY-SA 2.0) at https:// commons.wikimedia.org/ wiki/File:Homo_neanderthalensis_adult_male_-_head_model_-_Smithsonian_Museum_of_ Natural_History_-_2012-05-17.jpg.

· 图 24.8: C. de Miguel and Macej Henneberg, from "Variation in hominids brain size: How much is due to method?" Homo, vol. 52, no. 1 pp 3–58. Elsevier B.V., 2001.

· 图 24.9: Copyright © Chris Stringer (CC BY-SA 3.0) at https:// commons.wikimedia.org/ wiki/File:Homo-Stammbaum,_ Version_Stringer-en.svg.

当人们第一次用语言而不是石头表达自己的愤怒时，文明
便开始了。

　　　　　　——西格蒙德·弗洛伊德（SIGMUND FREUD）

尝试弄懂每件事情的一些情况，以及一些事情的每种情况。

　　　　　　——托马斯·赫胥黎（THOMAS HUXLEY）

Chapter

25

语言、文化、
城市和文明的起源

THE ORIGIN OF LANGUAGE, CULTURE,
CITIES, AND CIVILIZATIONS

本章研究目标

本章内容将涵盖：

- 人类使用的第一批工具

- 火的发现

- 语言的起源

- 农业的起源

- 第一批城市的出现

- 文明的起源

上一章我们回顾了有关灵长目和哺乳动物导致现代人类的起源与进化的证据。综合分析来自进化各个方面的发现，我认为，当进化的灵长目的大脑尺寸增加时，它们执行更复杂的任务的能力增加了。这让我们更好地理解了它们的环境，它们怎样发明了保护自己的新工具，以及它们是怎样寻找沟通的方法并建立城市和社会的。这最终导致文明和文化的出现。这一切都是生物进化、自然选择和环境影响，以及后来的社会相互作用造成的。

当我们把整个宇宙的历史压缩为一年的时候（图1.3），社会、文明和文化的出现占据了这一年的最后几秒。这告诉我们，与宇宙的年龄相比，这些事情是在多么短暂的时间之前出现的，这段时间还不到宇宙年龄的百万分之一。尽管如此，正是在这短短的一瞬间，人类在这个世界上建立了群体、城市、多种多样的文化和文明。当群体增大和人口增加的时候，喂养人类、提供必需营养的手段的需要也增加了。这就需要新的狩猎方法并发展农业。农业的发明导致新的社会与城市的建立。人们开发了生产食物的更有效的方法，因此出现了食物的盈余，早期人类发现自己有更多的空余时间用于其他活动。这时便出现了新的专业化，如制造工具、陶瓷和工艺品的专业，导致第一批文明和文化中心形成。当早期人类建立群体时，他们需要沟通的手段。这便催生了语言的发展，从而促进了大脑的活动。所有这一切的结果是现代社会的建立。有关这些的最早证据可以追溯到大约8 000年前。

本章将对智人迁出非洲并在世界各地定居之后的主要活动做一次简短的回顾。这时他们的大脑已经成长到了今天的尺寸，使他们能够执行更加复杂的多重任务。本章将探讨我们遥远祖先的第一批狩猎工具的起源，然后讨论语言的起源、农业的发明和第一批城市与文明的建立。

第一批石器工具和火的使用

早期人属大脑尺寸的增加使他们能够执行更加复杂的任务，而直立行走也解放了他们的手，使其可以用于携带或者制造新物品。考古证据表明，第一批工具的制造是与大脑尺寸开始增加同步发生的，大约是在人属具有直立行走能力的时候。人们发现的第一批石器工具应该是大约200万年前的能人（H. habilis）制造的。第一批石器工具只是简单的砍砸工具，用燧石或者石英等材料制成，刃口粗糙。能人用它们砍肉和骨头，或者刮木头。人们在东非坦桑尼亚的奥杜瓦伊峡谷（Olduvai Gorge in Tanzania）最先发现了这些工具，并称之为奥杜瓦伊工具。第一批石器工具标志着旧石器时代早期（Lower Paleolithic time）的开始，该时代涵盖了从260万到20万年前的旧石器时期。此后，人们在埃塞俄比亚的戈纳（Gona, Ethiopia）发现了类似年代（或许更早）的工具，大约来自260万年前。

制造这些工具需要非常熟练的工匠，用他们掌握的有限手段，制造具有锋利刃口的工具。他们必须事先弄清楚最终想要造出什么样的工具，计划不同的步骤：寻找原材料，把它们带到制造工具的地方，直到把工具造出来。设计与制造工具需要高度进化的大脑和能够携带原材料的直立行走能力相结合。化石证据证实，第一批工具是在非洲制造的。人属同样也是在非洲起源的，后来有了直立行走的能力。大约180万年前，直立人属开始走出非洲，分散到世界的其他地方，到达中国、印度、欧洲西部和俄罗斯。他们开始制造更复杂的工具。直立人属在大约160万年前发明了第一柄手斧（现在发现于非洲），而那些在欧洲发现的手斧大约是50万年前制造的。然后，他们在狩猎时使用类似切肉刀的工具（带有锋利的长刃口的手斧）和刀子。

大约78万年前，人属动物在走出非洲，来到中国、欧洲和亚洲之后，他们面对着更为寒冷的环境。为了生存，他们需要温暖自己的身体。有证据表明，直立人使用了可以控制的火来取暖，对抗寒冷的气候或者保护自己不受捕食的猛兽的摧残。人们在泰国高宝南（Kao Poh Nam, Thailand）的一个70万年前的石头藏身处中发现了被火烧出裂缝的玄武岩和骨头，证实了直立人有使用火的能力。有证据表明，直立人用火的历史更早，因为人们在南非发现了一些 130 万到 100 万年前的化石遗迹和骨头,上面有曾暴露在高温下的痕迹。原始人学会了用火烹饪,这使他们获得了生长所需的更好的营养,进化出强有力的上下颚和尖锐的牙齿,同时减小了消化道的尺寸,而这些都是现代人类的特征。

火的发现导致了其他的活动。例如,原始人发现,黏土在暴露于火造成的高温下会变硬。这让我们的祖先学会了用黏土制造工具,包括至少 3.5 万年前的陶瓷容器。在中国玉蟾岩洞(Yuchanyan Cave in China)中发现的证据表明,最早的陶瓷的年代可以追溯到 1.8 万到 1.5 万年前。

语言的起源

人属动物语言能力的证据有着出人意料的来源:人类制造的第一批工具。有证据表明,今天发现的大多数石器工具都是由"右撇子"的个体制造的。这意味着能人与智人大脑的专门化过程得到发展,说明在那个时期,进化专门化所需的语言已经得到了长足的发展。控制舌头运动,贯穿头盖骨,对于说话至关重要的舌下神经所在的舌下神经管,在大约 50 万年前已经有了现在的大小。上下颚与牙齿的缩小,以及口头语言相对于手势语言的重要性,促进了人类"谈话"能力的发展。

对于 250 万年前到 80 万年前的早期人属动物,在直立行走(由南方古猿在大约350 万年前开发)阶段,头盖骨的形状和大小的变化很可能影响了他们的声道。声道的形状,以及与猿类相比位置较低的喉头,对于发出人类能够发出的许多声音是至关重要的。而且,声带的结构起着一种如同"带通滤波器"的作用,能够改变声音,只允许特定的频率通过。这是由声带的长度和形状决定的,并可由舌头、嘴唇和上颚调整。能够做到控制发声的第一批人属动物是海德堡人,他们开发了有声语言的早期形式。然而,对于早期人属物种制造的石器工具的研究表明,从能人的出现直至尼安德特人时代的 200 万年间,他们制造的石器工具基本上没有什么变化。这很可能说明,包括负责语言的布洛卡区〔Broca region,以保罗·布

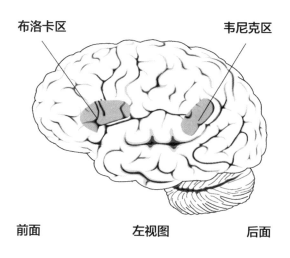

图 25.1 大脑的布洛卡区和韦尼克区的相对位置。这两个区是通过一束神经相连的,使人可以理解并翻译语言

洛卡（Paul Broca）的名字命名，他于 1861 年确定了大脑中的这个区域，它的功能是谈话；图 25.1〕在内的人属大脑的功能行为并没有得到很好的发展。所以，尽管大脑的尺寸在人类语言能力方面扮演了重要角色，但大脑内部的神经系统的发展也同样重要。

大多数人的语言能力中心是大脑的左半球，其中尤以两个区域扮演主要角色：左侧额叶的布洛卡区和左侧颞叶的韦尼克区（Wernicke area）（图 25.1）。布洛卡区位于靠近控制面部、嘴唇和喉头的肌肉运动区域的运动皮层内。布洛卡区的任务是接收信息并组织信息进行沟通。一旦完成，它就会向附近的区域发出指令，激活负责说话的肌肉开始行动。韦尼克区紧靠大脑负责接收声音与翻译的部分。它的任务是处理我们说话时听到的信息（或者说是分析语言输入）。与语言相关的听觉信息是通过联系这两个区的一条神经束，从韦尼克区向布洛卡区传递的。大脑这两个区域的协调与共同进化为我们提供了翻译和理解语言的能力，并负责对我们听到的信息做出反应。在其他哺乳动物中，这些区域的发展比较不完全，所以它们无法开发语言与说话能力。

使用语言沟通的能力需要以上讨论过的生物学发展，以及结构语言本身的发展。我们仍然不知道语言的确切起源。人属物种的生理进化与社会、文化需要的结合很可能是导致语言发展的原因。而且，因为能够进行沟通，我们的祖先能够相互提醒他们周围的危险和猛兽的接近。所以，自然选择必定在语言的发展上扮演了重要角色。

在以色列的卡巴拉洞穴中发现的尼安德特人遗体化石显示，他们的舌骨（hyoid bone，与喉头的语言肌肉连接的 C 形骨头）与现代人类的舌骨形状类似，说明他们已经有了必要的解剖学特征，能够控制语音。人们也发现，尼安德特人的大脑经历了必要的神经上的发展，具有运用口头语言的能力。他们包括胸椎管的上半身有所扩大，能够控制结构语言需要的呼吸。所以，很有可能的是，生活在大约 6 万年前的尼安德特人能够说话，并利用语言作为交流的方式。

是否存在一种所有语言都从中发展而来的单一语言？如果有，智人是怎样发展了这么多种不同语言的？这是一项艰难的研究，因为大多数词变化得太快，而且没有保留它们起源的特点。通过研究 7 种欧亚大陆语言中的词汇在日常谈话中的使用频率（即一个词的重复次数），语言学家们确认了一套"保留"词汇，它们是由大约 1.5 万年前的一个共同祖先进化而来的。语言学家们发现，有些广泛使用的词汇保留了它们自从上次冰川时期的形式（专题框 25.1）。

通过追溯 7 种差别很大的语言中最常用词汇的历史和其中词汇的发音的类似之处，语言学家们得到了结论，认为随着时间的进程和人类种群的多样化，语言也在逐步演变。他们发现，一些词的变化非常缓慢，我们现在甚至还在使用我们的祖先在 1 万年前使用

专题框 25.1 语言的发展

一些语言学家相信，现代人类使用的语言有一个不久以前的源头。通过在一切语言中寻找，他们开发了一个由 100 个基本词汇概念（如"我""二""太阳"等）组成的清单，并估算了这些词汇在语言的新方言形成时变化的比率。他们发现，每 1 000 年的变化比率是 14%。他们将这个词汇清单与如今世界上不同地区的人们说的词汇进行了比较，据此估计，在 10 万到 1 万年前，地球上居住的所有人都说相同的语言。一旦每个人都在说同一种语言，多样化马上就开始了。这种假说的问题是：早期人类当年散布在整个非洲的不同地点，他们如何能够在没有通信手段的情况下说同一种语言呢？而且，考虑到人科物种生活在大约 400 万年前，他们为什么没有更早地开始说话呢（即在他们 10 万年前开始说话以前）？

的一些词（据他们的估计，任何随机选取的词的平均半衰期为 2 000 到 4 000 年，而最常用的词的半衰期是 1 万到 2 万年）。这说明，确实曾经存在着一种单一的古代语言，如一张联系所有当今语言的超级语言学家族树谱。从这一点出发，语言学家们现在能够追踪人类早期祖先使用的所有语言的"母亲"（专题框 25.1）。

综上所述，语言的起源与发展取决于许多不同的因素，它们是与以下各种发展平行并进的：大脑的发展、嘴的生理结构、舌头和喉头的位置，所有这些器官的协作发展，能够沟通的社会需要和为满足这一需要所发明的词汇等。海德堡人有可能在大约 60 万年前使用过语言。他们首先以手势和模仿自然现象的声音开始，逐渐演变成为一种原型语言（protolanguage）。

农业的起源

直到大约 1.2 万年前，人类需要的大部分食物都是通过狩猎、捕鱼和采集各种不同的植物获得的。当寒冷、干燥的更新世走向完结，并被气候温暖的全新世取代之际，这种情况发生了变化。这种气候变化的一个重大结果是，人类控制了植物和动物的生长周期，这一过程叫作驯化（domestication）。人们用通过驯化取得的植物和动物食物取代了来自荒野的饮食，这在很大程度上改变了他们的生活方式和习惯。这就是新石器时代（Neolithic）。

人们称这个过程为新石器革命，它是历经几千年的时间逐渐发生的。通过驯化，早期人类能够实施选择性交配，消灭某些物种，比如多刺的、不好吃的或者有毒的植物。

考古学家可以很容易地分辨经过驯化的动物与野生动植物。经过驯化的动物的体型（在骨骼结构和犄角的大小方面）通常与野生动物不同。他们也可以区分经过驯化的种子和野生的种子。所以，通过研究动物在考古地点的年龄和性别分布，以及在不同地点之间的变异，考古学家便可以确定当时的人类是否驯化过它们（专题框 25.2）。

新石器革命刚好发生在人们建立群体和小村庄的时候。当种群变大时，开发喂养他们的需要也变多了。狩猎和采集野生植物不再是生产所需食物的有效方式。相反，与其他生产食物的方式相比，驯化可以让单位面积的土地提供最大数量的食物。同样，通过发明农业，人类控制了食物的种类和数量，还可以选择储存食物。

农业大约在 11 500 年前的某个时间点出现，当时人们开始进行简单的观察，发现有些落到地上的种子会长出新的植物。他们观察了植物生长需要的条件，如需要水，或者需要保护植物不让动物吃掉。人们也观察到，如果把种子种到地里，他们就会得到新的植物，并且可以把它们作为食物收割回家。这在今天是一个常识，但在大约 1.2 万年前，这是一项伟大发现。

植物驯化的最早形式出现在从尼罗河上游（当今苏丹）到底格里斯河下游（当今伊拉克）的地区，人们称这一地区为肥沃新月地带（Fertile Crescent）。有证据表明，大约 1.3 万年前，人类首先在叙利亚的阿勒颇（Aleppo in Syria）周围种植了黑麦。几乎在同一时间，植物驯化也发生在世界上的其他地区。例如，稻米最早被驯化是在大约 8 000 年前的中国。考古学家们也发现了其他早期植物的驯化地点，如玉米的驯化地点在墨西哥（9 000 年前），香蕉的驯化地点在新几内亚岛（New Guinea，7 000 年前），南瓜和向日葵的驯化地点在北美洲（6 000 年前），马铃薯和番薯的驯化地点在南美洲（5 250 年前），高粱和山药的驯化地点在非洲和撒哈拉沙漠（4 500 年前）。与此类似，小麦和大麦的驯化在大约 8 000 年前分散发生在亚洲西南部到希腊的广大地区。从这些中心开始，驯化的理念不断传递到全球其他地区。

专题框 25.2 驯化的开始

从渔猎与采集（寻找野生食物资源）到农耕的变化发生在大约 1 万年前，这是在人属物种的生命中发生的意义最重大的事件之一。在 700 多万年的进化历史中，人类食用过各种植物，但从未种植过任何植物。驯化的出现影响了生物的进化、大脑的成长、遗传的变化和人类生活的社会方面。

第一批被驯化的动物是大约1.5万年前的狗，随后是大约8 000到7 000年前的山羊、绵羊和牛。考古学证据指出，土耳其南部、伊拉克北部和伊朗的札格洛斯山脉（Zagros mountains）是动物驯化的主要地点，其主要原因是这些地区的环境多样性。绵羊和山羊群需要在原野里吃草，而因为各种不同的生态条件，不同类型的植物整年都在不同的地区存在。动物靠食用植物为生，人类靠猎取动物为生。考古学证据表明，人类最初不分年龄、性别地捕杀动物，但后来减少了对雌性动物的杀戮，而是把它们圈养起来生育幼崽。

农业的发明是走向文明社会的第一步。"农业并不像人们通常认为的那样只是种庄稼而已，这其实是在利用世界上的土地和水来生产食物与纤维。没有农业，就不可能有城市、股市、银行、大学、教堂或者军队。农业是文明和任何稳定经济生活的基础。"艾伦·萨沃里（Allan Savory）曾如此说道。

图25.2 位于当今以色列的杰里科（Jericho，意思是"棕榈城"）遗址。人们认为这是世界上最古老的城市，存在于9 000-7 000多年前

第一批城市

农业的发明促进了人类人口的增加和新石器时代村庄的建立（石器时代的人类群体建立于大约1万年前），村庄后来发展为城市和复杂的社会。早期城市是在一些不同的地区发展起来的。世界上已知最古老的城市是杰里科，位于中东的西岸地区（当今的以色列）。这座城市的历史可以追溯到1.4万年前，城市人口在大约9 000年前达到了3 000人，生活在大约10英亩①的面积上。杰里科是已知的第一个由石头建筑的高墙包围的大规模建筑项目的例子（图25.2）。对杰里科墓葬的挖掘显示了社会结构、阶层地位和包围城市的文化活动的迹象。

第一批城市中的其他城市建立在美索不达米亚（旧希腊文的意义是"河流中间的土地"），位于今天的伊拉克（图25.3）。这些城市建立在8 000与6 500年前之间，新

---

① 1英亩约等于4 047平方米。——译者注

石器革命之后，是因札格洛斯山脉（当今伊朗）脚下的人口流动而建立的。大约 6 300 年前，随着美索不达米亚文明的发展，人们建立了最早的一批城市，其中包括第一批真正的城市：欧贝德（Ubaid）、乌鲁克（Uruk）、乌尔（Ur）和埃利都（Eridu）。有证据表明在欧贝德有庙宇建筑，或许用于管理中心，说明这些城市是人们作为都市中心发展的。大约 5 800 年前，乌鲁克的大小和人口密度都成长到

图 25.3 位于乌尔（Ur）的美索不达米亚。这座城市的历史最早可以追溯到大约 8 000 年前

了一定程度，已经能够让我们把它视为第一座真正的城市了。乌鲁克的建筑更加中心化，带有更多的标准建筑，令人想到有一个指定规则的中央权力者存在。人们将这一地区视为文明的摇篮，许多科学分支是首先在这里发展的。据说人们在这里第一次发明了车轮，此外还有数学和天文学。

人们也在今天的埃及发展了早期城市，这些城市是沿着尼罗河出现的。尼罗河是一条狭窄的河流，如果没有尼罗河存在，它流经的那片地区将是了无生机的干旱沙漠。人们在大约 5 500 年前建立了中央社区。这些城市之间经常为了资源、更多的土地与人口而相互竞争。它们的所在地具有战略意义，能够提供贸易通道，以及进入人们在沙漠中发现的矿产资源的通道。在墓葬地点发现的证据表明，这些城市中存在社会结构。

在世界上最古老的城市中，有两座是在印度次大陆（Indian subcontinent）的印度河河谷中建立的，建设年代距今 4 500 年，可以追溯到巴基斯坦西部的一个叫作俾路支山脉（Baluchistan mountains）的地区。摩亨佐达罗

图 25.4 位于当今巴基斯坦和印度西北部的印度河河谷的摩亨佐达罗遗址。这是古人在 4 500 年前于印度河两岸建立的文明

文明加速发展的主要起因是农业的创新。一旦早期人类发明了生产食物的有效方法，需要在耕地中劳动的人数便减少了，因此他们有更多时间用于其他活动，如文化活动、艺术和贸易。

（Mohenjoo-daro）是这些城市中的一座，拥有 4 万居民（图 25.4）。人们在考古地点挖掘出一座城堡，其中包括寺庙、粮仓和公共浴室。另一座城市是哈拉帕（Harappa），有类似的城市布局。这座城市拥有街道和一个表面铺设了砖的下水道沟，并与多个居民区相连，说明 4 500 年前便已经有了城市计划。这些城市周围散布着数以百计的农耕者村庄。

为什么要发展城市？为什么人们在世界上这些地方建立城市，而不在其他地方建立？城市发展背后的主要原因是农业，因为第一批城市建立的历史正是由新石器革命和农业的发明出现的时刻开始的。农业使猎人们定居并生产食物，这让出现更大的人类群体成为可能。有效的农耕导致食物盈余，有助于贸易与城市经济发展。一旦有了足够的食品供给，人们就有了更多的时间从事其他活动，而不是把一切时间消耗在寻找食物上。这导致了文明和文化的发展。稳定的气候状态和更温暖的天气也有助于城市的建立。我们很清楚地看到，第一批城市位于肥沃新月地带，那里是农耕的适宜地区。能够支持动植物生长的水的存在是建立第一批城市的另一个因素。

在第一批城市中，有些现在仍然存在。地理方面的优越性、合适的气候和发展农业的合适条件，是这些城市长盛不衰、一直有居民居住的主要原因。考古发掘揭示了这些城市丰富多彩的多样化文化，文明的种子就是在这里播下的。

文明的起源

文明的定义是什么？对此没有简单的答案。文明的定义可以随时间变化，这一事实让事情更为复杂。文明的普遍定义应该体现一个有食物与劳动力盈余的社会，社会阶层化，具有正式管理能力的权威机构，人口密集的居住点，以及劳动力的专门化。在寻找第一批文明的时候，以上节讨论过的第一批城市开始是有道理的。毕竟，公民社会只有在城市建立了之后才会出现。在这里，我们讨论的重点不是罗列早期文明的名字，而是第一批文明是在何种条件下、如何发展起来的（专题框 25.2）。

大约在公元前 5 500 到 4 000 年，生活在美索不达米亚南部（今伊拉克境内）城市苏美尔（Sumer）的苏美尔人建立了世界上第一个文明社会。公元前 3 300 年，他们在乌鲁克这座城市创造了最早的文字（图 25.5）。他们发展了贸易和工业，包括石工建筑、陶瓷和金属加工。苏美尔人还发明了控制水资源的灌溉和运河，让农耕与食品生产方法变得更加有效。这增加了这个地区的人口密度，使人们可以从事农耕以外的其他活动。以现代科学为基础建立的许多原则也是在这里发源的。

图 25.5 书写在泥板上的苏美尔（Sumerian）楔形文字。这块泥板来自公元前 2500 年的伊拉克舒尔帕克（Shurppak in Iraq）

在大约 5 000 年前的美索不达米亚城市乌鲁克，人们发明了一种新型书写方式。在美索不达米亚使用的第一种书写工具是楔形的芦苇笔，人们用它在潮湿的黏土泥板上书写，每个符号代表一个词（图 25.5）。最新的考古发现指出，中国的河南省是文字在 8 000 年前起源的第一个地方。

因为大城市的体量和不断增加的复杂性，它们需要一个中央权威机构加以管理。人们发现纪念碑、寺庙、宫殿，以及大型雕塑常常被证实是这种权威机构存在的证据。这样的纪念碑可以用埃及法老胡夫（Khufu）的坟墓大金字塔（Great Pyramid）作为代表。这座金字塔由 230 万块石材构成，平均每块重 2.5 吨。建造如此庞大的工程需要中央权威机构组织协调，动用工程技巧和大量劳力才能完成。

第一套法律系统是在巴比伦王汉穆拉比（Hammurabi）治下开发的，他在大约 3 950 到 3 700 年前的某段时间内生活在美索不达米亚。上述体系中包含有关伪证、诬告、借贷与欠款等方面的法律，并且说明了在各种贸易活动中应该缴费的比率，旨在保护个人的权益。

人们也在世界上其他地方建立了文明，建筑者们秉承的是与美索不达米亚人同样的概念。在埃及，城市是在大约 5 500 年前沿着尼罗河建立的。人们在考古挖掘中发现了

图 25.6 左塞的阶梯金字塔（Step-Pyramid of Djoser）。这是埃及人建造的第一座金字塔，建于大约 4 700 年前

耶拉孔波利斯（Hierakonpolis）这座城市——由一系列土坯建造的房屋构成，有上万人居住在那里。有证据表明，这些城市的权力掌握在上层集团手中。这里气候干燥，人们建造了灌溉系统（最先由苏美尔人发明），控制了水流和粮食生产。随着村庄与城市的成长，上层集团应运而生，人们生产了多余的食物，于是出现了一些从事专项工作的人群。大约在 5 100 年前，沿着尼罗河建立的各座城市最终由耶拉孔波利斯的统治者，埃及王纳尔迈（King Narmer）统一。纳尔迈王的继承人是左塞王——埃及的第一位法老。在手握一切权力、统一了所有的乡村与城市之后，他大约于 4 700 年前开始修建第一座埃及金字塔（图 25.6）。

中国河南省北部的洹河两岸是距今 3 700 年前的古老的城市殷城的遗址。在殷城周围有一些小的定居点，形成了亚洲东部地区最古老的文化中心之一：商文化。这座城市残存的结构显示了宫殿和陶瓷、石器和艺术品存在的证据。商文化是在这一地区的新石器文化的基础上发展起来的。人们在那里生产驯化了的稻米和小麦，饲养家畜家禽，包括绵羊、猪和鸡。商文化遗址周围没有大量出现大型建筑物和纪念碑，但它仍然符合文明的定义。不同的墓葬地点和房屋大小揭示了社会分化。有证据表明存在着不同的专业化，如青铜冶金和石雕，以及文字方面的证据，其中包括近 5 000 个单字。与世界上其他地方独立发展的文明相比，商文明在许多方面与它们有许多共同之处。

在此期间，另一个文明也在远离美索不达米亚、埃及和中国的南美洲（如今的南美洲）发展起来了。奥尔梅克（Olmec）文明是南美洲最古老的文明，发源于墨西哥中南部。该文明出现在大约 4 500 年前，是第一个中美洲（Mesoamerican）文明，也是随后许多其他文明的基础。它们的根来自开始于 7 100 到 6 600 年前的塔瓦斯科（Tabasco）农耕文化。奥尔梅克人因其表现了"庞大头颅"的艺术品而闻名于世（图 25.7）。

在奥尔梅克之后的下一个重要的中美洲文明是玛雅文明（Maya civilization）。这一文明是在一个包括墨西哥南部、整个危地马拉（Guatemala）和伯利兹（Belize），以及洪都拉斯（Honduras）和萨尔瓦多（El Salvador）西部地区发展起来的。最早的村庄是在大约 4 000 年前建立的，那时生产玉米、南瓜和红辣椒的农业发展了起来。第一批城市是在大约 2 700 年前发展起来的，并且扩大为一系列城市，它们通过一个贸易网络相互联系，城市中修建了大型纪念碑。城市建筑具有明显的结构，它们的遗址依然存在。奥尔梅克文明和玛雅文明是西半球最早最古老的文明。

总结与悬而未决的问题

自农业革命以来，世界人口的增加极为迅猛。在农业于大约距今 1 万年前出现的时候，地球上的人口为 200 万至 300 万，这个数字在大约 2 000 年前增加到了 2.5 亿到 3 亿，并于 18 世纪达到了 10 亿。今天的世界人口已经增长到 70 亿。

图 25.7 来自奥尔梅克文明的艺术品，表现了"庞大头颅"

在 1 万年前的农业革命之后不久，世界人口按每年 0.01% 的速率递增，而在 18 世纪与 19 世纪，这一增长率分别提高到每年 0.3% 和 0.6%，当前更以每年 2% 的速率增加[①]。

在大脑尺寸增加、人属物种直立行走之后，我们的祖先执行更为复杂任务的能力也得到提升了；同样加强了的是他们使用双手创造工艺品的能力。第一批石器工具是由能人在大约 200 万年前制造的。制造这些工具既需要思考过程，也需要自由的双手来实施制造计划。这些工具被用来切肉和切割木头。非洲人在大约 100 万年前发现了如何使用火，并明白了火可以用于烹饪，从那时以来，人们发现了更富营养价值的饮食方式，加速了消化系统的进化。

---

① 根据维基百科，1963 年世界人口增长率为 2.2%，达到峰值，2011 年约为 1.1%，此后仍然呈现下降趋势。——译者注

有证据表明，在人类打造了第一批工具前后，大脑的专业化部分开始发展。随着大脑的语言中心能够控制面部和嘴的肌肉运动，喉头的解剖性质发生变化，大脑中心发展到能够翻译声音，早期人类开始发出声音，进行沟通。使用语言进行的交流是在什么时候，怎样开始的，对此我们现在还不完全清楚，但据信，生活在 6 万年前的尼安德特人已经能够用语言相互交流了。一个重要的问题是，是否所有的语言都开始于一个共同的超级语言，然后才出现了多样化，还是说各种语言都是局域发展的？有关这个问题，人们有不同的假想。

第一个文明是由苏美尔人在大约 5 500 年前到 4 000 年前在美索不达米亚（今伊拉克境内）开创的。他们发展了文字、贸易、工业，发明了灌溉系统。这一文明是围绕着农业发达地区建立的。在世界其他地区也接着出现了文明，包括中国（3 700 年前）、埃及（5 500 年前）和南美洲（4 500 年前）的文明。文明在它们所在的地方出现，其主要原因是农业的发展。一旦文明出现，文化、艺术、科学和贸易便接踵而至。

文明的形成、演变和有时的崩溃与消失，在它们身后留下了以纪念碑、墓葬，以及以艺术或者文字形式表现的工艺品的遗迹。考古学家们通过这些遗迹解开了每个文明的详细奥秘。我们讨论了文明发展背后的主要事实，然而文明为什么会崩溃？为什么一些最丰富、最灿烂的文明没有为今天的我们留下丝毫遗迹？

贾雷德·戴蒙德（Jared Diamond）于 2005 年出版了题为《崩溃：社会是如何选择失败或者成功的》（*Collapse: How Societies Choose to Fail or Succeed*）的著作，他在书中描述了导致文明崩溃的 5 大因素：

1. 社会行为引起的环境恶化；
2. 影响食品生产的气候变化；
3. 不同国家之间的战争；
4. 无法得到直接的地理边界之外的资源；
5. 社会未能对上述因素做出反应。

令人吃惊的是，上述因素大多可以适用于今天的文明。因为当今的文明渗入了每一个人的生活，我们希望能够更好地处理这些问题。

回顾复习问题

1. 原始人类是在什么时候，世界的什么地方制造出第一批工具的？

2. 原始人类在什么时候发现了火，有什么证据说明人类首次开始用火？他们用火做什么？

3. 什么是舌下神经管？它们在什么时候有了今天的大小？

4. 哪一种人属物种最先发展了语音交流的能力？

5. 考古学家们利用哪种观察结果得出结论，认为大脑出现了各个部分的专业化？

6. 分别解释大脑的布洛卡区和韦尼克区的不同任务。

7. 解释什么是新石器革命。

8. 农业是在什么时候，怎样出现的？

9. 肥沃新月地带在哪里？它具有何种意义？

10. 什么地方被人们认为是文明的摇篮？

11. 列举满足现代定义的第一批真正的城市。

12. 为什么城市在某些地方而不在其他地方发展？

13. 苏美尔文明是已知的第一个文明，这种文明对世界做出了什么贡献？

14. 早期人类修建金字塔这样的大型建筑目的何在？

15. 列举西半球最古老的文明

参考文献

Diamond, J. 2005. *Collapse: How Societies Choose to Fail or Succeed*. New York: Penguin.

Haviland, W.A., D. Walrath, H.E.L. Prins, and B. McBride. 2010. *Evolution and Prehistory: The Human Challenge*. 9th ed. Belmont, CA: Wadsworth.

Jurmain, R., L. Kilgore, W. Trevethan, and R. Ciochon. 2013. *Introduction to Physical Anthropology*. 4th ed. Boston: Wadsworth/Cengage Learning.

Larson, C.S. 2010. *Our Origins: Discovering Physical Anthropology*. 2nd ed. New York: Norton.

Pagel, M., Q. Atkinson, A.S. Calude, and A. Meades. 2013. "Ultraconserved Words Point to Deep Language Ancestry across Eurasia." *Proceedings of National Academy of Sciences* 110 (21): 8471–8476.

插图出处

· 图 25.1：https://commons.wikimedia.org/wiki/ File：BrocasAreaSmall.png.

· 图 25.2：https://commons.wikimedia.org/wiki/ File：Jerycho8.jpg.

· 图 25.3：Copyright © Danyelflorea (CC BY-SA 3.0) at https:// commons.wikimedia.org/ wiki/File：Zigurat_Ur.jpg.

· 图 25.4：Copyright © Comrogues (CC by 2.0) at https://commons.wikimedia.org/wiki/ File：Mohenjo-daro-2010.jpg.

· 图 25.5：https://commons.wikimedia.org/wiki/ File：Sumerian_account_of_silver_ for_the_govenor_(background_removed).png.

· 图 25.6：Copyright © David Broad (CC by 3.0) at https:// commons.wikimedia.org/wiki/ File：Step_Pyramid_of_Djoser_at_ Saqqara_-_panoramio_(1).jpg.

· 图 25.7：Copyright © ·Maunus·l· (CC BY-SA 3.0) at https://commons.wikimedia.org/ wiki/File：OlmecheadMNAH.jpg.

我唯一的希望是在这颗行星上再活十次。如果这是可能的，我将在胚胎学、遗传学、物理学、天文学和地质学领域各自用去一生。我的其他生命将作为钢琴家、边远地区生活者、网球运动员和《国家地理》杂志（*National Geographic*）的写手度过。

——约瑟夫·默里（*JOSEPH MURRAY*）

Chapter

26

结束语

CONCLUDING REMARKS

本书涉及物质世界内几乎一切事物的起源以及它们发展到今天状况的方式。通过"起源"这个词的本意，我们做出了含蓄的假定，即我们观察到的一切事物都有一个开始。换言之，没有什么事物是一直存在的。如果情况确实如此，那么它们是怎样出现的呢？它们在此之前的状况又是如何呢？本书试图用科学论据回答这些问题。然而，在寻找真理，探索知识前沿或者物质世界的未知时，我们必须一直用这样一个哲学问题提醒自己：是否存在着一个等待着我们的绝对真理？我们可以通过什么方法发现这一真理呢？由 17 世纪的哲学家莱布尼茨（Leibniz）发展的充分合理原理（principle of sufficient reason）称，对于任何存在的事物，都必定有其存在的原因，而对于任何真理，都必定有一个能让它成为真理而不是谬误的理由。这就是我们面临的挑战：找到事物存在以及它们为什么要以这种方式存在的原因。接下来的问题就是：人类是否有一天能够彻底了解物质世界？在《费曼物理学讲义》（*Feynman Lectures on Physics*）（第一卷）中，理查德·费曼（Richard Feynman）在他的优雅陈述中进一步提炼了这一点："整个自然的每一段或者每一个部分，永远都只是完整的真理的一个近似，或者说我们迄今所知的完整真理的一个近似。事实上，我们知道的每一件事都只不过是某种近似，因为我们知道，我们现在还不知道一切规律。所以，我们学习过的东西必定又会变成未曾学习过的东西，或者更可能是需要修正的东西。"因此，我们的结论是：确实有我们需要发现的真理，但一经发现，它更为精准的形式仍然未知，求索仍在继续。

有两个最令人神往、同时也是最错综复杂的智力挑战，那就是宇宙起源和生命起源问题。它们是否能够从绝对的虚无中自发开始？本书的几章专门探讨了这两个问题。我们在研究生命起源方面具有较大的优势地位，因为我们可以进行有控制的测试和实验来索解其中的密码。研究宇宙的起源则更具猜测性，通过实验验证要艰难得多。我们知道，生命开始于生命，而不是自发地来自虚无。然而，我们现在还不知道生命如何真正开始的细节。有关宇宙的情况更富挑战性。我们没有必要的工具和技术去研究最早期的宇宙。我们可以拿出一些关于宇宙当时情况的模型，但用观察到的事实与理论概念对照则是更严峻的考验，因为很难通过实验来检验这些理论。尽管如此，如本书所示，我们已经在理解物质宇宙及其进化史方面取得了很大的进步。一些问题在几年前还属于哲学范畴，而今天，我们已经可以通过科学尝试解答，并通过实验加以检验。这就是我尝试在本书中让读者读到的——处于人类知识最前沿的基本问题的答案，而不是猜测。让我们在此提出那些最基本的问题之一：空间与时间是在什么时候形成的？并将这个问题更进一步：宇宙是从绝对虚无中诞生的吗？或者说，在这一切开始之前是否还有其他物质存在？下面我们通过一些哲学论证来检视这些问题。

吉姆·霍尔特（Jim Holt）于 2012 年出版了一部题为《世界为何存在》（*Why Does the Universe Exist?* ）的书，他在其中思索了为什么世界上有一些东西存在而不是全然虚无这个问题。让我们探讨一下"虚无"是什么意思。绝对虚无的世界（如果确实曾经有这样的世界）仍然需要一位观察者思考它的问题。否则我们如何在这个世界中"什么都没有"的情况下知道它的情况？这就让这样一个讨论自相矛盾，因为至少需要有一个观察者存在，才能知道这个世界中一无所有。由此我们可以含蓄地推知，任何世界都必须至少存在着一个有感知的观察者。下一个问题是：不存在有感知的观察者的世界是否存在？想象那些物理常数，并把它们在宇宙中的现有值略加改动。在这种情况下，由于宇宙中充斥着形式未知的物质（取决于那个宇宙的物理常数），生命的进化很可能不会发生。根据以上观察者论证的逻辑，这样一个宇宙不可能存在，因为没有观察者能够观察到它。所以，这个世界的真实可能等同于我们自己的意识。

怎样才能使空间与时间的概念符合这幅图像呢？它们是首先存在的事物吗？如果是这样，它们是怎样出现的？在哲学和科学领域，最根本的挑战之一是解释空间与时间的本质，无论它们是否存在于早期宇宙中。即使从宇宙中清除一切，所有物质、行星、恒星和其他所有的一切，依然有它们曾经所处的空间（或者时空）留在那里，无法清除。这时候的问题就是，空间的存在是不是任何可能的真实的首要条件。

有关时空的性质有两种观点。一种退回到牛顿的观点，认为空间是"真实"的，有它自己的性质和几何。根据这种假说，即使空间中的一切物质都被清除，空间依然继续存在。第二种观点则来自莱布尼茨，他认为空间只不过是处于其中的物质之间的关系造成的结果。这种假说认为，空间不会独立于其中的物质而存在，即如果宇宙中的物质都不存在了，空间也将消失，留下虚无。第一种观点（牛顿的假说）中不包括"虚无"，而第二种观点（莱布尼茨的假说）中包括虚无。现在，考虑牛顿认为空间可以自行存在的观点。如果情况确实如此，它的特性与几何应该与空间本身一起存在。所以，一个有限的、无界的空间（如气球的表面）将在它的半径变小时收缩，最终在其半径为零时消失，变为虚无。结论就是：无论空间与时间的本质是什么，它们都可以在遥远的过去的某个时间点上与"虚无"调和。所以，我们在今天的宇宙中观察到的"某个事物"，才有可能全部从"虚无"中开始。按照现代物理的语言，"虚无"就是将所有的能量从一个体积的空间中移走，使它降解到它的最低能量状态——"真空"。一旦这种能量消耗持续，它就会达到一种空间内的能量为"负值"的状态，或者说其中的能量小于"虚无"。这时，一束虚拟粒子出现并消失，然后又再次出现。它将占据绝对空虚的空间，让"某种事物"来自"虚无"。科学家们认为一切就是这样开始的。

造成大约 138 亿年前宇宙的早期演变与后来的发展的条件，留下了我们今天可以观察与研究的痕迹。通过将这些观察事实与理论对照，科学家们已经为早期宇宙的演变史画出了图表，包括各种事件的时间线。宇宙当前的膨胀，轻化学元素的产生和丰度，结构的形成，以及微波背景辐射的存在及其光谱，全都提供了可观察的证据，证实了一个人们广泛接受的宇宙最初 30 万年间演变的框架。也有一些理论性更强的假说，比如有关宇宙在普朗克时间之前和在这一时间之内的假说，它们正在等待实验的证实。检验这些假说需要理论的进展，预言可以随后观察的现象。还有一些宇宙中存在的东西，如暗物质和暗能量，我们无法解释它们，或者没有关于它们的本质方面的信息。我们对它们的理解需要更广泛的数据和未来科技的进步，以及发展新的理论来解释当前的观察结果。对于我们能够做到或者能够完成哪些东西也有自然的极限。例如，没有任何物质能够以超过光速的速度运动；我们无法违反自然界的守恒定律；逆转时间之矢或者同时无限准确地测量一个粒子的位置与速度也是不可能的。无论科技进步到什么程度，我们都无法打破上述障碍。没有这些定律，首先我们就不可能生存。

我们会不会有一天知道所有这些问题的答案？马塞洛·格莱泽（Marcelo Gleiser）曾出版过一本题为《求知简史：从超越时空到认识自己》（ *The Island of Knowledge: The Limits of Science and the Search for Meaning* ）的著作，其中讨论了如下观点："未知并不是我们的无知或者工具与探索的局限性的反映。它们表达了自然的真正精髓。"现在有一些正在接受实验与观察检验的科学预言。因此，我们或许可以找出有关它们的事实，尽管我们可能永远也不知道这些事实为什么会出现。一旦我们回答了一个问题，许多新的未曾回答的问题又会出现。趋势一向如此，这正是科学进步的源泉。

公元前 428 年，柏拉图提出了他有关地球位于宇宙中心的模型。人们在差不多 1 900 年的时间里相信这个模型，直到哥白尼把地球赶下了它的宝座，让太阳走上了宇宙的中心（哥白尼革命）[①]。尽管这种说法还不正确，但在试图理解世界的尝试上，

[①] 哥白尼革命：以 1954 年哥白尼的《天球运行论》（曾译为《天体运行论》）出版为标志。——编者注

这仍然是人们向前迈出的一大步。让我们用这一事件作为一个参考背景：1903 年 12 月 17 日，莱特兄弟（Wright brothers）驾驶着第一架重于空气的可控飞行器飞上了天空，创造了历史。在这一历史事件之后一百多年的今天，我们已经征服了空间，向太阳系的行星以及更远的地方发射了使命航天器。这一例子让我们看到了科学与技术向前发展的惊人速度。今天，我们已经弄清了人类基因组的真相，开始理解了人类大脑的机能和神经元之间的相互连接，发展了解释原子内部结构的理论与实验工具，并曾观察与研究了宇宙中的第一代恒星与星系。所有这些，都是我们在最近半个世纪之内完成的。将这 50 年与人类让太阳取代地球的宇宙中心位置所用的 1 900 年相比，我们可以看出，科学的进步没有沿着一条直线发展，而且我们也不清楚，今后的几十年将会发生什么样的巨变。

今天，我们把有关自然定律的知识运用到了宇宙诞生的那一刻，用以解释它动荡的出生与早期历史。许多我们今天经历的事情，包括我们自己的存在，都是那时候的条件造成的结果。事情是这个样子而不是另一种样子，这一事实是在宇宙诞生之初的短短时间内的各种事件造成的结果。自然的四种基本力得到了它们一直保留至今的不同身份；夸克聚集到一起，组成了质子和中子，形成了轻化学元素；物质与辐射之间的相互作用与二者在宇宙诞生 30 万年后的脱耦，这一切全都通过我们的观察得到了解释和证实。在宇宙中，在由物质占据了主导地位之后，引力主宰了它随后的演变，形成了从超级星系团到星系团，再到个体星系、恒星和行星的结构。这种变化一直持续到宇宙诞生 90 亿年后（对地球来说，只不过是 40 亿年多一点之前），那时候暗能量接掌大权，加快了宇宙向无限未来膨胀的速率。

我们现在还不清楚，我们所在的这颗行星的形成（以及它的形成方式）是一个确定性过程，还是一个混沌过程。然而，我们清楚的是，许多事物在正确的地点和正确的时间汇聚在一起，形成了地球。一旦地球在一颗主序星（我们的太阳）外的宜居带中形成，便出现了一系列事件，导致各种条件发展，使它成为今天这样一颗行星。我们的地球行星独一无二的一面是它的宜居性，生命在地球上形成，并持续了数十亿年之久，这是我们在宇宙中任何其他地方都还没有见到的。地球上的生命是如何起源的，这是一个最基本的问题。我们现在处于一个能够用科学手段考察这一问题的阶段。

我们今天已经知道，若想让生命在地球上起源并繁荣，一些不同的、相互独立的事件必须按照正确的次序发生，这些事件在次序上的任何失误都会严重地影响生命。对于形成氨基酸至关重要的化学元素必须在恒星中生产与混合，并分散在星际介质中。水的存在也是必须的，水能够保护大洋深处的生命，使其免受来自太阳的紫外辐射伤害。形成臭氧层也是必须的，臭氧的形成需要氧气，而氧气是由蓝细菌生产的。所有这些和许多其他的条件，都必须在生命可以启动并繁荣之前就位。在探讨生命起源的过程中，从化学向生物学的过渡是最基本的。生命出现后，在它能够形成复杂的多细胞生物之前，它再次经历了一系列后续事件。这再次取决于整个地球历史上一直维持着的条件。例如，在最近 50 万年间，地球大气层中的氧气含量是怎样保持恒定的？有多少让地球成为今天这样一颗行星的参数被固定在狭窄的范围之内，从而允许地球维持着可以支持生命的条件？在大规模灭绝发生后，生命是怎样复苏并再次适应了新的条件的？这些问题的答案我们尚不清楚，但它们对于我们能够在地球上存在至关重要。

有证据表明，30 亿年前便有一些生命形式存在。人们发现，锆石晶体（在地球上发现的最古老的矿物质）中含有水分子，说明水在地球历史上很早的时候便已经存在，大约是在地球的地壳固化的时候。那时候的生命以原核细胞的形式存在。从简单的原核细胞发展为更复杂的真核细胞，这一步发生在大约 10 亿年前，是一次巨大的进化飞跃。在这个时候，随着细胞器和细胞核的发展，细胞变大了，能够发挥更复杂的功能。每个细胞都变成了能够执行特定任务的专门化细胞，这使多细胞生物的发展成为可能。在 5.7 亿多年前，海洋动物得到了生成坚硬的壳层的能力，这导致新的动物物种出现，使它们能够保护自己，对抗严酷的环境，进而生存下去。所有这一切都发生在海底，那里的水保护着生命，使它们免于遭受来自太阳的强烈紫外辐射的侵袭。当地球的大气层通过火山活动形成，并通过蓝细菌释放的氧气形成了臭氧层时，陆地最终有了对抗来自太阳的强烈紫外辐射的保护。这一情况发生在大约 5 亿年前，正是植物和动物开始在寒武纪大爆发前后挺进陆地的时刻。这促进了陆地植物与动物物种的发展。维管植物得到了发展，生出了叶子，它们有助于光合过程和氧气的产生。通过允许更有效的能量生成，大气中氧气浓度的增加为更大的多细胞动物的新陈代谢活动提供了支持，从而使各种不同物种如爬行动物、鸟类和哺乳动物出现于 3 亿到 2 亿年前。6 500 万年前，恐龙的灭绝让哺乳动物（我们遥远的先祖）能够自由地在地球表面游荡，并在能够适应已有条件的情况下进化。大约在同一时间，地球上的陆地分布达到了现在的状况，各大洲各自就位。最后，大约 400 万年前，进化为人类这个物种的生命证据出现在非洲。从非常原始的状态向我们自己的物种——智人的进化，是漫长时间里一连串历史事件相互作用的结果。这是一个复杂的过程，但由于大量化石的发现，我们对此有相对准确的了解。在大约 10 万年前的某一时刻，我们的祖先开始走出非洲，走向世界上的其他大陆。农业、动物的驯化、群体、文化和城市的发展随之而来。与地球的历史相比，这些事件发生在非常晚期的年代。

在人类物种的发展中，一个重要因素是大脑尺寸的增长。这一尺寸在 300 万年中增长了 3 倍——从 400 毫升增长到了 1 600 毫升。考虑到大脑的耗能量大约为身体总耗能量的25%，这种增长必定与如何有效地进行新陈代谢活动才能更多地产生能量有关。这里的一个令人着迷的问题是：哺乳动物的大脑是什么时候开始思考的？它们思考的过程又是怎样的？如同我们在本书中了解到的那样，构成我们的化学元素是在恒星中形成的，并通过恒星死亡时的超新星爆发分散到星际介质中去。一旦冷却下来，这些碎片便组成了复杂的分子，最终导致了生命的形成。我们的大脑本身，是在恒星中经过高温调制形成的物质组成的，而令人讶异的是，正是利用大脑，我们才得以破解所有这些物质起源之谜，它们同时也是大脑本身的起源之谜，关于这台强大有力的机器是怎样思考、发现与发明的。我们不妨在此引用德国物理学家马克斯·普朗克的话："科学无法破解自然的终极奥秘，因为在进行最后分析的时候，我们自己变成了我们试图解释的奥秘的一部分。"

当我写下这最后几句话时，我正在夏威夷的火奴鲁鲁机场（Honolulu airport）等待飞回加利福尼亚的航班。我是来莫纳克亚山用凯克望远镜（Keck telescopes on Mauna Kea mountain）做天文学观察的，它是当今世界上最强大、技术最先进的地基望远镜。我的目标是和我的学生们一起，在130亿光年之外的宇宙去寻找并试图证实可能存在的最遥远的星系。我们要去寻找宇宙的第一代星系，并把天文学观察推进到可观察宇宙的极限边界。我多年来不断到这里进行观察；除了为我如此着迷的科学而激动之外，还为我每次来到夏威夷的经历感到激动。我利用科技能够提供的一切观察太空深处。这些科技奇迹全都位于莫纳克亚火山之巅；如果从它在太平洋底的底部算起，它是世界上最高的山峰。这座山本身是千百万年来地质演变的结果。如果我们以宏大的尺度放眼观察，它们全部都是一个故事的一部分，为我们研究事物如何在宏观尺度下汇聚在一起创造了条件，下面一段就是我对此的描述。

夏威夷群岛的形成，是太平洋海底的地壳在一个地壳下面的"热点"（热源）上方运动的结果。这个热点释放的岩浆穿过地壳喷射而出，随后堆积在海底。更多的爆发促成了火山的堆积，使它成长起来，露出海平面，最终形成了这座群岛。最近4 500万年间，这个热点一直处于稳定状态。当大洋地壳在热点上方（夏威夷群岛西北方向）运动时，新的火山和岛屿诞生，形成了一串一步步离开热点的岛链。在最近100万年间，这个热点一直在比格艾兰（Big Island，也就是我们望远镜的所在地，也是我们观察宇宙的场所）的下面。如果这个假定是正确的，那么岛链上距离大岛越远的岛屿和构成它们的火山物质的寿命一定越长，因为大岛现在位于夏威夷群岛岛链的边缘。在分析与测量这些岛屿上的岩石的寿命时，人们观察到了这一现象。夏威夷群岛最年长的岛屿的年龄是6 500万岁，而最年轻的只有100万岁。当海岛受到海浪和风雨的侵袭时，更古老的岛屿会不断缩小，最终将在海面上消失。所以，岛屿越年轻，我们就预期它们会变得更大，有更高的火山。这一点正如大岛的情况：大岛很大，它上面的莫纳克亚山很高，年龄为 37.5 万岁，海拔 4 250 米（1.4 万英尺），是夏威夷最年轻、最高的火山。这座火山的高度使它变成了地球上的最佳观察地点，因为那里大气稀薄、干燥，使我们在通过望远镜观察时能够得到最佳数据。我昨天晚上还在那里，过去 30 年间一直到这里工作。上面的故事说明，需要有多种不同的事物汇聚在一起，才能让我们有机会着手考虑那个有关空间与时间深处的最基本的问题。正如我们在这本书中看到的，地球的一切变化，大陆、大洋和山脉的形成，都发生在宇宙历史上微小的一段时间之内。作为一个物种，人类在这颗行星上的存在只能回溯到 400 万年前，我们却已经进化到拥有足够智慧，能够研究与发现自然定律的程度。利用这些定律，我们可以索解我们观察与经历的事件背后的原因，以及所有这些的来源。我们利用这些定律开发了科技。利用这些科技，我们制造了强大的望远镜，制造了处理与分析庞大数据的计算机，并用它们探索万物起源之处的遥远宇宙，或者寻找与我们的地球行星初建之时情况类似的系外行星。而今夜，我将把自己托付给我对之满怀信心的自然定律与科技，乘坐一架现代化航班飞行，穿越半个太平洋回家。这就是各种事物如何汇聚在一起、我们如何发展到今天的方式。而现在，我们正在利用自然给予我们的一切回顾过去，发现所有那些汇聚在一起，让我们来到今天的事物。

本书讨论了许多概念，它们以通过实验证实的许多事实为基础。书中也给出了许多观点，以后的事实或许将证明它们是不完整的，甚至是错误的，它们可能会被更完备的新概念取代。这是科学发展与进化的方式。我们没有对于什么是真理的先入之见，而只有对于真理的探索。我们是非常幸运的，生活在这样一个时代，能够探索如此多的事物，寻找如此多令人神往的问题的答案。这就是人类的目的，是我们将最珍贵的遗产留给我们的后代的目的。人类的成就是通过提出基本问题并寻求它们的答案取得的。对起源的探索，是将不同的学科聚集到一起，让我们能够更好地理解自己，同时理解我们在这个世界上的位置的尝试之一。探索仍在继续，也确实应该继续下去。

参考文献

Feynman, R.P., R.B. Leighton, and M. Sands. 2014. *The Feynman Lectures on Physics, Vol. I: The New Millennium Edition: Mainly Mechanics, Radiation, and Heat*. Vol. 1. New York: Basic Books.

Gleiser, M. 2014. *The Island of Knowledge: The Limits of Science and the Search for Meaning*. New York: Basic Books.

Holt, J. 2012. *Why Does the World Exist?* New York: Norton.

索引
INDEX

A

Agriculture, 农业

amino group, 胺基原子团

Ammonia (NH$_3$), 氨（NH$_3$）

Anaxagoras, of Clazomenae, 克拉左门奈的阿那克萨哥拉

Anaximander, the Milesian, 米利都人阿那克西曼德

Anderson, Carl David, 卡尔·戴维·安德森

Animals, 动物

    Acanthostega, 棘螈

    Amnions, 羊膜动物

    Amniotes, 羊膜类

    Amphibians, 两栖动物

    Arthropods, 节肢动物

    Bivalves, 双壳类动物

    Cephalopods, 头足类动物

    Gastropods, 腹足类动物

    Mammals, 哺乳动物

    Reptiles, 爬行动物

    Tetrapods, 两栖动物

Antimatter, 反物质

Ardipithecus ramidus, 拉米达猿人

    Ardipithecus ramidus kaddaba, 地猿始祖种卡巴达

Aristotle, 亚里士多德

ATP (ADP), 腺苷三磷酸（腺苷二磷酸）ATP (ADP)

Australopithecine, 南方古猿

    Australopithecine afarensis, 南方古猿阿法种

Avery, 埃弗里

B

Banded iron formation, 条带状含铁构造

Bethe, Hans, 汉斯·贝特

Big Bang Nucleosynthesis, 大爆炸核合成

    Beryllium, 铍

    Deuterium, 氘

    Helium, 氦

    Lithium, 锂

Blackbody radiation, 黑体辐射

Black hole, 黑洞

Bohr, Niels, 尼尔斯·玻尔

Bosons, 玻色子

Brachiopods, 腕足类动物

Bryozoans, 苔藓动物

C

Cambrian explosion, 寒武纪大爆发

carbohydrates, 碳水化合物

Carbon cycle, 碳循环

carboxyl group, 羧基

Cell, 细胞

    Cell theory, 细胞理论

    Eukaryote, 真核细胞

    First cells, 第一批细胞

    Prokaryote, 原核细胞

Chemical bonds, 化学键

Covalent bonds, 共价键

Hydrogen bonds, 氢键

Ion bonds, 离子键

Peptide bonds, 肽键

Chirality, 手性

CNO cycle, 碳 - 氮 - 氧循环

Cold Dark Matter (CDM), 冷暗物质（CDM）

Comte de Buffon, Georges-Louis Leclerc, 德·布丰伯爵，乔治·路易·勒克莱尔

Condensation, 冷凝

Conservation laws 守恒定律

Angular momentum, 角动量

Energy, 能量

Momentum, 动量

Continental drift, 大陆漂移学说

Copernicus, Nicholas, 尼古拉·哥白尼

Cosmic Background Radiation, 宇宙背景辐射

Cosmological Principle, 宇宙学原理

CP violation, 电荷宇称不守恒

Crick, Francis, 弗朗西斯·克里克

Cro-Magnon, 克罗马农人

Cuvier, Georges, 乔治·居维叶

Cyanobacteria, 蓝细菌

D

Dalton, John, 约翰·道尔顿

Dark ages, 黑暗时期

Dark energy, 暗能量

Dark matter, 暗物质

Dark matter halos, 暗物质晕

Darwin, Charles, 查理·达尔文

De Broglie, Louis, 路易·德布罗意

Degeneracy pressure, 简并压力

Electron degeneracy, 电子简并

Neutron degeneracy, 中子简并

Democritus, of Abdera, 阿夫季拉的德谟克里特

Density parameter, 密度参数

deoxyribonucleic acid (DNA), 脱氧核糖核酸（DNA）

Deuterium bottleneck, 氘瓶颈

Dinosaur, 恐龙

Archaeopteryx, 始祖鸟

Prosauropods, 原蜥蜴类

Pteranodon, 无齿翼龙

Pterosaurs, 翼龙

Quetzalcoatlus, 风神翼龙

Theropod, 兽脚类

dioxyribonucleic acid (DNA), 脱氧核糖核酸（DNA）

Diversity, 多样性

Doppler Effect, 多普勒效应

E

Earth, 地球

Age of, 年龄

Crust, 地壳

Formation of, 形成

Magnetic field, 磁场

Mantel, 地幔

Earth history 地球的历史

Archean eon, 太古宙

Cenozoic era, 新生代

Hadean eon, 冥古宙

Mesozoic era, 中生代

Paleozoic era, 古生代

Phanerozoic eon, 显生宙

Proterozoic eon, 元古宙

Eddington, Arthur, 亚瑟·爱丁顿

Einstein, Albert, 阿尔伯特·爱因斯坦

Empedocles, of Akragas, 阿克拉加斯的恩培多克勒

Endosymbiotic process, 内共生过程

Entropy, 熵

Equivalence principle, 等效原理

Evolution, 进化

F

Fermi, Enrico, 恩里克·费米

Fermions, 费米子

Fertile crescent, 肥沃新月地带

Fine structure constant, 精细结构常数

First cities, 第一批城市

Eridu, 埃里都

Jericho, 杰里科

Mesopotamia, 美索不达米亚

Mohenjoo-daro, 摩亨佐达罗

Ubaid, 欧贝德

Ur, 乌尔

Uruk, 乌鲁克

Fish, 鱼

Acanthodians, 棘鱼

Eusthenopteron, 新翼鱼

Jawless fish, 无颌鱼

Ray-finned fish, 条鳍鱼

teleost fish, 真骨鱼

Flatness problem, 平坦问题

Forces, 力

Electromagnetics, 电磁力

Gravity, 引力

Strong, 强力

Weak, 弱力

G

Galaxies, 星系

Formation and evolution, 形成与演变

Rotation curve, 旋转曲线

Stellar population, 恒星星族

Types, 类型

Galen, Aelius of Pergamon, 帕加马的埃利乌斯·盖仑

Galileo Galilei, 伽利略·伽利莱伊

Gamow, George, 乔治·伽莫夫

Gene first, 基因优先

Genetic drift, 遗传漂变

Gluon, 胶子

Gondwana, 冈瓦纳大陆

Grand unification, 大统一

Gravitational lensing, 引力透镜

Graviton, 引力子

Green house effect, 温室效应

H

Habitable zone, 宜居带

Heavy bombardment, 狂暴轰击

Heisenberg uncertainty principle, 海森伯不确定性原理

Heisenberg, Werner, 维尔纳·海森伯

Heraclitus, of Ephesus, 以弗所的赫拉克利特

Hertzsprung-Russell Diagram, 赫茨普龙 - 罗素图

Heterocysts, 异形细胞

Hippocrates, of Kos, 科斯岛的希波克拉底

Hominids, 人科动物

Homo genus, 人属

H. habilis, 能人

H. heidelbergensis, 海德堡人

Homo erectus, 直立人

Homo sapiens, 智人

Horizon problem, 视野问题

Hubble, Edwin, 埃德温·哈勃

Hubble Ultra-Deep Field, 哈勃极深场

Huygens, Christiaan, 克里斯蒂安·惠更斯

I

Inertia, 惯性

Interstellar medium, 星际介质

K

Kant, Immanuel, 伊曼纽尔·康德

Kepler, Johannes, 约翰尼斯·开普勒

L

Lamarck, Jean Baptiste, 让 - 巴蒂斯特·拉马克

Langmuir, Irving, 欧文·朗缪尔

Laurasia, 劳亚古大陆

Leibnitz, Gottfried Wilhelm, 戈特弗里德·威廉·莱布尼茨

lipid, 脂类

LUCA, 最后的共同祖先

M

MACHOs, 大质量致密晕轮天体

Mach's principle, 马赫原理

Magma, 岩浆

Marsupial, 有袋类动物

Mass extinctions, 大规模灭绝

Matter 物质

Origin of, 起源

Maxwell, James Clarke, 詹姆斯·克拉克·麦克斯韦

Maya civilization, 玛雅文明

Mesosaurus, 中龙

Metabolism first, 新陈代谢优先

Metallicity, 金属性

Metazoans, 后生动物

Methane (CH_4), 甲烷（CH_4）

mid-Atlantic ridge, 大西洋洋中脊

Miller-Urey experiment, 米勒 - 尤里实验

Mitochondria DNA (mtDNA), 线粒体 DNA（mtDNA）

Molecular clouds, 分子云

Molluscs, 软体动物

monomer, 单体

Mosasaurs, 沧龙

Mutation, 基因突变

N

Natural selection, 自然选择

Nautiloids, 鹦鹉螺类动物

Neanderthals, 尼安德特人

Neolithic revolution, 新石器革命

Newton, Isaac, 艾萨克·牛顿

Nitrogen cycle, 氮循环

Nitrogen fixing, 固氮

Noether, Emmy, 埃米·诺特

nucleic acids, 核酸

O

Octet rule, 八隅规则

Olber's paradox, 奥伯斯佯谬

Olmec civilization, 奥尔梅克文明

Orrorin tugenensis, 图根原人

Outgassing, 脱气

Ozone, 臭氧

P

Pair production, 电子对生成

Pangaea, 泛大陆

Parity, 宇称

Parmenides, of Elea, 埃里亚的巴门尼德

Particles, 粒子

Baryon, 重子

Electron, 电子

Hadron, 强子

Higgs, 希格斯粒子

Lepton, 轻子

Meson, 介子

Neutrino, 中微子

Neutron, 中子

Proton, 质子

Quark, 夸克

Pasteur, Louis, 路易·巴斯德

Pauli Exclusion Principle, 泡利不相容原理

Penzias, Arno, 阿尔诺·彭齐亚斯

Perrin, Jean Baptiste, 让·巴普蒂斯特·佩兰

Phospholipid, 磷脂

Phosphorous cycle, 磷循环

Physical constants, 物理常数

Placental, 有胎盘类哺乳动物

Placodonts, 楯齿龙

Planck, Max, 马克斯·普朗克

Planck units, 普朗克单位

Planetary nebula, 行星状星云

Planets, 行星

Definition of, 定义

Jovian, 类木行星

Origin of, 起源

Terrestrial, 类地行星

Planktons, 浮游生物

Phytoplankton, 浮游植物

Zooplankton, 浮游动物

Plants, 植物

Algae, 藻类

Cooksonia, 库克逊蕨类

Cycads, 苏铁科类植物

Flowering plants or angiosperms, 开花植物或者被子植物

Ginkgo, 银杏

Gymnosperms, 裸子植物

Nonvascular, 非维管植物

Vascular, 维管植物

Plate Tectonics, 构造板块

Convergent plates, 汇聚板块

Divergent plates, 离散板块

    Theory of, 板块理论

Plato, 柏拉图

Plesiosaurs, 蛇颈龙

polymer, 聚合物

Population Ⅰ and Ⅱ, 星族Ⅰ和Ⅱ

Precambrian eon, 前寒武纪时期

Primates, 灵长目

Proconsul, 原康修尔猿

Protein，蛋白质

protein synthesis, 蛋白质合成

Proteobacteria, 变形菌

Protocell, 原始细胞

Proto-stars, 原恒星

Ptolemy, 托勒密

Pyramids, 金字塔

Pythagoras, of Samos, 萨摩斯岛的毕达哥拉斯

Q

Quantum entanglement, 量子纠缠

R

Ray, John, 约翰·雷

Recombination, 重组

Redox reactions, 氧化还原反应

Reionization, 再次电离

Reproductive cells, 生殖细胞

    Gamete cells, 配子细胞

    Somatic cells, 体细胞

ribonucleic acid (RNA), 核糖核酸（RNA）

RNA world hypothesis, RNA 世界假说

Rock cycle, 岩石循环

Rocks, 岩石

    Basalt, 玄武岩

    Granite, 花岗岩

    Igneous, 火成岩

    Metamorphic, 形态

    Sedimentary, 沉积岩

Rodinia, 罗迪尼亚超级大陆

Rutherford, Ernest, 欧内斯特·卢瑟福

S

Sahelanthropus tchadensis, 乍得沙赫人

Saint Augustine of Hippo, 希波的圣奥古斯丁

Satellites, 人造卫星

    COBE, 宇宙背景探测器

    Kepler, 开普勒

    Planck, 普朗克

    WMAP, 威尔金森微波各向异性探测器

Sauropsids, 蜥形类

Schleiden, Matthias, 马蒂亚斯·施莱登

Schrodinger, Erwin, 埃尔温·薛定谔

Schwann, Theodore, 西奥多·施旺

Schwarzschild, Karl, 卡尔·史瓦西

Seafloor spreading, 海底扩张

Shang culture, 商文化

Singularity, 奇点

Socrates, 苏格拉底

Space-Time, 时空

Speciation, 物种形成

    allopatric, 异地物种形成

    sympatric, 同地物种形成

Stars, 恒星

    Giant stars, 巨型恒星

    Main sequence, 主序列

    Neutron star, 中子星

    Population Ⅰ and Ⅱ, 星族Ⅰ和Ⅱ

    Population Ⅲ, 星族Ⅲ

    White dwarf, 白矮星

Stellar nucleosynthesis, 恒星核合成

Steno, Nicolas, 尼古拉斯·斯丹诺

Stromatolites, 叠层石

Stromatoporoids, 层孔海绵类

Subduction zones, 俯冲区

Supernovae, 超新星

Synapsids, 下孔类

T

Thales, of Miletus, 米利都的泰勒斯

Tiktaalik, 提塔利克鱼

Trilobite, 三叶虫

Tycho Brahe, 第谷·布拉赫

U

Universe 宇宙

    Age of, 年龄

    Inflation, 膨胀

    The faith of, 信仰

V

Valance shell, 价电子层

van Leeuwenhoek, Antonie, 安东尼·范·列文虎克

Vesalius, Andreas, 安德雷亚斯·维萨里

Volatile material, 挥发性物质

von Humboldt, Alexander, 亚历山大·冯·洪堡

von Weizacker, Carl Friedrich, 卡尔·弗里德里希·魏察克

W

Wallace, Alfred, 阿尔弗雷德·华莱士

Watson, James, 詹姆斯·沃森

Wegener, Alfred, 阿尔弗雷德·魏格纳

Wilson cycle, 威尔逊旋回

Wilson, Robert, 罗伯特·威尔逊

Wilson, Tuzo, 图佐·威尔逊

WIMPS, 弱相互作用大质量粒子

Wormhole, 虫洞

W^+W^-, W^+ 和 W^- 粒子

Z

Z^0, Z^0 粒子

Zircon, 锆石

著作权合同登记号：图字 18-2021-1

图书在版编目（CIP）数据

起源：NASA 天文学家的万物解答 /（英）巴赫拉姆
·莫巴舍尔（Bahram Mobasher）著；李永学译 .-
- 长沙：湖南科学技术出版社，2021.2
ISBN 978-7-5710-0825-3

Ⅰ.①起… Ⅱ.①巴… ②李… Ⅲ.①科学知识—普及
读物 Ⅳ.① Z228

中国版本图书馆 CIP 数据核字（2020）第 218534 号

上架建议：畅销·科普

QIYUAN:NASA TIANWENXUEJIA DE WANWU JIEDA
起源：NASA 天文学家的万物解答

作　　者：［英］巴赫拉姆·莫巴舍尔
译　　者：李永学
出 版 人：张旭东
责任编辑：刘　竞
监　　制：刘　毅
策　　划：刘　毅　刘　盼
文字编辑：陈晓梦
版权支持：姚珊珊
营销编辑：刘晓晨　段海洋
封面设计：末末美书
版式设计：潘雪琴
封面图片：闷闷儿
出　　版：湖南科学技术出版社
　　　　　（湖南省长沙市湘雅路 276 号　邮编：410008）
网　　址：www.hnstp.com
印　　刷：天津图文方嘉印刷有限公司
经　　销：新华书店
开　　本：787 mm×1092 mm　1/16
字　　数：520 千字
印　　张：27.5
版　　次：2021 年 2 月第 1 版
印　　次：2021 年 2 月第 1 次印刷
书　　号：ISBN 978-7-5710-0825-3
定　　价：158.00 元

若有质量问题，请致电质量监督电话：010-59096394
团购电话：010-59320018